Otto Mildenberger (Hrsg.)

Informationstechnik kompakt

Informationstechnik kompakt
Theoretische Grundlagen

Der Herausgeber:
Prof. Dr.-Ing. *Otto Mildenberger*   Fachhochschule Wiesbaden

Die Autoren des Buches:

Prof. Dr.-Ing. *Joachim Habermann*   Fachhochschule
Modulation   Gießen-Friedberg

Prof. Dr.-Ing. *Walter Kellermann*   Universität
Signale und Systeme   Erlangen-Nürnberg

Prof. Dr.-Ing. *Dietmar Lochmann*   Humboldt-Universität
Informationstheorie   Berlin
und Quellencodierung

Prof. Dr.-Ing. *Klaus Meerkötter*   Universität-Gesamthoch-
Filter   schule Paderborn

Prof. Dr. sc. techn. ETH *Martin Meyer*   Fachhochschule Aargau
Transformationen   (Schweiz)

Prof. Dr.-Ing. *Herbert Schneider-Obermann*   Fachhochschule
Kanalcodierung   Wiesbaden

Prof. Dr.-Ing. habil. *Robert Weigel*   Johannes-Kepler-Universität
Hochfrequenzsystemtechnik   Linz

Prof. Dr.-Ing. *Martin Werner*   Fachhochschule Fulda
Basisbandübertragung

vieweg

Otto Mildenberger (Hrsg.)

Informationstechnik kompakt

Theoretische Grundlagen

Mit 141 Abbildungen und 7 Tabellen

Herausgeber: Prof. Dr.-Ing. Otto Mildenberger lehrt an der Fachhochschule Wiesbaden in den Fachbereichen Elektrotechnik und Informatik.

Alle Rechte vorbehalten
© Friedr. Vieweg & Sohn Verlagsgesellschaft mbH, Braunschweig/Wiesbaden, 1999

Der Verlag Vieweg ist ein Unternehmen der Bertelsmann Fachinformation GmbH.

Das Werk einschließlich aller seiner Teile ist urheberrechtlich geschützt. Jede Verwertung außerhalb der engen Grenzen des Urheberrechtsgesetzes ist ohne Zustimmung des Verlags unzulässig und strafbar. Das gilt insbesondere für Vervielfältigungen, Übersetzungen, Mikroverfilmungen und die Einspeicherung und Verarbeitung in elektronischen Systemen.

http://www.vieweg.de

Konzeption und Layout des Umschlags: Ulrike Weigel, www.CorporateDesignGroup.de

Gedruckt auf säurefreiem Papier

ISBN 978-3-528-03871-7   ISBN 978-3-322-90262-7 (eBook)
DOI 10.1007/978-3-322-90262-7

Vorwort

Das Buch wendet sich an Studenten der Elektrotechnik im Hauptstudium und auch an bereits berufstätige Ingenieure, darüber hinaus an alle diejenigen, die einen Einblick in die moderne Informationstechnik suchen.

Zur Einarbeitung in viele Gebiete der Informationstechnik sind umfangreiche und oft mehrbändige Lehrbücher erforderlich. Der in den letzten Jahren beobachtbare Trend zur Digitalisierung, der noch fortdauert und bei weitem noch nicht abgeschlossen ist, hat viele der früher sinnvoll ziehbaren Grenzen zwischen verschiedenen Gebieten der Nachrichtentechnik verwischt. Durch diese Situation entsteht ein Bedarf an übergreifenden Darstellungen zur Informationstechnik.

Ein Buch, das alle wichtigen Bereiche der Informationstechnik fundiert behandelt, ist nicht vorstellbar. Allein die Frage, welche Themen in einem solchen Buch berücksichtigt werden müßten, ist nur subjektiv zu beantworten. Das vorliegende Buch enthält eine Auswahl besonders wichtiger Teilgebiete der Informationstechnik.

Die einzelnen Beiträge werden in kompakter Form von Fachleuten auf diesen Gebieten dargestellt, sie können getrennt voneinander gelesen werden. Obschon es sich um eigenständige Darstellungen verschiedener Autoren handelt, bestehen Querverbindungen zwischen den einzelnen Beiträgen. Alle Abschnitte enthalten Literaturhinweise für ein vertieftes Weiterstudium.

Weil der Zugang zur Informationstechnik ohne Kenntnisse der Signal- und Systemtheorie nicht möglich ist, beginnt das Buch mit einem umfangreichen Abschnitt über dieses Gebiet. Der Abschnitt 2 befaßt sich vor allem mit dem Entwurf digitaler Filter. Auch Wellendigitalfilter, die als Nachbildung klassischer analoger Filter aufgefaßt werden können, werden behandelt. Eine Einführung in die Hochfrequenztechnik findet der Leser im 3. Abschnitt. Die Bezeichnung Hochfrequenzsystemtechnik für diesen Abschnitt deutet an, daß dort Systemaspekte im Vordergrund stehen. Feldtheoretische Probleme werden hier nicht angesprochen, auch Modulationsverfahren werden nicht behandelt, dieser Thematik ist ein eigener Abschnitt 7 gewidmet. Der Abschnitt 4 befaßt sich mit Informationstheorie und Quellencodiertung. Kenntnisse der Informationstheorie sind eine notwendige Voraussetzung zum Verständnis der sehr wichtigen Quellencodierung, für die heute auch oft die Bezeichnung Datenkompression verwendet wird. Die Kanalcodierung im Abschnitt 5 behandelt Verfahren zur sicheren Übertragung von Nachrichten über gestörte oder auch sehr stark gestörte Übertragungsstrecken. Diese Verfahren kommen bei praktisch jeder Übertragung von digitalen Daten zur Anwendung. Viele Dienste, z.B. die Mobilfunktelefonie, sind ohne den Einsatz aufwendiger Verfahren zur Kanalcodierung überhaupt nicht realisierbar. Im Abschnitt 6 wird die Basisbandübertragung dargestellt. Darunter versteht man die Übertragung von Nachrichten im ursprünglichen Frequenzband ohne zusätzliche Frequenzverschiebung. Sie wird bei der Überwindung kürzerer Entfernungen, aber auch bei der Lichtwellenleiterübertragung angewandt. Wegen der stark gestiegenen Bedeutung der digitalen Modulationsverfahren, wurde hierfür ein eigener Abschnitt 7 vorgesehen. Die traditionellen analogen Modulationsverfahren werden in diesem

Abschnitt nur kurz behandelt. Den Abschnuß des Buches bildet der Abschnitt 8 über Transformationen. Hier werden die für alle Gebiete der Informationstechnik notwendigen Transformationen (Fourier-. Laplace-, z-Transformation u.a.) zusammengestellt.

Die Autoren und der Herausgeber sind für Kritik, Hinweise und auch für Vorschläge der Leserinnen und Leser sehr dankbar.

Mainz, im April 1999   Der Herausgeber

Inhaltsverzeichnis

1 Signale und Systeme   1
   1.1 Einführung 1
       1.1.1 Klassifizierung von Signalen 2
       1.1.2 Systeme - Definition und einige Eigenschaften 4
   1.2 Determinierte Signale und lineare, zeitinvariante Systeme 7
       1.2.1 Zeitkontinuierliche Signale und Systeme 7
       1.2.2 Zeitdiskrete Signale und Systeme 23
       1.2.3 Abtasttheorem und Simulationstheorem 36
   1.3 Zufällige Signale 44
       1.3.1 Grundbegriffe der Wahrscheinlichkeitsrechnung 44
       1.3.2 Zufallsvariable, Verteilung und Dichte 47
       1.3.3 Zufallsprozesse 56
       1.3.4 LZI–Systeme bei stationärer stochastischer Erregung 77
   1.4 Literatur 80

2 Filter   81
   2.1 Überblick 81
       2.1.1 Einführung 82
       2.1.2 Analyse von Digitalfiltern 83
       2.1.3 Zielsetzung 88
   2.2 Synthese von Digitalfiltern 90
       2.2.1 Allgemeines 90
       2.2.2 Direktstrukturen 91
       2.2.3 Kaskadenstruktur, Parallelstruktur 93
       2.2.4 Wellendigitalfilter 95
   2.3 Filterentwurf 113
       2.3.1 Tiefpaßentwurf 114
       2.3.2 Hochpaßentwurf 118
       2.3.3 Bandpaßentwurf 119
       2.3.4 Linearphasige FIR-Filter 120
       2.3.5 IIR-Filter mit näherungsweise linearem Phasenanstieg 123
   2.4 Literatur 124

3 Hochfrequenzsystemtechnik 127
- 3.1 Elemente der Hochfrequenzsystemtechnik 127
  - 3.1.1 Systemkonzept 129
  - 3.1.2 Überlagerungsempfang 131
  - 3.1.3 Wichtige Hochfrequenzsystemkomponenten 132
- 3.2 Nichtlineare Verzerrungen 135
  - 3.2.1 Harmonische 135
  - 3.2.2 Kompression 136
  - 3.2.3 Blocking 137
  - 3.2.4 Kreuzmodulation 137
  - 3.2.5 Intermodulation 138
  - 3.2.6 Kaskadierung nichtlinearer Übertragungsstufen 140
- 3.3 Rauschen 141
  - 3.3.1 Thermisches Rauschen und äquivalente Rauschtemperatur ... 142
  - 3.3.2 Rauschen linearer Übertragungssysteme und Rauschzahl 143
  - 3.3.3 Antennenrauschen 145
  - 3.3.4 Kaskadierung rauschender Zweitore 146
  - 3.3.5 Empfängerempfindlichkeit 148
- 3.4 Oszillatorrauschen 148
  - 3.4.1 Rauschseitenbänder 149
  - 3.4.2 Einseitenbandphasenrauschen 151
- 3.5 Funkübertragung 152
  - 3.5.1 Systemaspekte von Antennen 152
  - 3.5.2 Ausbreitung von Funkwellen 156
  - 3.5.3 Leistungsbilanz 157
- 3.6 Literatur 158

4 Informationstheorie und Quellencodierung 159
- 4.1 Begriffe und Modell 159
- 4.2 Diskrete Quellen und Kanäle 161
  - 4.2.1 Quellen mit unabhängigen Symbolen 161
  - 4.2.2 Quellen mit abhängigen Symbolen 163
  - 4.2.3 Codierung der Quellensymbole 165
  - 4.2.4 Optimalcodierung 166
  - 4.2.5 Die Entropie der deutschen Sprache 169
  - 4.2.6 Diskrete Übertragungskanäle 170
  - 4.2.7 Kanalkapazität und Hauptsatz der Informationstheorie 175
- 4.3 Kapazität kontinuierlicher Kanäle 180
- 4.4 Quellencodierung 183
  - 4.4.1 Prinzipien und Möglichkeiten 183
  - 4.4.2 Huffman-Codierung 185
  - 4.4.3 Lauflängencodierung 188
  - 4.4.4 Prädiktionsverfahren 191
  - 4.4.5 Codierung mit adaptiven Wörterbüchern 195

Inhaltsverzeichnis

	4.4.6 Weitere relevante Verfahren	199
4.5	Literatur	200

5 Kanalcodierung — 201
- 5.1 Lineare Codes 202
  - 5.1.1 Aufbau eines Codewortes 202
  - 5.1.2 Fehlervektor und Empfangsvektor 202
  - 5.1.3 Linearität 202
  - 5.1.4 Hamming-Gewicht und Mindestdistanz 203
  - 5.1.5 Gewichtsverteilung linearer Codes 205
  - 5.1.6 Berechnung der Fehlerwahrscheinlichkeit 207
  - 5.1.7 Schranken für lineare Codes 209
  - 5.1.8 Das Standard Array 211
  - 5.1.9 Generatormatrix und Prüfmatrix 211
  - 5.1.10 Der Duale Code 212
  - 5.1.11 Längenänderungen linearer Codes 213
  - 5.1.12 Syndrom und Fehlerkorrektur 214
  - 5.1.13 Hamming-Codes 215
  - 5.1.14 MacWilliams-Identität 217
- 5.2 Zyklische Codes 218
  - 5.2.1 Generator- und Prüfpolynom 219
  - 5.2.2 Generatormatrix und Prüfmatrix 221
  - 5.2.3 Codierung und Decodierung von zyklischen Codes . 223
  - 5.2.4 Die Golay Codes 228
  - 5.2.5 Bündelfehler korrigierende Codes 228
- 5.3 Reed-Solomon-Codes 232
  - 5.3.1 Definition der RS-Codes 232
  - 5.3.2 Die Verfahren zur Codierung 235
  - 5.3.3 Gewichtsverteilung von RS-Codes 236
  - 5.3.4 Das Syndrom 236
- 5.4 BCH-Codes 238
  - 5.4.1 Binäre BCH-Codes 238
  - 5.4.2 Definition der BCH-Codes 238
- 5.5 Literatur 242

6 Basisbandübertragung — 243
- 6.1 Einführung 243
- 6.2 Datenkommunikation: Protokolle und Schnittstellen 244
- 6.3 Digitale Basisbandübertragung 247
- 6.4 Matched-Filter-Empfänger 249
- 6.5 Übertragung im Tiefpaß-Kanal 256
- 6.6 Nyquistbandbreite und Impulsformung 258
- 6.7 Mehrstufige Pulsamplitudenmodulation 262
- 6.8 Kanalkapazität 264

6.9	Entzerrer	265
6.10	Leitungscodierung	271
6.11	Zusammenfassung	273
6.12	Literatur	274

7 Modulation 275
7.1	Digitale Modulation		275
	7.1.1	Beschreibung digitaler Modulationssignale	275
	7.1.2	Prinzipien zur Realisierung digitaler Modulationssignale	299
	7.1.3	Spektrale Eigenschaften digitaler Modulationssignale	301
	7.1.4	Demodulationsverfahren	304
	7.1.5	Einfluß von Störungen	310
7.2	Analoge Modulation		311
7.3	Literatur		317

8 Transformationen 319
8.1	Einführung		319
8.2	Die Fourier-Reihe (FR)		321
8.3	Die Fourier-Transformation (FT)		323
	8.3.1	Herleitung der Transformation	323
	8.3.2	Die Eigenschaften der Fourier-Transformation	325
	8.3.3	Die Fourier-Transformation von periodischen Signalen	327
	8.3.4	Tabelle einiger Fourier-Korrespondenzen	330
8.4	Die Laplace-Transformation (LT)		330
	8.4.1	Definition der Laplace-Transformation und Beziehung zur FT	331
	8.4.2	Die Eigenschaften der Laplace-Transformation	333
	8.4.3	Die inverse Laplace-Transformation	335
	8.4.4	Tabelle einiger Laplace-Korrespondenzen (einseitige Transformation)	336
8.5	Die Fourier-Transformation für Abtastsignale (FTA)		336
8.6	Die diskrete Fourier-Transformation (DFT)		339
	8.6.1	Die Herleitung der DFT	339
	8.6.2	Verwandtschaft mit der komplexen Fourier-Reihe	340
	8.6.3	Die Eigenschaften der DFT	343
	8.6.4	Die schnelle Fourier-Transformation (FFT)	344
8.7	Die z-Transformation (ZT)		345
	8.7.1	Definition der z-Transformation und Beziehung zur FTA	345
	8.7.2	Eigenschaften der z-Transformation	348
	8.7.3	Die inverse z-Transformation	349
	8.7.4	Tabelle einiger z-Korrespondenzen	350

8.8	Praktische Spektralanalyse mit der DFT/FFT	350
	8.8.1 Periodische Signale	351
	8.8.2 Quasiperiodische Signale	351
	8.8.3 Nichtperiodische, stationäre Leistungssignale	352
	8.8.4 Nichtstationäre Leistungssignale	353
	8.8.5 Transiente Signale	354
	8.8.6 Messung von Frequenzgängen	354
8.9	Die Hilbert-Transformation	355
	8.9.1 Herleitung der Hilbert-Transformation	355
	8.9.2 Eigenschaften der Hilbert-Transformation	356
8.10	Literatur	357

Formelzeichen und Abkürzungen   359

Sachwortverzeichnis   361

Kapitel 1

Signale und Systeme

von Walter Kellermann

1.1 Einführung

Unter einem *System* wird ein mathematisches Modell für eine tech-   System
nische Einrichtung verstanden, wobei beispielsweise in der Informationstechnik offen bleiben kann, ob dieses System durch Hardware oder Software realisiert wird. *Signale* sind dann physikalische   Signal
oder logische Größen, die im Zusammenhang mit diesem Modell auftreten.

Nach Festlegung mehrerer Unterscheidungskriterien wird bei den folgenden Betrachtungen insbesondere zwischen zeitkontinuierlichen und zeitdiskreten Signalen und Systemen unterschieden. Unter Betonung von Analogien werden für beide Kategorien grundlegende Beziehungen zur Signal- und Systembeschreibung zusammengestellt, sowie die Eigenschaften einiger wichtiger Signale und Systeme diskutiert.

Neben den Darstellungen im Zeitbereich werden für zeitkontinuierliche Signale und Systeme die Fourier- und die Laplace-Transformation verwendet bzw. für zeitdiskrete Signale und Systeme eine der Fourier-Transformation entsprechende Spektraltransformation für zeitdiskrete Signale (*Fourier-Transformation für Abtastsignale (FTA)* in Kapitel 8) und die z-Transformation verwendet. Definitionen und Eigenschaften der Transformationen werden aus Kapitel 8 übernommen.

Im dritten Teil dieses Kapitels werden Beschreibungsmethoden für Signale mit zufälligem Charakter eingeführt. Dabei werden für den zeitkontinuierlichen Fall wiederum Darstellungen im Zeit- und im Spektralbereich behandelt, und es werden auch die Ein-/Ausgangsbeziehungen für eine wichtige Klasse von Systemen diskutiert.

1.1.1 Klassifizierung von Signalen

Einige grundlegende Kriterien zur Signalbeschreibung sind:

determinierte/stochastische Signale
Determiniertheit. Ungeachtet des "wahren" Charakters von Signalen unterscheidet man im technischen Bereich determinierte von stochastischen (zufälligen, statistischen) Signalen anhand der Beschreibbarkeit aus der Sicht des Beobachters: Als determinierte Signale werden analytisch vollständig beschreibbare Signale angesehen, stochastische Signale sind dagegen vom Beobachter nicht vollständig beschreibbar. Gemessene physikalische Größen (Meßsignale) enthalten praktisch immer zumindest kleine stochastische Signalanteile (Meßrauschen). Es hängt dann von der benötigten bzw. gewünschten Modellgenauigkeit ab, ob diese vernachlässigt werden dürfen.

kontinuierliche/diskrete Argumente
Argumente. Je nachdem, ob der Signalverlauf für alle Argumentwerte der reellen Achse oder der komplexen Ebene definiert ist oder nur diskrete Werte daraus annehmen kann, spricht man von (argument-)kontinuierlichen bzw. (argument-)diskreten Signalen. Zur formalen Unterscheidung werden im folgenden unterschiedliche Klammern für die Argumente verwendet.
In der Informationstechnik sind vor allem die Zeit- und die Frequenzabhängigkeit von Bedeutung. Offensichtlich liegen physikalisch meßbare Signale (z.B. Spannungssignale) stets für reelle und damit kontinuierliche Argumente und nicht für diskrete Argumente vor. Ein zeitdiskretes Signal $x[n]$ kann entweder als abstrakte Zahlenfolge begriffen werden, oder man stellt es sich aus einem zeitkontinuierlichen Signal $x(t)$ dadurch entstanden vor, daß zu diskreten – hier äquidistanten – Zeitpunkten nT die Signalwerte $x(nT)$ des kontinuierlichen Signals entnommen ("abgetastet") werden. In Abb. 1.1 werden je ein zeitkontinuierliches Signal $x(t)$ und ein zeitdiskretes Signal $x[n]$ dargestellt.

Abbildung 1.1
Zeitkontinuierliches und zeitdiskretes Signal (jeweils wertkontinuierlich)

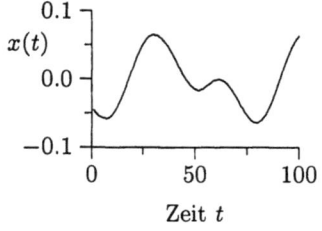
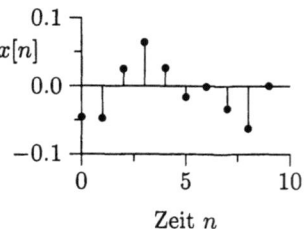

Die Bedingungen, die beim Übergang vom kontinuierlichen zum diskreten Signal und bei der Rekonstruktion des kontinuierlichen

1.1 Einführung

Signals eingehalten werden müssen, werden im Abtasttheorem zusammengefaßt (Abschnitt 1.2.3).
Wertebereich. Wie bei den Argumenten werden auch bei Funktionswerten von Signalen kontinuierliche von diskreten unterschieden: Im Gegensatz zu den wertkontinuierlichen Signalen $x(t)$, $x[n]$ in Abb. 1.1 sind die Signale $y(t)$, $y[n]$ in Abb. 1.2 wertdiskret, da sie nur diskrete Amplitudenwerte annehmen.

wertkontinuierliche und wertdiskrete Signale

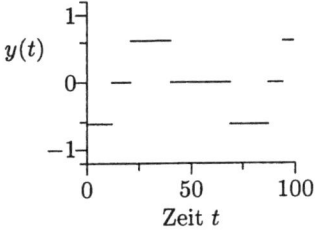 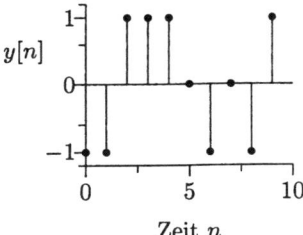

Abbildung 1.2 Wertdiskrete Signale (zeitkontinuierlicher und zeitdiskreter Fall)

Als *digital* wird in der Schaltungstechnik und in der Übertragungstechnik ein wertdiskretes Signal bezeichnet, das nicht notwendig zeitdiskret ist ($y(t)$ in Abb. 1.2). Im Gegensatz dazu wird in der nachrichtentechnischen Signalverarbeitung darunter meist ein zeitdiskretes Signal verstanden, bei dem die Wertdiskretisierung von untergeordneter Bedeutung ist (neben $y[n]$ in Abb. 1.2 damit auch $x[n]$ in Abb. 1.1).

digitales Signal

Energie-/Leistungssignale. Signale, deren Zeit- oder Frequenzbereichsfunktionen quadratisch absolut integrierbar sind, werden als *Energiesignale* bezeichnet. Zeitkontinuierliche Energiesignale $f(t)$ mit der Fourier-Transformierten $F(j\omega)$ müssen demnach wegen des Parseval-Theorems (siehe Kapitel 8, Abschnitt 8.3.2)

Energiesignale

$$\int_{-\infty}^{+\infty} |f(t)|^2 \mathrm{d}t = \frac{1}{2\pi} \int_{-\infty}^{+\infty} |F(j\omega)|^2 \mathrm{d}\omega < \infty \qquad (1.1)$$

erfüllen. Für zeitdiskrete Energiesignale $f[n]$ mit der Spektraltransformierten $F(e^{j\Omega})$ gilt entsprechend:

$$\sum_{k=-\infty}^{+\infty} |f[n]|^2 = \frac{1}{2\pi} \int_{-\pi}^{+\pi} |F(e^{j\Omega})|^2 \mathrm{d}\Omega < \infty. \qquad (1.2)$$

Die Betragsbildungen bei $f(t)$ bzw. $f[n]$ stellt die Gültigkeit der Beziehung für komplexe Zeitfunktionen sicher. Typische Energiesignale sind zeitbegrenzte Signale, z.B. Impulse.

Leistungssignale

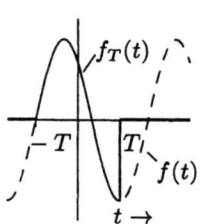

Andere häufig betrachtete Signale, z.B. periodische Signale, sind dagegen nicht zeitbegrenzt und deshalb oft nicht quadratisch integrierbar. Solange solche Signale eine endliche mittlere Leistung aufweisen, bezeichnet man sie als *Leistungssignale*. Zur Formulierung des entsprechenden Kriteriums im Zeitkontinuierlichen betrachtet man einen Ausschnitt $f_T(t)$ eines nicht energiebegrenzten Signals $f(t)$

$$f_T(t) = \begin{cases} f(t) & \text{für } |t| \leq T \\ 0 & \text{sonst} \end{cases} \quad \circ\!\!-\!\!\bullet \quad F_T(j\omega), \qquad (1.3)$$

dessen Fourier-Transformierte $F_T(j\omega)$ konvergiert, solange $f(t)$ beschränkte Funktionswerte aufweist. Setzt man dies in das Parseval-Theorem (siehe Kapitel 8, Abschnitt 8.3.2) ein, normiert auf das Zeitintervall $2T$ und führt den Grenzübergang $T \to \infty$ durch, so ergibt sich als Bedingung für eine beschränkte mittlere Leistung:

$$\lim_{T \to \infty} \frac{1}{2T} \int_{-T}^{+T} |f(t)|^2 \mathrm{d}t = \frac{1}{2\pi} \int_{-\infty}^{+\infty} \lim_{T \to \infty} \frac{1}{2T} |F_T(j\omega)|^2 \mathrm{d}\omega < \infty.$$
(1.4)

Für zeitdiskrete Signale $f[n]$ mit dem Spektrum $F(e^{j\Omega})$ gilt als entsprechende Bedingung für einen Ausschnitt der Länge N:

$$\lim_{N \to \infty} \frac{1}{N} \sum_{k=0}^{N-1} |f[n]|^2 = \frac{1}{2\pi} \int_{-\pi}^{+\pi} \lim_{N \to \infty} \frac{1}{N} \left|F_N(e^{j\Omega})\right|^2 \mathrm{d}\Omega < \infty.$$
(1.5)

1.1.2 Systeme - Definition und einige Eigenschaften

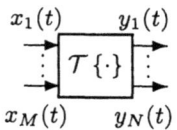

Systeme werden zunächst als Operatoren $\mathcal{T}\{\cdot\}$ beschrieben, die M Eingangssignale verarbeiten und N Ausgangssignale liefern und sich ihrerseits aus Elementaroperatoren zusammensetzen können. Speziell für Systeme mit einem Eingangssignal und einem Ausgangssignal hat die Operatorbeziehung die Form

$$y(t) = \mathcal{T}\{x(t)\} \quad \text{bzw.} \quad y[n] = \mathcal{T}\{x[n]\}. \qquad (1.6)$$

Es werden nachfolgend einige wichtige Systemeigenschaften parallel für zeitkontinuierliche und zeitdiskrete Systeme eingeführt, wobei nur Systeme mit einem Eingangs- und einem Ausgangssignal betrachtet werden.

1.1 Einführung

Kontinuierliche und diskrete Systeme. Die Unterscheidung wird anhand des Ausgangssignals vorgenommen. Damit werden von den nebenstehenden Systemen Bild $\mathcal{T}_1\{\cdot\}$, $\mathcal{T}_3\{\cdot\}$ als *zeitkontinuierlich*, $\mathcal{T}_2\{\cdot\}$ $\mathcal{T}_4\{\cdot\}$ als *zeitdiskret* bezeichnet. Entsprechend werden Systeme als *wertkontinuierlich* bzw. *wertdiskret* definiert.

Linearität. Die Linearität wird hier für Systeme mit zeitkontinuierlichen Ein- und Ausgangssignalen formal dargestellt. Für Systeme mit zeitdiskreten Signalen gilt entsprechendes.

Definition 1.1 *Ein System ist linear, wenn für zwei beliebige Eingangssignale $x_1(t), x_2(t)$ und beliebige Konstanten k_1, k_2 gilt:*

$$\mathcal{T}\{k_1 x_1(t) + k_2 x_2(t)\} = k_1 \mathcal{T}\{x_1(t)\} + k_2 \mathcal{T}\{x_2(t)\} = k_1 y_1(t) + k_2 y_2(t). \quad (1.7)$$

In dieser Definition sind enthalten:

Proportionalitätsprinzip. Die Multiplikation des Eingangssignals mit einer Konstanten k bewirkt eine ebensolche beim Ausgangssignal:

$$\mathcal{T}\{k \cdot x(t)\} = k \cdot \mathcal{T}\{x(t)\} = k \cdot y(t). \quad (1.8)$$

Proportionalität

Überlagerungsprinzip (Superpositionsprinzip). Die Überlagerung zweier Signale am Eingang bewirkt die Überlagerung der zugehörigen Ausgangssignale am Ausgang:

$$\mathcal{T}\{x_1(t) + x_2(t)\} = \mathcal{T}\{x_1(t)\} + \mathcal{T}\{x_2(t)\} = y_1(t) + y_2(t). \quad (1.9)$$

Superposition

Quellenfreiheit. Bei verschwindendem Eingangssignal verschwindet auch das Ausgangssignal identisch:

$$\mathcal{T}\{x(t) \equiv 0\} = 0. \quad (1.10)$$

Quellenfreiheit

Die Quellenfreiheit ist eine Folge des Proportionalitätsprinzips für $k = 0$.

Bemerkungen:

- Aus der Quellenfreiheit läßt sich leicht ablesen, daß die lineare Gleichung $y(t) = ax(t) + b$ kein lineares System beschreibt, solange $b \neq 0$.

- Ein lineares System mit mehreren Ein- und Ausgängen kann als Überlagerung mehrerer linearer Systeme mit je einem Ein- und einem Ausgang betrachtet werden (vgl. Maschenstrom- bzw. Knotenpotentialanalyse elektrischer Netzwerke).

- Die einfache Beschreibung linearer Systeme führt dazu, daß für nichtlineare Systeme oft (stückweise) lineare Näherungen verwendet werden (vgl. Kleinsignalbetrieb bei Transistoren.)

Zeitinvarianz **Zeitinvarianz.** Für zeitkontinuierliche Systeme mit zeitkontinuierlichem Eingangssignal – analoge Definitionen bei zeitdiskreten Signalen lauten entsprechend – wird die Zeitinvarianz wie folgt formuliert:

Definition 1.2 *Ein System ist zeitinvariant, wenn die Zeitverschiebung eines Eingangssignals $x(t)$ um eine beliebige Zeit t_0 zu einer ebensolchen Zeitverschiebung des Ausgangssignals $y(t) = \mathcal{T}\{x(t)\}$ führt, das Ausgangssignal aber für alle t_0 dieselbe Form behält, also*

$$\mathcal{T}\{x(t - t_0)\} = y(t - t_0). \tag{1.11}$$

LZI-System **Lineare, zeitinvariante (LZI-) Systeme** (engl.: "linear time-invariant" (LTI)) schließen unter anderen die RLCÜ - Netzwerke der Elektrotechnik ein.

Gedächtnislosigkeit.

Definition 1.3 *Ein System ist gedächtnislos, wenn der Verlauf des Ausgangssignals $y(t)$ bzw. $y[n]$ zum Zeitpunkt t_0 bzw. n_0 nur*
gedächtnislos, *vom Wert des Eingangssignals zum selben Zeitpunkt abhängt:*
dynamisch

$$y(t_0) = \mathcal{T}\{x(t_0)\} \ bzw. \ y[n_0] = \mathcal{T}\{x[n_0]\}. \tag{1.12}$$

Systeme, die nicht gedächtnislos sind, heißen dynamisch *oder* gedächtnisbehaftet.

Bei elektrischen Netzwerken sind Widerstandsnetzwerke gedächtnislos, Netzwerke mit Energiespeichern (L, C) sind dynamisch. Bei Realisierung zeitdiskreter Systeme durch getaktete Schaltungen wird das Gedächtnis durch digitale Speicherelemente eingeführt.

Stabilität.

Definition 1.4 *Ein System wird als BIBO (bounded input/ boun-*
BIBO–Stabilität *ded output)–stabil bezeichnet, wenn jedes beschränkte Eingangssignal ein ebenfalls beschränktes Ausgangssignal zur Folge hat, d.h., wenn aus*

$$|x(t)| < \infty \ bzw. \ |x[n]| < \infty \tag{1.13}$$

1.2 Determinierte Signale und lineare, zeitinvariante Systeme

für alle t bzw. n

$$|y(t)| < \infty \text{ bzw. } |y[n]| < \infty \quad (1.14)$$

folgt.

Technisch realisierbare Systeme sind stets stabil. Das Kriterium ist offensichtlich in dieser Form nur dazu geeignet, die Instabilität von Systemen zu zeigen, indem man ein geeignetes Eingangssignal findet, für das die (1.14) nicht erfüllt ist.

Kausalität.

Definition 1.5 *Ein System ohne innere Quellen ist kausal, wenn der Verlauf des Ausgangssignals $y(t)$ bis zu einem Zeitpunkt t_0 nur vom Verlauf des Eingangssignals $x(t)$ bis zu diesem Zeitpunkt abhängt. Dies ist immer genau dann erfüllt, wenn für ein zur Zeit t_0 einsetzendes Eingangssignal*

Kausalität

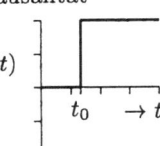

$$x(t) \equiv 0 \quad \text{für} \quad t < t_0 \quad (1.15)$$

das zugehörige Ausgangssignal nicht vorher einsetzt:

$$\mathcal{T}\{x(t)\} = y(t) \equiv 0 \quad \text{für} \quad t < t_0. \quad (1.16)$$

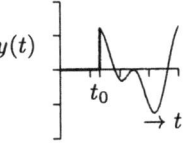

Für zeitdiskrete Signale gilt entsprechendes: Aus $x[n] \equiv 0$ für $n < n_0$ folgt für kausale zeitdiskrete Systeme $\mathcal{T}\{x[n]\} = y[n] \equiv 0$ für $n < n_0$.

Technisch realisierbare und beobachtbare Systeme sind stets kausal ("Keine Wirkung ohne Ursache"). Für grundsätzliche Überlegungen werden jedoch oft idealisierte Systeme benötigt, die nicht kausal sind (z.B. idealer Tiefpaß).

1.2 Determinierte Signale und lineare, zeitinvariante Systeme

1.2.1 Zeitkontinuierliche Signale und Systeme

Elementare Signale

Definition 1.6 *Der Dirac–Impuls $\delta(t)$ wird definiert durch die sogenannte Ausblendeigenschaft:*

Ausblendeigenschaft

$$\int_{-\infty}^{+\infty} f(\tau)\delta(t-\tau)\mathrm{d}\tau = f(t). \quad (1.17)$$

Der Dirac–Impuls (auch "Dirac–Stoß", "Delta–Funktion", "Delta–Impuls") ist keine Funktion im Sinne der klassischen Analysis (es ist z.B. nicht jedem Zeitwert eindeutig ein Amplitudenwert zugeordnet). Auch das Integral in der obigen Definition ist strenggenommen nur im Sinne der Distributionentheorie erklärt. (Genaueres siehe z.B. [1.12].) Aus der Ausblendeigenschaft folgt für $f(t) \equiv 1$ unmittelbar:

$$\int_{-\infty}^{+\infty} \delta(\tau)\mathrm{d}\tau = 1. \qquad (1.18)$$

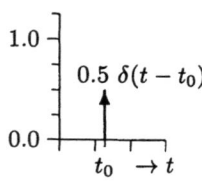

Weiterhin gilt (Beweis siehe [1.9], S. 97):

$$f(t) \cdot \delta(t - t_0) = f(t_0) \cdot \delta(t - t_0). \qquad (1.19)$$

Der ungewichtete Dirac–Impuls $\delta(t)$ wird hier als ein senkrechter Pfeil der Länge 1 graphisch dargestellt. Bei Gewichtung mit einem reellen Faktor ändert sich seine Länge entsprechend.

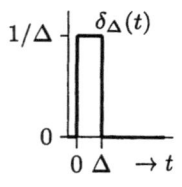

Häufig wird der Dirac–Impuls $\delta(t)$ durch eine Rechteckfunktion $\delta_\Delta(t)$ der Breite Δ und der Höhe $1/\Delta$ veranschaulicht, bei der der Grenzübergang $\Delta \to 0$ die Annäherung an den Dirac–Impuls beschreibt:

$$\lim_{\Delta \to 0} \delta_\Delta(t) = \delta(t). \qquad (1.20)$$

Die Fourier–Transformierte des Dirac–Impulses kann direkt durch Anwendung der Ausblendeigenschaft im Fourier–Integral gewonnen werden:

$$\delta(t) \circ\!\!-\!\!\bullet \quad \mathcal{F}\{\delta(t)\} = \int_{-\infty}^{+\infty} \delta(t) e^{-j\omega t} \mathrm{d}t = 1. \qquad (1.21)$$

Definition 1.7 *Als Sprungfunktion $\varepsilon(t)$ wird definiert:*

$$\varepsilon(t) = \begin{cases} 0 & t < 0 \\ 1 & t > 0 \end{cases}. \qquad (1.22)$$

Beziehung des Dirac–Impulses zur Sprungfunktion. Geht man von der Rechteckapproximation $\delta_\Delta(t)$ des Dirac–Impulses aus und approximiert die Sprungfunktion $\varepsilon(t)$ durch $\varepsilon_\Delta(t)$, so läßt sich leicht nachvollziehen, daß gilt:

$$\varepsilon_\Delta(t) = \int_{-\infty}^{t} \delta_\Delta(\tau)\mathrm{d}\tau \quad \text{bzw.} \quad \delta_\Delta(t) = \frac{\mathrm{d}\varepsilon_\Delta(t)}{\mathrm{d}t}. \qquad (1.23)$$

1.2 Determinierte Signale und lineare, zeitinvariante Systeme

Entsprechend gilt nach dem Grenzübergang $\Delta \to 0$

$$\varepsilon(t) = \int_{-\infty}^{t} \delta(\tau) d\tau \quad \text{bzw.} \quad \frac{d\varepsilon(t)}{dt} = \delta(t). \tag{1.24}$$

Zusammen mit dem Integrationssatz der Fourier–Transformation (siehe Kapitel 8) ergibt sich daraus als Fourier–Spektrum der Sprungfunktion $\varepsilon(t)$ unmittelbar:

$$\varepsilon(t) \quad \circ\!\!-\!\!\bullet \quad \frac{1}{j\omega} + \pi\delta(\omega). \tag{1.25}$$

Definition 1.8 *Als harmonische Exponentielle wird bezeichnet*

$$e^{j\omega t} = \cos(\omega t) + j\sin(\omega t). \tag{1.26}$$

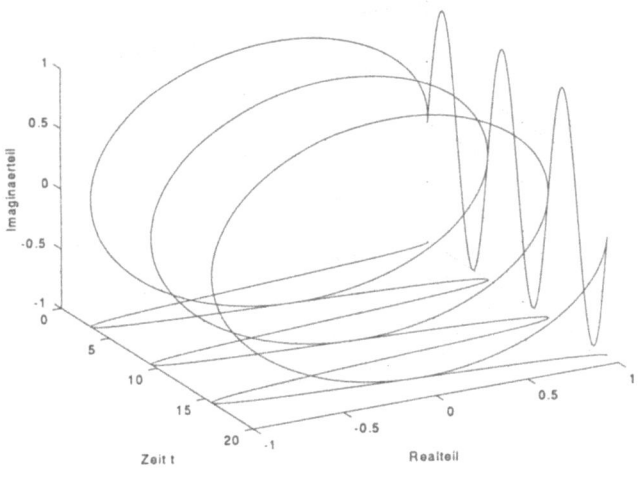

Abbildung 1.3
Harmonische Exponentielle mit zugehörigem Real- und Imaginärteil

Die Bedeutung der harmonischen Exponentiellen liegt für die Signalbeschreibung darin, daß sich alle periodischen Signale durch Überlagerung von harmonischen Exponentiellen darstellen lassen (siehe komplexe Fourier–Reihenentwicklung, Kapitel 8). Für die Systemanalyse gründet ihre Bedeutung auf der Tatsache, daß sie Eigenfunktion der LZI-Systeme ist (siehe Abschnitt 1.2.1). Zudem stellt sie bezüglich der Fourier–Transformation das zum Dirac–Impuls duale Signal dar, wie aus den Transformationspaaren

$$e^{j\omega_0 t} \quad \circ\!\!-\!\!\bullet \quad 2\pi \cdot \delta(\omega - \omega_0) \tag{1.27}$$

$$\delta(t - t_0) \quad \circ\!\!-\!\!\bullet \quad e^{-j\omega_0 t} \tag{1.28}$$

und den Summenbeziehungen

$$\sum_{n=-\infty}^{+\infty} \delta(t - nT) \quad \circ\!\!-\!\!\bullet \quad \sum_{n=-\infty}^{+\infty} e^{j\omega nT} = \frac{2\pi}{T} \sum_{n=-\infty}^{+\infty} \delta\left(\omega - \frac{2\pi}{T}n\right)$$
(1.29)

ersichtlich wird. In engem Zusammenhang mit der harmonischen Exponentiellen stehen die reellen Harmonischen $\cos(\omega_0 t)$ und $\sin(\omega_0 t)$: Aus $\cos x = \left(e^{+jx} + e^{-jx}\right)/2$ und $\sin x = \left(e^{+jx} - e^{-jx}\right)/2j$ ergeben sich mit der Linearität der Fourier-Transformation die Korrespondenzen:

$$\cos(\omega_0 t) \quad \circ\!\!-\!\!\bullet \quad \pi \left[\delta(\omega - \omega_0) + \delta(\omega + \omega_0)\right], \quad (1.30)$$
$$\sin(\omega_0 t) \quad \circ\!\!-\!\!\bullet \quad \frac{\pi}{j} \left[\delta(\omega - \omega_0) - \delta(\omega + \omega_0)\right]. \quad (1.31)$$

analytische Signale   Eine insbesondere für Modulationsverfahren wichtige Signalklasse stellen *analytische Signale* dar. Zu einem gegebenen reellen Signal $x(t)$ ergibt sich das (komplexwertige) analytische Signal $x_A(t)$ durch Hinzufügen der Hilbert–Transformierten als Imaginärteil gemäß

$$x_A(t) = x(t) + j\mathcal{H}\{x(t)\} = x(t) + j\widehat{x}(t), \quad (1.32)$$

wobei $\widehat{x}(t) = \mathcal{H}\{x(t)\}$ die Hilbert–Transformierte (vgl. Kapitel 8) zu $x(t)$ vertritt. Das zugehörige Fourier–Spektrum lautet:

$$\begin{aligned} X_A(j\omega) &= X(j\omega) + j\widehat{X}(j\omega) = X(j\omega) \cdot [1 + \operatorname{sgn}(\omega)] = \\ &= \begin{cases} 2X(j\omega) & \text{für } \omega > 0 \\ 0 & \text{für } \omega < 0 \end{cases}. \end{aligned} \quad (1.33)$$

Dabei wird vorausgesetzt, daß $X(j\omega)$ keinen Dirac-Impuls bei $\omega = 0$ enthält.

Der praktische Nutzen des analytischen Signals für die Beschreibung von Übertragungsverfahren leitet sich aus der Eigenschaft ab, daß das analytische Signal nur bei positiven Frequenzen Spektralanteile hat und dennoch das ursprüngliche Zeitsignal vollständig repräsentiert. Als Beispiel sei auf die harmonische Exponentielle als analytisches Signal zur cos-Funktion hingewiesen.

1.2 Determinierte Signale und lineare, zeitinvariante Systeme

Die *signum-Funktion* signum-Funktion

$$\operatorname{sgn}(t) = \begin{cases} -1 & \text{für } t < 0 \\ 1 & \text{für } t > 0 \end{cases} \quad (1.34)$$

erhält man aus der Sprungfunktion $\varepsilon(t)$ nach den Vorschriften

$$\operatorname{sgn}(t) = \varepsilon(t) - \varepsilon(-t) = 2\varepsilon(t) - 1. \quad (1.35)$$

Als Fourier–Transformierte erhält man mit der Linearität der Fourier–Transformation aus der Korrespondenz für die Sprungfunktion:

$$\operatorname{sgn}(t) \circ\!\!-\!\!\bullet \frac{2}{j\omega}. \quad (1.36)$$

Die *Rechteckfunktion*[1] Rechteckfunktion

$$p_T(t) = \begin{cases} 1 & \text{für } |t| < T \\ 0 & \text{für } |t| > T \end{cases} \quad (1.37)$$

wird unter anderem oft benötigt, um die zeitliche Beschränkung eines Signals (z.B. bei endlicher Meßdauer) zu beschreiben. Ihre Fourier–Transformierte läßt sich durch elementare Integration ermitteln:

$$\mathcal{F}\{p_T(t)\} = \int_{-T}^{+T} e^{-j\omega t} dt = \frac{2\sin(\omega T)}{\omega}. \quad (1.38)$$

Führt man zur Abkürzung die si-Funktion si-Funktion

$$\operatorname{si}(x) = \frac{\sin x}{x} \quad (1.39)$$

ein, so lautet die Korrespondenz für das Rechtecksignal (vgl. Abb. 1.4)

$$p_T(t) \circ\!\!-\!\!\bullet 2T \operatorname{si}(\omega T). \quad (1.40)$$

Wegen der Dualität der Fourier-Transformation (vgl. Eigenschaften der FT in Kapitel 8) erhält man für eine si-Funktion im Zeitbereich $x(t) = \operatorname{si}(\Omega t)$ eine Rechteckfunktion im Frequenzbereich mit der Breite 2Ω

$$\operatorname{si}(\Omega t) \circ\!\!-\!\!\bullet \frac{\pi}{\Omega} p_\Omega(\omega), \quad (1.41)$$

wobei $p_\Omega(\omega)$ analog zu $p_T(t)$ mit Ω statt T und ω statt t definiert ist.

---
[1] Daneben wird auch die auf das Intervall von -0,5 bis 0,5 begrenzte Rechteckfunktion rect(t) verwendet (siehe Verzeichnis der Formelzeichen).

Abbildung 1.4
Rechteckfunktion
und zugehörige
Fourier–
Transformierte

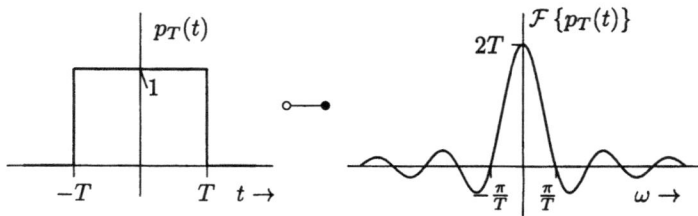

Viele weitere Signale lassen sich durch Kombination aus obigen Elementarsignalen darstellen, so daß ihre Fourier–Spektren aus den Spektren der beteiligten Elementarsignale abzuleiten sind. Die entsprechenden Verknüpfungsvorschriften und weitere Beispiele werden in Kapitel 8 behandelt.

Dreieckimpuls   Als einfaches Beispiel sei hier ein *Dreieckimpuls* mit gleicher Anstiegs- und Abfalldauer und der Gesamtdauer $4T$ genannt, der darstellbar ist als Faltung eines Rechtecks $p_T(t)$ mit sich selbst. Das Spektrum des Dreiecksignals erhält man nach dem Faltungssatz der Fourier–Transformation als quadriertes Spektrum des Rechtecksignals.

periodische   Beliebige *periodische Zeitsignale* mit der Periodendauer T las-
Zeitsignale   sen sich immer als Faltung einer einzelnen Periode mit einer Dirac–Folge nach (1.29) darstellen. Ihr Spektrum entsteht dann aus der Multiplikation des Spektrums der einzelnen Periode mit einer Dirac–Folge, so daß sich ein abgetastetes Spektrum (*Linien-
Linienspektrum   spektrum*) ergibt.

Zeitkontinuierliche LZI-Systeme im Zeitbereich

Zur vollständigen Beschreibung von linearen, zeitinvarianten Systemen können im Zeitbereich die Systemantworten auf den Dirac–Impuls bzw. die Sprungfunktion verwendet werden.

Definition 1.9 *Wird das LZI-System $\mathcal{T}\{\cdot\}$ mit einem Dirac-*
Impulsantwort   *Impuls $\delta(t)$ erregt, so wird das Ausgangssignal als Impulsantwort (auch: "Stoßantwort") $h(t)$ bezeichnet:*

$$h(t) = \mathcal{T}\{\delta(t)\}. \qquad (1.42)$$

Definition 1.10 *Wird das LZI-System $\mathcal{T}\{\cdot\}$ mit einer Sprung-*
Sprungantwort   *funktion $\varepsilon(t)$ erregt, so wird das Ausgangssignal als Sprungant-*

1.2 Determinierte Signale und lineare, zeitinvariante Systeme

wort $a(t)$ bezeichnet:

$$a(t) = \mathcal{T}\{\varepsilon(t)\}. \tag{1.43}$$

Mithilfe der Linearität des LZI–Systems und der Linearität von Integration bzw. Differentiation kann man leicht zeigen, daß der Zusammenhang zwischen Sprungfunktion und Dirac–Impuls auch auf Sprungantwort und Impulsantwort übertragbar ist. Es gilt

$$a(t) = \int_{-\infty}^{t} h(\tau)\mathrm{d}\tau \quad \text{bzw.} \quad \frac{\mathrm{d}a(t)}{\mathrm{d}t} = h(t). \tag{1.44}$$

Faltungsintegral. Mit der Ausblendeigenschaft (1.17) läßt sich jedes zeitkontinuierliche Signal $x(t)$ darstellen als

$$x(t) = \int_{-\infty}^{+\infty} x(\tau)\delta(t-\tau)\mathrm{d}\tau. \tag{1.45}$$

Beschreibt man ein LZI–System als linearen Operator und wendet diesen auf $x(t)$ an, so erhält man als Ausgangssignal:

$$y(t) = \mathcal{T}\left\{\int_{-\infty}^{+\infty} x(\tau)\delta(t-\tau)\mathrm{d}\tau\right\}. \tag{1.46}$$

Vertauscht man nun - wie in praktisch relevanten Fällen fast immer möglich (vgl. [1.12]) - den auf die zeitabhängige Funktion anzuwendenden linearen Operator $\mathcal{T}$ und die lineare Operation "Integration über τ", so erhält man

$$y(t) = \int_{-\infty}^{+\infty} x(\tau)\mathcal{T}\{\delta(t-\tau)\}\mathrm{d}\tau. \tag{1.47}$$

Da nach (1.42) $\mathcal{T}\{\delta(t-\tau)\} = h(t-\tau)$ gilt, erhält man daraus als sogenanntes *Faltungsintegral*:

Faltungsintegral

$$y(t) = \int_{-\infty}^{+\infty} h(t-\tau)x(\tau)\mathrm{d}\tau = \int_{-\infty}^{+\infty} h(\tau)x(t-\tau)\mathrm{d}\tau. \tag{1.48}$$

Die Kommutativität der Faltung, wie sie sich in der Gleichheit der beiden Integrale ausdrückt, läßt sich durch Substitution der Integrationsvariablen unmittelbar verifizieren. Zur Abkürzung des Faltungsintegrals wird häufig das Symbol "$*$" (Faltungsstern) benutzt, so daß die Gln. 1.48 folgende Form annehmen:

$$y(t) = h(t) * x(t) = x(t) * h(t). \tag{1.49}$$

Die Bedeutung des Faltungsintegrals liegt darin, daß mit seiner Hilfe die Reaktion eines LZI–Systems auf beliebige Eingangssignale im Zeitbereich ermittelt werden kann.

Zeitkontinuierliche LZI–Systeme im Spektralbereich

Verwendet man als Testsignal zur Systembeschreibung eine harmonische Exponentielle $x(t) = e^{j\omega t}$, wobei ω eine beliebige Frequenz vertritt, dann lautet die Faltungsbeziehung (1.48)

$$y(t) = \int_{-\infty}^{+\infty} h(\tau) e^{j\omega(t-\tau)} d\tau = e^{j\omega t} \int_{-\infty}^{+\infty} h(\tau) e^{-j\omega\tau} d\tau. \quad (1.50)$$

$x(t) = e^{j\omega t} \rightarrow \boxed{H(j\omega)} \rightarrow y(t) = H(j\omega) \cdot e^{j\omega t}$

Das darin auftretende Fourier–Integral über die Impulsantwort $h(\tau)$ wird als von der Frequenz ω abhängige Übertragungsfunktion $H(j\omega)$ definiert:

Definition 1.11 *Die Übertragungsfunktion (auch: Frequenzgang) eines LZI–Systems ist für beliebige reelle ω gegeben durch*

Übertragungsfunktion, Frequenzgang

$$H(j\omega) = \left.\frac{y(t)}{x(t)}\right|_{x(t)=e^{j\omega t}} = \int_{-\infty}^{+\infty} h(t) e^{-j\omega t} dt. \quad (1.51)$$

Man beachte, daß das Integral (1.51) für idealisierte nicht stabile Systeme (z.B. den idealen Tiefpaß, siehe unten) nicht konvergiert. Mithilfe der verallgemeinerten Fourier–Transformation für den Dirac–Impuls läßt sich aber dennoch die Übertragungsfunktion angeben.

Die Gln. 1.50, 1.51 zeigen, daß die harmonische Exponentielle $e^{j\omega_0 t}$ für beliebiges ω_0 Eigenfunktion jedes LZI–Systems ist: Analog zu einem Eigenvektor $\mathbf{x}$ einer Matrix $\mathbf{A}$, der bei Multiplikation mit $\mathbf{A}$ mit dem zugehörigen Eigenwert λ gewichtet wird, wird die harmonische Exponentielle $e^{j\omega_0 t}$ beim Durchgang durch ein LZI–System in ihrer Form nicht verändert, sondern lediglich mit dem komplexen Faktor $H(j\omega_0)$ gewichtet.

Übertragungsfunktion $H(j\omega)$ und Differentialgleichung.
Bei Systemen, die durch lineare Differentialgleichungen dargestellt werden (insbesondere lineare, zeitinvariante elektrische Netzwerke), führt die Testfunktion $e^{j\omega t}$ direkt zur Übertragungsfunktion. Für eine lineare Differentialgleichung mit den reellen Koeffizienten a_i, b_j der Form

$$\frac{d^q y(t)}{dt^q} + a_{q-1}\frac{d^{q-1} y(t)}{dt^{q-1}} + a_{q-2}\frac{d^{q-2} y(t)}{dt^{q-2}} + \ldots + a_0 y(t) =$$
$$b_q \frac{d^q x(t)}{dt^q} + b_{q-1}\frac{d^{q-1} x(t)}{dt^{q-1}} + \ldots + b_0 x(t) \quad (1.52)$$

1.2 Determinierte Signale und lineare, zeitinvariante Systeme

erhält man durch Einsetzen von $x(t) = e^{j\omega t}$ und $y(t) = H(j\omega)e^{j\omega t}$ und Bildung der Ableitungen unmittelbar:

$$H(j\omega) = \frac{b_q(j\omega)^q + b_{q-1}(j\omega)^{q-1} + \ldots + b_0}{(j\omega)^q + a_{q-1}(j\omega)^{q-1} + \ldots + a_0}. \quad (1.53)$$

Damit weisen LZI–Systeme, die durch lineare Differentialgleichungen beschrieben werden, immer gebrochen rationale Übertragungsfunktionen auf.

Wegen des Faltungssatzes der Fourier–Transformation (vgl. Abschnitt 8.3.2)

$$f_1(t) * f_2(t) \circ\!\!-\!\!\bullet F_1(j\omega) \cdot F_2(j\omega) \quad (1.54)$$

wird die *Ein-/Ausgangsbeziehung bei LZI–Systemen im Frequenzbereich* zu

$$y(t) = h(t) * x(t) \circ\!\!-\!\!\bullet Y(j\omega) = H(j\omega) \cdot X(j\omega), \quad (1.55)$$

das heißt, das Spektrum des Ausgangssignals $Y(j\omega)$ ergibt sich durch Multiplikation von Eingangsspektrum $X(j\omega)$ und Übertragungsfunktion $H(j\omega)$. Die Bedeutung für die praktische Systemanalyse liegt darin, daß damit die häufig aufwendige Faltungsoperation im Zeitbereich umgangen werden kann.

Offensichtlich kann die *Kaskadierung zweier LZI–Systeme* mit den jeweiligen Übertragungsfunktionen $H_1(j\omega)$, $H_2(j\omega)$ und den Ein-/Ausgangsbeziehungen

$$Y(j\omega) = H_1(j\omega) \cdot X(j\omega),$$
$$Z(j\omega) = H_2(j\omega) \cdot Y(j\omega),$$

Kaskadierung von LZI-Systemen

durch ein Ersatzsystem $H(j\omega)$ beschrieben werden, indem man das Produkt der einzelnen Übertragungsfunktionen als Übertragungsfunktion des Ersatzsystems verwendet:

$$Z(j\omega) = H(j\omega) \cdot X(j\omega) \text{ mit } H(j\omega) = H_1(j\omega) \cdot H_2(j\omega). \quad (1.56)$$

Darstellungen der Übertragungsfunktion $H(j\omega)$. In der Informationstechnik wird die Übertragungsfunktion $H(j\omega)$ nach (1.51) in verschiedenen Darstellungen verwendet. Die Aufspaltung in Betrag und Phase

$$H(j\omega) = A(\omega) \cdot e^{j\phi(\omega)}, \quad (1.57)$$

Betrags- und Phasenfrequenzgang

ergibt als *Betragsfrequenzgang* $A(\omega)$ bzw. *Phasenfrequenzgang* $\phi(\omega)$

$$A(\omega) = |H(j\omega)| = +\sqrt{\Re\{H(\omega)\}^2 + \Im\{H(\omega)\}^2}, \quad (1.58)$$

$$\phi(\omega) = \arg\{H(j\omega)\} = \arctan\left[\frac{\Im\{H(\omega)\}}{\Re\{H(\omega)\}}\right] + k\pi, \ k = 0, 1. \quad (1.59)$$

Übertragungsmaß

Dämpfungsmaß

Phasenmaß

Vor allem für die Übertragung auf Leitungen werden als logarithmische Darstellung das *Übertragungsmaß* (auch *Fortpflanzungsmaß*) $g(\omega)$ mit seinen Komponenten *Dämpfungsmaß* (auch: *reelles Dämpfungsmaß*) $a(\omega)$ und *Phasenmaß* (auch *Dämpfungswinkel*) $b(\omega)$ gebraucht:

$$H(j\omega) = A(\omega) \cdot e^{j\phi(\omega)} \quad (1.60)$$
$$= e^{-g(\omega)} = e^{-[a(\omega)+jb(\omega)]}. \quad (1.61)$$

Offensichtlich bestehen die Zusammenhänge

$$a(\omega) = -\ln[A(\omega)], \quad (1.62)$$
$$b(\omega) = -\phi(\omega). \quad (1.63)$$

Für das Dämpfungsmaß $a(\omega)$ wird die dimensionslose Einheit *Neper* (Np) verwendet. Für die Umrechnung in die Einheit *Dezibel* (dB) gilt: $1\,\text{Np} \approx 8.686\,\text{dB}$.

Phasenlaufzeit

Aus der Phasenfunktion $\phi(\omega)$ und dem Phasenmaß $b(\omega)$ werden die *Phasenlaufzeit* $\tau_p(\omega)$

$$\tau_p(\omega) = -\frac{\phi(\omega)}{\omega} = \frac{b(\omega)}{\omega} \quad (1.64)$$

Gruppenlaufzeit und die *Gruppenlaufzeit* $\tau_g(\omega)$

$$\tau_g(\omega) = -\frac{\mathrm{d}\phi(\omega)}{\mathrm{d}\omega} = \frac{\mathrm{d}b(\omega)}{\mathrm{d}\omega}. \quad (1.65)$$

abgeleitet.

Zeitkontinuierliche LZI–Systeme in der komplexen Frequenzebene

Im Hinblick auf realisierbare LZI–Systeme spielt die Beschreibung kausaler Systeme ($h(t) \equiv 0$ für $t < 0$) eine besondere Rolle. Zu ihrer Beschreibung wird als Testsignal die Exponentialfunktion

$$x(t) = e^{pt} = e^{(\sigma+j\omega)t}$$

1.2 Determinierte Signale und lineare, zeitinvariante Systeme

verwendet. Sie geht aus der harmonischen Exponentiellen durch zusätzliche Multiplikation mit einer aufklingenden ($\sigma > 0$) oder abklingenden ($\sigma < 0$) Exponentialfunktion hervor. Wird bei der Fourier–Transformation ω als Frequenz interpretiert, so wird nun $p = \sigma + j\omega$ als komplexe Frequenz angesehen. Die Faltungsbeziehung (1.48) lautet dann

$$y(t) = \int_{-\infty}^{+\infty} h(\tau) e^{p(t-\tau)} d\tau = e^{pt} \int_{0}^{+\infty} h(\tau) e^{-p\tau} d\tau. \qquad (1.66)$$

Das Integral im rechten Gleichungsteil entspricht der einseitigen Laplace–Transformation über die Impulsantwort $h(\tau)$ und wird als Übertragungsfunktion $H(p)$ definiert:

$x(t) = e^{pt}$ → $H(p)$ → $y(t) = H(p)e^{pt}$

Definition 1.12 *Die Übertragungsfunktion (auch: Systemfunktion) eines kausalen LZI–Systems in der komplexen Frequenzebene ist gegeben durch*

Übertragungsfunktion, Systemfunktion

$$H(p) = \left.\frac{y(t)}{x(t)}\right|_{x(t)=e^{pt}} = \int_{0}^{+\infty} h(t) e^{-pt} dt, \qquad (1.67)$$

für alle p, für die das Integral konvergiert.

Der Konvergenzbereich ist jeweils eine komplexe Halbebene mit $\sigma > \sigma_{min}$ (vgl. Kapitel 8). Schließt die Konvergenzhalbebene die imaginäre Achse $p = j\omega$ ein ($\sigma_{min} < 0$), dann sind für kausale Systeme Laplace–Transformierte für $p = j\omega$ und Fourier–Transformation äquivalent und der in (1.51) definierte Frequenzgang $H(j\omega)$ entspricht der Übertragungsfunktion $H(p = j\omega)$ nach (1.67).

Übertragungsfunktion $H(p)$ und Differentialgleichung. Wendet man die einseitige Laplace–Transformation auf die allgemeine Differentialgleichung (1.52) an, dann fließen – wegen der unteren Integrationsgrenze $t = 0$ der Laplace–Transformation (vgl. Abschnitt 8.4.2) – hier auch die Anfangswerte des Eingangssignals und des Ausgangssignals ein. Für die Definition der Übertragungsfunktion nimmt man im allgemeinen an, daß alle Anfangswerte von Eingangs- und Ausgangssignal identisch Null sind. Das bedeutet, daß bei elektrischen Netzwerken im Einschaltzeitpunkt alle Energiespeicher leer sind. Dann ergibt sich als Übertragungsfunktion in der komplexer Frequenzebene wieder ein gebrochen rationaler Ausdruck mit reellen Koeffizienten:

$$H(p) = \frac{b_m p^m + b_{m-1} p^{m-1} + \ldots b_0}{p^n + a_{n-1} p^{n-1} + \ldots a_0}. \qquad (1.68)$$

Wegen des Faltungssatzes der Laplace–Transformation

$$f_1(t) * f_2(t) \quad \circ\!\!-\!\!\bullet \quad F_1(p) \cdot F_2(p) \qquad (1.69)$$

gilt für die *Ein-/Ausgangsbeziehung bei kausalen LZI–Systemen mit kausaler Anregung* ($h(t) = x(t) \equiv 0$ für $t < 0$)

$$y(t) = h(t) * x(t) \quad \circ\!\!-\!\!\bullet \quad Y(p) = H(p) \cdot X(p). \qquad (1.70)$$

Diese Beziehung eignet sich damit besonders gut zur Analyse von transienten Vorgängen (Einschwingvorgängen).

Pol-/Nullstellen-Darstellung
Die Polynomdarstellung der Übertragungsfunktion nach (1.68) kann stets in eine *Pol-/Nullstellen- Darstellung* mit einem konstanten Faktor K, den Polen $p_{\infty,\nu}$ und den Nullstellen $p_{0,\mu}$ überführt werden

$$H(p) = K \cdot \frac{\prod_{\mu=0}^{m-1}(p - p_{0,\mu})}{\prod_{\nu=0}^{n-1}(p - p_{\infty,\nu})} \quad (m \leq n), \qquad (1.71)$$

wobei Pole und Nullstellen wegen der reellen Koeffizienten stets reell oder paarweise konjugiert komplex sind.

Stabilität zeitkontinuierlicher LZI–Systeme

Die allgemeine Definition der BIBO–Stabilität nach (1.14) nimmt für LZI–Systeme eine konstruktive Form an, die im Gegensatz zu (1.14) als Kriterium zum Nachweis der Stabilität verwendet werden kann. Im Zeitbereich gilt:

Definition 1.13 *Ein LZI-System ist genau dann stabil, wenn seine Impulsantwort absolut integrabel* [2] *ist, d.h.*

$$\int_{-\infty}^{+\infty} |h(t)| dt < K < \infty. \qquad (1.72)$$

Für kausale Systeme mit gebrochen rationalen Übertragungsfunktionen $H(p)$ läßt sich die Stabilität anhand der Pole von $H(p)$ beurteilen. Notwendig und hinreichend für die BIBO–Stabilität ist demnach, daß der Grad des Zählerpolynoms m nicht größer als der des Nennerpolynoms n ist und gleichzeitig für alle Pole $p_{\infty,\nu}$ von $H(p)$ gilt:

$$\Re\{p_{\infty,\nu}\} < 0 \quad \text{für alle} \quad \nu. \qquad (1.73)$$

Als notwendige Bedingung für die Stabilität kann das Hurwitz-

---
[2] Falls $h(t)$ Dirac–Impulse beinhaltet, ist (1.72) nur auf den Anteil von $h(t)$ anzuwenden, der keine Dirac–Impulse enthält, da $|\delta(t)|$ nicht definiert ist.

1.2 Determinierte Signale und lineare, zeitinvariante Systeme

-Kriterium [1.12] herangezogen werden, so daß die Pole nicht immer explizit berechnet werden müssen. Ein Beispiel für die Pol-(×)/Nullstellen(o)- Verteilung eines stabilen Systems $H(p)$ wird nebenstehend gezeigt.

Einige zeitkontinuierliche LZI-Systeme

Es werden hier nur einige elementare Eigenschaften und Systeme vorgestellt, für weiteres sei auf die nachfolgenden Kapitel und die Literatur (z.B. [1.2], [1.4], [1.5], [1.6], [1.12]) verwiesen.

Verzerrungsfreie Systeme. Wesentliches Ziel jeder Nachrichtenübertragung ist es, ein Sendesignal $x(t)$ so zum Empfänger zu übermitteln, daß sich das Empfangssignal $y(t)$ lediglich durch einen positiven Gewichtsfaktor A_0 und eine Laufzeit $t_0 \geq 0$ vom gesendeten Signal $x(t)$ unterscheidet. Der Übertragungskanal stellt dann ein *verzerrungsfreies System* dar. Der Ein-/Ausgangsbeschreibung

$$y(t) = A_0 \cdot x(t - t_0)$$

entspricht als Impulsantwort $h(t)$ bzw. Frequenzgang $H(\omega)$

$$h(t) = A_0 \cdot \delta(t - t_0), \qquad (1.74)$$
$$H(j\omega) = A_0 \cdot e^{-j\omega t_0} \text{ mit } A_0, t_0 \geq 0. \qquad (1.75)$$

Die Verzerrungsfreiheit zeigt sich im Frequenzgang demnach in einem konstanten Betragsverlauf $|H(j\omega)| = A(\omega) = A_0$ und einer *linearen Phase* $\phi(\omega) = -\omega t_0$. Für solche Systeme sind Gruppen- und Phasenlaufzeit gleich: $\tau_g = \tau_p = t_0$. Abweichungen vom konstanten Betragsverlauf bzw. vom linearen Phasenverlauf bei realen Systemen werden als *Amplitudenverzerrungen* bzw. *Phasenverzerrungen* des Sendesignals $x(t)$ bezeichnet.

verzerrungsfreies System

linearphasiges System

Amplituden- bzw. Phasenverzerrung

Idealer Tiefpaß und idealer Bandpaß. Reale Übertragungssysteme müssen verzerrungsfreies Verhalten meist nur in beschränkten Frequenzbereichen aufweisen, da die übertragenen Signale selbst bandbegrenzt sind oder im Empfänger nur in beschränkten Frequenzbereichen ausgewertet werden. Gleichzeitig sollen aber Frequenzanteile außerhalb dieses gewünschten Frequenzbereichs völlig unterdrückt werden, um beispielsweise den Anteil der Kanalstörungen im Empfangssignal möglichst gering zu halten. Idealisierte Modelle solcher Übertragungssysteme stellen der ideale Tiefpaß bzw. der ideale Bandpaß dar.

idealer Tiefpaß

Der *ideale Tiefpaß* weist bis zu einer Grenzfrequenz ω_g verzerrungsfreies Übertragungsverhalten auf, während alle Frequenzanteile außerhalb dieses Frequenzbereichs vollständig unterdrückt werden. Seine Übertragungsfunktion $H_{ITP}(j\omega)$ lautet damit:

$$H_{ITP}(j\omega) = A_0 \cdot p_{\omega_g}(\omega) e^{-j\omega t_0}. \tag{1.76}$$

Mit der Korrespondenz für die Rechteckfunktion im Frequenzbereich (1.41) und der Zeitverschiebungseigenschaft der FT (Abschnitt 8.3.2) ergibt sich als Impulsantwort

$$h_{ITP}(t) = \frac{A_0 \omega_g}{\pi} \cdot \text{si}\left[\omega_g(t - t_0)\right]. \tag{1.77}$$

Abbildung 1.5
Betragsfrequenzgang und Impulsantwort eines idealen Tiefpasses

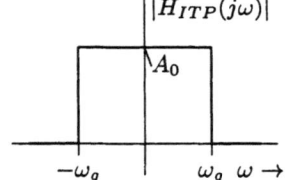
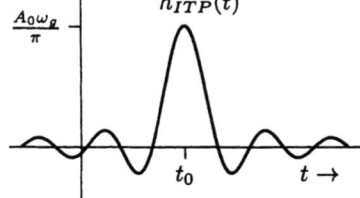

Aus der Impulsantwort (Abb. 1.5) ist unter anderem abzulesen, daß der ideale Tiefpaß nichtkausal und damit nicht realisierbar ist. Durch entsprechende Wahl der Verzögerung t_0 und Vernachlässigen (Abschneiden) der nichtkausalen Anteile der Impulsantwort kann er jedoch prinzipiell beliebig gut angenähert werden. Optimale Näherungen des idealen Tiefpasses im Sinne vorgegebener Kriterien sind ein Kernproblem des Systementwurfs (vgl. Kapitel 2).

In der Nachrichtentechnik spielen neben Tiefpässen auch Bandpässe eine wichtige Rolle, also Systeme, die Signale in einem bestimmten Frequenzbereich um die Mittenfrequenzen $\pm\omega_0 \neq 0$, **idealer Bandpaß** $\omega_0 > \omega_g$ verzerrungsfrei passieren lassen. Der *ideale Bandpaß* wird beschrieben durch zwei gleiche Rechteckfunktionen der Bandbreite $2\omega_g$ mit den Mittenfrequenzen $+\omega_0$ und $-\omega_0$:

$$H_{IBP}(j\omega) = A_0 \cdot \left[p_{\omega_g}(\omega + \omega_0) e^{-j(\omega+\omega_0)t_0} \ldots \right.$$
$$\left. \ldots + p_{\omega_g}(\omega - \omega_0) e^{-j(\omega-\omega_0)t_0}\right]. \tag{1.78}$$

1.2 Determinierte Signale und lineare, zeitinvariante Systeme

Für die zugehörige Impulsantwort erhält man unter Ausnutzung der Frequenzverschiebungseigenschaft der FT (Abschnitt 8.3.2)

$$h_{IBP}(t) = \frac{2A_0\omega_g}{\pi} \cdot \mathrm{si}\left[\omega_g(t-t_0)\right] \cdot \cos(\omega_0 t). \tag{1.79}$$

Allpässe und minimalphasige Systeme. Bei Entwurf und Analyse von realisierbaren (kausalen und stabilen) LZI–Systemen wird der Frequenzgang $H(j\omega)$ in engem Zusammenhang mit der Pol-/Nullstellen–Darstellung $H(p)$ nach (1.71) behandelt. Dazu kann man in der komplexen p-Ebene den Abstand zwischen einem beliebigen aber festen Wert p und einer Nullstelle $p_{0,\mu}$ bzw. einem Pol $p_{\infty,\nu}$ als eine komplexe Zahl mit Betrag k_* und Phase ϕ_* darstellen:

$$(p - p_{0,\mu}) = k_{0,\mu} e^{j\phi_{0,\mu}}, \tag{1.80}$$
$$(p - p_{\infty,\nu}) = k_{\infty,\nu} e^{j\phi_{\infty,\nu}}. \tag{1.81}$$

Damit lautet die gebrochen rationale Übertragungsfunktion

$$H(p) = K \cdot \frac{\prod_{\mu=0}^{m-1} k_{0,\mu}}{\prod_{\nu=0}^{n-1} k_{\infty,\nu}} \cdot e^{j\left(\sum_\mu \phi_{0,\mu} - \sum_\nu \phi_{\infty,\nu}\right)}. \tag{1.82}$$

Da der Frequenzgang $H(j\omega)$ stabiler kausaler Systeme durch $H(p=j\omega)$ gegeben ist, läßt er sich durch die einzelnen *Nullstellenstrecken* $k_{0,\mu}$ bzw. *Polstrecken* $k_{\infty,\nu}$ und die *Nullstellenwinkel* $\phi_{0,\mu}$ bzw. *Polwinkel* $\phi_{\infty,\nu}$ ausdrücken. Der Betrag des Frequenzgangs lautet dann (vgl. Gl. 1.58)

Nullstellen-, Polstrecken, Nullstellen-, Polwinkel

$$A(\omega) = |K| \cdot \frac{\prod_{\mu=0}^{m-1} k_{0,\mu}(\omega)}{\prod_{\nu=0}^{n-1} k_{\infty,\nu}(\omega)}, \tag{1.83}$$

und für den Phasenfrequenzgang (vgl. Gl. 1.59) ergibt sich

$$\phi(\omega) = \phi_K + \sum_{\mu=0}^{m-1} \phi_{0,\mu}(\omega) - \sum_{\nu=0}^{n-1} \phi_{\infty,\nu}(\omega), \tag{1.84}$$

wobei ϕ_K je nach Vorzeichen der Konstante K in (1.82) den Wert 0 oder π annimmt.

Aus der Darstellung nach (1.82) läßt sich insbesondere die Wirkung einer Nullstelle bzw. eines Pols auf den Frequenzgang ablesen. Nebenstehend ist die Polstrecke für einen Pol in der linken p-Halbebene dargestellt. Offensichtlich wird k_∞ minimal und damit der Beitrag dieses Pols zum Betragsfrequenzgang maximal,

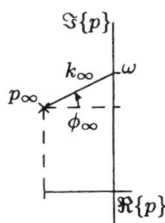

wenn $\omega = \Im\{p_\infty\}$. Entsprechend wird der Beitrag einer Nullstelle zum Betragsfrequenzgang minimal, wenn k_0 minimal ist, also $\omega = \Im\{p_0\}$. Je näher der Pol bzw. die Nullstelle an der imaginären Achse liegen, desto kleiner wird das Minimum der entsprechenden Strecke und damit wird der Beitrag zum Betragsfrequenzgang umso stärker ausgeprägt.

Ein Sonderfall liegt vor, wenn reelle Nullstellen oder konjugiert komplexe Nullstellenpaare in der rechten p-Halbebene genau spiegelbildlich zu entsprechenden Polen in der linken p-Halbebene liegen ($p_{0,*} = -p_{\infty,*}$): Dann sind Nullstellenstrecken und Polstrecken für alle Frequenzen ω jeweils gleich, neutralisieren sich also im Betragsfrequenzgang $|H(j\omega)|$. Besteht ein LZI–System ausschließlich aus Pol-/Nullstellenpaaren mit dieser Symmetrieeigenschaft, dann ist der Betragsfrequenzgang offenbar konstant und man spricht von einem *Allpaß*. Die Übertragungsfunktion kann dann mithilfe des Nennerpolynoms $N(p)$ in folgender Form ausgedrückt werden:

Allpaß

$$H_{AP}(p) = K \cdot \frac{\prod_{\mu=0}^{n-1}(p + p_{\infty,\mu})}{\prod_{\nu=0}^{n-1}(p - p_{\infty,\nu})} = K \cdot \frac{N(-p)}{N(p)}. \qquad (1.85)$$

Phasendrehung In der Praxis sind oft Systeme mit minimaler *Phasendrehung* $\Delta\phi$

$$\Delta\phi = |\phi(\infty) - \phi(-\infty)| \qquad (1.86)$$

von besonderem Interesse. Betrachtet man die Wirkung einzelner Pole und Nullstellen auf $\Delta\phi$, so überstreicht die Phase einer Polstelle beim Durchlaufen der gesamten Frequenzachse ($-\infty < \omega < \infty$) einen Winkelbereich von $-\pi/2$ bis $\pi/2$ (siehe Abbildung oben) und trägt damit $-\pi$ zur Gesamtphasendrehung $\Delta\phi$ bei. Eine Nullstelle in der linken Halbebene überstreicht denselben Winkelbereich und trägt $+\pi$ zu $\Delta\phi$ bei, kompensiert also die Phasendrehung eines Pols. Dagegen überstreicht eine Nullstelle in der rechten Halbebene den Winkelbereich von $3\pi/2$ bis $\pi/2$ (vergleiche nebenstehende Abbildung), trägt also ebenfalls $-\pi$ zur Gesamtphasendrehung bei und wirkt damit gleichsinnig zu einem Pol. *Minimalphasige Systeme* (auch *Mindestphasensysteme*), also Systeme mit minimaler Gesamtphasendrehung $\Delta\phi$, dürfen demnach keine Nullstellen in der rechten Halbebene aufweisen:

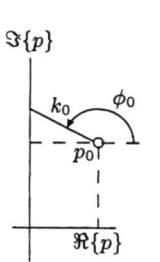

Minimalphasige Systeme

$$\Re\{p_{0,\mu}\} \leq 0 \quad \text{für alle} \quad \mu. \qquad (1.87)$$

Die Gesamtphasendrehung ergibt sich damit bei minimalphasigen Systemen unmittelbar aus der Differenz der Ordnungen von Nenner- und Zählerpolynom n bzw. m:

$$\Delta\phi_{MP} = (n - m) \cdot \pi. \qquad (1.88)$$

1.2 Deterministe Signale und lineare, zeitinvariante Systeme

Wegen der Symmetrie zu den Polstellen, die wegen der notwendigen Stabilität alle in der linken p-Halbebene liegen müssen, liegen bei Allpässen alle Nullstellen in der rechten p-Halbebene, so daß jedes Pol-/Nullstellenpaar eine Phasendrehung von $\Delta\phi = 2\pi$ bewirkt.

Ein beliebiges nichtminimalphasiges System kann durch Erweiterung der Übertragungsfunktion $H(p)$ stets als Hintereinanderschaltung eines minimalphasigen Systems $H_{MP}(p)$ und eines Allpasses $H_{AP}(p)$ dargestellt werden (vgl. Abb. 1.6):

$$H(p) = H_{MP}(p) \cdot H_{AP}(p). \quad (1.89)$$

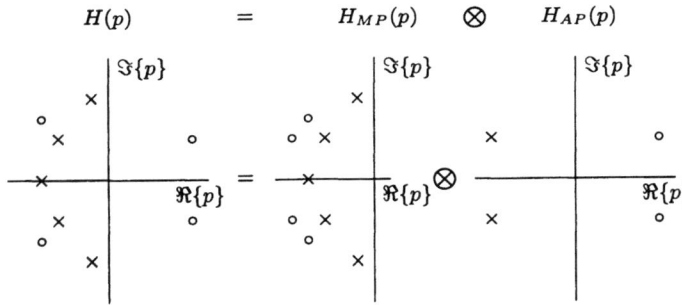

Abbildung 1.6 Zerlegung einer Übertragungsfunktion in minimalphasiges System und Allpass

1.2.2 Zeitdiskrete Signale und Systeme

Elementare Signale

Als Entsprechung zum Dirac–Impuls im kontinuierlichen Fall kann der zeitdiskrete Einheitsimpuls explizit angegeben werden:

Definition 1.14 *Der zeitdiskrete (Einheits-) Impuls $\delta[n]$ ist definiert durch*

$$\delta[n] = \begin{cases} 1 & n = 0 \\ 0 & n \neq 0 \end{cases}. \quad (1.90)$$

Einheitsimpuls

Für den Einheitsimpuls gilt analog zum zeitkontinuierlichen Dirac–Impuls folgende *Ausblendeigenschaft*

$$\sum_{k=-\infty}^{+\infty} f[k] \cdot \delta[n-k] = f[n]. \quad (1.91)$$

Ausblendeigenschaft

Die Rolle der Fourier–Transformierten bei zeitkontinuierlichen Signalen nimmt bei zeitdiskreten Signalen die Spektraltransformierte (FTA) ein (vgl. Gl. 8.12 in Kapitel 8). Als Spektrum des Einheitsimpulses erhält man durch Einsetzen in die Definitionsgleichung der FTA (Gl. 8.12)

$$\delta[n] \circ\!\!-\!\!\bullet \sum_{n=-\infty}^{+\infty} \delta[n]\, e^{-j\Omega n} = 1, \qquad (1.92)$$

und damit wie beim Dirac–Impuls eine Konstante. Dabei ist Ω die auf das Abtastintervall T normierte Kreisfrequenz: $\Omega = \omega T = 2\pi \cdot f/f_a$ mit $f_a = 1/T$ als Abtastfrequenz und f als technischer Frequenz mit der Einheit Hz.

Die Sprungfolge $\varepsilon[n]$ ist ähnlich wie die Sprungfunktion $\varepsilon(t)$ definiert, mit dem Unterschied, daß der Wert bei $n=0$ (anders als $\varepsilon(0)$) explizit festgelegt wird.

Sprungfolge **Definition 1.15** *Die Sprungfolge lautet:*

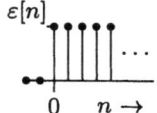

$$\varepsilon[n] = \begin{cases} 0 & n < 0 \\ 1 & n \geq 0 \end{cases}. \qquad (1.93)$$

Analog zum zeitkontinuierlichen Fall sind Impuls- und Sprungfolge über Summation und Differenzbildung verbunden (vgl. Gln. 1.23, 1.24):

$$\varepsilon[n] = \sum_{k=-\infty}^{n} \delta[k], \qquad (1.94)$$

$$\delta[n] = \varepsilon[n] - \varepsilon[n-1]. \qquad (1.95)$$

Das Spektrum der Sprungfolge ergibt sich aus der zeitdiskreten Entsprechung zum Integrationssatz der FT. Allgemein gilt bei einem Transformationspaar $f[n] \circ\!\!-\!\!\bullet F\left(e^{j\Omega}\right)$ für die FTA der Summe über $f[n]$

$$g[n] = \sum_{k=-\infty}^{n} f[k]$$

die Korrespondenz (vgl. [1.12]):

$$g[n] \circ\!\!-\!\!\bullet G\left(e^{j\Omega}\right) = \frac{F\left(e^{j\Omega}\right)}{1 - e^{-j\Omega}} + \pi \cdot F(e^{j0}) \cdot \sum_{\nu=-\infty}^{\infty} \delta\left(\Omega - \nu 2\pi\right).$$

$$(1.96)$$

1.2 Determinierte Signale und lineare, zeitinvariante Systeme

Wegen (1.94) gilt dann für das Spektrum (FTA) der Sprungfolge $\varepsilon[n]$:

$$\varepsilon[n] \circ\!\!-\!\!\bullet \frac{1}{1-e^{-j\Omega}} + \pi \cdot \sum_{\nu=-\infty}^{\infty} \delta\left(\Omega - \nu 2\pi\right). \quad (1.97)$$

Definition 1.16 *Die harmonische Exponentialfolge ergibt sich direkt aus dem kontinuierlichen Fall durch Zeitdiskretisierung ($t = nT$) und Frequenznormierung ($\omega T := \Omega$)* — harmonische Exponentialfolge

$$x[n] = e^{j\Omega n} = \cos(\Omega n) + j\sin(\Omega n). \quad (1.98)$$

Das Spektrum (FTA) zur harmonischen Exponentialfolge kann mithilfe folgender Überlegung ermittelt werden: Nachdem die Spektraltransformierte (FTA) stets periodisch in Ω mit Periodendauer 2π ist, und die zeitkontinuierliche harmonische Exponentielle als FT einen einzigen Dirac–Impuls ($\mathcal{F}\left\{e^{j\omega_0 t}\right\} = 2\pi \cdot \delta(\omega-\omega_0)$) aufweist, wird eine periodische Dirac-Impuls-Folge im Spektralbereich betrachtet:

$$F\left(e^{j\Omega}\right) = 2\pi \cdot \sum_{\nu=-\infty}^{\infty} \delta\left(\Omega - \Omega_0 - \nu 2\pi\right) \quad \text{mit } |\Omega_0| < \pi.$$

Rücktransformation in den Zeitbereich nach Gl. 8.13 führt mit der Ausblendeigenschaft des Dirac-Impulses auf

$$\begin{aligned} f[n] &= \frac{1}{2\pi} \int_{-\pi}^{\pi} F\left(e^{j\Omega}\right) e^{j\Omega n} d\Omega \\ &= \int_{-\pi}^{\pi} \sum_{k=-\infty}^{\infty} \delta\left(\Omega - \Omega_0 - k \cdot 2\pi\right) \cdot e^{j\Omega n} d\Omega \\ &= e^{j\Omega_0 n}. \end{aligned} \quad (1.99)$$

Wegen der Eindeutigkeit der Spektraltransformierten liegt damit die Korrespondenz für die harmonische Exponentialfolge fest:

$$e^{j\Omega_0 n} \circ\!\!-\!\!\bullet 2\pi \cdot \sum_{k=-\infty}^{\infty} \delta\left(\Omega - \Omega_0 - k \cdot 2\pi\right) \quad \text{mit } |\Omega_0| < \pi. \quad (1.100)$$

Eine konstante Zeitfolge entspricht dem Spezialfall $\Omega_0 = 0$ und weist damit ebenfalls eine periodische Dirac–Impulsfolge als Spektrum auf. — Konstante Zeitfolge

Aus (1.100) lassen sich nach dem Überlagerungsprinzip der FTA (analog zu Gln. 1.30, 1.31) unmittelbar die Spektraltransformierten von reellen Harmonischen ableiten:

reelle Harmonische

$$\cos(\Omega_0 n) \circ\!\!-\!\!\bullet \pi \sum_{\nu=-\infty}^{\infty} \delta(\Omega - \Omega_0 - \nu 2\pi) + \delta(\Omega + \Omega_0 - \nu 2\pi),$$
(1.101)

$$\sin(\Omega_0 n) \circ\!\!-\!\!\bullet j\pi \sum_{\nu=-\infty}^{\infty} \delta(\Omega + \Omega_0 - \nu 2\pi) - \delta(\Omega - \Omega_0 - \nu 2\pi).$$
(1.102)

signum-Folge Die *signum-Folge*

$$\text{sgn}[n] = \begin{cases} 1 & \text{für } n > 0 \\ 0 & \text{für } n = 0 \\ -1 & \text{für } n < 0 \end{cases}$$
(1.103)

ergibt sich aus der Darstellung $\text{sgn}[n] = 2s[n] - 1 - \delta[n]$ und für ihre Spektraltransformierte erhält man mit den Korrespondenzen (1.97), (1.100), (1.92) als Korrespondenz:

$$\text{sgn}[n] \circ\!\!-\!\!\bullet \frac{1}{j\tan(\Omega/2)}.$$
(1.104)

Rechteckfolge Als Entsprechung zur zeitkontinuierlichen Rechteckfunktion $p_T(t)$ definiert man die *Rechteckfolge*

$$p_N[n] = \begin{cases} 1 & \text{für } -N \leq n \leq N \\ 0 & \text{sonst} \end{cases}.$$
(1.105)

Einsetzen in die Definitionsgleichung der Spektraltransformation (FTA) ergibt für die zugehörige Spektraltransformierte unter Ausnutzung der Summenformel für endliche geometrische Reihen:

$$\sum_{n=-\infty}^{+\infty} p_N[n] e^{-j\Omega n} = \sum_{n=-N}^{+N} e^{-j\Omega n} = \frac{e^{j\Omega(N+1)} - e^{-j\Omega N}}{e^{j\Omega} - 1}$$

$$= \frac{e^{j\Omega(N+1/2)} - e^{-j\Omega(N+1/2)}}{e^{j\Omega/2} - e^{-j\Omega/2}} = \frac{\sin[(N+\tfrac{1}{2})\Omega]}{\sin(\Omega/2)}.$$

Zeitdiskrete LZI-Systeme im Zeitbereich

Analog zum zeitkontinuierlichen Fall werden Einheitsimpuls $\delta[n]$ und Sprungfolge $\varepsilon[n]$ zur Charakterisierung von LZI-Systemen im Zeitbereich verwendet.

1.2 Determinierte Signale und lineare, zeitinvariante Systeme

Definition 1.17 *Wird das LZI-System $\mathcal{T}\{\cdot\}$ mit dem Einheitsimpuls $\delta[n]$ erregt, so wird das Ausgangssignal als Impulsantwort $h[n]$ bezeichnet:*   Impulsantwort

$$h[n] = \mathcal{T}\{\delta[n]\}. \qquad (1.106)$$

Definition 1.18 *Wird das LZI-System $\mathcal{T}\{\cdot\}$ mit einer Sprungfolge $\varepsilon[n]$ erregt, so wird das Ausgangssignal als Sprungantwort $a[n]$ bezeichnet:*   Sprungantwort

$$a[n] = \mathcal{T}\{\varepsilon[n]\}. \qquad (1.107)$$

Der Zusammenhang zwischen Impulsantwort und Sprungantwort entspricht dem zwischen Einheitsimpuls und Sprungfolge (vgl. Gln. 1.94, 1.95):

$$h[n] = a[n] - a[n-1], \qquad (1.108)$$
$$a[n] = \sum_{k=-\infty}^{n} h[k]. \qquad (1.109)$$

Man beachte, daß im Gegensatz zum zeitkontinuierlichen Fall im zeitdiskreten Fall sowohl Sprung- als auch Impulsantwort ohne weiteres zu messen sind, da sowohl die Erzeugung der Testsignale als auch die Beobachtung der Ausgangssignale problemlos möglich sind.

Faltung. Dem Faltungsintegral im zeitkontinuierlichen Fall entspricht im zeitdiskreten Fall die *Faltungssumme*. Für ein zeitdiskretes System mit der Impulsantwortfolge $h[n]$ und der Eingangsfolge $x[n]$ ergibt sich für das Ausgangssignal $y[n]$:   Faltungssumme

$$y[n] = \sum_{k=-\infty}^{+\infty} h[k] \cdot x[n-k] = \sum_{k=-\infty}^{+\infty} h[n-k] \cdot x[k]. \qquad (1.110)$$

Auch im zeitdiskreten Fall wird zur Abkürzung oft das Symbol "$*$" verwendet, womit unterstrichen wird, daß die Operationen im zeitdiskreten und zeitkontinuierlichen Fall äquivalent sind. Werden zwei endliche Folgen $x[n]$ und $h[n]$ mit den jeweiligen Längen K und L gefaltet, dann gilt für die Länge M des Faltungsprodukts $y[n]$:

$$M = K + L - 1. \qquad (1.111)$$

Beschreibung durch Differenzengleichungen. Analog zu den Differentialgleichungen bei zeitkontinuierlichen LZI-Systemen werden zeitdiskrete LZI-Systeme durch Differenzengleichungen beschrieben. Die Beschreibung ist der durch Impuls- oder Sprungantwort äquivalent. Während die Differentialgleichungen in elektrischen Netzwerken durch Energiespeicher und Proportionalelemente (R,L,C) entstehen, werden zeitdiskrete LZI-Systeme durch Multiplizierer, Addierer und Verzögerungselemente realisiert (Abb. 1.7).

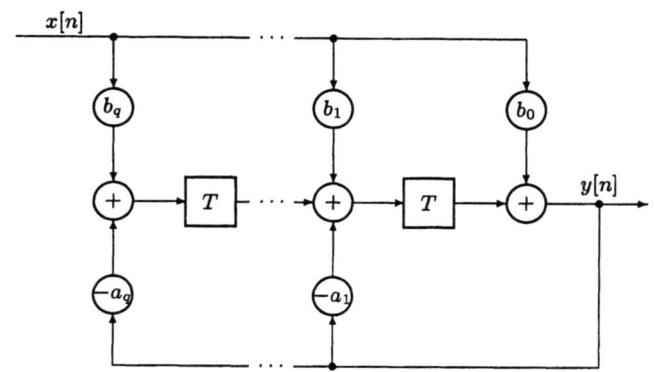

Abbildung 1.7
Blockschaltbild eines zeitdiskreten Systems q-ter Ordnung in (erster) kanonischer Form

Während im zeitkontinuierlichen Fall jedes LZI-System mit einem Eingang, einem Ausgang und q (unabhängigen) Energiespeichern durch eine Differentialgleichung q-ter Ordnung vollständig beschrieben wird, ergeben sich für zeitdiskrete LZI-Systeme (vgl. Abb. 1.7) Differenzengleichungen q-ter Ordnung der Form

$$y[n]+a_1y[n-1]+\ldots+a_qy[n-q] = b_0x[n]+\ldots+b_qx[n-q], \quad (1.112)$$

wobei die Koeffizienten a_i, b_j reell und konstant sind. Der Systemgrad q entspricht bei kanonischen Realisierungen der Anzahl der benötigten Verzögerungsglieder (Speicher). Als kanonische Realisierungen werden solche bezeichnet, die die kleinstmögliche Anzahl von Speichern erfordern.

Offensichtlich kann – im Unterschied zur Differentialgleichung ohne speziellen Lösungsansatz – aus der Differenzengleichung unmittelbar $y[n]$ rekursiv berechnet werden, wenn der Anfangszustand, das Eingangssignal $x[n]$ und die Koeffizienten a_i, b_j bekannt sind. Insbesondere ergibt sich die Impulsantwort $h[n]$ aus (1.112)

1.2 Determinierte Signale und lineare, zeitinvariante Systeme

durch Auflösen nach $y[n]$ und Einsetzen von $x[n] = \delta[n], y[n] = h[n]$:

$$h[n] = b_0\delta[n] + \ldots + b_q\delta[n-q] - (a_1 h[n-1] + \ldots + a_q h[n-q]), \tag{1.113}$$

und kann bei gegebenen Koeffizienten a_i, b_j und bekannten Anfangswerten (z.B. $y[n] = h[n] \equiv 0$ für $n < 0$) direkt numerisch ermittelt werden kann.

Entsprechend den Werten der Koeffizienten a_i, b_j werden zwei Klassen zeitdiskreter LZI-Systeme mit grundlegend verschiedenen Eigenschaften unterschieden: rekursive und nichtrekursive Systeme.

Rekursive Systeme weisen mindestens einen von Null verschiedenen Koeffizienten a_i auf. Im allgemeinen erstreckt sich ihre Impulsantwort wegen der Rekursivität, d.h. der Rückkopplung des Ausgangssignals $y[n]$ (siehe Abb. 1.7), auf der Zeitachse bis ins Unendliche. Dann werden sie auch als *"Infinite Impulse Response" (IIR)-Filter* bezeichnet. Einen Sonderfall unter den rekursiven Systemen stellen die *Allpolfilter* dar, bei denen alle Koeffizienten b_j außer b_0 gleich Null sind.

Rekursive Systeme

IIR–Filter
Allpolfilter

Nichtrekursive Systeme haben keine Rückkopplungszweige, das heißt, alle Koeffizienten a_i verschwinden identisch: $a_i = 0$, $i = 1, \cdots, q$. Damit hat die Impulsantwort eine endliche Länge ($h[n] \equiv 0$ für $n > q$), so daß solche Systeme oft als *"Finite Impulse Response" (FIR)-Filter* bezeichnet werden.

Nichtrekursive Systeme

FIR–Filter

Zeitdiskrete LZI–Systeme im Spektralbereich

Analog zum zeitkontinuierlichen Fall wird als Testsignal eine zeitdiskrete harmonische Exponentielle mit einer beliebigen aber festen Frequenz Ω betrachtet (vgl. Gl. 1.98):

$$x[n] = e^{j\Omega n}. \tag{1.114}$$

Dazu wird das Ausgangssignal $y[n]$ eines Systems mit der Impulsantwort $h[n]$ unter Benutzung der Faltungsbeziehung (1.110) ermittelt:

$$y[n] = \sum_{k=-\infty}^{+\infty} h[k]\, e^{j\Omega[n-k]} = e^{j\Omega n} \sum_{k=-\infty}^{+\infty} h[k]\, e^{-j\Omega k}. \tag{1.115}$$

Wie im zeitkontinuierlichen Fall wird die Übertragungsfunktion $H(e^{j\Omega})$ als derjenige – im allgemeinen komplexe – frequenzabhängige Faktor definiert, mit dem eine harmonische Exponentielle durch das System gewichtet wird:

Übertragungs- **Definition 1.19** *Die Übertragungsfunktion (Frequenzgang) ei-*
funktion, *nes zeitdiskreten LZI-Systems ist gegeben durch*
Frequenzgang

$$H(e^{j\Omega}) = \left.\frac{y[n]}{x[n]}\right|_{x[n]=e^{j\Omega n}} = \sum_{k=-\infty}^{+\infty} h[k]e^{-j\Omega k}. \qquad (1.116)$$

Aus der Definition (1.116) läßt sich ablesen, daß der Frequenzgang $H(e^{j\Omega})$ wie alle Spektraltransformierten (vgl. FTA in Kapitel 8) wegen der Ganzzahligkeit von k eine periodische Funktion in Ω mit Periodendauer 2π ist.

Übertragungsfunktion $H(e^{j\Omega})$ und Differenzengleichung.
Setzt man die harmonische Exponentielle $x[n] = e^{j\Omega n}$ (1.114) in die allgemeine Differenzengleichung (1.112) ein und ersetzt $y[n]$ durch $H(e^{j\Omega}) \cdot e^{j\Omega n}$ gemäß (1.116), so ergibt sich durch Auflösen nach $H(e^{j\Omega})$:

$$H(e^{j\Omega}) = \frac{b_0 + b_1 e^{-j\Omega} + \cdots + b_q e^{-j\Omega q}}{1 + a_1 e^{-j\Omega} + \cdots + a_q e^{-j\Omega q}}. \qquad (1.117)$$

Wie im zeitkontinuierlichen sind auch im zeitdiskreten Fall Impulsantwort, Differentialgleichung und Übertragungsfunktion gleichwertige und austauschbare Beschreibungen eines LZI-Systems.

Analog zum Faltungssatz der Fourier–Transformation gilt für zwei zeitdiskrete Signale $f_1[n], f_2[n]$ mit den Spektraltransformierten $F_1(e^{j\Omega}), F_2(e^{j\Omega})$

$$f_1[n] * f_2[n] = \sum_{k=-\infty}^{\infty} f_1[k] \cdot f_2[n-k] \quad \circ\!\!-\!\!\bullet \quad F_1\left(e^{j\Omega}\right) \cdot F_2\left(e^{j\Omega}\right),$$
(1.118)

so daß sich die *Ein-/Ausgangsbeziehung* bei zeitdiskreten LZI-Systemen als Produkt im Spektralbereich darstellt:

$$y[n] = h[n] * x[n] \quad \circ\!\!-\!\!\bullet \quad Y(e^{j\Omega}) = H(e^{j\Omega}) \cdot X(e^{j\Omega}). \qquad (1.119)$$

Für die Kaskadierung von Systemen gilt entsprechendes zu (1.56).

Zeitdiskrete LZI–Systeme in der komplexen Frequenzebene

Im Hinblick auf realisierbare LZI–Systeme spielt die Beschreibung kausaler Systeme bei Anregung mit einseitig zeitbegrenzten Eingangsfolgen ($h[n] \equiv 0, x[n] \equiv 0$ für $n < 0$) wiederum eine besondere Rolle. Zu ihrer Beschreibung wird im Zeitdiskreten als

1.2 Determinierte Signale und lineare, zeitinvariante Systeme

allgemeines Testsignal die Potenzreihe

$$x[n] = z^n \quad (n = 0, 1, 2, ...; z \text{ komplex})$$

verwendet. Der Zusammenhang mit der komplexen Exponentialfunktion e^{pt} wird offensichtlich, wenn nur die diskreten Zeitpunkte $t = nT$ betrachtet werden und z als

$$z = e^{pT} = e^{\sigma T + j\Omega}$$

mit der oben eingeführten normierten Frequenz Ω dargestellt wird. Setzt man dieses Testsignal in die Faltungsbeziehung (1.110) ein, so lautet der Zusammenhang zwischen Ein- und Ausgangssignal für ein kausales System mit der Impulsantwort $h[n]$

$$y[n] = \sum_{k=-\infty}^{+\infty} h[k] \cdot z^{n-k} = z^n \sum_{k=0}^{+\infty} h[k] \cdot z^{-k}. \quad (1.120)$$

Die Summe auf der rechten Seite entspricht nun der einseitigen z-Transformierten der Impulsantwort $h[n]$ und wird als Übertragungsfunktion $H(z)$ definiert:

$x[n] = z^n \rightarrow \boxed{H(z)} \rightarrow y[n] = H(z)z^n$

Definition 1.20 *Die Übertragungsfunktion (auch: Systemfunktion) eines zeitdiskreten kausalen LZI-Systems in der z-Ebene ist gegeben durch*

Übertragungsfunktion

$$H(z) = \left. \frac{y[n]}{x[n]} \right|_{x[n] = z^n} = \sum_{k=0}^{+\infty} h[k] z^{-k}, \quad (1.121)$$

für alle z, für die die Summe konvergiert.

Der Konvergenzbereich ist jeweils das Gebiet außerhalb eines Kreises mit Radius $\sigma_T > \sigma_{T,min}$ (vgl. Kapitel 8). Schließt das Konvergenzgebiet den Einheitskreis $|z| = 1$ ein ($\sigma_{T,min} < 1$), dann existiert die Spektraltransformierte $H(e^{j\Omega})$ der Impulsantwort für alle Ω und man erhält den Frequenzgang des Systems aus $H(z)$ für $z = e^{j\Omega}$. Eigenschaften der z-Transformation finden sich in Kapitel 8.

Übertragungsfunktion $H(z)$ und Differenzengleichung.
Wendet man die einseitige z-Transformation auf die allgemeine Differenzengleichung (vgl. Gl. 1.112) an, so ergibt sich mit der Zeitverschiebungseigenschaft der z-Transformation und der Annahme, daß alle Speicher zur Zeit $n = 0$ leer sind:

$$Y(z) + a_1 z^{-1} Y(z) + \ldots + a_q z^{-q} Y(z) = b_0 X(z) + \ldots + b_q z^{-q} X(z). \quad (1.122)$$

Auflösen nach $Y(z)/X(z) := H(z)$ liefert dann die gebrochen rationale Übertragungsfunktion $H(z)$:

$$H(z) = \frac{b_0 + b_1 z^{-1} + \cdots + b_q z^{-q}}{1 + a_1 z^{-1} + \cdots + a_q z^{-q}} = \frac{b_0 z^q + b_1 z^{q-1} + \cdots + b_q}{z^q + a_1 z^{q-1} + \cdots + a_q}. \quad (1.123)$$

Solange das System kausal ist, ist der Grad des Zählerpolynoms stets kleiner oder gleich dem Grad des Nennerpolynoms. Die Pole und Nullstellen von $H(z)$ sind wegen der reellen Koeffizienten stets reell oder paarweise konjugiert komplex.

Wegen des Faltungssatzes der z-Transformation

$$f_1[n] * f_2[n] \quad \circ\!\!-\!\!\bullet \quad F_1(z) \cdot F_2(z) \quad (1.124)$$

wird die *Ein-/Ausgangsbeziehung* bei kausalen LZI–Systemen mit kausaler Anregung ($h[n] = x[n] \equiv 0$ für $n < 0$) im z-Bereich zu

$$y[n] = h[n] * x[n] \quad \circ\!\!-\!\!\bullet \quad Y(z) = H(z) \cdot X(z), \quad (1.125)$$

und eignet sich damit wie die Laplace–Transformation im Zeitkontinuierlichen besonders gut zur Analyse transienter Vorgänge.

nichtrekursive Systeme Offensichtlich weist die Übertragungsfunktion für *nichtrekursive Systeme* ($a_i \equiv 0$ für alle i) nur einen einzigen q-fachen Pol bei $z = 0$ auf, so daß sie sich auch als Polynom in z^{-1} schreiben läßt:

$$H(z) = \sum_{\mu=0}^{q} b_\mu z^{-q}. \quad (1.126)$$

rekursive Systeme Für *rekursive Systeme* liegt mindestens ein Pol außerhalb von $z = 0$ und die Impulsantwort erstreckt sich in der Regel bis ins Unendliche (vgl. IIR-Systeme).

Ausnahmen bilden Systeme, deren Übertragungsfunktion sowohl als rekursive wie als nichtrekursive Struktur realisiert ist, z.B.

$$H(z) = \sum_{n=0}^{N-1} \left(\frac{z_0}{z}\right)^n = \frac{1 - (z_0/z)^N}{1 - (z_0/z)}.$$

Allpolfilter haben keine Nullstellen, so daß sich das Zählerpolynom auf die Konstante b_q reduziert.

Stabilität zeitdiskreter LZI–Systeme

Auch für zeitdiskrete LZI–Systeme ergibt sich eine Stabilitätsbedingung aus der Impulsantwortfolge $h[n]$: Die Ausgangsfolge $y[n]$ strebt nur dann bei einer beschränkten Eingangsfolge $x[n]$ sicher einem endlichen Wert zu (BIBO-Prinzip), wenn die

BIBO–Stabilität Impulsantwortfolge $h[n]$ absolut summierbar ist:

1.2 Determinierte Signale und lineare, zeitinvariante Systeme

$$\sum_{n=-\infty}^{+\infty} |h[n]| < K < \infty. \qquad (1.127)$$

Für die Pole $z_{\infty,\nu}$ der Übertragungsfunktion $H(z)$ eines kausalen LZI–Systems bedeutet dies, daß alle Pole im Inneren des Einheitskreises liegen müssen (vgl. Zeitfolgen bei z-Rücktransformation einzelner Pole in Kapitel 8):

$$|z_{\infty,\nu}| < 1 \text{ für alle } \nu. \qquad (1.128)$$

Bei einem einfachen Pol auf dem Einheitskreis spricht man von *Grenzstabilität*. Dann ist zwar die Stabilitätsbedingung (1.127) nicht erfüllt, die Impulsantwortfolge $h[n]$ bleibt jedoch beschränkt. Ein mehrfacher Pol auf dem Einheitskreis führt dagegen stets zu einer aufklingenden Impulsantwort: $|h[n]| \to \infty$ für $n \to \infty$. Dem Hurwitz–Kriterium (vgl. oben) vergleichbare Kriterien zur Stabilitätsprüfung sind für zeitdiskrete Systeme nicht bekannt.

Grenzstabilität

Aus (1.127) und (1.128) ist unmittelbar abzulesen, daß nichtrekursive Systeme stets stabil sind: Zum einen führt die endliche Impulsantwort bei beschränkten Koeffizientenwerten stets zu einer endlichen Summe, zum anderen liegen alle Pole nichtrekursiver Filter im Nullpunkt $z = 0$. *Arithmetikfehler* (Rundungsfehler) durch *Quantisierung* nach der Multiplikation oder Addition wirken sich stets nur auf endlich viele Ausgangswerte aus und können die Stabilität nicht gefährden.

Arithmetikfehler, Quantisierung

Demgegenüber kann bei rekursiven Systemen aufgrund der Rückkopplung von (arithmetik-)fehlerbehafteten Ausgangswerten die Stabilität sehr wohl beeinträchtigt werden, insbesondere wenn sich die Pole des Systems durch die Quantisierung der Koeffizienten a_i dem Einheitskreis nähern. Die Rückkopplung von fehlerbehafteten Ausgangswerten kann außerdem dazu führen, daß das Ausgangssignal auch nach dem Abschalten der Anregung nie abklingt, man spricht dann von *Grenzzyklen*. Diese sind in der Regel abhängig von der vorher erfolgten Anregung, so daß für ein gegebenes System die maximal möglichen Amplituden von Grenzzyklen nur schwer analytisch abzuschätzen sind. (Genaueres siehe z.B. in [1.10]).

Grenzzyklen

Elementare zeitdiskrete LZI-Systeme

Wie bei zeitkontinuierlichen LZI-Systemen werden nur einige elementare Eigenschaften und Systeme vorgestellt, für weiteres sei auf nachfolgende Kapitel und die Literatur (z.B. [1.6], [1.7], [1.10], [1.11], [1.12]) verwiesen.

Linearphasige FIR-Filter. Während bei realen zeitkontinuierlichen und rekursiven zeitdiskreten Systemen ein im gesamten Frequenzbereich linearer Phasenverlauf nur angenähert werden kann, erlauben zeitdiskrete FIR-Systeme einen perfekt linearen Phasenverlauf und damit eine frequenzunabhängige Gruppenlaufzeit.

Es wird ein kausales FIR-System vom Grad L betrachtet, dessen Frequenzgang mit der Impulsantwortfolge $h[k]$ der Länge $L+1$ lautet (vgl. Gln. 1.57, 1.116):

$$H(e^{j\Omega}) = |H(e^{j\Omega})| \cdot e^{j\phi(\Omega)} = \sum_{n=0}^{L} h[n]e^{-j\Omega n}.$$

Die Phasenfunktion $\phi(\Omega)$ ist genau dann linear [1.10], wenn für die Impulsantwort gilt (vgl. Abb. 1.8)

$$\begin{aligned} h[L-n] &= h[n] \quad \text{oder} & (1.129)\\ h[L-n] &= -h[n]. & (1.130) \end{aligned}$$

Für die Phasenfunktion ergibt sich bei symmetrischer ($h[L-n] = h[n]$) bzw. antimetrischer ($h[L-n] = -h[n]$) Impulsantwort:

$$\begin{aligned} \phi(\Omega) &= -\Omega \cdot L/2 + k\pi, \quad \text{bzw.} & (1.131)\\ \phi(\Omega) &= -\Omega \cdot L/2 + (k+\frac{1}{2})\pi, & (1.132) \end{aligned}$$

so daß die Gruppenlaufzeit jeweils $\tau_g = -d\phi/d\Omega = L/2$ beträgt.

Die Symmetrie der Impulsantwort spiegelt sich auch in der Lage der Nullstellen in der z-Ebene wieder: Die Nullstellen linearphasiger Filter sind nicht nur paarweise symmetrisch zur reellen Achse, sondern liegen auch paarweise symmetrisch zum Einheitskreis (sofern $|z_0| \neq 1$). Wenn z_0 eine Nullstelle ist, dann ist auch $1/z_0$ eine Nullstelle von $H(z)$, d.h. aus $H(z_0) = 0$ folgt immer $H(1/z_0) = 0$.

Die Bedeutung der Linearphasigkeit liegt unter anderem auch darin begründet, daß sie Voraussetzung vieler Entwurfsmethoden für digitale FIR-Filter ist [1.6], [1.10].

1.2 Determinierte Signale und lineare, zeitinvariante Systeme

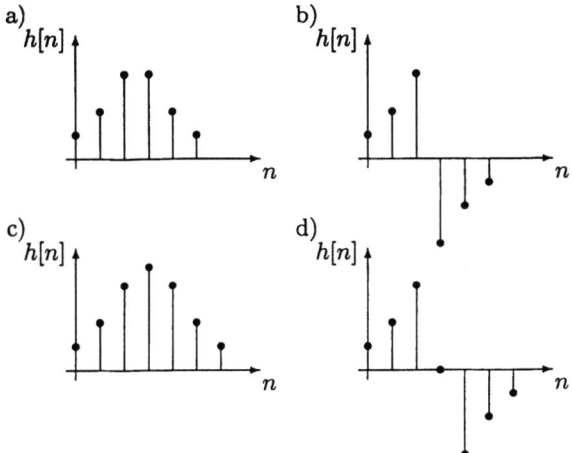

Abbildung 1.8
Mögliche Impulsantworten linearphasiger Systeme.
a/b: ungerader Filtergrad $L = 5$
c/d: gerader Filtergrad $L = 6$

Minimalphasige Systeme und Allpässe. Die prinzipiellen Eigenschaften für zeitdiskrete minimalphasige Systeme und Allpässe entsprechen denen bei zeitkontinuierlichen Systemen. Bedenkt man, daß beim Übergang von der p-Ebene in die z-Ebene die linke p-Halbebene in das Innere des Einheitskreises der z-Ebene abgebildet wird (vgl. Kapitel 8), dann müssen entsprechend zu (1.87) für *minimalphasige zeitdiskrete Systeme* die Nullstellen $z_{0,\mu}$ im Inneren des Einheitskreis liegen:

minimalphasige Systeme

$$|z_{0,\mu}| \leq 1 \quad \text{für alle} \quad \mu. \quad (1.133)$$

Allpässe sind durch einen konstanten Betragsfrequenzgang definiert. Analog zum zeitkontinuierlichen Fall liegen beim zeitdiskreten Allpaß Pole und Nullstellen symmetrisch zum Einheitskreis, wobei die Pole wegen der notwendigen Stabilität stets im Inneren des Einheitskreises liegen. Wenn der Allpaß $H_{AP}(z)$ einen Pol bei z_∞ hat, dann liegt bei $z_0 = 1/z_\infty$ eine Nullstelle. Die Übertragungsfunktion eines Allpasses vom Grad n mit Betragsfrequenzgang $|H_{AP}(e^{j\Omega})| = 1$ lautet damit in der Pol-/Nullstellen–Darstellung:

Allpässe

$$H_{AP}(z) = \frac{\prod_{\mu=0}^{n}(1 - z \cdot z_{\infty,\mu})}{\prod_{\nu=0}^{n}(z - z_{\infty,\nu})}. \quad (1.134)$$

1.2.3 Abtasttheorem und Simulationstheorem

In den vorausgehenden Abschnitten wurde die Beschreibung zeitkontinuierlicher und zeitdiskreter Signale und Systeme parallel dargestellt ohne den Übergang zwischen zeitkontinuierlichen und zeitdiskreten Signalen und Systemen näher zu untersuchen. Dieser Übergang ist jedoch von erheblicher Bedeutung, da einerseits physikalisch meßbare Signale stets zeit- und wertkontinuierlich sind, andererseits die Signalverarbeitung in der Informationstechnik zunehmend auf einer zeit- und wertdiskreten Signaldarstellung basiert. Es wird nachfolgend die Abtastung eines Zeitsignals (Zeitdiskretisierung) untersucht und dabei die Wertdiskretisierung (Quantisierung) ausgeklammert. Damit wird implizit angenommen, daß die Abweichung der quantisierten Signalwerte von den ursprünglichen vernachlässigbar klein ist. Entsprechend der Dualität von Zeit- und Frequenzbereich kann analog zur Abtastung eines Zeitsignals auch eine Abtastung eines Fourier–Spektrums vorgenommen werden, die den gleichen Gesetzen gehorcht und beispielsweise in der Spektralanalyse ihre praktische Anwendung findet. Danach wird das Simulationstheorem formuliert und damit aufgezeigt, unter welchen Randbedingungen ein zeitdiskretes System ein zeitkontinuierliches ersetzen kann.

Abtastung und Rekonstruktion eines zeitkontinuierlichen Signals

Der Übergang von einem zeitkontinuierlichen Signal $x(t)$ zu einem zeitdiskreten Signal $x[n]$ kann idealisiert beschrieben werden als Multiplikation von $x(t)$ mit einer Dirac–Folge

$$x_a(t) = x(t) \cdot \sum_{n=-\infty}^{\infty} \delta(t-nT) = \sum_{n=-\infty}^{\infty} x(nT) \cdot \delta(t-nT) \quad (1.135)$$

und anschließende Verwendung der Dirac–Gewichte $x(nT)$ als Folgenelemente $x[n]$:

$$x(nT) := x[n] \text{ für alle } n. \quad (1.136)$$

Mit $x[n]$ liegt eine Signaldarstellung vor, wie sie typischerweise in digitalen Rechenwerken (Mikroprozessoren, digitaler Signalprozessoren) verarbeitet wird. Der Zählindex n kann dabei beispielsweise mit der Adresse einer Speicherzelle, der Signalwert $x[n]$ mit dem Inhalt dieser Speicherzelle identifiziert werden. Der Wert des Abtastintervalls T muß separat gesichert werden.

Bei der Abtastung stellt sich unmittelbar die Frage, wie das Abtastintervall T gewählt werden muß, damit die in $x(t)$ enthaltene Information auch in $x[n]$ erhalten bleibt, und wie aus

1.2 Determinierte Signale und lineare, zeitinvariante Systeme

den Abtastwerten das zeitkontinuierliche Signal $x(t)$ wiederhergestellt werden kann. Diese Fragestellung wird anhand des Modells der zeitdiskreten Verarbeitung zeitkontinuierlicher Signale nach Abb. 1.9 untersucht: Die Abtastwerte $x[n]$ bzw. $x(nT)$ werden von einem zeitdiskreten System zu einem zeitdiskreten Signal $y[n]$ bzw. $y(nT)$ verarbeitet und anschließend einem Interpolator zugeführt, der aus den diskreten Abtastzeitpunkten das zeitkontinuierliche Signal $y(t)$ rekonstruieren soll. Entsprechend ist als

Abbildung 1.9
Modell der zeitdiskreten Verarbeitung zeitkontinuierlicher Signale

grundsätzliche Problematik bei Abtastung und Interpolation zu klären:

Welche Bedingungen müssen an Abtaster und Interpolator gestellt werden, damit eine eindeutige Rekonstruktion des Eingangssignals möglich ist, d.h. damit $y(t) \equiv x(t)$, wenn $y(nT) \equiv x(nT)$?

Dabei müssen für eine exakte Rekonstruktion zwei Teilforderungen erfüllt werden: Zum einen muß die Abtastung so erfolgen, daß das kontinuierliche Signal $x(t)$ durch das abgetastete Signal $x(nT)$ bzw. die Folge $x[n]$ vollständig beschrieben wird. Zum zweiten muß durch die Interpolation $y(t)$ fehlerfrei aus $y(nT) = x(nT)$ rekonstruiert werden.

Zur Illustration der Abtastung im Zeitbereich wird deren Wirkung im Frequenzbereich betrachtet. Die Fourier–Transformation des mittleren Ausdrucks in (1.135) ergibt mit der Korrespondenz (1.29) und dem Faltungssatz für das Fourier–Spektrum $X_a(j\omega)$ des abgetasteten Signals $x_a(t)$:

$$X_a(j\omega) = \frac{1}{T} \sum_{n=-\infty}^{+\infty} X\left[j(\omega - n\omega_a)\right], \qquad (1.137)$$

wobei zur Abkürzung die *Abtastfrequenz*   Abtastfrequenz

$$\omega_a = \frac{2\pi}{T} \qquad (1.138)$$

eingeführt wird. Offensichtlich ist das Spektrum des abgetasteten Signals eine periodische Fortsetzung des ursprünglichen

Spektrums mit der Periode ω_a. Aus der Spektraldarstellung von $X_a(j\omega)$ (Abb. 1.10) lassen sich direkt die Forderungen ablesen, die Abtastung und Interpolation erfüllen müssen, damit die oben geforderte eindeutige Rekonstruktion von $x(t)$ möglich ist: Anschaulich gesprochen, muß bei der Abtastung dafür gesorgt werden, daß sich die periodischen Fortsetzungen von $X(j\omega)$ im Spektrum $X_a(j\omega)$ nicht überlappen. Dazu muß $X(j\omega) \equiv 0$ oberhalb einer Grenzfrequenz ω_g erfüllt sein, und die Abtastfrequenz ω_a muß mindestens das Doppelte der Grenzfrequenz ω_g betragen.

Die Interpolation hat dann die Aufgabe, eines der Spektren

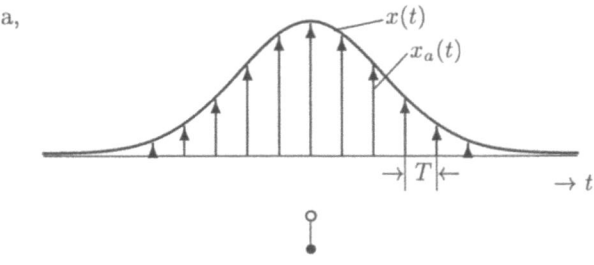

Abbildung 1.10
Zeitsignale und Spektren bei Abtastung ($X(j\omega)$ reell)

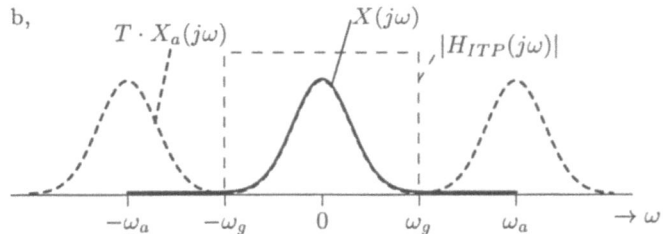

$X(j\omega)$ aus $X_a(j\omega)$ herauszuschneiden, also im Frequenzbereich mit einer Rechteckfunktion zu multiplizieren, was der Filterung mit einem idealen Tiefpaß entspricht (vgl. Abschnitt 1.2.1). Die beiden Bedingungen werden zusammengefaßt im

Abtasttheorem für Zeitsignale.

1. *Eine tiefpaßbegrenzte kontinuierliche Zeitfunktion $x(t)$ mit der Grenzfrequenz ω_g kann genau dann vollständig durch ihre Abtastwerte $x(nT)$ beschrieben werden, wenn für die Abtastfrequenz ω_a gilt:*

$$\omega_a = \frac{2\pi}{T} \geq 2\omega_g. \tag{1.139}$$

1.2 Determinierte Signale und lineare, zeitinvariante Systeme

2. *Erfolgt die Interpolation durch einen idealen Tiefpaß mit der Übertragungsfunktion*

$$H_{ITP}(j\omega) = T \cdot p_{\omega_g}(\omega) e^{-j\omega t_0}, \qquad (1.140)$$

so stimmt das aus den Abtastwerten rekonstruierte Signal mit dem ursprünglichen kontinuierlichen Signal bis auf eine Zeitverschiebung um t_0 überein.

Die Interpolation wird anhand Abb. 1.11 für $t_0 = 0$ zusätzlich im Zeitbereich veranschaulicht. Der Filterung von $X_a(j\omega)$ mit einem idealen Tiefpaß nach (1.140) entspricht im Zeitbereich eine Faltung mit einer si-Funktion. Ausgehend von einem verzögerungsfreien idealen Interpolator (Tiefpaß) der Grenzfrequenz $\omega_g = \omega_a/2 = \pi/T$

$$h_{ITP}(t) = \mathcal{F}^{-1}\left\{T \cdot p_{\omega_g}(\omega)\right\} = \frac{\omega_g T}{\pi}\text{si}(\omega_g t) = \text{si}\left(\frac{\pi t}{T}\right)$$

gilt für das interpolierte Signal $x(t)$:

$$x(t) = x_a(t) * \text{si}\left(\frac{\pi t}{T}\right).$$

Geht $x_a(t)$ aus der Abtastung eines auf $\omega_a/2$ tiefpaßbegrenzten Signals $x(t)$ gemäß (1.135) hervor, dann gilt (vgl. Abb. 1.11):

$$\begin{aligned} x(t) &= \text{si}\left(\pi\frac{t}{T}\right) * \sum_{n=-\infty}^{+\infty} x(nT) \cdot \delta(t-nT) \\ &= \sum_{n=-\infty}^{+\infty} x(nT) \cdot \text{si}\left(\pi\frac{t-nT}{T}\right). \end{aligned} \qquad (1.141)$$

Diese Beziehung zeigt, daß jedes tiefpaßbegrenzte Signal aus seinen Abtastwerten durch *bandbegrenzte Interpolation* fehlerfrei rekonstruiert werden kann.

bandbegrenzte Interpolation

Das *Abtasttheorem* gilt nicht nur für tiefpaßbegrenzte, sondern allgemeiner auch *für Bandpaßsignale*. Entscheidend für die eindeutige Darstellung und Rekonstruierbarkeit des zeitkontinuierlichen Signals durch seine Abtastwerte ist wie bei Tiefpaßsignalen die gesamte Bandbreite im Bereich $-\infty < \omega < \infty$. Dabei muß für die Abtastfrequenz stets gelten: $\omega_a \geq B$, wobei B alle Frequenzbereiche erfaßt, in denen das Signalspektrum $X(j\omega)$ nicht identisch verschwindet [1.9].

Abtasttheorem für Bandpaßsignale

Abbildung 1.11
Interpolation des
Signals $x(t)$ aus
den Abtastwerten
$x(nT)$ ($t_0 = 0$)

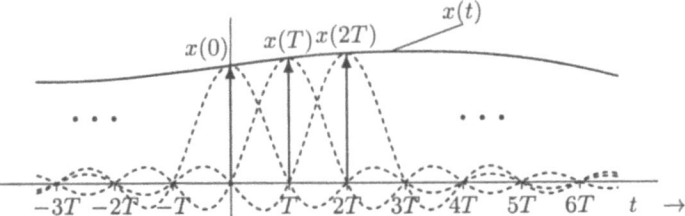

reale Abtastung
und Interpolation

Aliasing

Für *reale Abtastung und Interpolation* sind zusätzlich zwei Aspekte zu beachten: Zum einen können gemessene reale Signale nie streng bandbegrenzt sein, da sie immer zeitbegrenzt sind. Entsprechend treten bei der Abtastung immer zumindest kleine Überlappungen der aneinandergrenzenden Spektren auf (*Überfaltungen*, engl.: *aliasing*), die sich prinzipiell nicht vermeiden lassen und deren Einfluss sich im allgemeinen nicht kompensieren läßt. Zum zweiten läßt sich der für die Rekonstruktion geforderte ideale Tiefpaß wegen seiner Nichtkausalität nicht realisieren (vgl. Abschnitt 1.2.1). In der Praxis erhält man bei entsprechender Verzögerung t_0 jedoch ausreichend gute Näherungen, so daß der entstehende Rekonstruktionsfehler klein gehalten werden kann.

Abtastung und Rekonstruktion eines Fourier–Spektrums

Aufgrund der Dualität zwischen kontinuierlichem Zeitbereich und dem Fourier–Bereich läßt sich die Abtastung eines Fourier–Spektrums analog zur Abtastung zeitkontinuierlicher Signale behandeln. Entsprechend zu (1.135) kann ein ideal abgetastetes Spektrum dargestellt werden durch

$$X_A(j\omega) = X(j\omega) \cdot \sum_{n=-\infty}^{+\infty} \delta(\omega - n\Theta) = \sum_{n=-\infty}^{+\infty} X(jn\Theta) \cdot \delta(\omega - n\Theta), \quad (1.142)$$

Abtastperiodendauer

wobei Θ das Abtastintervall auf der Frequenzachse vertritt. Die graphische Darstellung entspricht der bei Abtastung im Zeitbereich (Abb. 1.10a) mit entsprechend geänderten Bezeichnungen. (Zur Unterscheidung der Abtastung im Frequenzbereich von der Abtastung im Zeitbereich werden hier Großbuchstaben als Indizes verwendet.) Führt man die *Abtastperiodendauer*

$$t_A = \frac{2\pi}{\Theta} \quad (1.143)$$

ein und transformiert den mittleren Term in (1.142) mit der Korrespondenz für Dirac–Folgen (1.29), so ergibt sich für die Zeit-

1.2 Determinierte Signale und lineare, zeitinvariante Systeme

funktion $x_A(t)$ nach Anwendung der Ausblendeigenschaft:

$$x_A(t) = x(t) * \frac{1}{\Theta} \sum_{n=-\infty}^{+\infty} \delta(t - nt_A) = \frac{1}{\Theta} \sum_{n=-\infty}^{+\infty} x(t - nt_A). \quad (1.144)$$

Diese Gleichung entspricht formal (1.137) bei der Abtastung im Zeitbereich. Die zum abgetasteten Spektrum $X_A(j\omega)$ gehörige Zeitfunktion $x_A(t)$ ist damit die mit der Abtastperiodendauer t_A periodisch fortgesetzte ursprüngliche Zeitfunktion $x(t)$. Die graphische Darstellung entspricht damit wiederum der für die Abtastung im Zeitbereich (Abb. 1.10b) mit entsprechend geänderten Bezeichnungen. Offensichtlich kann $x(t)$ nur dann eindeutig aus $x_A(t)$ rekonstruiert werden, wenn sich die periodischen Fortsetzungen $x(t - nt_A)$ für verschiedene Werte n nicht überlappen, wenn also $x(t)$ zeitbegrenzt ist und die Zeitdauer kleiner als t_A ist.

Geht man von einer zeitbegrenzten Funktion $x(t)$ mit Zeitdauer $2t_G$ aus, deren Spektrum $X(j\omega)$ mit genügend kleinem Θ abgetastet wurde, so daß $t_A \geq 2t_G$ eingehalten wird, so läßt sich die Rekonstruktion von $x(t)$ aus $x_A(t)$, d.h. die *Interpolation* des Spektrums $X(j\omega)$, im Zeitbereich als Multiplikation mit einer Rechteckfunktion $w(t) = \Theta \cdot p_{t_G}(t)$ ("Fensterung") beschreiben. Dies entspricht der idealen Tiefpaßfilterung bei Abtastung im Zeitbereich nach Abb. 1.10b.

Im Frequenzbereich stellt sich die Rekonstruktion des ursprünglichen Spektrums als Faltung des abgetasteten Spektrums $X_A(j\omega)$ mit einer si-Funktion dar. Für den Fall minimaler Abtastperiodendauer $t_A = 2\pi/\Theta = 2t_G$, also $t_G = \pi/\Theta$, ergibt sich damit:

$$X(j\omega) = \sum_{n=-\infty}^{+\infty} X(jn\Theta) \cdot \text{si}\left(\frac{\pi(\omega - n\Theta)}{\Theta}\right). \quad (1.145)$$

Die Interpolation entspricht somit der bei Abtastung im Zeitbereich (vgl. Gl. 1.141 und Abb. 1.11). Damit ergibt sich als **Abtasttheorem im Frequenzbereich**:

1. *Eine zeitbegrenzte Funktion $x(t)$ mit der Zeitdauer $2t_G$ und dem kontinuierlichen Spektrum $X(j\omega)$ kann genau dann vollständig durch ihre Abtastwerte $X(jn\Theta)$ beschrieben werden, wenn für die Abtastperiodendauer t_A gilt:*

$$t_A = \frac{2\pi}{\Theta} \geq 2 \cdot t_G. \quad (1.146)$$

2. *Erfolgt die Interpolation im Zeitbereich durch Multiplikation mit einem System des Zeitverlaufs ("Rechteckfenster")*

$$w(t) = \Theta \cdot p_{t_G}(t), \qquad (1.147)$$

so stimmt das aus den Abtastwerten rekonstruierte Spektrum mit dem ursprünglichen kontinuierlichen Spektrum überein. Im Frequenzbereich entspricht die Interpolation einer Faltung mit

$$W(j\omega) = 2 \cdot \Theta \cdot t_G \cdot \mathrm{si}\,(\omega t_G). \qquad (1.148)$$

Zeitdiskrete Ersatzsysteme für zeitkontinuierliche Systeme

Soll ein zeitdiskretes System, also beispielsweise ein digitales Rechenwerk (Mikroprozessor, Signalprozessor,...), ein zeitkontinuierliches System ersetzen ("simulieren"), dann ist zu klären, welche Bedingungen das zeitdiskrete System und die entsprechenden zeitdiskreten Signale erfüllen müssen, um die Gleichwertigkeit zu gewährleisten.

Für die Simulation eines zeitkontinuierlichen LZI–Systems wird eine Anordnung nach Abb. 1.12 betrachtet und gefordert, daß das zeitkontinuierliche System mit der Übertragungsfunktion $\tilde{H}(j\omega)$ durch ein zeitdiskretes LZI-System mit der Übertragungsfunktion $H(e^{j\Omega})$ nachgebildet werden soll. Wenn man voraussetzen darf, daß Abtastung und Interpolation ideal erfolgen (durch Dirac–Folge bzw. idealen Tiefpaß), dann bleibt folgende Fragestellung zu klären:

Wie muß die Übertragungsfunktion eines zeitdiskreten Systems $H(e^{j\Omega})$ gewählt werden, damit dieses bei Anregung mit den Abtastwerten $x[n] = \tilde{x}(nT)$ die Abtastwerte $y[n] = \tilde{y}(nT)$ am Ausgang erzeugt?

Abbildung 1.12 Zeitdiskrete Simulation zeitkontinuierlicher LZI-Systeme

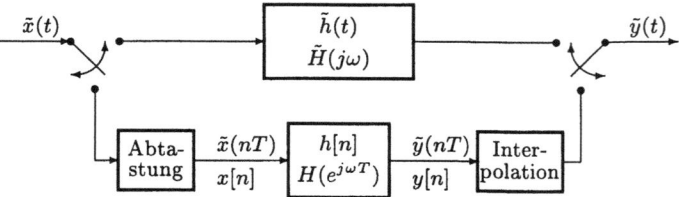

Am Ausgang des zeitkontinuierlichen System ergeben sich die Abtastwerte $\tilde{y}(nT)$ aus der Fourier–Rücktransformation der multipli-

1.2 Determinierte Signale und lineare, zeitinvariante Systeme

zierten Spektren zu den Zeitpunkten $t = nT$:

$$\tilde{y}(nT) = \mathcal{F}^{-1}\left\{\tilde{H}(j\omega) \cdot \tilde{X}(j\omega)\right\}\Big|_{t=nT} =$$
$$= \frac{1}{2\pi} \int_{-\infty}^{\infty} \tilde{H}(j\omega) \cdot \tilde{X}(j\omega) e^{j\omega nT} d\omega. \quad (1.149)$$

Am Ausgang des zeitdiskreten Systems erhält man als Zeitfolge durch Rücktransformation der Spektraldarstellung (vgl. Gl. 8.13 mit (1.55) und (1.99)) sowie $\Omega = \omega T$:

$$y[n] = \frac{1}{2\pi} \int_{-\pi}^{\pi} H\left(e^{j\Omega}\right) \cdot X\left(e^{j\Omega}\right) e^{j\Omega n} d\Omega =$$
$$= \frac{T}{2\pi} \int_{-\pi/T}^{\pi/T} H\left(e^{j\omega T}\right) \cdot X\left(e^{j\omega T}\right) e^{j\omega nT} d\omega. \quad (1.150)$$

Vergleicht man die beiden Gleichungen für den Trivialfall des Kurzschlusses $\tilde{H}(j\omega) = H\left(e^{j\omega T}\right) = 1$, so erkennt man, daß $\tilde{y}(nT) = y[n]$ nur erfüllt werden kann, wenn das Eingangssignal $\tilde{x}(t)$ ideal bandbegrenzt ist und damit das Abtasttheorem eingehalten wird, also gilt:

$$\tilde{X}(j\omega) = \begin{cases} T \cdot X\left(e^{j\omega T}\right) & \text{für } |\omega| \leq \pi/T \\ 0 & \text{sonst} \end{cases}. \quad (1.151)$$

Setzt man dies in (1.149) ein

$$\tilde{y}(nT) = \frac{T}{2\pi} \int_{-\pi/T}^{\pi/T} \tilde{H}(j\omega) \cdot X(e^{j\omega T}) e^{j\omega nT} d\omega,$$

so wird beim erneuten Vergleich mit (1.150) deutlich, daß für die Gleichheit $y[n] = \tilde{y}(nT)$ im allgemeinen zusätzlich zu (1.151) gelten muß:

$$\tilde{H}(j\omega) = H\left(e^{j\omega T}\right) \text{ für } |\omega| \leq \pi/T. \quad (1.152)$$

In Abb. 1.13 werden die beteiligten Betragsspektren und Betragsfrequenzgänge dargestellt. Das Ergebnis wird zusammengefaßt im

Simulationstheorem. *Ein zeitkontinuierliches LZI-System mit der Übertragungsfunktion $\tilde{H}(j\omega)$ kann genau dann von einem zeitdiskreten LZI-System mit der Übertragungsfunktion $H\left(e^{j\omega T}\right)$ simuliert werden, wenn nur bandbegrenzte Eingangssignale entsprechend (1.151) zugelassen sind und die Frequenzgänge in einer Periode von $H\left(e^{j\omega T}\right)$ gemäß (1.152) übereinstimmen.*

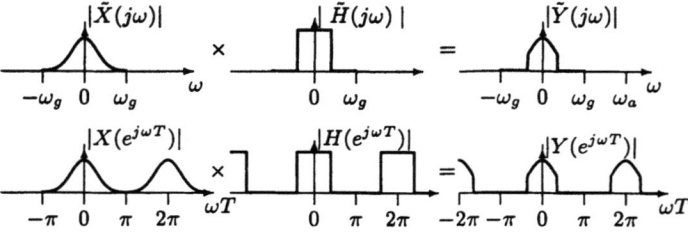

Abbildung 1.13
Spektren zur zeitdiskreten Simulation zeitkontinuierlicher Systeme

1.3 Zufällige Signale

Grundlage für die Beschreibung zufälliger Signale ist die Wahrscheinlichkeitsrechnung. Bildet man die Ergebnisse von Zufallsexperimenten auf Zahlen ab, dann erhält man Zufallsvariablen. Als Verallgemeinerung können den Zufallsergebnissen auch Funktionen zugeordnet werden, man spricht dann von stochastischen Prozessen. Demnach wird ein Zeitsignal, das aus Sicht des Betrachters zufällig zustande gekommen ist, als eine Zeitfunktion behandelt, die einem Ergebnis eines Zufallsexperiments zugeordnet ist.

1.3.1 Grundbegriffe der Wahrscheinlichkeitsrechnung

Zufallsexperiment Es wird zunächst ein *Zufallsexperiment* betrachtet, also ein Experiment mit zufälligem Ausgang, das eine diskrete Menge von möglichen Ergebnissen, die *Ergebnismenge* $\mathbf{A} = \{A_1, A_2, \ldots\}$ liefert. Ein Beispiel für ein solches Zufallsexperiment ist das Würfeln, die Ergebnismenge ist dann die Menge der möglichen Würfelergebnisse: $\mathbf{A} = \{1, 2, \ldots, 6\}$. Wenn bei der Durchführung des Experimentes ein bestimmtes Ergebnis A_i eintritt, spricht

Ereignis man von einem *Ereignis*, beim Würfeln ist beispielsweise das Eintreten des Würfelergebnisses "6" ein Ereignis. Ereignisse können auch als Vereinigung mehrerer möglicher Ergebnisse definiert werden: Das Ereignis "gerade Zahl" tritt ein, wenn ein Ergebnis aus der Menge der Ergebnisse $\{2, 4, 6\}$ eintritt. Zur Unterscheidung werden Ereignisse wie das Auftreten des Würfelergebnisses "6"

Elementarereignis als *Elementarereignisse* bezeichnet. Elementarereignisse sind dadurch gekennzeichnet, daß sie immer paarweise unvereinbar (disjunkt) sind.

1.3 Zufällige Signale

Führt man das Experiment N-mal durch und tritt dabei das Ergebnis A_ν n_ν-mal auf, dann ist die *relative Häufigkeit* dieses Ereignisses gegeben durch:

relative Häufigkeit

$$h(A_\nu) = \frac{n_\nu}{N}. \quad (1.153)$$

Offensichtlich gilt

$$0 \leq h(A_\nu) \leq 1. \quad (1.154)$$

Die Vereinigung aller Ergebnisse nennt man das *sichere Ereignis* *sicheres Ereignis* $S = \cup_\nu A_\nu$. Für die Häufigkeit des sicheren Ereignisses gilt offenbar:

$$h\left(\cup_\nu A_\nu\right) = h(S) = 1. \quad (1.155)$$

Beim Experiment "Würfeln" würde das sichere Ereignis lauten: $S = \cup_\nu A_\nu = \{1,\ldots,6\}$ ("irgendeine ganze Zahl von 1 bis 6").

Analog zum sicheren Ereignis nennt man ein Ereignis, das mit relativer Häufigkeit Null eintritt, das *unmögliche Ereignis*. Beim *unmögliches* Würfeln wäre z.B. das Ereignis "Eine Zahl größer 6 oder kleiner *Ereignis* 1" ein unmögliches Ereignis.

Es wird nun die relative Häufigkeit zweier unvereinbarer Ereignisse $A_\mu \cup A_\nu$ betrachtet, etwa der Ereignisse "1" oder "3" beim Würfeln. Die Häufigkeit, mit der eines der beiden Ergebnisse eintritt, entspricht offensichtlich der Summe der Häufigkeiten der beiden einzelnen Ereignisse und damit deren relativen Häufigkeiten:

$$h(A_\mu \cup A_\nu) = \frac{n_\mu + n_\nu}{N} = h(A_\mu) + h(A_\nu). \quad (1.156)$$

Aus diesen Beobachtungen hat man den Begriff *Wahrscheinlichkeit* in Anlehnung an die relative Häufigkeit geprägt. Da *Wahrscheinlichkeit* man die Wahrscheinlichkeit mathematisch nicht als Grenzwert der Häufigkeit rechtfertigen kann – man kann wegen der Zufälligkeit der Ereignisse nicht beweisen, daß sich ab einer bestimmten Anzahl von Versuchen die Ergebnishäufigkeiten nicht ändern – wählt man eine *axiomatische Definition der Wahrscheinlichkeit*, die auf *axiomatische* ihrer Zweckmäßigkeit gründet. Wahrscheinlichkeit wird den Ereignissen A_ν als ein Maß zugeordnet mit Eigenschaften, die denen der relativen Häufigkeiten entsprechen:

Definition 1.21 Wahrscheinlichkeit

1. Für die Wahrscheinlichkeit eines Ereignisses A_ν gilt

$$0 \leq P(A_\nu) \leq 1. \quad (1.157)$$

2. *Für das sichere Ereignis S, d.h. die Vereinigung aller möglichen Ereignisse, gilt:*

$$P(S) = P(\cup_\nu A_\nu) = 1. \qquad (1.158)$$

3. *Für disjunkte (unvereinbare) Ereignisse A_μ und A_ν gilt:*

$$P(A_\mu \cup A_\nu) = P(A_\mu) + P(A_\nu). \qquad (1.159)$$

Das Problem, die Wahrscheinlichkeiten $P(A_\nu)$ für reale Ereignisse A_ν anzugeben, bleibt bei der axiomatischen Definition der Wahrscheinlichkeit ausgeklammert. Den Übergang von der relativen Häufigkeit zur Wahrscheinlichkeit $P(A_\nu)$ beschreibt das *Gesetz der großen Zahlen*, das für die Differenz zwischen der relativen Häufigkeit eines Ereignisses nach N Experimenten $h_N(A_\nu)$ und der Wahrscheinlichkeit $P(A_\nu)$ angibt:

Gesetz der großen Zahlen

$$\lim_{N\to\infty} P\left(|P(A_\nu) - h_N(A_\nu)| \leq \epsilon\right) = 1. \qquad (1.160)$$

Die Wahrscheinlichkeit, daß der Unterschied zwischen der relativen Häufigkeit und der Wahrscheinlichkeit kleiner als eine beliebig kleine Schranke ϵ ist, konvergiert also für wachsendes N gegen Eins.

Bei *n disjunkten gleichwahrscheinlichen Ereignissen A_ν* läßt sich die Wahrscheinlichkeit direkt durch eine Plausibilitätsbetrachtung ermitteln: Da die Summe aller Wahrscheinlichkeiten gleich Eins sein muß, ist die Wahrscheinlichkeit eines der gleichwahrscheinlichen Ereignisse $P(A_\nu) = 1/n$.

gleichwahrscheinliche Ereignisse

Hängt die Wahrscheinlichkeit eines Ereignisses mit der anderer Ereignisse zusammen, dann kann man sie in Abhängigkeit der Wahrscheinlichkeiten der bedingenden Ereignisse formulieren. Die Wahrscheinlichkeit für ein Ereignis B unter der Bedingung, daß ein Ergebnis A mit $P(A) > 0$ eingetreten ist, wird als *bedingte Wahrscheinlichkeit* oder *a-posteriori Wahrscheinlichkeit* $P(B|A)$ bezeichnet (im Gegensatz zur *a priori-Wahrscheinlichkeit* $P(B)$) und berechnet sich gemäß

bedingte Wahrscheinlichkeit, a priori-/ a posteriori Wahrscheinlichkeit

$$P(B|A) = \frac{P(A \cap B)}{P(A)}, \qquad (1.161)$$

wobei $P(A \cap B)$ die Verbundwahrscheinlichkeit ("A und B") ist. Als Beispiel sei wieder ein Würfelexperiment angeführt: Bezeichnet B das Würfelereignis "4" und A das Ereignis "gerade Zahl", dann ist $P(B|A) = (1/6)/(1/2) = 1/3$. Der Zusammenhang zwi-

1.3 Zufällige Signale

schen der a priori-Wahrscheinlichkeit $P(B)$ und der a posteriori-Wahrscheinlichkeit $P(B|A_\nu)$ wird auch durch den *Satz von der totalen Wahrscheinlichkeit* hergestellt. Für ein beliebiges Ereignis B und eine Menge paarweise disjunkter Ereignisse A_ν mit $P(\bigcup_\nu A_\nu) = 1$ gilt:

Satz von der totalen Wahrscheinlichkeit

$$P(B) = \sum_\nu P(B|A_\nu) \cdot P(A_\nu). \qquad (1.162)$$

Formuliert man aus (1.161) eine zweite Gleichung, indem man die Ereignisse A und B vertauscht, und löst jeweils nach der Verbundwahrscheinlichkeit auf, dann erhält man

$$P(A \cap B) = P(B) \cdot P(A|B) = P(A) \cdot P(B|A). \qquad (1.163)$$

Daraus ergibt sich mit dem Satz von der totalen Wahrscheinlichkeit (Gl. 1.162) der *Bayessche Satz*:

Bayes'scher Satz

$$P(A_\nu|B) = \frac{P(B|A_\nu) \cdot P(A_\nu)}{\sum_\nu P(B|A_\nu) \cdot P(A_\nu)}. \qquad (1.164)$$

Als Sonderfall ist die *statistische Unabhängigkeit* zweier Ereignisse anzusehen: Zwei Ereignisse werden als statistisch unabhängig bezeichnet, wenn die bedingte Wahrscheinlichkeit $P(B|A)$ gleich der *a priori*-Wahrscheinlichkeit ist, $P(B|A) = P(B)$, das bedingende Ereignis A also keinen Einfluß auf $P(B)$ hat. Dann wird aus (1.163):

statistische Unabhängigkeit

$$P(A \cap B) = P(A) \cdot P(B). \qquad (1.165)$$

1.3.2 Zufallsvariable, Verteilung und Dichte

Für die mathematische Behandlung von Zufallsexperimenten ist die Abbildung der Ergebnisse auf Zahlen notwendig. Zu diesem Zweck werden Zufallsvariablen eingeführt:

Definition 1.22 *Eine Zufallsvariable (ZV) ist eine Zahl* $\mathbf{x}$*, die dem Ergebnis eines Zufallsexperiments zugeordnet wird, also eine Funktion des Zufallsergebnisses.*

Zufallsvariable

Den Wert x_i einer Zufallsvariable für ein bestimmtes Ergebnis A_i nennt man auch die *Realisierung der Zufallsvariablen* $\mathbf{x}$. Man unterscheidet *diskrete Zufallsvariablen*, also solche, die nur diskrete Werte annehmen können, und *kontinuierliche Zufallsvariablen*, die beliebige Werte in einem Intervall annehmen können. Beschreibt man beispielsweise das Ergebnis eines Münzwurfs mit der Zufallsvariablen $\mathbf{x}$ und ordnet den Seiten (Wappen bzw. Zahl) die Werte $x_1 = 1, x_2 = -1$ zu, dann handelt es sich um eine diskrete

diskrete/ kontinuierliche ZV

Wahrscheinlich-keitsverteilung

Zufallsvariable. Als Beispiel für eine kontinuierliche Zufallsvariable mag der tatsächliche Ohm'sche Widerstandswert eines elektrischen Widerstands dienen. Bei Normierung auf den Nennwert würde der Wert der Zufallsvariable x_i bei Widerständen mit bis zu 1% Abweichung vom Nennwert (1-prozentigen Widerständen) im Intervall $[0,99;1,01]$ liegen.

Die Wahrscheinlichkeit, mit der eine Zufallsvariable x einen Wert kleiner x annimmt, wird als *Wahrscheinlichkeitsverteilung* (auch: Verteilung, Verteilungsfunktion) $F_\mathbf{x}(x)$ bezeichnet:

$$F_\mathbf{x}(x) = P(\mathbf{x} \leq x). \tag{1.166}$$

Betrachtet man beispielsweise ein Würfelexperiment und definiert als Zufallsvariable x das Zehnfache des Würfelergebnisses, dann ergibt sich die in Abb. 1.14a, dargestellte Wahrscheinlichkeitsverteilung $F_\mathbf{x}(x)$. Eine mögliche Wahrscheinlichkeitsverteilung einer kontinuierlichen ZV, die nur Werte im Intervall $[0,99;1,01]$ annehmen kann (1-prozentige Widerstände), ist in Abb. 1.14b, gezeigt.

Abbildung 1.14
Wahrscheinlichkeitsverteilungen bei diskreten (a,) und kontinuierlichen (b,) ZVn

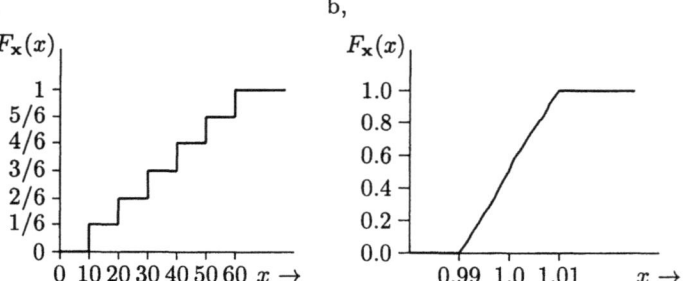

Da $F_\mathbf{x}(x)$ eine Wahrscheinlichkeit ist, gilt

$$0 \leq F_\mathbf{x}(x) \leq 1, \tag{1.167}$$

und damit bei reellen Zufallsvariablen x auch

$$F_\mathbf{x}(-\infty) = 0 \quad \text{und} \quad F_\mathbf{x}(\infty) = 1. \tag{1.168}$$

Außerdem ist $F_\mathbf{x}(x)$ eine monoton steigende Funktion, so daß gilt:

$$F_\mathbf{x}(x_2) \geq F_\mathbf{x}(x_1) \quad \text{falls} \quad x_2 > x_1. \tag{1.169}$$

Die Wahrscheinlichkeit, mit der der Wert der ZV x zwischen x_1 und $x_2 > x_1$ liegt, läßt sich direkt aus der Verteilung, nämlich aus der Differenz $F_\mathbf{x}(x_2) - F_\mathbf{x}(x_1)$ ablesen:

$$P(x_1 < \mathbf{x} \leq x_2) = F_\mathbf{x}(x_2) - F_\mathbf{x}(x_1).$$

1.3 Zufällige Signale

Bei diskreten Zufallsvariablen ergibt sich für $F_\mathbf{x}(x)$ stets eine Treppenfunktion, wobei die Sprunghöhe an einer Stelle x_0 der Wahrscheinlichkeit $P(\mathbf{x} = x_0)$ entspricht (vgl. Abb. 1.14a).

Als *Wahrscheinlichkeitsdichte* (oft auch: *Verteilungsdichte*) $f_\mathbf{x}(x)$ wird die Ableitung der Verteilung $F_\mathbf{x}(x)$ eingeführt:

Wahrscheinlichkeitsdichte

$$f_\mathbf{x}(x) = \frac{\mathrm{d}F_\mathbf{x}(x)}{\mathrm{d}x}, \qquad (1.170)$$

oder in integraler Form:

$$F_\mathbf{x}(x) = \int_{-\infty}^{x} f_\mathbf{x}(\xi)\mathrm{d}\xi. \qquad (1.171)$$

Da $F_\mathbf{x}(x)$ monoton steigt, kann $f_\mathbf{x}(x)$ nicht negativ werden

$$f_\mathbf{x}(x) \geq 0, \qquad (1.172)$$

und aus (1.171) folgt mit $F_\mathbf{x}(\infty) = 1$:

$$\int_{-\infty}^{\infty} f_\mathbf{x}(\xi)\mathrm{d}\xi = 1. \qquad (1.173)$$

Die Dichte diskreter Zufallsvariablen wird durch die Ableitung der Treppenfunktion zu einer Summe von Dirac–Impulsen, wobei deren Gewichte den Auftrittswahrscheinlichkeiten der zugehörigen Werte $P(\mathbf{x} = x_i) := P(x_i)$ der Zufallsvariablen entsprechen:

$$f_\mathbf{x}(x) = \sum_i P(x_i) \cdot \delta(x - x_i).$$

In Abb. 1.15 sind die Wahrscheinlichkeitsdichten zu den Verteilungen in Abb. 1.14 dargestellt.

a,
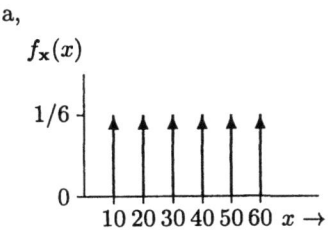

b,
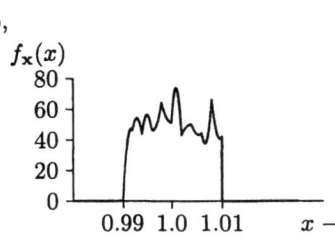

Abbildung 1.15 Beispiele zu Wahrscheinlichkeitsdichten bei diskreten und kontinuierlichen Zufallsvariablen

Die Wahrscheinlichkeit, daß der Wert einer Zufallsvariablen zwischen x_1 und $x_2 > x_1$ liegt, läßt sich bei der Dichte durch Integration über das Intervall $(x_1, x_2]$ der Dichte $f_\mathbf{x}(x)$ ermitteln. Damit ist die Wahrscheinlichkeit, daß eine Zufallsvariable $\mathbf{x}$ genau einen Wert x_0 annimmt, immer Null, wenn nicht die Dichte $f_\mathbf{x}(x)$ bei $x = x_0$ einen Dirac–Impuls aufweist.

Einige Verteilungen und Dichten

Binomialverteilung. Eine (diskrete) Zufallsvariable x ist binomialverteilt, wenn für seine $N+1$ möglichen Werte $k = 0, ..., N$ gilt:

$$P(\mathbf{x} = k) = \binom{N}{k} p^k \cdot (1-p)^{N-k} \text{ mit } 0 < p < 1. \quad (1.174)$$

Für den linearen Mittelwert und die Varianz (siehe Abschnitt 1.3.2) gilt:

$$m_\mathbf{x} = n \cdot p \quad \text{bzw.} \quad \sigma_\mathbf{x}^2 = n \cdot p(1-p).$$

gleichverteilte diskrete ZV

Gleichverteilung. Bei einer *gleichverteilten diskreten Zufallsvariable* treten alle Ereignisse gleich häufig ein. Sind N Ereignisse möglich, ist die Auftrittswahrscheinlichkeit für jedes Ereignis $1/N$. Die Verteilung $F_\mathbf{x}(x)$ ist entsprechend eine Treppenfunktion mit gleichen Stufenhöhen und die Dichte $f_\mathbf{x}(x)$ eine Summe von N Dirac-Impulsen mit dem Gewicht $1/N$. (Vgl. Würfelexperiment, Abbn. 1.14a, 1.15a).

gleichverteilte kontinuierliche ZV

Eine in einem Intervall *gleichverteilte kontinuierliche Zufallsvariable* ist dadurch gekennzeichnet, daß in diesem Intervall die Wahrscheinlichkeitsdichte $f_\mathbf{x}(x)$ eine positive Konstante ist, deren Wert dem Inversen der Intervallbreite entspricht. Entsprechend nimmt die Verteilung $F_\mathbf{x}(x)$ in diesem Intervall linear zu. Ist die Zufallsvariable x im Intervall $-\Delta < x \leq \Delta$ gleichverteilt, dann gilt (vgl. Abb. 1.16):

$$f_\mathbf{x}(x) = \begin{cases} \frac{1}{2\Delta} & \text{für } -\Delta < x \leq \Delta \\ 0 & \text{sonst} \end{cases}, \quad (1.175)$$

$$F_\mathbf{x}(x) = \begin{cases} 0 & \text{für } x \leq -\Delta \\ \frac{1}{2\Delta}(x+\Delta) & \text{für } -\Delta < x \leq \Delta \\ 1 & \text{für } x > \Delta \end{cases}. \quad (1.176)$$

Normalverteilung (Gauß-Verteilung). Eine normalverteilte oder Gauß-verteilte kontinuierliche Zufallsvariable wird durch ihre Dichte geschlossen beschrieben:

$$f_\mathbf{x}(x) = \frac{1}{\sqrt{2\pi} \cdot \sigma_\mathbf{x}} e^{-(x-m_\mathbf{x})^2/2\sigma_\mathbf{x}^2}. \quad (1.177)$$

1.3 Zufällige Signale

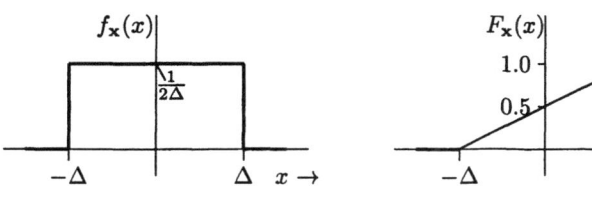

Abbildung 1.16 Dichte und Verteilung einer gleichverteilten kontinuierlichen ZV

Parameter der Normalverteilung sind der lineare Mittelwert $m_\mathbf{x}$ und die Streuung $\sigma_\mathbf{x}$ (siehe Gln. 1.189, 1.196 in Abschnitt 1.3.2). Das Integral über die Dichte, also die Verteilung $F_\mathbf{x}(x)$, wird als *Gaußsches Fehlerintegral* – in der Regel auf $m_\mathbf{x} = 0, \sigma_\mathbf{x} = 1$ normiert – in Tabellen niedergelegt, z.B. [1.1]. Unterschiedliche Integrationsgrenzen führen zu verschiedenenen Bezeichnungen, z.B. erf, erfc.

Gaußsches Fehlerintegral

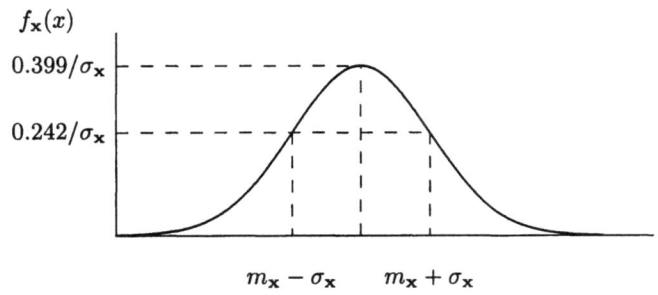

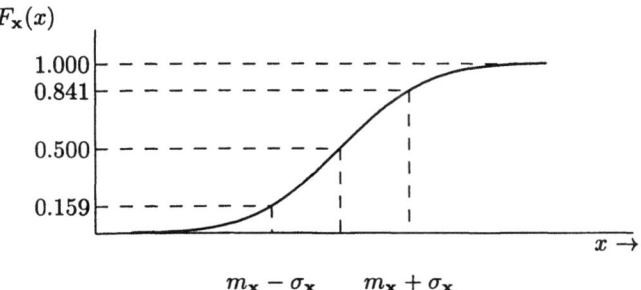

Abbildung 1.17 Dichte und Verteilung einer normalverteilten kontinuierlichen ZV

Die Bedeutung der Normalverteilung leitet sich unter anderem aus dem *zentralen Grenzwertsatz* ab, der besagt, daß die Wahrscheinkeitsverteilung einer Summe von N statistisch unabhängigen Zufallsvariablen im allgemeinen für wachsendes N einer Gauß-Verteilung zustrebt (für notwendige Bedingungen siehe [1.3]).

zentraler Grenzwertsatz

Mehrdimensionale Wahrscheinlichkeitsverteilungen und -dichten

Analog zur eindimensionalen Wahrscheinlichkeitsverteilung $F_\mathbf{x}(x)$ bzw. Wahrscheinlichkeitsdichte $f_\mathbf{x}(x)$ werden für mehrere Zufallsvariablen sogenannte Verbundverteilungen und Verbunddichten definiert (auch: gemeinsame Wahrscheinlichkeitsverteilung bzw. gemeinsame Wahrscheinlichkeitsdichte). Es wird hier nur der zweidimensionale Fall betrachtet, für höherdimensionale Verteilungen und Dichten gilt Entsprechendes.

Verbundereignis — Ausgangspunkt sind sogenannte *Verbundereignisse*, also Ereignisse, die durch das gemeinsame Eintreten mehrerer Ereignisse bestimmt werden. Die *Verbundverteilung* (gemeinsame Wahrscheinlichkeitsverteilung) für zwei Zufallsvariablen $\mathbf{x}$ und $\mathbf{y}$ wird aus der Wahrscheinlichkeit abgeleitet, daß gleichzeitig $\mathbf{x} \leq x$ und $\mathbf{y} \leq y$ eintreten:

Verbundverteilung

$$F_{\mathbf{xy}}(x,y) = P(\mathbf{x} \leq x \cap \mathbf{y} \leq y). \qquad (1.178)$$

Die Verbundverteilung hat alle Eigenschaften einer eindimensionalen Verteilung: Wenn man beispielsweise die Variable x festhält, dann erhält man eine Funktion, die bei Variation von y zwischen $-\infty$ und $+\infty$ monoton steigt und Werte zwischen 0 und 1 annimmt. Da dies für alle Werte von x erfüllt ist und auch bei Vertauschung von x und y gilt, ist $F_{\mathbf{xy}}(x,y)$ stets monoton steigend in x und y mit Werten zwischen 0 und 1.

Die *Verbunddichte* (gemeinsame Wahrscheinlichkeitsdichte) wird durch partielle Ableitung aus der Verteilung gewonnen:

Verbunddichte

$$f_{\mathbf{xy}}(x,y) = \frac{\partial^2 F_{\mathbf{xy}}(x,y)}{\partial x \partial y}. \qquad (1.179)$$

Als Umkehrbeziehung gilt entsprechend:

$$F_{\mathbf{xy}}(x,y) = \int_{-\infty}^{y} \int_{-\infty}^{x} f_{\mathbf{xy}}(\xi,\eta) \mathrm{d}\xi \mathrm{d}\eta. \qquad (1.180)$$

Auch die Verbunddichte verhält sich wie eine eindimensionale Dichte, wenn man eine Variable festhält und die andere variiert. Sie ist entsprechend überall nichtnegativ und für das Integral gilt

$$\int_{-\infty}^{\infty} \int_{-\infty}^{\infty} f_{\mathbf{xy}}(\xi,\eta) \mathrm{d}\xi \mathrm{d}\eta = 1. \qquad (1.181)$$

Die Einzeldichten $f_\mathbf{x}(x), f_\mathbf{y}(y)$ ergeben sich als sogenannte Randdichte *Randdichten* dadurch, daß man eine Variable festhält und die

1.3 Zufällige Signale

andere integriert (vgl. Abb. 1.18):

$$\int_{-\infty}^{\infty} f_{\mathbf{xy}}(x,\eta)\mathrm{d}\eta = f_{\mathbf{x}}(x), \qquad (1.182)$$

$$\int_{-\infty}^{\infty} f_{\mathbf{xy}}(\xi,y)\mathrm{d}\xi = f_{\mathbf{y}}(y). \qquad (1.183)$$

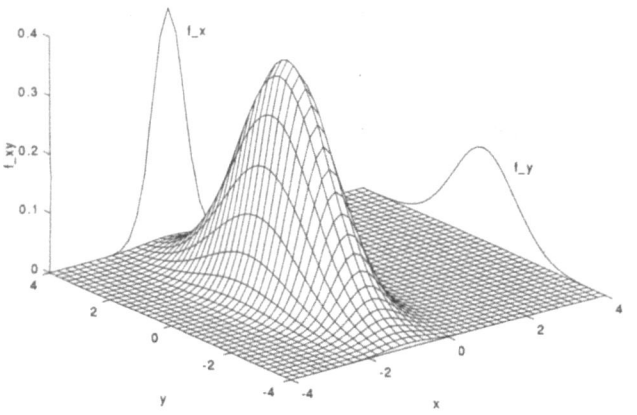

Abbildung 1.18
Beispiel für eine zweidimensionale Verbunddichte $f_{\mathbf{xy}}(x,y)$ mit Randdichten $f_{\mathbf{x}}(x)$, $f_{\mathbf{y}}(y)$

Aus den Randdichten erhält man die *Randverteilungen* durch Integration über die verbleibende Variable — Randverteilung

$$\int_{-\infty}^{x}\int_{-\infty}^{\infty} f_{\mathbf{xy}}(\xi,\eta)\mathrm{d}\eta\mathrm{d}\xi = \int_{-\infty}^{x} f_{\mathbf{x}}(\xi)\mathrm{d}\xi = F_{\mathbf{x}}(x), \qquad (1.184)$$

$$\int_{-\infty}^{y}\int_{-\infty}^{\infty} f_{\mathbf{xy}}(\xi,\eta)\mathrm{d}\xi\mathrm{d}\eta = \int_{-\infty}^{y} f_{\mathbf{y}}(\eta)\mathrm{d}\eta = F_{\mathbf{y}}(y). \qquad (1.185)$$

Für die *Verbundverteilung statistisch unabhängiger Zufallsvariablen* ergibt sich aus (1.178) und (1.165) direkt: — statistisch unabhängige ZVn

$$\begin{aligned}F_{\mathbf{xy}}(x,y) &= P(\mathbf{x} \leq x \cap \mathbf{y} \leq y) \\ &= P(\mathbf{x} \leq x) \cdot P(\mathbf{y} \leq y) = F_{\mathbf{x}}(x) \cdot F_{\mathbf{y}}(y). \end{aligned} \qquad (1.186)$$

Partielle Ableitung der Verbundverteilung liefert für die Verbunddichte statistisch unabhängiger Zufallsvariablen:

$$f_{\mathbf{xy}}(x,y) = f_{\mathbf{x}}(x) \cdot f_{\mathbf{y}}(y). \qquad (1.187)$$

Erwartungswerte

Nicht immer sind zur Beschreibung von Zufallsvariablen die Verteilungen bzw. Dichten notwendig, oft zieht man kompaktere Größen, sogenannte *Erwartungswerte* oder *Momente* vor, die als Mittelwerte über der Menge der Zufallsergebnisse aufzufassen sind. Allgemein lautet der Erwartungswert zu einer Funktion $g(\mathbf{x})$ der Zufallsvariablen $\mathbf{x}$:

$$E\{g(\mathbf{x})\} = \int_{-\infty}^{+\infty} g(x) f_{\mathbf{x}}(x) \mathrm{d}x. \qquad (1.188)$$

Von besonderer Bedeutung ist die Linearität (vgl. Gl. 1.7) des Erwartungswertoperators, die praktisch immer die Vertauschung mit anderen linearen Operatoren wie etwa Fourier–Transformation und Faltung erlaubt. Durch spezielle Wahl der Funktion $g(\mathbf{x})$ definiert man verschiedene besondere Erwartungswerte:

Linearer Mittelwert (1. Moment) $m_{\mathbf{x}}$ oder $m_{\mathbf{x}}^{(1)}$: Mit $g(\mathbf{x}) = \mathbf{x}$ wird

$$m_{\mathbf{x}}^{(1)} = m_{\mathbf{x}} = E\{\mathbf{x}\} = \int_{-\infty}^{+\infty} x f_{\mathbf{x}}(x) \mathrm{d}x. \qquad (1.189)$$

Für diskrete Zufallsvariablen wird das Integral über die Dirac–Impulse $\delta(x - x_i)$ zur Summe, und die Gewichte an den Stellen x_i entsprechen den Auftrittswahrscheinlichkeiten $P(\mathbf{x} = x_i) := P(x_i)$:

$$m_{\mathbf{x}} = E\{\mathbf{x}\} = \sum_i x_i \cdot P(x_i). \qquad (1.190)$$

Ist der lineare Mittelwert $m_{\mathbf{x}} = 0$, so wird die Zufallsvariable $\mathbf{x}$ als *mittelwertfrei* bezeichnet.

Quadratischer Mittelwert (2. Moment) $m_{\mathbf{x}}^{(2)}$: Mit $g(\mathbf{x}) = \mathbf{x}^2$ ergibt sich

$$m_{\mathbf{x}}^{(2)} = E\{\mathbf{x}^2\} = \int_{-\infty}^{+\infty} x^2 f_{\mathbf{x}}(x) \mathrm{d}x. \qquad (1.191)$$

Für diskrete Dichten gilt

$$m_{\mathbf{x}}^{(2)} = \sum_i x_i^2 \cdot P(x_i). \qquad (1.192)$$

Der quadratische Mittelwert wird oft als mittlere Leistung interpretiert.

1.3 Zufällige Signale

Varianz (2. zentrales Moment) $\sigma_\mathbf{x}^2$: Sie beschreibt die mittlere quadratische Abweichung vom linearen Mittelwert $m_\mathbf{x}^{(1)}$ und ergibt sich aus $g(\mathbf{x}) = (\mathbf{x} - m_\mathbf{x})^2$:

$$\sigma_\mathbf{x}^2 = E\left\{(\mathbf{x} - m_\mathbf{x})^2\right\} = \int_{-\infty}^{+\infty} (x - m_\mathbf{x})^2 f_\mathbf{x}(x) \mathrm{d}x. \quad (1.193)$$

Für diskrete Dichten gilt:

$$\sigma_\mathbf{x}^2 = \sum_i (x_i - m_\mathbf{x})^2 P(x_i). \quad (1.194)$$

Aus der Linearität des Erwartungswerts folgt die Eigenschaft:

$$\begin{aligned}\sigma_\mathbf{x}^2 &= E\left\{(\mathbf{x} - m_\mathbf{x})^2\right\} = E\left\{\mathbf{x}^2\right\} - 2 m_\mathbf{x} E\left\{\mathbf{x}\right\} + m_\mathbf{x}^2 = \\ &= m_\mathbf{x}^{(2)} - m_\mathbf{x}^2. \end{aligned} \quad (1.195)$$

Die *Streuung* $\sigma_\mathbf{x}$ (*root mean square (RMS) value*) entspricht der Streuung positiven Wurzel der Varianz:

$$\sigma_\mathbf{x} = +\sqrt{\sigma_\mathbf{x}^2}. \quad (1.196)$$

Erwartungswerte lassen sich auch für *Funktionen mehrerer Zufallsvariablen* $g(\mathbf{x}_1, \ldots \mathbf{x}_N)$ angeben

$$E\left\{g(\mathbf{x}_1, \ldots, \mathbf{x}_N)\right\} =$$
$$\int_{-\infty}^{+\infty} \cdots \int_{-\infty}^{+\infty} g(x_1, \ldots, x_N) f_{\mathbf{x}_1 \ldots \mathbf{x}_N}(x_1, \ldots, x_N) \mathrm{d}x_1 \cdots \mathrm{d}x_N, \quad (1.197)$$

wobei $f_{\mathbf{x}_1 \cdots \mathbf{x}_N}(x_1, \ldots, x_N)$ die oben eingeführte Verbunddichte der N Zufallsvariablen $\mathbf{x}_1, \ldots, \mathbf{x}_N$ ist.

Kovarianz $C_{\mathbf{xy}}$: Sie beschreibt den Zusammenhang zweier Zufallsvariablen $\mathbf{x}, \mathbf{y}$ wie folgt:

$$\begin{aligned}C_{\mathbf{xy}} &= E\left\{(\mathbf{x} - m_\mathbf{x})(\mathbf{y} - m_\mathbf{y})\right\} = \\ &= \int_{-\infty}^{+\infty}\int_{-\infty}^{+\infty} (x - m_\mathbf{x})(y - m_\mathbf{y}) f_{\mathbf{xy}}(x,y) \mathrm{d}x \mathrm{d}y. \end{aligned} \quad (1.198)$$

Für diskrete Zufallsvariablen lautet die Kovarianz

$$\begin{aligned}C_{\mathbf{xy}} &= E\left\{(\mathbf{x} - m_\mathbf{x})(\mathbf{y} - m_\mathbf{y})\right\} = \\ &= \sum_i \sum_j (x_i - m_\mathbf{x})(y_j - m_\mathbf{y}) \cdot P(x_i, y_j). \end{aligned} \quad (1.199)$$

Multipliziert man unter dem Erwartungswert aus und berücksichtigt $m_\mathbf{x} = E\{\mathbf{x}\}$ und $m_\mathbf{y} = E\{\mathbf{y}\}$, dann ergibt sich

$$E\{(\mathbf{x} - m_\mathbf{x})(\mathbf{y} - m_\mathbf{y})\} = E\{\mathbf{xy}\} - E\{\mathbf{x}\} \cdot E\{\mathbf{y}\}. \qquad (1.200)$$

Unkorreliertheit Zwei Zufallsvariablen werden dann als *unkorreliert* bezeichnet, wenn die Kovarianz gleich Null ist:

$$C_\mathbf{xy} = 0 \iff E\{\mathbf{xy}\} = E\{\mathbf{x}\} \cdot E\{\mathbf{y}\}. \qquad (1.201)$$

Durch Einsetzen der Bedingung für die statistische Unabhängigkeit (1.187) in (1.198) verifiziert man, daß statistisch unabhängige Zufallsvariablen immer unkorreliert sind. Umgekehrt folgt aus der Unkorreliertheit nicht die statistische Unabhängigkeit:

$$f_\mathbf{xy}(x, y) = f_\mathbf{x}(x) \cdot f_\mathbf{y}(y) \implies E\{\mathbf{xy}\} = E\{\mathbf{x}\} \cdot E\{\mathbf{y}\} \qquad (1.202)$$

Korrelations- Durch Normierung auf die jeweiligen Streuungen ergibt sich aus
koeffizient der Kovarianz der *Korrelationskoeffizient* $c_\mathbf{xy}$:

$$c_\mathbf{xy} = \frac{C_\mathbf{xy}}{\sigma_\mathbf{x} \sigma_\mathbf{y}} \quad \text{mit} \quad -1 \leq c_\mathbf{xy} \leq 1. \qquad (1.203)$$

Bei unkorrelierten Zufallsvariablen ist $c_\mathbf{xy} = 0$. Der Maximalwert der Korrelation ist $|c_\mathbf{xy}| = 1$. Die Korrelation dient als Maß für einen statistischen Zusammenhang oft zur Überprüfung möglicher Kausalzusammenhänge, kann diese aber nicht begründen.

Eine weitere Eigenschaft zur Charakterisierung des statisti-
Orthogonalität schen Zusammenhangs ist die *Orthogonalität*:

$$E\{\mathbf{xy}\} = 0. \qquad (1.204)$$

Offensichtlich sind zwei Zufallsvariablen immer orthogonal, wenn sie unkorreliert sind und eine davon mittelwertfrei ist.

1.3.3 Zufallsprozesse

Viele Verfahren der Informationstechnik, insbesondere der Nachrichten- und Regelungstechnik, basieren auf einer statistischen Betrachtung von Signalen. Das bedeutet, daß diese Verfahren nicht auf bestimmte einzelne analytisch vorgegebene
Schar, Ensemble Signale abgestimmt werden, sondern auf eine *Schar* (auch: *Ensemble*) von möglichen Signalen, die durch statistische Kenngrößen wie Wahrscheinlichkeitsdichten und Erwartungswerte beschrieben wird. Das Scharmodell kann dabei gleichermaßen auf technisch erzeugte informationstragende Signale wie auf analytisch nicht vollständig beschreibbare Meßsignale (z.B.

1.3 Zufällige Signale

"rauschartige" Störungen) angewendet werden. Beispielsweise werden Codierverfahren für Sprach-, Bild- oder andere Datensignale entworfen, indem die gemeinsamen statistischen Eigenschaften der möglichen Datensignale betrachtet werden und daraus optimale Codierverfahren abgeleitet werden. Andererseits werden viele Signale, deren Zustandekommen und Form man nicht eindeutig beschreiben kann, aufgrund dieser Unkenntnis ebenfalls durch statistische Eigenschaften beschrieben (z.B. "thermisches Rauschen" von Bauelementen, "atmosphärisches Rauschen"), die wiederum eine ganze Schar solcher Signale charakterisieren.

Als mathematisches Modell für eine Schar zufälliger Signale wird der Zufallsprozeß definiert:

Definition 1.23 *Ein Zufallsprozeß (ZP) oder stochastischer Prozeß ist eine Funktion* $\mathbf{x}(t)$, *durch die jedem Ergebnis eines Zufallsexperiments eindeutig eine Zeitfunktion zugeordnet wird. Dabei ist* $\mathbf{x}(t)$ *zu jedem Zeitpunkt* t *eine Zufallsvariable.*   Zufallsprozeß

Im weiteren wird immer von reellen Zufallsprozessen $\mathbf{x}(t)$ ausgegangen, die Ergebnisse können jedoch für komplexe Zufallsprozesse $\mathbf{z}(t) = \mathbf{x}(t) + j\mathbf{y}(t)$ verallgemeinert werden, wenn man berücksichtigt, daß $\mathbf{x}(t)$ und $\mathbf{y}(t)$ jeweils reelle Zufallsprozesse sind.

Die einem bestimmten Ergebnis des Zufallsexperiments zugeordnete Zeitfunktion $x_i(t)$ heißt *Musterfunktion* oder *Realisierung des Zufallsprozesses*. Das Zeitargument einer Musterfunktion kann wie bei determinierten Signalen kontinuierlich oder diskret sein. Zeitdiskrete Zufallsprozesse $\mathbf{x}[n]$ werden auch als *Zufallsfolgen* und ihre Musterfunktionen meist als *Musterfolgen* $x_i[n]$ bezeichnet.   Musterfunktion / Zufallsfolge / Musterfolge

Entscheidend für das Modell des Zufallsprozesses ist die Vorstellung, daß für ein bestimmtes Ergebnis des Zufallsexperimentes die zugehörige Musterfunktion $x_i(t)$ eindeutig für alle Zeiten festliegt. Betrachtet man den Zufallsprozeß $\mathbf{x}(t)$ zu einem bestimmten Zeitpunkt $t = t_0$, dann liegt eine Zufallsvariable $\mathbf{x}(t_0)$ vor. Zu einem bestimmten Zeitpunkt $t = t_0$ und für ein bestimmtes Ergebnis des Zufallsexperiments liefert der reelle Zufallsprozeß eine reelle Zahl $x_i(t_0)$. (Siehe auch Abb. 1.19.)

Man kann sich einen Zufallsprozeß anhand einer Musikbox mit zufälliger Titelauswahl veranschaulichen: Die Ergebnismenge dieses Zufallsexperiments entspricht der Menge der verfügbaren Musikstücke. Als Zufallsprozeß $\mathbf{x}(t)$ kann das Spannungssignal an einem Lautsprecher interpretiert werden. Offenbar ist die Musterfunktionen, also der Spannungsverlauf am Lautsprecher, für alle Zeiten eindeutig festgelegt, sobald die Wahl des Musikstücks getroffen ist, also das Ergebnis des Zufallsexperiments festliegt.

Verteilungen und Dichten

Wahrscheinlichkeitsverteilungen und -dichten werden bei Zufallsprozessen wie bei Zufallsvariablen definiert, wobei zusätzlich die Zeitabhängigkeit und damit auch Verbunddichten zwischen verschiedenen Zeitpunkten hinzukommen. Die *Wahrscheinlichkeitsverteilung* für den Zufallsprozeß $\mathbf{x}(t)$ zu einem beliebigen aber festen Zeitpunkt t lautet

Wahrscheinlichkeitsverteilung

$$F_{\mathbf{x}}(x,t) = P(\mathbf{x}(t) \leq x) \qquad (1.205)$$

Wahrscheinlichkeitsdichte

und die zugehörige *Wahrscheinlichkeitsdichte*

$$f_{\mathbf{x}}(x,t) = \frac{\mathrm{d}F_{\mathbf{x}}(x,t)}{\mathrm{d}x}. \qquad (1.206)$$

Verbundverteilung und -dichte

Verbundverteilungen und *Verbunddichten* (gemeinsame Verteilungen bzw. Dichten) lassen sich bei Zufallsprozessen genauso wie bei Zufallsvariablen definieren. Betrachtet man einen Zufallsprozeß zu zwei verschiedenen Zeiten t_1, t_2, so kann man für zwei Zufallsvariablen $\mathbf{x}(t_1)$, $\mathbf{x}(t_2)$ die Verbundverteilung und die Verbunddichte angeben:

$$F_{\mathbf{xx}}(x_1, x_2, t_1, t_2) = P(\mathbf{x}(t_1) \leq x_1 \cap \mathbf{x}(t_2) \leq x_2), \qquad (1.207)$$

$$f_{\mathbf{xx}}(x_1, x_2, t_1, t_2) = \frac{\partial^2 F_{\mathbf{xx}}(x_1, x_2, t_1, t_2)}{\partial x_1 \partial x_2}. \qquad (1.208)$$

Wenn die beiden Zufallsvariablen verschiedenen Prozessen $\mathbf{x}(t)$ und $\mathbf{y}(t)$ entstammen, dann erhält man als *Verbundverteilung bzw.*

Verbundverteilung, Verbunddichte

Verbunddichte zweier Zufallsprozesse:

$$F_{\mathbf{xy}}(x, y, t_1, t_2) = P(\mathbf{x}(t_1) \leq x \cap \mathbf{y}(t_2) \leq y), \qquad (1.209)$$

$$f_{\mathbf{xy}}(x, y, t_1, t_2) = \frac{\partial^2 F_{\mathbf{xy}}(x, y, t_1, t_2)}{\partial x \partial y}. \qquad (1.210)$$

Analog lassen sich auch *Verbunddichten höherer Ordnung* betrachten, etwa die gemeinsame Dichte desselben Zufallsprozesses zu vier verschiedenen Zeiten.

statistisch unabhängige Zufallsprozesse

Für *zwei statistisch unabhängige Zufallsprozesse* $\mathbf{x}(t)$ *und* $\mathbf{y}(t)$ sind die Zufallsvariablen $\mathbf{x}(t_1)$ und $\mathbf{y}(t_2)$ für beliebige t_1, t_2 statistisch unabhängig, und es gilt

$$f_{\mathbf{xy}}(x, y, t_1, t_2) = f_{\mathbf{x}}(x, t_1) \cdot f_{\mathbf{y}}(y, t_2), \qquad (1.211)$$

$$F_{\mathbf{xy}}(x, y, t_1, t_2) = F_{\mathbf{x}}(x, t_1) \cdot F_{\mathbf{y}}(y, t_2). \qquad (1.212)$$

Die statistische Unabhängigkeit ist wie bei Zufallsvariablen eine mathematische Eigenschaft, durch die sich die Analyse realer Probleme meist wesentlich vereinfacht. In der Praxis ist die Annahme beispielsweise dann gerechtfertigt, wenn die Quellen zweier Zufallsprozesse entkoppelt sind. Ein typisches Beispiel ist das atmosphärische Rauschen bei der Datenübertragung per Satellit, das als statistisch unabhängig vom Datensignal des Senders angenommen werden darf.

Erwartungswerte

Wie bei Zufallsvariablen bildet man auch bei stochastischen Prozessen Erwartungswerte, um einen Zufallsprozeß mit kompakteren Kenngrössen als Verteilungen und Dichten zu beschreiben. Die Erwartungswerte werden stets über alle Musterfunktionen der Schar gebildet, das heißt, für eine bestimmte Zeit t wird der Erwartungswert über alle möglichen Musterfunktionen ermittelt. Man erhält damit *Scharmittelwerte* (auch: *Ensemblemittelwerte*). Im Gegensatz dazu werden *Zeitmittelwerte* dadurch gebildet, daß man eine Musterfunktion herausgreift und für diese entlang der Zeitachse einen Mittelwert bildet (siehe Abb. 1.19). Scharmittelwerte/ Zeitmittelwerte

Offensichtlich stimmen Zeit- und Scharmittelwerte im allgemeinen nicht überein: Betrachtet man beispielsweise den zeitlichen Verlauf der Außentemperatur für ein Jahr an verschiedenen Orten als Zufallsprozeß $\mathbf{x}(t)$ und ordnet jedem Ort eine Musterfunktion $x_i(t)$ zu, dann ist die mittlere Temperatur für einen bestimmten Ort (Zeitmittelwert einer Musterfunktion) i.a. nicht gleich der mittleren Temperatur aller Orte zu einer bestimmten Zeit (Scharmittelwert über alle Orte).

Scharmittelwerte bei Zufallsprozessen unterscheiden sich von denen bei Zufallsvariablen zunächst dadurch, daß die Zeitabhängigkeit hinzukommt. Es seien hier zunächst nur die Definitionen für zeit- und wertkontinuierliche Prozesse $\mathbf{x}(t)$ angegeben.

Linearer Mittelwert Linearer Mittelwert

$$m_{\mathbf{x}}^{(1)}(t) = m_{\mathbf{x}}(t) = E\{\mathbf{x}(t)\} = \int_{-\infty}^{+\infty} x(t) f_{\mathbf{x}}(x,t) \mathrm{d}x. \quad (1.213)$$

Quadratischer Mittelwert Quadratischer Mittelwert

$$m_{\mathbf{x}}^{(2)}(t) = E\{\mathbf{x}^2(t)\} = \int_{-\infty}^{+\infty} x^2(t) f_{\mathbf{x}}(x,t) \mathrm{d}x. \quad (1.214)$$

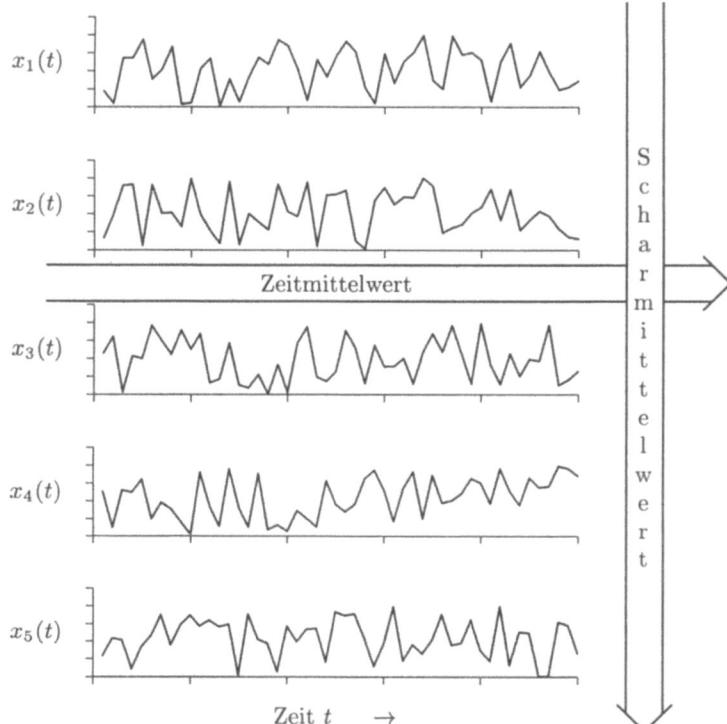

Abbildung 1.19
Schar- und Zeitmittelung bei einem ZP

Varianz **Varianz**

$$\sigma_{\mathbf{x}}(t)^2 = E\left\{(\mathbf{x}(t) - m_{\mathbf{x}}(t))^2\right\} = m_{\mathbf{x}}^{(2)}(t) - m_{\mathbf{x}}(t)^2. \quad (1.215)$$

Bei Zufallsvariablen war bereits die Kovarianz $C_{\mathbf{xy}}$ und der Korrelationskoeffizient $c_{\mathbf{xy}}$ eingeführt worden, um den Zusammenhang zweier Zufallsvariablen zu charakterisieren. Für Zufallsprozesse ergeben sich aufgrund der Zeitabhängigkeit weitere praktisch bedeutsame Erwartungswerte.

Um den Zusammenhang zwischen zwei Zeitpunkten t_1 und t_2 eines Prozesses $\mathbf{x}(t)$ zu beschreiben, betrachtet man die beiden Zufallsvariablen $\mathbf{x}(t_1)$, $\mathbf{x}(t_2)$ und definiert:

Autokovarianz **Autokovarianzfunktion**

$$C_{\mathbf{xx}}(t_1, t_2) = E\left\{[\mathbf{x}(t_1) - m_{\mathbf{x}}(t_1)] \cdot [\mathbf{x}(t_2) - m_{\mathbf{x}}(t_2)]\right\}. \quad (1.216)$$

1.3 Zufällige Signale

Autokorrelationsfunktion (AKF)   Autokorrelation

$$R_{\mathbf{xx}}(t_1, t_2) = E\left\{\mathbf{x}(t_1)\mathbf{x}(t_2)\right\}. \tag{1.217}$$

Mithilfe der Linearität der Erwartungswertbildung zeigt man leicht, daß zwischen Autokorrelation und Autokovarianz der Zusammenhang

$$R_{\mathbf{xx}}(t_1, t_2) = C_{\mathbf{xx}}(t_1, t_2) + m_{\mathbf{x}}(t_1)m_{\mathbf{x}}(t_2) \tag{1.218}$$

besteht, so daß $R_{\mathbf{xx}}(t_1, t_2) = C_{\mathbf{xx}}(t_1, t_2)$ gilt, falls einer der beiden linearen Mittelwerte Null ist.

Um den Zusammenhang zwischen zwei verschiedenen Prozessen $\mathbf{x}(t)$ und $\mathbf{y}(t)$ zu beschreiben, betrachtet man die beiden Zufallsvariablen $\mathbf{x}(t_1)$, $\mathbf{y}(t_2)$ und definiert:

Kreuzkovarianzfunktion   Kreuzkovarianz

$$C_{\mathbf{xy}}(t_1, t_2) = E\left\{(\mathbf{x}(t_1) - m_{\mathbf{x}}(t_1))(\mathbf{y}(t_2) - m_{\mathbf{y}}(t_2))\right\}. \tag{1.219}$$

Kreuzkorrelationsfunktion (KKF)   Kreuzkorrelation

$$R_{\mathbf{xy}}(t_1, t_2) = E\left\{\mathbf{x}(t_1)\mathbf{y}(t_2)\right\}. \tag{1.220}$$

Dabei gilt wie bei Autokovarianz und Autokorrelation (vgl. Gl. 1.218):

$$R_{\mathbf{xy}}(t_1, t_2) = C_{\mathbf{xy}}(t_1, t_2) + m_{\mathbf{x}}(t_1)m_{\mathbf{y}}(t_2). \tag{1.221}$$

In gleicher Weise lassen sich auch höhere Momente definieren, also etwa Korrelations- oder Kovarianzfunktionen, die den Zusammenhang zwischen n Zeitpunkten aus $k \leq n$ Zufallsprozessen erfassen.

Wie bei Zufallsvariablen werden auch bei Zufallsprozessen die Unkorreliertheit und die Orthogonalität definiert. Danach sind zwei Zufallsprozesse $\mathbf{x}(t)$ und $\mathbf{y}(t)$ *unkorreliert*, wenn für beliebige Zeiten t_1, t_2 gilt: Unkorreliertheit

$$C_{\mathbf{xy}}(t_1, t_2) = 0 \iff R_{\mathbf{xy}}(t_1, t_2) = E\left\{\mathbf{x}(t_1)\right\} \cdot E\left\{\mathbf{y}(t_2)\right\}. \tag{1.222}$$

Zwei Zufallsprozesse $\mathbf{x}(t)$ und $\mathbf{y}(t)$ sind *orthogonal*, wenn für beliebige Zeiten t_1, t_2 gilt: Orthogonalität

$$R_{\mathbf{xy}}(t_1, t_2) = E\left\{\mathbf{x}(t_1)\mathbf{y}(t_2)\right\} = 0. \tag{1.223}$$

Offensichtlich sind zwei unkorrelierte Prozesse immer orthogonal, wenn einer der beiden mittelwertfrei ist.

Summe unkorrelierter ZPe Bei der *Überlagerung zweier unkorrelierter Prozesse* $\mathbf{x}(t)$ und $\mathbf{y}(t)$

$$\mathbf{z}(t) = \mathbf{x}(t) + \mathbf{y}(t).$$

ergibt sich für die Autokorrelationsfunktion (AKF) von $\mathbf{z}(t)$

$$\begin{aligned}R_{\mathbf{zz}}(t_1,t_2) &= E\left\{[\mathbf{x}(t_1)+\mathbf{y}(t_1)]\cdot[\mathbf{x}(t_2)+\mathbf{y}(t_2)]\right\} \\ &= R_{\mathbf{xx}}(t_1,t_2) + R_{\mathbf{yy}}(t_1,t_2) \\ &\quad + m_{\mathbf{x}}(t_1)m_{\mathbf{y}}(t_2) + m_{\mathbf{x}}(t_2)m_{\mathbf{y}}(t_1),\end{aligned}$$

und damit wird, wenn für alle Zeiten t einer der beiden Prozesse mittelwertfrei ist,

$$R_{\mathbf{zz}}(t_1,t_2) = R_{\mathbf{xx}}(t_1,t_2) + R_{\mathbf{yy}}(t_1,t_2). \tag{1.224}$$

Für die Summe von N mittelwertfreien unkorrelierten Prozessen $\mathbf{x}_k(t), k=1,\ldots,N$

$$\mathbf{z}(t) = \sum_{k=1}^{N} a_k \mathbf{x}_k(t)$$

ergibt sich entsprechend:

$$R_{\mathbf{zz}}(t_1,t_2) = \sum_{k=1}^{N} a_k^2 R_{\mathbf{x}_k\mathbf{x}_k}(t_1,t_2). \tag{1.225}$$

Stationarität

Für viele technische Anwendungen kann davon ausgegangen werden, daß sich die statistischen Eigenschaften von Zufallsprozessen nicht ändern, wenn die beteiligten Prozesse auf der Zeitachse beliebig verschoben werden. Man spricht dann von Stationarität.

Stationarität **Definition 1.24 Stationarität.** *Ein Zufallsprozeß heißt stationär, wenn sich seine statistischen Eigenschaften bei einer zeitlichen Verschiebung des Prozesses nicht ändern. Zwei Zufallsprozesse sind gemeinsam stationär, wenn beide stationär sind, und die gemeinsamen statistischen Eigenschaften sich bei einer Zeitverschiebung der beiden Prozesse nicht ändern.*

Stationarität eines Zufallsprozesses $\mathbf{x}(t)$ verlangt, daß die Dichte $f_{\mathbf{x}}(x,t)$ zeitunabhängig ist

$$f_{\mathbf{x}}(x,t) = f_{\mathbf{x}}(x), \tag{1.226}$$

und alle Verbunddichten nur von den relativen Zeitverschiebungen abhängen. Gemeinsame Stationarität zweier Zufallsprozesse

1.3 Zufällige Signale

$\mathbf{x}(t), \mathbf{y}(t)$ bedingt zusätzlich, daß alle Verbunddichten nur von den relativen Zeitverschiebungen abhängen. Für die Verbunddichte $f_{\mathbf{xy}}(x, y, t_1, t_2)$ bedeutet dies

$$f_{\mathbf{xy}}(x, y, t_1, t_2) = f_{\mathbf{xy}}(x, y, t_2 - t_1). \quad (1.227)$$

Aus den Definitionen der Erwartungswerte folgt unmittelbar, daß die zeitlichen Abhängigkeiten der Dichten auf die daraus abgeleiteten *Erwartungswerte* übergehen. Ist ein Prozeß $\mathbf{x}(t)$ stationär, dann sind wegen der Zeitunabhängigkeit von $f_{\mathbf{x}}(x,t)$ alle darauf basierenden Erwartungswerte zeitunabhängig, also z.B. der lineare und der quadratische Mittelwert und die Varianz:

$$m_{\mathbf{x}}(t) = m_{\mathbf{x}}; \quad m_{\mathbf{x}}^{(2)}(t) = m_{\mathbf{x}}^{(2)}; \quad \sigma_{\mathbf{x}}^2(t) = \sigma_{\mathbf{x}}^2. \quad (1.228)$$

Wegen (1.227) sind dann Auto- und Kreuzkorrelationsfunktion nur von der Zeitdifferenz $t_2 - t_1$ abhängig, und mit der Abkürzung $\tau = t_2 - t_1$ gilt:

$$E\{\mathbf{x}(t_1)\mathbf{x}(t_2)\} = R_{\mathbf{xx}}(t_2 - t_1) = R_{\mathbf{xx}}(\tau), \quad (1.229)$$
$$E\{\mathbf{x}(t_1)\mathbf{y}(t_2)\} = R_{\mathbf{xy}}(t_2 - t_1) = R_{\mathbf{xy}}(\tau). \quad (1.230)$$

Wegen (1.218) und (1.219) gilt Gleiches für Auto- und Kreuzkovarianzfunktion:

$$E\{[\mathbf{x}(t_1) - m_{\mathbf{x}}(t_1)] \cdot [\mathbf{x}(t_2) - m_{\mathbf{x}}(t_2)]\} = C_{\mathbf{xx}}(\tau), \quad (1.231)$$
$$E\{[\mathbf{x}(t_1) - m_{\mathbf{x}}(t_1)] \cdot [\mathbf{y}(t_2) - m_{\mathbf{y}}(t_2)]\} = C_{\mathbf{xy}}(\tau). \quad (1.232)$$

Die Stationarität im oben definierten Sinn (strenge Stationarität) ist für reale Prozesse nur in Sonderfällen (z.B. normalverteilte Prozesse) nachzuweisen, da für alle Verbunddichten beliebig hoher Ordnung die Zeitunabhängigkeit gezeigt werden muß. Im Gegensatz zur strengen Stationarität läßt sich jedoch die *schwache Stationarität* relativ einfach überprüfen.

Definition 1.25 *Ein Zufallsprozeß $\mathbf{x}(t)$ heißt schwach stationär, wenn sich seine statistischen Eigenschaften erster und zweiter Ordnung ($m_{\mathbf{x}}, m_{\mathbf{x}}^{(2)}, \sigma_{\mathbf{x}}, R_{\mathbf{xx}}, C_{\mathbf{xx}}$) bei einer zeitlichen Verschiebung des Prozesses nicht ändern. Zwei Zufallsprozesse $\mathbf{x}(t), \mathbf{y}(t)$ sind gemeinsam schwach stationär, wenn beide zumindest schwach stationär sind, und die gemeinsamen statistischen Eigenschaften zweiter Ordnung $R_{\mathbf{xy}}, C_{\mathbf{xy}}$ sich bei einer Zeitverschiebung der beiden Prozesse nicht ändern.* — schwache Stationarität

Stationaritäts- Zum *Nachweis der schwachen Stationarität* eines Prozesses
nachweis $x(t)$ genügt es nachzuweisen, daß der lineare Mittelwert zeitunabhängig ist, und die Autokorrelationsfunktion nur von der Zeitdifferenz $\tau = t_2 - t_1$ abhängt:

$$m_\mathbf{x}(t) = m_\mathbf{x}, \quad (1.233)$$
$$E\{\mathbf{x}(t_1)\mathbf{x}(t_2)\} = R_\mathbf{xx}(t_2 - t_1) = R_\mathbf{xx}(\tau). \quad (1.234)$$

Wenn dies erfüllt ist, sind gleichzeitig der quadratische Mittelwert $m_\mathbf{x}^{(2)}$ und damit die Varianz $\sigma_\mathbf{x}^2$ zeitunabhängig und auch die Autokovarianz $C_\mathbf{xx}$ ist nur von der Zeitdifferenz $\tau = t_2 - t_1$ abhängig.

Für gemeinsam schwach stationäre Prozesse $\mathbf{x}(t), \mathbf{y}(t)$ muß zusätzlich für die Kreuzkorrelationsfunktion gelten:

$$E\{\mathbf{x}(t_1)\mathbf{y}(t_2)\} = R_\mathbf{xy}(t_2 - t_1) = R_\mathbf{xy}(\tau). \quad (1.235)$$

Stationaritäts- Wie bei der strengen Stationarität müssen auch bei schwacher Sta-
annahme tionarität *alle* Musterfunktionen für den Nachweis berücksichtigt werden. Dazu müßten diese Musterfunktionen strenggenommen für alle Zeiten bekannt sein. Bei realen, meßbaren Prozessen können jedoch nur endlich lange Abschnitte der Musterfunktionen beobachtet werden, so daß selbst die schwache Stationarität oft als vereinfachende, aber nicht überprüfbare Annahme angesehen werden muß.

Ergodizität

In Abb. 1.19 wurden mit der Scharmittelung und der Zeitmittelung zwei Arten der Mittelwertbildung vorgestellt, wobei im allgemeinen Fall die Scharmittelung die Grundlage der Erwartungswertbildung bildet.

Unter den stationären Prozessen sind solche Prozesse besonders interessant, bei denen die Zeitmittelwerte jeder beliebigen Musterfunktion mit den entsprechenden Scharmittelwerten übereinstimmen. Solche Prozesse bezeichnet man als ergodisch.

Definition 1.26 Ergodizität. *Ein stationärer Zufallsprozeß heißt ergodisch, wenn die Zeitmittelwerte jeder beliebigen Musterfunktion*[3] *mit den entsprechenden Scharmittelwerten übereinstimmen.*

Daß ergodische Prozesse notwendig stationär sein müssen, folgt schon allein daraus, daß bei instationären Zufallsprozessen mindestens ein Scharmittelwert zeitabhängig ist und dann nicht zu

---
[3]Genaugenommen:"... mit Wahrscheinlichkeit Eins ..."

1.3 Zufällige Signale

allen Zeiten mit dem entsprechenden *einen* Zeitmittelwert irgendeiner Musterfunktion übereinstimmen kann.

Wie bei der Stationarität unterscheidet man bei der Ergodizität die *strenge Ergodizität* und die *schwache Ergodizität*: Während bei strenger Ergodizität alle Zeitmittelwerte den Scharmittelwerten gleich sind, müssen bei schwacher Ergodizität nur die Scharmittelwerte erster und zweiter Ordnung ($m_\mathbf{x}, m_\mathbf{x}^{(2)}, \sigma_\mathbf{x}, R_\mathbf{xx}, C_\mathbf{xx}$) mit den entsprechenden Zeitmittelwerten übereinstimmen. *strenge/schwache Ergodizität*

Gemeinsame Ergodizität zweier Prozesse setzt wie bei der Stationarität die Ergodizität der einzelnen Prozesse voraus und verlangt zusätzlich, daß die gemeinsamen Scharmittelwerte mit den entsprechenden Zeitmittelwerten übereinstimmen, beispielsweise bei gemeinsam schwach ergodischen Prozessen die Kreuzkorrelationsfunktion $R_\mathbf{xy}$ und die Kreuzkovarianzfunktion $C_\mathbf{xy}$. *gemeinsame Ergodizität*

Ergodizität erlaubt damit die Bestimmung der Erwartungswerte aus einer beliebigen Musterfunktion und erleichtert damit wesentlich die meßtechnische Ermittlung stochastischer Kenngrößen. Für zeitkontinuierliche Prozesse $\mathbf{x}(t), \mathbf{y}(t)$ mit den Musterfunktionen $x_i(t)$ bzw. $y_i(t)$ und zeitdiskrete Prozesse $\mathbf{x}[n], \mathbf{y}[n]$ mit Musterfolgen $x_i[n]$ bzw. $y_i[n]$ ergeben sich: *Erwartungswerte ergodischer Prozesse*

Linearer Mittelwert

$$m_\mathbf{x} = \lim_{T \to \infty} \frac{1}{2T} \int_{-T}^{T} x_i(t) \mathrm{d}t = \overline{x_i(t)}, \quad (1.236)$$

$$m_\mathbf{x} = \lim_{N \to \infty} \frac{1}{2N+1} \sum_{n=-N}^{N} x_i[n] = \overline{x_i[n]}. \quad (1.237)$$

Quadratischer Mittelwert

$$m_\mathbf{x}^{(2)} = \lim_{T \to \infty} \frac{1}{2T} \int_{-T}^{T} x_i^2(t) \mathrm{d}t = \overline{x_i^2(t)}, \quad (1.238)$$

$$m_\mathbf{x}^{(2)} = \lim_{N \to \infty} \frac{1}{2N+1} \sum_{n=-N}^{N} x_i^2[n] = \overline{x_i^2[n]}. \quad (1.239)$$

Varianz

$$\sigma_\mathbf{x}^2 = \lim_{T \to \infty} \frac{1}{2T} \int_{-T}^{T} (x_i(t) - m_\mathbf{x})^2 \mathrm{d}t = \overline{x_i^2(t)} - \left(\overline{x_i(t)}\right)^2, \quad (1.240)$$

$$\sigma_\mathbf{x}^2 = \lim_{N\to\infty} \frac{1}{2N+1} \sum_{n=-N}^{N} (x_i[n] - m_\mathbf{x})^2 = \overline{x_i^2[n]} - \left(\overline{x_i[n]}\right)^2.$$
(1.241)

Autokorrelationsfunktion

$$R_{\mathbf{xx}}(\tau) = \lim_{T\to\infty} \frac{1}{2T} \int_{-T}^{T} x_i(t)x_i(t+\tau)\mathrm{d}t = \overline{x_i(t)x_i(t+\tau)}, \quad (1.242)$$

$$R_{\mathbf{xx}}[m] = \lim_{N\to\infty} \frac{1}{2N+1} \sum_{n=-N}^{N} x_i[n]x_i[n+m] = \overline{x_i[n]x_i[n+m]}.$$
(1.243)

Kreuzkorrelationsfunktion

$$R_{\mathbf{xy}}(\tau) = \lim_{T\to\infty} \frac{1}{2T} \int_{-T}^{T} x_i(t)y_i(t+\tau)\mathrm{d}t = \overline{x_i(t)y_i(t+\tau)}, \quad (1.244)$$

$$R_{\mathbf{xy}}[m] = \lim_{N\to\infty} \frac{1}{2N+1} \sum_{n=-N}^{N} x_i[n]y_i[n+m] = \overline{x_i[n]y_i[n+m]}.$$
(1.245)

Für höhere Momente sowie Autokovarianzfunktion und Kreuzkovarianzfunktion gelten entsprechende Vorschriften.

Die Wurzel aus dem quadratischen Mittelwert ergodischer Prozesse stimmt mit dem besonders in der Meßtechnik gebräuchlichen Effektivwert *Effektivwert* (engl.: RMS value) überein. Insbesondere gilt für den quadratischen Mittelwert eines ergodischen zeitkontinuierlichen Prozesses $\mathbf{x}(t)$ mit einer periodischen Musterfunktion $x_i(t)$ der Periodendauer T_0:

$$m_\mathbf{x}^{(2)} = \lim_{T\to\infty} \frac{1}{2T} \int_{-T}^{T} x_i(t)^2 \mathrm{d}t = \frac{1}{T_0} \int_{0}^{T_0} x_i(t)^2 \mathrm{d}t = x_{i,eff}^2.$$
(1.246)

Ist der Prozeß zusätzlich mittelwertfrei, dann entspricht der Effektivwert $x_{i,eff}$ der Streuung $\sigma_\mathbf{x}$:

$$\sigma_\mathbf{x} = \sqrt{m_\mathbf{x}^{(2)}} = x_{i,eff}.$$
(1.247)

Die Ergodizität ist bei realen Prozessen in der Regel nicht nachzuweisen und kann dann nur als Annahme verwendet werden (*Er*-Ergodenhypothese *godenhypothese*). Der praktische Vorteil ist offensichtlich: Kann man Ergodizität annehmen, so lassen sich alle Erwartungswerte aus einer einzigen Musterfunktion berechnen. Für Messungen, bei der nur eine Musterfunktion ausgewertet wird, wird mit der Angabe der statistischen Größen die Ergodizität implizit vorausgesetzt.

Auch bei instationären und damit nicht ergodischen Prozessen kann unter Umständen eine Musterfunktion repräsentativ für den ganzen Prozeß sein. Diese muß dann jedoch sorgfältig gewählt werden, um Aussagen über den gesamten Prozeß zu ermöglichen. Im oben eingeführten Beispiel der Temperaturaufzeichnung (Abschnitt 1.3.3) handelt es sich sicher um einen instationären und nicht ergodischen Prozeß, jedoch könnte zur Ermittlung einer mittleren Jahrestemperatur für ein bestimmtes Gebiet durchaus ein repräsentativer Meßstandort gefunden werden.

Erwartungswerte ergodischer Prozesse und Zeitmittelwerte determinierter Signale

Nach dem vorangegangenen Abschnitt können die Erwartungswerte ergodischer Prozesse durch Bildung des Zeitmittelwertes aus einer einzigen Musterfunktion gewonnen werden. Die zur Ergodizität notwendige Stationarität sorgt unter anderem dafür, daß jede Musterfunktion auf der Zeitachse unendlich ausgedehnt ist und für alle Zeiten den gleichen quadratischen Mittelwert $m_x^{(2)}$, also die gleiche nichtverschwindende mittlere Leistung aufweist. Offensichtlich müssen damit alle Musterfunktionen ergodischer Prozesse Leistungssignale sein.

Umgekehrt werden die *Zeitmittelwerte für determinierte Leistungssignale* $x(t)$ genauso berechnet, als ob $x(t)$ eine Musterfunktion $x_i(t)$ eines ergodischen Prozesses wäre (gleiches gilt für zeitdiskrete Signale $x[n]$). Dabei ist zu beachten, daß ein determiniertes Signal $x(t)$ nicht als ergodischer Prozeß mit einer einzigen Musterfunktion betrachtet werden kann: Die Ergodizitätsbedingung wäre dabei immer verletzt, da z.B. der Scharmittelwert $E\{\mathbf{x}(t_0)\} = x(t_0)$ nur dann dem Zeitmittelwert $\overline{x(t)}$ entspricht, wenn $x(t)$ eine Konstante ist. Die Mittelwerte für determinierte Signale können deshalb nicht als Scharmittelwerte aufgefaßt werden, sondern sind nur als Zeitmittelwerte definiert.

determinierte Leistungssignale

Insbesondere aus der elementaren Meßtechnik bekannte Zeitmittelwerte sind der lineare Mittelwert und der Effektivwert, also die Wurzel aus dem quadratischen Mittelwert.

Darüberhinaus werden aber vielfach auch Korrelationsfunktionen verwendet: Die *Autokorrelationsfunktion* für ein determiniertes zeitkontinuierliches Leistungssignal $x(t)$ lautet entsprechend

Autokorrelationsfunktion

(1.242)
$$R_{xx}(\tau) = \lim_{T\to\infty} \frac{1}{2T} \int_{-T}^{T} x(t)x(t+\tau)\mathrm{d}t, \qquad (1.248)$$

Kreuzkorrelationsfunktion und für die beiden determinierten zeitkontinuierlichen Leistungssignale $x(t), y(t)$ ist die *Kreuzkorrelationsfunktion* entsprechend (1.245) gegeben durch:

$$R_{xy}(\tau) = \lim_{T\to\infty} \frac{1}{2T} \int_{-T}^{T} x(t)y(t+\tau)\mathrm{d}t. \qquad (1.249)$$

determinierte periodische Signale Praktisch wichtig sind unter den determinierten Leistungssignalen insbesondere *determinierte periodische Signale*. Dann genügt es, statt des Grenzübergangs $T \to \infty$ eine einzelne Periode zu betrachten. Die *Autokorrelationsfunktion* berechnet sich dann bei einer Periodendauer T_x aus

$$R_{xx}(\tau) = \frac{1}{T_x} \int_{0}^{T_x} x(t)x(t+\tau)\mathrm{d}t. \qquad (1.250)$$

Die *Kreuzkorrelationsfunktion* berechnet sich gemäß

$$R_{xy}(\tau) = \frac{1}{T_{xy}} \int_{0}^{T_{xy}} x(t)y(t+\tau)\mathrm{d}t, \qquad (1.251)$$

wobei T_{xy} das kleinste gemeinsame Vielfache der jeweiligen Periodendauern von $x(t)$ und $y(t)$ vertritt. Man beachte, daß das Integral nach (1.251) nur für diejenigen Frequenzanteile nicht verschwindet, die $x(t)$ und $y(t)$ gemeinsam sind (vgl. Abschnitt 1.3.3, Gl. 1.280).

determinierte Energiesignale Zeitmittelwerte für *determinierte Energiesignale* müssen offensichtlich der Tatsache Rechnung tragen, daß Energiesignale endliche Energie aufweisen und deshalb im Unendlichen verschwinden, so daß eine Zeitmittelung über die gesamte Zeitachse Null ergibt. Analog zum Zusammenhang zwischen der Energie von Energiesignalen und der mittleren Leistung von Leistungssignalen (vgl. Korrelationsfunktionen für Energiesignale Gln. 1.1, 1.4) definiert man *Korrelationsfunktionen für Energiesignale* ohne die zeitliche Mittelung. Die *Autokorrelationsfunktion* für ein determiniertes zeitkontinuierliches Energiesignal $x(t)$ lautet dann

$$R_{xx}(\tau) = \int_{-\infty}^{\infty} x(t)x(t+\tau)\mathrm{d}t, \qquad (1.252)$$

und für die beiden determinierten zeitkontinuierlichen Energiesignale $x(t), y(t)$ ist die *Kreuzkorrelationsfunktion* gegeben durch:

$$R_{xy}(\tau) = \int_{-\infty}^{\infty} x(t)y(t+\tau)\mathrm{d}t. \qquad (1.253)$$

1.3 Zufällige Signale

Man beachte insbesondere, daß die Autokorrelationsfunktion eines Energiesignals $x(t)$ im Zeitpunkt $\tau = 0$ nicht mehr die mittlere Leistung anzeigt, sondern die Gesamtenergie des Signals. Ergänzend sei darauf hingewiesen, daß die hier für zeitkontinuierliche determinierte Signale angestellten Betrachtungen in gleicher Weise für zeitdiskrete determinierte Signale gelten.

Eigenschaften von Korrelationsfunktionen

Eigenschaften der Autokorrelationsfunktion. Für reelle Zufallsprozesse $\mathbf{x}(t)$ gilt allgemein:

$$R_{\mathbf{xx}}(t_1, t_2) = R_{\mathbf{xx}}(t_2, t_1), \tag{1.254}$$
$$R_{\mathbf{xx}}^2(t_1, t_2) \leq R_{\mathbf{xx}}(t_1, t_1) \cdot R_{\mathbf{xx}}(t_2, t_2). \tag{1.255}$$

(Beweis von (1.255) z.B. bei [1.8], Gl. 7-12.)

Für reelle, zumindest schwach stationäre Zufallsprozesse $\mathbf{x}(t)$ erhält man daraus mit $R_{\mathbf{xx}}(\tau)$:

$$R_{\mathbf{xx}}(\tau) = R_{\mathbf{xx}}(-\tau), \tag{1.256}$$
$$R_{\mathbf{xx}}(0) \geq |R_{\mathbf{xx}}(\tau)|. \tag{1.257}$$

Damit ist die Autokorrelationsfunktion eines reellen stationären Prozesses eine gerade Funktion mit einem absoluten Maximum bei $\tau = 0$.

Für reelle, zumindest schwach stationäre, periodische Zufallsprozesse mit der Periode T_x, also $\mathbf{x}(t + T_x) = \mathbf{x}(t)$ ist die Autokorrelationsfunktion ebenfalls periodisch mit Periode T_x:

$$R_{\mathbf{xx}}(\tau + T_x) = R_{\mathbf{xx}}(\tau). \tag{1.258}$$

Eigenschaften der Kreuzkorrelationsfunktion. Für reelle Zufallsprozesse $\mathbf{x}(t), \mathbf{y}(t)$ gilt allgemein:

$$R_{\mathbf{xy}}(t_1, t_2) = R_{\mathbf{yx}}(t_2, t_1), \tag{1.259}$$
$$R_{\mathbf{xy}}^2(t_1, t_2) \leq R_{\mathbf{xx}}(t_1, t_1) \cdot R_{\mathbf{yy}}(t_2, t_2), \tag{1.260}$$
$$2|R_{\mathbf{xy}}(t_1, t_2)| \leq R_{\mathbf{xx}}(t_1, t_1) + R_{\mathbf{yy}}(t_2, t_2). \tag{1.261}$$

(Beweis von (1.260) wie bei (1.255).)

Für gemeinsam schwach stationäre Zufallsprozesse $\mathbf{x}(t), \mathbf{y}(t)$ wird (1.259):

$$R_{\mathbf{xy}}(-\tau) = R_{\mathbf{yx}}(\tau). \tag{1.262}$$

Anwendung von Korrelationsfunktionen

Meßprinzip. Korrelationsmeßgeräte gehen stets von ergodischen Prozessen aus und werten entsprechend einzelne Musterfunktionen aus. Dabei muß die Messung in endlicher Zeit abgeschlossen werden. Während die Realisierung analoger Korrelatoren sehr aufwendig ist, erfordern digitale Realisierungen oft nur einen einzigen Signalprozessor und haben damit wesentlich zur Verbreitung der Korrelationsverfahren beigetragen. Im Prinzip erzeugen zeitdiskrete Korrelatoren einen Schätzwert für die Kreuzkorrelationsfunktion nach der Vorschrift:

$$\widehat{R}_{\mathbf{xy}}[m] = \frac{1}{N} \sum_{n=0}^{N-1} x_i[n] \cdot y_i[n+m], \qquad (1.263)$$

wobei N die Meßdauer ausdrückt. Das Prinzip eines digitalen Korrelators ist in Abb. 1.20 dargestellt. Je nachdem, ob Kreuz- oder Autokorrelationsfunktion gemessen werden soll, können die beiden Eingänge mit verschiedenen oder demselben Signal beschickt werden.

Abbildung 1.20
Prinzip der Korrelationsmessung bei zeitdiskreten Signalen

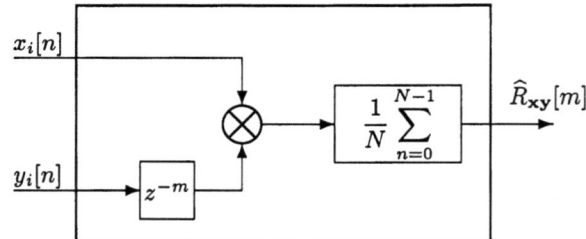

Grundlegende korrelationsbasierte Verfahren. Typische Anwendungen der Korrelationsverfahren basieren entweder auf charakteristischen Eigenschaften der Korrelationsfunktionen bestimmter Signale oder sie nutzen die Eigenschaft aus, daß Störsignale durch Korrelationsverfahren auch dann unterdrückt oder vom Nutzsignal getrennt werden können, wenn sie im selben Frequenzbereich liegen, solange sie unkorreliert zum Nutzsignal sind.

Detektion periodischer Signale

Detektion periodischer Signale. Gemessen werde ein Prozeß $\mathbf{y}(t)$, der sich aus einem periodischen Prozeß $\mathbf{x}(t)$ und einer nichtperiodischen Störung $\mathbf{n}(t)$ zusammensetzt:

1.3 Zufällige Signale

$$\mathbf{y}(t) = \mathbf{x}(t) + \mathbf{n}(t).$$

Entstammen $\mathbf{x}(t)$ und $\mathbf{n}(t)$ entkoppelten Quellen, so darf man Unkorreliertheit annehmen und es gilt, wenn beide Prozesse zumindest schwach stationär sind (vgl. Gl. 1.224):

$$R_{\mathbf{yy}}(\tau) = R_{\mathbf{xx}}(\tau) + R_{\mathbf{nn}}(\tau).$$

Da $\mathbf{n}(t)$ nichtperiodisch ist, klingt $R_{\mathbf{nn}}(\tau)$ für große Werte von τ ab, während $R_{\mathbf{xx}}(\tau)$ wegen der Periodizität nicht abklingt. Damit gilt für große τ:

$$R_{\mathbf{yy}}(\tau) \approx R_{\mathbf{xx}}(\tau).$$

Auf diese Weise lassen sich periodische Signale aus nichtperiodischen Störsignalen auffinden, auch wenn die Störsignalleistung die Leistung des periodischen Signals um ein Vielfaches übertrifft.

Als Beispiel wird eine *Harmonische in weißem Rauschen* betrachtet: Einem zeitdiskreten sinusförmigen Signal $x[k]$ der mittleren Leistung $\sigma_{\mathbf{x}}^2 = 0,5$ wird ein dazu unkorreliertes (mittelwertfreies) weißes Rauschsignal (siehe Abschnitt 1.3.3) $n[k]$ mit der mittleren Leistung $m_{\mathbf{n}}^{(2)} = \sigma_{\mathbf{n}}^2 = 6,27$ überlagert. Beide Signale werden als Musterfunktionen ergodischer Prozesse aufgefaßt. Das Signal/Rauschleistungsverhältnis (SNR) beträgt demnach $SNR = \sigma_{\mathbf{x}}^2 / \sigma_{\mathbf{y}}^2 = 0,08$ bzw. logarithmisch $SNR_{log} = 10\log(\sigma_{\mathbf{x}}^2 / \sigma_{\mathbf{n}}^2) = -10,9$ dB. Ein Ausschnitt des Summensignals $y[k] = x[k] + n[k]$ ist in Abb. 1.21 oben dargestellt. Offensichtlich ist aus dem Zeitverlauf des Summensignals $y[k]$ das Sinussignal nicht ohne weiteres zu erkennen. Die Autokorrelationsfunktion $R_{\mathbf{yy}}[m]$, setzt sich wegen der Unkorreliertheit von $x[k]$ und $n[k]$ additiv aus den jeweiligen Autokorrelierten $R_{\mathbf{xx}}[m]$ und $R_{\mathbf{nn}}[m]$ zusammen (vgl. Gl. 1.224). Da bei weißem Rauschen aufeinanderfolgende Abtastwerte unkorreliert sind (vgl. Abschnitt 1.3.3), setzt sich die Autokorrelationsfunktion $R_{\mathbf{yy}}[m]$ aus einem harmonischen Anteil für $R_{\mathbf{xx}}[m]$ und einem Einheitsimpuls für $R_{\mathbf{nn}}[m]$ zusammen. Im Gegensatz zur Zeitsignaldarstellung ist aus der Autokorrelationsfunktion $R_{\mathbf{yy}}[m]$ (Abb. 1.21 unten) das Vorhandensein der harmonischen Schwingung leicht zu erkennen. Da die Autokorrelationsfunktion einer harmonischen Schwingung wiederum eine Harmonische gleicher Frequenz ergibt, deren Amplitude der mittleren Leistung des harmonischen Signals entspricht, können Frequenz und Amplitude der ursprünglichen Harmonischen aus der Autokorrelationsfunktion abgelesen werden.

Harmonische in weißem Rauschen

Abbildung 1.21
Zeitsignal $y[n]$ und Autokorrelationsfunktion $R_{yy}[m]$, $|m| \leq 128$ (nach Zeitmittelung über 100000 Werte)

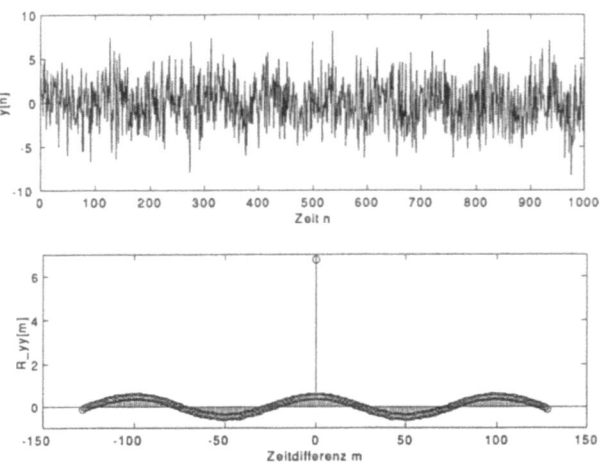

Laufzeitmessung **Laufzeitmessung.** Es werden zwei Prozesse $\mathbf{x}(t), \mathbf{y}(t)$ gemäß

$$\mathbf{x}(t) = \mathbf{u}(t) + \mathbf{n}_1(t),$$
$$\mathbf{y}(t) = k \cdot \mathbf{u}(t - t_0) + \mathbf{n}_2(t)$$

betrachtet, wobei $\mathbf{u}(t)$ als Testsignal aufzufassen ist und $\mathbf{n}_1(t), \mathbf{n}_2(t)$ untereinander und zu $\mathbf{u}(t)$ unkorrelierte Störungen vertreten. Als Kreuzkorrelierte ergibt sich für den Fall, daß die Störprozesse $\mathbf{n}_1(t), \mathbf{n}_2(t)$ zudem mittelwertfrei sind:

$$\begin{aligned} R_{\mathbf{xy}}(\tau) &= E\{\mathbf{x}(t)\mathbf{y}(t+\tau)\} = \\ &= E\{[\mathbf{u}(t) + \mathbf{n}_1(t)] \cdot [k\mathbf{u}(t - t_0 + \tau) + \mathbf{n}_2(t+\tau)]\} = \\ &= kE\{\mathbf{u}(t) \cdot \mathbf{u}(t - t_0 + \tau)\} = \\ &= kR_{\mathbf{uu}}(\tau - t_0). \end{aligned}$$

Damit entspricht die Kreuzkorrelation genau der um t_0 verschobenen und mit k skalierten Autokorrelationsfunktion des Testsignals $\mathbf{u}(t)$. Da die Autokorrelationsfunktion $R_{\mathbf{uu}}(\tau)$ ihr Maximum bei $\tau = 0$ hat, läßt sich durch Aufsuchen des Maximums die relative Zeitverschiebung t_0 zwischen $\mathbf{x}(t)$ und $\mathbf{y}(t)$ bestimmen.

Synchronisation
Die Lage des Maximums der Kreuzkorrelation wird in der Übertragungstechnik vielfach zur *Synchronisation* benutzt. Für diesen Zweck werden Signale $\mathbf{u}(t)$ mit ausgeprägten Hauptmaxima und möglichst niedrigen Nebenmaxima in der Autokorrelierten verwendet (beispielsweise Barker–Folgen, siehe Kapitel *Basisbandübertragung*).

1.3 Zufällige Signale

Signaldetektion. Korrelationsfunktionen bilden auch die Grundlage sogenannter *Korrelationsempfänger* und der *matched filter -Empfänger*, wie sie insbesondere in der digitalen Übertragungstechnik eingesetzt werden (vgl. Kapitel 6 und 7). Dabei bildet der Empfänger die Kreuzkorrelationsfunktion zwischen einem gewünschten (Energie-) Signal und dem Empfangssignal. Enthält das Empfangssignal das gewünschte Signal, so ist dessen Autokorrelierte in der berechneten Kreuzkorrelation enthalten. Bei synchroner Übertragung kennt man den Zeitpunkt, in dem das Maximum der Autokorrelierten liegen muß, so daß man aus dem Wert der Kreuzkorrelierten im Detektionszeitpunkt auf das Vorhandensein des Signalanteils schließen kann. Dieses Verfahren ist Grundlage der Demodulation digitaler Modulationsverfahren (siehe Kapitel 6 und 7).

<small>Signaldetektion Korrelationsempfänger, matched filter</small>

Zufallsprozesse im Frequenzbereich – Leistungsdichtespektren

Analog zur Transformation von determinierten Zeitsignalen in den Spektralbereich werden bei Zufallsprozessen die Korrelationsfunktionen in den Spektralbereich transformiert. Dabei werden hier nur zumindest schwach stationäre Prozesse betrachtet.

Zeitkontinuierliche Zufallsprozesse. Im zeitkontinuierlichen Fall sind die *Leistungsdichtespektren* jeweils als Fourier–Transformierte der Korrelationsfunktionen definiert.

Das *(Auto-)Leistungsdichtespektrum* $S_{\mathbf{xx}}(\omega)$ eines Prozesses $\mathbf{x}(t)$ ist gegeben durch:

<small>Autoleistungsdichtespektrum</small>

$$S_{\mathbf{xx}}(\omega) = \int_{-\infty}^{\infty} R_{\mathbf{xx}}(\tau) e^{-j\omega\tau} d\tau. \qquad (1.264)$$

Das *Kreuzleistungsdichtespektrum* $S_{\mathbf{xy}}(\omega)$ der Prozesse $\mathbf{x}(t)$ und $\mathbf{y}(t)$ lautet:

<small>Kreuzleistungsdichtespektrum</small>

$$S_{\mathbf{xy}}(\omega) = \int_{-\infty}^{\infty} R_{\mathbf{xy}}(\tau) e^{-j\omega\tau} d\tau. \qquad (1.265)$$

Bei ergodischen Prozessen $\mathbf{x}(t)$ läßt sich wie bei der Autokorrelationsfunktion eine Abschätzung für das Leistungsdichtespektrum direkt aus einer Musterfunktion $x_i(t)$ gewinnen. Einerseits gilt für ergodische Prozesse $\mathbf{x}(t)$ (Gl. 1.242)

$$R_{\mathbf{xx}}(0) = \lim_{T \to \infty} \frac{1}{2T} \int_{-T}^{T} x_i^2(t) dt, \qquad (1.266)$$

und wegen des Parseval-Theorems für Leistungssignale gilt damit für einen Ausschnitt $x_{i,T}(t)$ aus dieser Musterfunktion und seine Fourier-Transformierte $X_{i,T}(j\omega)$ (vgl. Abschnitt 8.3.2):

$$\lim_{T\to\infty}\frac{1}{2T}\int_{-T}^{T}x_i^2(t)\mathrm{d}t = \frac{1}{2\pi}\int_{-\infty}^{\infty}\lim_{T\to\infty}\frac{1}{2T}|X_{i,T}(j\omega)|^2\,\mathrm{d}\omega.$$
(1.267)

Andererseits erhält man durch Fourier-Rücktransformation von (1.264) in $\tau = 0$:

$$R_{\mathbf{xx}}(0) = \frac{1}{2\pi}\int_{-\infty}^{\infty}S_{\mathbf{xx}}(\omega)\mathrm{d}\omega.$$
(1.268)

Zusammenfassen der Gln. 1.266-1.268 ergibt:

$$\frac{1}{2\pi}\int_{-\infty}^{\infty}S_{\mathbf{xx}}(\omega)\mathrm{d}\omega = \frac{1}{2\pi}\int_{-\infty}^{\infty}\lim_{T\to\infty}\frac{1}{2T}|X_{i,T}(j\omega)|^2\,\mathrm{d}\omega.$$
(1.269)

Wiener-Khintchine-Theorem Das *Wiener-Khintchine-Theorem* besagt, daß die Integranden in (1.269) unter bestimmten Bedingungen [1.8], S. 270f gleichgesetzt werden dürfen:

$$S_{\mathbf{xx}}(\omega) = \lim_{T\to\infty}\frac{1}{2T}|X_{i,T}(j\omega)|^2.$$
(1.270)

Damit kann man bei einem ergodischen Prozeß das Leistungsdichtespektrum direkt aus einer einzelnen Musterfunktion schätzen.

Eigenschaften von Leistungsdichtespektren Die *Eigenschaften von Leistungsdichtespektren* ergeben sich aus denen der Korrelationsfunktionen und denen der Fourier-Transformation:

- Da $R_{\mathbf{xx}}(\tau)$ reell und gerade ist, ist die zugehörige Fourier-Transformierte reell und gerade, es gilt also:

$$S_{\mathbf{xx}}(\omega) = S_{\mathbf{xx}}(-\omega).$$
(1.271)

- Wegen $R_{\mathbf{xx}}(\tau = 0) = m_{\mathbf{x}}^{(2)}$ kann die mittlere Leistung auch durch Integration über das Leistungsdichtespektrum gewonnen werden:

$$m_{\mathbf{x}}^{(2)} = E\left\{\mathbf{x}(t)^2\right\} = R_{\mathbf{xx}}(0) = \frac{1}{2\pi}\int_{-\infty}^{\infty}S_{\mathbf{xx}}(\omega)\mathrm{d}\omega.$$
(1.272)

- Das Autoleistungsdichtespektrum ist stets nichtnegativ:

$$S_{\mathbf{xx}}(\omega) \geq 0.$$
(1.273)

Intuitiv entspricht dies der Vorstellung, daß die Leistung, also das Integral über die Leistungsdichte, für jedes beliebige Frequenzintervall positiv sein muß. (Ein Beweis findet sich z.B. in [1.3].)

1.3 Zufällige Signale

- Wegen $R_{yx}(\tau) = R_{xy}(-\tau)$ gilt:

$$\begin{aligned} S_{yx}(\omega) &= \int_{-\infty}^{\infty} R_{yx}(\tau) e^{-j\omega\tau} d\tau \\ &= \int_{-\infty}^{\infty} R_{xy}(\sigma) e^{-j\omega(-\sigma)} d\sigma \\ &= S_{xy}(-\omega) = S_{xy}^*(\omega). \end{aligned} \qquad (1.274)$$

Ein in der Praxis sehr wichtiger stochastischer Prozeß ist das *weiße Rauschen* $n(t)$, das eine konstante Leistungsdichte im gesamten Frequenzbereich aufweist: weißes Rauschen

$$S_{nn}(\omega) = N_0. \qquad (1.275)$$

Entsprechend den Eigenschaften einer Dichte ist die Leistung des weißen Rauschens bei einer einzelnen Frequenz stets identisch Null, insbesondere auch die Leistung bei $\omega = 0$ (*Gleichanteil*).

Die Autokorrelationsfunktion ergibt sich durch Fourier-Rücktransformation zu

$$R_{nn}(\tau) = N_0 \delta(\tau). \qquad (1.276)$$

Daraus liest man ab, daß die Zeitsignalwerte des weißen Rauschens zu zwei verschiedenen Zeitpunkten t_1, t_2 unkorreliert zueinander sind, auch wenn die Zeitpunkte beliebig nahe beieinanderliegen. Nach (1.268) ist weiterhin der quadratische Mittelwert von idealem weißen Rauschen nicht beschränkt, weißes Rauschen ist also ein nicht leistungsbegrenztes Signal. Beide Eigenschaften verdeutlichen, daß es sich beim weißen Rauschen um eine mathematische Abstraktion handelt, die jeweils nur in einem beschränkten Frequenzbereich praktische Gültigkeit haben kann.

Das häufig verwendete *Gaußsche weiße Rauschen* ist damit   Gaußsches weißes
strenggenommen ein Prozeß mit unendlicher Varianz, d.h. die   Rauschen
Wahrscheinlichkeitsdichte (Gauß-Glocke) müßte unendlich breit sein. In der Praxis handelt es sich dabei um einen Gauß-Prozeß, dessen Leistungsdichtespektrum nur im jeweils interessierenden Bereich konstant ist.

Zeitdiskrete Zufallsprozesse. Analog zum zeitkontinuierlichen Fall, wo man das Leistungsdichtespektrum durch Fourier-Transformation der Korrelationsfunktion erhält, werden im Fall zeitdiskreter Zufallsprozesse die Leistungsdichtespektren durch Spektraltransformation der jeweiligen Korrelationsfunktion berechnet.

Damit ergibt sich entsprechend der Definition der Spektraltransformierten (FTA) nach Gl. 8.12 für das Leistungsdichtespektrum $S_{\mathbf{xx}}(e^{j\Omega})$ einer Zufallsfolge $\mathbf{x}[n]$ mit der Autokorrelationsfolge $R_{\mathbf{xx}}[m]$:

$$S_{\mathbf{xx}}(e^{j\Omega}) = \sum_{m=-\infty}^{+\infty} R_{\mathbf{xx}}[m]e^{-j\Omega m}. \qquad (1.277)$$

Entsprechend definiert man das Kreuzleistungsdichtespektrum $S_{\mathbf{xy}}(e^{j\Omega})$ zweier Zufallsfolgen $\mathbf{x}[n], \mathbf{y}[n]$ mit der Kreuzkorrelationsfolge $R_{\mathbf{xy}}[m]$:

$$S_{\mathbf{xy}}(e^{j\Omega}) = \sum_{m=-\infty}^{+\infty} R_{\mathbf{xy}}[m]e^{-j\Omega m}. \qquad (1.278)$$

Leistungs- und Energiedichtespektren determinierter Signale. Das Leistungsdichtespektrum wurde oben für stationäre Prozesse eingeführt und setzt damit voraus, daß die Musterfunktionen dieser Prozesse Leistungssignale sind, also keine endliche Signalenergie aufweisen. Entsprechend zur Definition von Korrelationsfunktionen für determinierte Leistungs- und Energiesignale im Abschnitt 1.3.3 können auch Leistungsdichtespektren bzw. Energiedichtespektren für beide Signalarten angegeben werden.

Leistungssignale *Leistungsdichtespektren für determinierte Leistungssignale* werden wie für eine Musterfunktion nach (1.270) berechnet. Für die Autoleistungsdichte eines zeitkontinuierlichen determinierten Leistungssignals $x(t)$ gilt:

$$S_{\mathbf{xx}}(\omega) = \lim_{T \to \infty} \frac{1}{2T}|X_T(j\omega)|^2 = \lim_{T \to \infty} \frac{1}{2T}X_T(j\omega)X_T^*(j\omega), \qquad (1.279)$$

wobei $X_T(j\omega)$ wiederum die Fourier–Transformierte der auf $2T$ begrenzten Zeitfunktion $x_T(t)$ ist. Entsprechend gilt für das Kreuzleistungsdichtespektrum zweier zeitkontinuierlicher determinierter Leistungssignale $x(t), y(t)$:

$$S_{\mathbf{xy}}(\omega) = S_{\mathbf{yx}}^*(\omega) = \lim_{T \to \infty} \frac{1}{2T}X_T(j\omega)Y_T^*(j\omega). \qquad (1.280)$$

Die am häufigsten anzutreffenden determinierten Leistungssignale sind periodische Signale, deren Fourier–Spektrum entsprechend aus Dirac-Impulsen für die jeweiligen Frequenzkomponenten zusammengesetzt ist. Das Kreuzleistungsdichtespektrum weist bei zwei periodischen Signalen $x(t), y(t)$ nach dem Grenzübergang $T \to \infty$ als Produkt der beiden Fourier-Spektren $X(j\omega) \cdot Y^*(j\omega)$ nur dort von Null verschiedene Anteile auf, wo $x(t)$ und $y(t)$

1.3 Zufällige Signale

nichtverschwindende Frequenzkomponenten gemeinsam haben. Fourier–Rücktransformation zeigt dann, daß die Kreuzkorrelationsfunktion eine periodische Funktion ist, die nur die gemeinsamen Frequenzkomponenten enthält (vgl. Abschnitt 1.3.3).

Für *determinierte Energiesignale* (insbesondere zeitbegrenzte Signale, Impulse), zu denen nach (1.248), (1.249) auch Korrelationsfunktionen angegeben werden können, läßt sich analog zum Leistungsdichtespektrum ein Energiedichtespektrum angeben. Die Berechnung des Energiedichtespektrums erfolgt analog zur Berechnung des Leistungsdichtespektrums ergodischer Prozesse (vgl. Gl. 1.270). In Übereinstimmung mit der Definition der Korrelationsfunktionen für Energiesignale unterbleibt jedoch die Normierung auf die Zeit, so daß man für das *Autoenergiedichtespektrum* eines Energiesignals $x(t)$ erhält:

<!-- margin: Energiesignale -->
<!-- margin: (Auto-)Energiedichtespektrum -->

$$E_{\mathbf{xx}}(\omega) = |X(j\omega)|^2 = X(j\omega) \cdot X^*(j\omega). \qquad (1.281)$$

Analog dazu läßt sich ein *Kreuzenergiedichtespektrum* zweier Energiesignale $x(t), y(t)$ angeben:

<!-- margin: Kreuzenergiedichtespektrum -->

$$E_{\mathbf{xy}}(\omega) = X(j\omega) \cdot Y^*(j\omega). \qquad (1.282)$$

Es sei auch hier darauf hingewiesen, daß die für zeitkontinuierliche determinierte Signale angestellten Betrachtungen in gleicher Weise für zeitdiskrete determinierte Signale gelten.

1.3.4 LZI–Systeme bei stationärer stochastischer Erregung

Die Beziehungen zwischen den statistischen Kenngrößen zumindest schwach stationärer Prozesse am Ein- und Ausgang linearer Systeme lassen sich durch Ausnutzung der Linearität der Erwartungswertbildung relativ einfach formulieren. Es werden hier nur zeitkontinuierliche Prozesse und Systeme behandelt, alle Aussagen lassen sich aber in gleicher Weise für zeitdiskrete Prozesse und Systeme herleiten.

Es wird ein LZI–System mit der reellen Impulsantwort $h(t)$, dem Eingangsprozeß $\mathbf{x}(t)$ und dem Ausgangsprozeß $\mathbf{y}(t)$ betrachtet. Da für jede einzelne Musterfunktion $x_i(t)$ die Faltungsbeziehung

$$y_i(t) = \int_{-\infty}^{\infty} h(t-\tau)x_i(\tau)\mathrm{d}\tau = h(t) * x_i(t)$$

angewandt werden kann, kann man für die Gesamtheit aller Musterfunktionen schreiben:

$$\mathbf{y}(t) = \int_{-\infty}^{\infty} h(t-\sigma)\mathbf{x}(\sigma)\mathrm{d}\sigma. \qquad (1.283)$$

Momente am Ausgang Die einzelnen *statistischen Kenngrößen (Momente)* am Ausgang des linearen Systems ergeben sich jeweils durch Vertauschung der Erwartungswertbildung und der Faltungsoperation(en) in Abhängigkeit der Kenngrößen am Eingang.

Linearer Mittelwert *Linearer Mittelwert* m_y *am Ausgang:*

$$m_y = m_x \cdot \int_{-\infty}^{\infty} h(\tau) \mathrm{d}\tau. \tag{1.284}$$

Mit der Fourier–Transformationsbeziehung zwischen Impulsantwort und Übertragungsfunktion (Gl. 1.51) für $\omega = 0$

$$\int_{-\infty}^{\infty} h(\tau) \mathrm{d}\tau = H(0)$$

erhält man daraus

$$m_y = H(0) \cdot m_x. \tag{1.285}$$

Kreuzkorrelation, Kreuzleistungsdichte *Kreuzkorrelationsfunktionen und Kreuzleistungsdichtespektren zwischen Ein- und Ausgang:*

$$R_{xy}(\tau) = h(\tau) * R_{xx}(\tau). \tag{1.286}$$

Wegen $R_{yx}(\tau) = R_{xy}(-\tau)$ gilt offenbar

$$R_{yx}(\tau) = h(-\tau) * R_{xx}(-\tau) = h(-\tau) * R_{xx}(\tau). \tag{1.287}$$

Durch Fourier–Transformation dieser Beziehungen erhält man daraus direkt die entsprechenden Beziehungen für die Kreuzleistungsdichtespektren:

$$S_{xy}(\omega) = H(j\omega) \cdot S_{xx}(\omega), \tag{1.288}$$
$$S_{yx}(\omega) = H(-j\omega) S_{xx}(\omega) = H^*(j\omega) S_{xx}(\omega). \tag{1.289}$$

1.3 Zufällige Signale

Autokorrelationsfunktion und Autoleistungsdichtespektrum am Ausgang: — Autokorrelation, Autoleistungsdichte

$$R_{yy}(\tau) = \int_{-\infty}^{\infty} h(\sigma) \int_{-\infty}^{\infty} h(\rho) \cdot R_{xx}(\tau - \sigma + \rho) d\rho d\sigma. \quad (1.290)$$

In Abhängigkeit der Kreuzkorrelationsfunktionen ergibt sich

$$R_{yy}(\tau) = h(-\tau) * R_{xy}(\tau) = h(\tau) * R_{yx}(\tau). \quad (1.291)$$

Mit den Beziehungen 1.288, 1.289 und 1.291 läßt sich auch unmittelbar das Autoleistungsdichtespektrum am Ausgang des Systems angeben:

$$\begin{aligned} S_{yy}(\omega) &= H(j\omega) \cdot S_{yx}(j\omega) = H^*(j\omega) \cdot S_{xy}(j\omega) \\ &= H(j\omega) H^*(j\omega) \cdot S_{xx}(\omega) \\ &= |H(j\omega)|^2 \cdot S_{xx}(\omega). \end{aligned} \quad (1.292)$$

Quadratischer Mittelwert $m_y^{(2)}$ am Ausgang. Statt durch doppelte Integration im Zeitbereich nach (1.290) bietet sich die Ermittlung aus dem Leistungsdichtespektrum (Gl. 1.292) an: — quadratischer Mittelwert

$$m_y^{(2)} = \frac{1}{2\pi} \int_{-\infty}^{\infty} S_{yy}(\omega) d\omega = \frac{1}{2\pi} \int_{-\infty}^{\infty} |H(j\omega)|^2 \cdot S_{xx}(\omega) d\omega. \quad (1.293)$$

Für den Sonderfall von weißem Rauschen ergibt sich mit $S_{xx}(\omega) = N_0$ als mittlere Leistung m_y^2 am Ausgang nach (1.293) unmittelbar:

$$\begin{aligned} m_y^{(2)} &= R_{yy}(0) = \frac{1}{2\pi} \int_{-\infty}^{\infty} |H(j\omega)|^2 \cdot S_{xx}(\omega) d\omega \\ &= \frac{N_0}{2\pi} \int_{-\infty}^{\infty} |H(j\omega)|^2 d\omega = N_0 \int_{-\infty}^{\infty} h(\sigma)^2 d\sigma. \end{aligned}$$

Die Varianz am Ausgang ergibt sich damit als das Produkt der mittleren Leistung des Anregungsprozesses und der in der Impulsantwort enthaltenen Energie. Für den letzten Schritt der Herleitung wurde das Parseval-Theorem (Abschnitt 8.3.2) benutzt.

1.4 Literatur

[1.1] Bronstein I. N., Semendjajew, K. A.: *Taschenbuch der Mathematik.* Nauka, Moskau, UdSSR, (Deutsche Ausgabe) 1979

[1.2] Girod, B., Rabenstein, R., Stenger, A.: *Einführung in die Systemtheorie.* Teubner-Verlag, Stuttgart, 1997

[1.3] Hänsler, E.: *Statistische Signale.* Springer-Verlag, Berlin, 1997

[1.4] Mildenberger, O.: *System- und Signaltheorie.* Vieweg-Verlag, Braunschweig/Wiesbaden, 1989

[1.5] Mildenberger, O.: *Übertragungstechnik.* Vieweg-Verlag, Braunschweig/Wiesbaden, 1997

[1.6] Mildenberger, O.: *Entwurf analoger und digitaler Filter.* Vieweg-Verlag, Braunschweig/Wiesbaden, 1992

[1.7] Oppenheim, A. V., Schafer, R. W.: *Discrete Time Signal Processing.* Prentice Hall, Englewood Cliffs, NJ, 1989

[1.8] Papoulis, A.: *Probability, Random Variables, and Stochastic Processes.* McGraw-Hill, New York, 1984

[1.9] Papoulis, A.: *Signal Analysis.* McGraw-Hill, New York, 1984

[1.10] Proakis, G. K., Manolakis, D. G.: *Digital Signal Processing.* Prentice Hall, Englewood Cliffs, 1996

[1.11] Schüßler, H. W.: *Netzwerke, Signale und Systeme 2.* Springer-Verlag, Berlin, 1991

[1.12] Unbehauen, R.: *Systemtheorie - Grundlagen für Ingenieure.* Oldenbourg-Verlag, München, 1993

Kapitel 2

Filter

*von Klaus Meerkötter
unter Mitarbeit von Dietrich Fränken* *

2.1 Überblick

Hinter nur wenigen Begriffen in Wissenschaft und Technik verbergen sich so viele unterschiedliche Definitionen wie hinter dem Begriff des Filters. In der Nachrichtentechnik und benachbarten Gebieten wird unter einem Filter häufig ein lineares zeitinvariantes Übertragungssystem verstanden, mit dem das Frequenzspektrum eines gegebenen Signals auf wohldefinierte Weise beeinflußt wird. Aber selbst wenn die Bedeutung des Begriffes Filter auf diese Klasse, die sogenannten frequenzselektiven Filter, eingeschränkt wird, ist es im Rahmen des vorliegenden Buches unmöglich, einen halbwegs umfassenden Überblick über das Thema Filter zu geben. Dies wird auch deutlich durch die Vielzahl der Attribute, die in Verbindung mit dem Begriff Filter auftreten, wie etwa die Wortpaare zeitkontinuierlich – zeitdiskret, passiv – aktiv, analog – digital, mechanisch – elektrisch, rekursiv – nichtrekursiv etc.

Wegen der überragenden Bedeutung, die heute der digitalen Signaldarstellung, -übertragung und -verarbeitung zukommt, soll in diesem Kapitel das Augenmerk vor allem auf das Gebiet der Digitalfilter gelenkt werden. Hierbei werden zwangsläufig auch eine Reihe von Aspekten angesprochen, die im Zusammenhang mit der Theorie und Realisierung anderer Filtertypen von Interesse sind. So ist etwa die den Digitalfiltern zugrundeliegende Theo-

---

*Dr.-Ing. Dietrich Fränken ist Oberingenieur im Fachgebiet Nachrichtentheorie der Universität Paderborn

rie der zeitdiskreten Systeme auch für analoge Abtastfilter und Schalter-Kondensator-Filter von Bedeutung. Die beim Filterentwurf verwendeten mathematischen Approximationsverfahren unterscheiden sich praktisch nicht, ob sie nun im zeitkontinuierlichen oder zeitdiskreten Fall angewandt werden. Neben den eher konventionellen Digitalfiltern werden vor allem auch die sogenannten Wellendigitalfilter vorgestellt, die als Nachbildungen klassischer passiver oder verlustfreier Filter aufgefaßt werden können. Damit aber das Konzept der Wellendigitalfilter verstanden und die Bedeutung der Passivität für die Digitalfilterung erkannt werden kann, sind gewisse Grundkenntnisse der klassischen Filter- und Streuparametertheorie unerläßlich.

2.1.1 Einführung

Ein frequenzbegrenztes zeitkontinuierliches Signal kann äquivalent durch ein zeitdiskretes Signal repräsentiert werden. Dieser Sachverhalt, der in dem sogenannten *Abtasttheorem* zum Ausdruck kommt, ist eine wesentliche Grundlage der digitalen Signalverarbeitung.

Abtasttheorem

Für tiefpaßbegrenzte Signale läßt sich die Essenz des Abtasttheorems etwa wie folgt darstellen. Sei x ein zeitkontinuierliches Signal mit der Grenzfrequenz $f_g = \omega_g/2\pi$, also ein Signal, dessen FOURIER-Transformierte außerhalb des Frequenzintervalls $(-\omega_g, \omega_g)$ verschwindet. Dieses Signal werde mit einer *Abtastrate* $F = 1/T$ zu den Zeitpunkten

Abtastrate

$$t_k = t_0 + kT, \quad k = \cdots, -2, -1, 0, 1, 2, \cdots \quad (2.1)$$

abgetastet. Dann besagt das Abtasttheorem, daß unter der Bedingung

$$F \geq 2f_g \quad \text{bzw.} \quad T \leq \frac{1}{2f_g} = \frac{\pi}{\omega_g} \quad (2.2)$$

das Signal x aus seinen Abtastwerten $x(t_k)$ gemäß

$$x(t) = \sum_{k=-\infty}^{\infty} x(t_k) q(t - t_k) \quad (2.3)$$

wiedergewonnen werden kann, wobei die Funktion q gewissen einschränkenden Bedingungen genügen muß, die beispielsweise von

$$q(t) = \mathrm{si}(\pi t/T) \quad (2.4)$$

erfüllt werden (siehe hierzu etwa [2.17]). Am einfachsten lassen sich diese Bedingungen im Frequenzbereich formulieren. Ist etwa

2.1 Überblick

Q die FOURIER-Transformierte von q, so muß gelten $Q(j\omega) = T$ für $|\omega| < \omega_g$ und $Q(j\omega) = 0$ für $|\omega| > 2\pi F - \omega_g$. In den gegebenenfalls verbleibenden Intervallen, d. h. für $\omega_g \leq |\omega| \leq 2\pi F - \omega_g$, kann $Q(j\omega)$ nahezu beliebig gewählt werden. Es muß lediglich sichergestellt sein, daß Q in den Zeitbereich transformiert werden kann.

Der Zeitpunkt t_0 bei (2.1) kann zwar beliebig sein, wird aber häufig zu Null gewählt. In diesem Fall können die Abtastzeitpunkte durch die Zahl k repräsentiert werden, und man schreibt

$$x[k] = x(kT). \tag{2.5}$$

Das Prinzip der digitalen Verarbeitung (z. B. der Digitalfilterung) zeitkontinuierlicher Signale besteht darin, daß ein zu verarbeitendes zeitkontinuierliches Signal, etwa x, unter Beachtung der Bedingung (2.2) abgetastet wird und daß nach Analog/Digital-Umsetzung die Folge seiner Abtastwerte $x[k]$ auf einem Digitalrechner oder einem digitalen Signalprozessor (DSP) mit einem vorgegebenen Algorithmus verarbeitet wird. Als Ergebnis dieses Prozesses entsteht eine Ausgangsfolge, etwa $y[k]$, die nach Digital/Analog-Umsetzung in ein zeitkontinuierliches Signal verwandelt wird, und zwar gemäß (2.3) mit x jeweils ersetzt durch y. Allerdings muß die Funktion q zuvor geeignet gewählt werden; sie muß insbesondere für $t < 0$ verschwinden. Neben einer zeitlichen Verzögerung treten zwar dann gewisse Fehler auf, die aber bei entsprechendem Aufwand beliebig klein gehalten werden können. Die Verwendung der in (2.4) definierten Funktion ist offenbar nicht möglich, da unter diesen Umständen die Beziehung (2.3) einer nichtkausalen und damit nichtrealisierbaren Operation (Filterung) entspräche.

2.1.2 Analyse von Digitalfiltern

Die Funktionsweise eines Digitalfilters kann mit Hilfe folgender grundlegender Operationen beschrieben werden:

- Addition zweier Signale,
- Multiplikation eines Signals mit einer Konstanten,
- Verzögerung eines Signals (Speicherung eines Signalwertes),
- mehrfache Weiterverarbeitung eines Signals (Verzweigung).

All diese Operationen lassen sich graphisch mittels *Signalflußgra-* Signalflußgraph *phen* darstellen:

Abbildung 2.1
Operationen in
Digitalfiltern

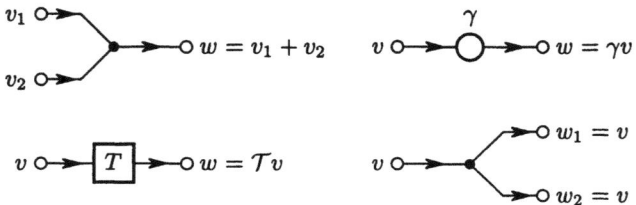

Hierbei soll die Anwendung des Operators $\mathcal{T}$ eine Verzögerung des betreffenden Signals um T symbolisieren, d. h., es soll gelten $(\mathcal{T}v)[k] = v[k-1]$. Da der Betrieb eines Digitalfilters völlig unabhängig von der Frage der Abtastung gesehen werden kann, soll die Größe T im folgenden nicht als Abtastperiode bezeichnet werden, sondern als *Betriebsperiode*. Die mehrfache, etwa m-fache, Anwendung des Operators $\mathcal{T}$ wird ausgedrückt durch $\mathcal{T}^m$, d. h., $(\mathcal{T}^m v)[k] = v[k-m]$. Für m können an dieser Stelle offenbar auch beliebige ganze Zahlen zugelassen werden.

Betriebsperiode

Ein Signalflußgraph, der keine anderen als die in Abbildung 2.1 aufgeführten Operationen enthält, ist genau dann als Digitalsystem realisierbar, wenn keine verzögerungsfreie gerichtete Schleife auftritt [2.8]. Einem entsprechenden Signalflußgraphen mit dem Eingangssignal x und dem Ausgangssignal y sowie n Speicherelementen ist eine *Zustandsraumbeschreibung* der Form

Zustandsraumbeschreibung

$$\mathbf{w}[k+1] = \mathbf{A}\mathbf{w}[k] + \mathbf{b}x[k], \quad y[k] = \mathbf{c}^T\mathbf{w}[k] + dx[k] \qquad (2.6)$$

mit einer konstanten Matrix $\mathbf{A}$ der Dimension $n \times n$ und konstanten n-dimensionalen Vektoren $\mathbf{b}$ und $\mathbf{c}$ zu entnehmen, wobei der n-dimensionale Vektor $\mathbf{w} = (w_1, w_2, \cdots, w_n)^T$ üblicherweise als Zustandsvektor bezeichnet wird. Das hochgestellte T kennzeichnet die Transposition des jeweiligen Vektors.

rekursives /
nichtrekursives
Filter

Prinzipiell wird zwischen *rekursiven* und *nichtrekursiven* Digitalfiltern unterschieden, wobei ein Digitalfilter als rekursiv bezeichnet wird, wenn der zugehörige Signalflußgraph mindestens eine gerichtete Schleife enthält – diese ist dann notwendigerweise verzögerungsbehaftet –, während man von einem nichtrekursiven Filter spricht, wenn keine solche Schleife auftritt.

Mit der Zustandsraumbeschreibung (2.6) ist der Wert $y[k]$ des Ausgangssignals eines Digitalfilters abhängig sowohl vom Anfangszustand $\mathbf{w}[k_0] = \mathbf{w}_0$ als auch von $x[\varkappa]$ für $k_0 \leq \varkappa \leq k$, also vom Verlauf des Eingangssignals seit dem Anfangszeitpunkt k_0, womit ein solches Filter stets *kausal* ist. Das Ausgangssignal setzt sich außerdem additiv zusammen aus einem Teil, der durch den Anfangszustand hervorgerufen wird und durch $\mathbf{c}^T\mathbf{w}[k]$ mit

Kausalität

2.1 Überblick

$\mathbf{w}[k] = \mathbf{A}^{k-k_0}\mathbf{w}_0$ gegeben ist, und einer Antwort auf das Eingangssignal. Falls $\mathbf{w}[k] = \mathbf{A}^{k-k_0}\mathbf{w}_0$ für beliebige $\mathbf{w}_0$ und $k \to \infty$ bzw. $k_0 \to -\infty$ verschwindet, das System also *asymptotisch stabil* ist, so verschwindet auch der Einfluß des Anfangszustandes auf das Ausgangssignal, so daß nach dem Grenzübergang $k_0 \to -\infty$ die Werte des Ausgangssignals y allein durch das Eingangssignal x bestimmt sind. Asymptotische Stabilität, eine Eigenschaft, die ein Filter eigentlich immer besitzen muß und die im folgenden stets gefordert wird, liegt bei dem betrachteten System offenbar genau dann vor, wenn sämtliche Eigenwerte λ_i der Systemmatrix $\mathbf{A}$ der Bedingung $|\lambda_i(\mathbf{A})| < 1$ genügen.

Stabilität

Ist das Eingangssignal durch den Einheitsimpuls δ mit $\delta[0] = 1$ und $\delta[k] = 0$ für $k \neq 0$ gegeben, so erhält man als Ausgangssignal die (aufgrund der Kausalität notwendigerweise rechtsseitige) *Impulsantwort* h des Digitalfilters, die durch $h[k] = 0$ für $k < 0$ sowie

Impulsantwort

$$h[0] = d \quad \text{und} \quad h[k] = \mathbf{c}^T\mathbf{A}^{k-1}\mathbf{b} \quad \text{für} \quad k > 0 \qquad (2.7)$$

gegeben ist. Da das Digitalfilter außerdem linear und zeitinvariant ist, kann die Antwort auf andere Eingangssignale x wegen der *Ausblendeigenschaft* des Einheitsimpulses, also wegen des Zusammenhanges

Ausblendeigenschaft

$$x[k] = \sum_{\varkappa=-\infty}^{\infty} \delta[k-\varkappa]x[\varkappa] = \sum_{\varkappa=-\infty}^{\infty} \delta[\varkappa]x[k-\varkappa], \qquad (2.8)$$

gemäß

$$y[k] = \sum_{\varkappa=-\infty}^{k} h[k-\varkappa]x[\varkappa] = \sum_{\varkappa=0}^{\infty} h[\varkappa]x[k-\varkappa] \qquad (2.9)$$

gewonnen werden, sofern die Reihen in (2.9) konvergieren. Ist das betrachtete LZI-System asymptotisch stabil, so gilt

$$\sum_{\varkappa=0}^{\infty} |h[\varkappa]| = K < \infty, \qquad (2.10)$$

und die Konvergenz der Reihen ist zumindest für beschränkte Eingangssignale x stets gesichert.

Von besonderem Interesse sind Eingangssignale x der Form $x[k] = Xz^k$, wobei die *komplexe Amplitude* X sowie die Variable z komplexe Konstanten sind. Berücksichtigt man die Kausalität, so folgt aus (2.9)

komplexe Amplitude

$$y[k] = \sum_{\varkappa=0}^{\infty} h[\varkappa]Xz^{k-\varkappa} = \left[\sum_{\varkappa=0}^{\infty} h[\varkappa]z^{-\varkappa}\right]Xz^k =: Yz^k.$$

Falls die angegebene Reihe konvergiert, kann man also schreiben

$$x[k] = Xz^k \implies y[k] = Yz^k \quad \text{mit} \quad Y = H(z)X, \quad (2.11)$$

wobei die durch

$$H(z) := \sum_{\varkappa=0}^{\infty} h[\varkappa] z^{-\varkappa} \quad (2.12)$$

Übertragungs- definierte Funktion H als *Übertragungsfunktion* bezeichnet wird.
funktion Das Ausgangssignal besitzt also eine dem Eingangssignal entsprechende Form; der Zusammenhang zwischen den komplexen Amplituden wird dabei durch die Übertragungsfunktion bestimmt.

In Gleichung (2.12) wird die Übertragungsfunktion in Form einer TAYLOR-Reihe um den Entwicklungspunkt $z = \infty$ dargestellt, deren Konvergenz zumindest für alle z mit $|z| > |\lambda_i(\mathbf{A})| \; \forall i$ gesichert ist. In Abhängigkeit von den in (2.6) eingeführten Größen findet man für die Übertragungsfunktion dann den Zusammenhang

$$H(z) = \mathbf{c}^T(z\mathbf{E} - \mathbf{A})^{-1}\mathbf{b} + d, \quad (2.13)$$

der auch die analytische Fortsetzung der in (2.12) gegebenen Darstellung auf alle Punkte der komplexen Ebene (mit Ausnahme der Polstellen) angibt. Eine explizite Auswertung der z-Transformation, über die Impulsantwort und Übertragungsfunktion laut Gleichung (2.12) miteinander verknüpft sind, ist dabei nicht erforderlich; der Zusammenhang (2.13) kann vielmehr unmittelbar durch den Ansatz $\mathbf{w}(z) = \mathbf{W}z^k$ als stationäre Lösung der Gleichungen (2.6) gewonnen werden. In der Literatur wird anstelle von (2.12) oft (2.13) zur Definition der Übertragungsfunktion herangezogen. Dabei sind dann mit Ausnahme der Eigenwerte von $\mathbf{A}$ für z zunächst keine weiteren Punkte der komplexen Ebene auszuschließen. Die oben erwähnte Einschränkung $|z| > |\lambda_i(\mathbf{A})| \; \forall i$ stellt aber in Verbindung mit der Forderung nach asymptotischer Stabilität sicher, daß eine Betrachtung des Grenzfalles $k_0 \to -\infty$ mit einer Lösung der Form $y[k] = H(z)Xz^k$ überhaupt möglich ist.

Besonders einfach gestaltet sich die Bestimmung der Übertragungsfunktion bei gegebenem Signalflußgraphen. Da nämlich eine Verzögerung durch den Zusammenhang $w = \mathcal{T}v$ beschrieben wird und die zugehörige Teilübertragungsfunktion (wegen $w[k] = Wz^k = v[k-1] = Vz^{k-1}$) durch $W/V = z^{-1}$ gegeben ist, ergibt sich die Übertragungsfunktion als Lösung eines algebraischen Gleichungssystems.

Der Zählergrad der Übertragungsfunktion kann niemals größer als der Grad ihres Nenners sein. Diese Aussage ist eine unmittelbare Konsequenz der Eigenschaft $H(\infty) := \lim_{z \to \infty} H(z) = d \neq$

2.1 Überblick

∞, die sowohl aus (2.12) als auch aus (2.13) folgt und offenbar die Kausalität widerspiegelt. Alle Pole $z_{\infty i}$ der Übertragungsfunktion sind auch Eigenwerte der Systemmatrix $\mathbf{A}$, so daß die Gültigkeit der Beziehung $|z_{\infty i}| < 1\ \forall i$ eine notwendige Bedingung für die asymptotische Stabilität des Digitalfilters darstellt. In diesem Fall ist die Übertragungsfunktion auf dem *Einheitskreis*, d. h. für alle z mit $|z| = 1$, beschränkt und insbesondere für $|z| \geq 1$ analytisch, in Verbindung mit der Eigenschaft $H(\infty) \neq \infty$ kann dann mit dem Prinzip vom Maximum für analytische Funktionen geschlossen werden, daß H sogar für alle $|z| \geq 1$ beschränkt ist. Da umgekehrt eine für alle $|z| \geq 1$ beschränkte Übertragungsfunktion etwaige Pole $z_{\infty i}$ nur im Inneren des Einheitskreises besitzen kann, gilt für die Übertragungsfunktion H eines kausalen Systems die folgende Aussage:

Einheitskreis

$$|H(z)| < \infty\ \forall |z| \geq 1 \quad \Longleftrightarrow \quad |z_{\infty i}| < 1\ \forall i. \qquad (2.14)$$

Soll nun das Übertragungsverhalten eines Digitalfilters mit einer gegebenen Übertragungsfunktion H quantitativ untersucht werden, so ist zu berücksichtigen, daß sowohl die Variable z selbst als auch $H(z)$ im allgemeinen komplexe Werte annehmen. Hinsichtlich der Variablen z beschränkt man sich bei einer Analyse des Übertragungsverhaltens aber üblicherweise auf den Fall $|z| = 1$, welcher einer monofrequenten, weder auf- noch abklingenden Anregung des Filters entspricht. Die Gleichung (2.12) beschreibt in diesem Fall den *eingeschwungenen Zustand* des Filters. Geht man dabei davon aus, daß das betrachtete spezielle Eingangssignal x mit $x[k] = Xz^k$ durch äquidistante Abtastung der Form (2.5) aus einer zeitkontinuierlichen Exponentialschwingung der Form $x(t) = Xe^{pt}$ mit der (gewöhnlichen) komplexen Frequenz $p = \sigma + j\omega$ gewonnen wurde und somit zwischen der Frequenzvariablen p und der Variablen z der Zusammenhang

eingeschwungener Zustand

$$z = e^{pT} = e^{[\sigma+j\omega]T} \qquad (2.15)$$

besteht, so ist die Einschränkung $|z| = 1$ identisch mit der bei der Analyse zeitkontinuierlicher Systeme häufig getroffenen Festlegung $\sigma = 0$. Da die verbleibende Zuordnung $\omega \mapsto z = e^{j\omega T}$ periodisch mit der reellen Periode $\Omega = 2\pi/T$ (bzw. die Zuordnung $p \mapsto z = e^{pT}$ periodisch mit der imaginären Periode $j\Omega = j2\pi/T$) ist, können zwei monofrequente Signale x_1 und x_2 der Form $x_1(t) = e^{j\omega_1 t}$ und $x_2(t) = e^{j\omega_2 t}$, für die $\omega_1 - \omega_2$ ein ganzzahliges Vielfaches von Ω ist, nach der Abtastung nicht mehr voneinander unterschieden werden. Um dieses Problem zu vermeiden, führt man in der Praxis meist vor der Abtastung eine

Filterung des zu verarbeitenden Analogsignals durch, mit der die enthaltenen Frequenzanteile auf einen geeigneten Frequenzbereich eingeschränkt werden. In vielen Fällen wird dieses Ziel mit Hilfe einer Tiefpaßfilterung erreicht, die alle Frequenzkomponenten außerhalb des sogenannten NYQUIST-*Bereichs*

NYQUIST-Bereich

$$-\Omega/2 < \omega < \Omega/2 \qquad (2.16)$$

unterdrückt.

Zur Beschreibung des Übertragungsverhaltens bei reellen Frequenzen, d. h. für $z = e^{j\omega T}$, werden häufig statt der Übertragungsfunktion H die Größen *Dämpfung* und *Phase* herangezogen, die mit A bzw. B bezeichnet werden und wie folgt definiert sind:

Dämpfung, Phase

$$A(\omega) = -\ln|H(e^{j\omega T})| \quad \text{bzw.} \quad B(\omega) = -\arc\{H(e^{j\omega T})\}. \qquad (2.17)$$

Diese Größen, die gleich dem Real- bzw. dem Imaginärteil des sogenannten *Übertragungsmaßes* $\Gamma = -\log H$ sind, haben in der Praxis eine größere Bedeutung als beispielsweise Real- und Imaginärteil von H. Anstelle der derart definierten Dämpfung A – diese ist eigentlich eine dimensionslose Größe, dennoch spricht man meist von einer "Dämpfung in *Neper*" – ist in der Technik die Verwendung einer "Dämpfung in *Dezibel*", also des Ausdruckes $A_{dB} = -20\lg|H| = 10\lg|1/H^2|$ eher gebräuchlich, die beiden Größen sind aber leicht ineinander umzurechnen. Es gilt

Übertragungsmaß

$$A_{dB} = \frac{20}{\ln 10} \cdot A \approx 8{,}6859 \cdot A \quad \text{bzw.} \quad A = \frac{\ln 10}{20} \cdot A_{dB} \approx 0{,}1151 \cdot A_{dB}.$$

2.1.3 Zielsetzung

In der Praxis wird häufig nicht so sehr die Analyse eines gegebenen Digitalfilters im Vordergrund stehen, sondern vielmehr die Frage, wie ein Digitalfilter zu entwerfen ist, damit gewisse vorbestimmte Anforderungen erfüllt werden. Dabei sollten diese Anforderungen bereits im Vorfeld so formuliert werden, daß sie u. a. der Form realisierbarer Übertragungsfunktionen Rechnung tragen. So läßt sich beispielsweise ein idealer Tiefpaß, dessen Übertragungsfunktion durch

$$H(j\omega) = \begin{cases} 1 & \text{für} \quad |\omega| < \omega_g \\ 0 & \text{für} \quad |\omega| > \omega_g \end{cases}$$

definiert ist, aus mehreren Gründen nicht mittels eines Digitalfilters realisieren: Zum einen wurde bereits festgestellt, daß eine

2.1 Überblick

Übertragungsfunktion der Form (2.13) stets periodisch in ω ist, zum anderen kann eine solche Funktion als Folge der Kausalität nicht ausschließlich reelle Werte annehmen. Auch ein stückweise konstanter Verlauf sowie eine sprunghafte Änderung des Betrages stellen Idealisierungen dar, von denen gewisse Abweichungen in Kauf zu nehmen sind.

Man gibt daher meist für die Dämpfung $A = -\ln|H|$ ein sogenanntes Toleranzschema vor, das zunächst im *Durchlaßbereich*, d. h. für $|\omega| < \omega_d$, eine maximal zulässige Durchlaßdämpfung A_d vorsieht. Neben einem *Sperrbereich*, in dem eine nicht zu unterschreitende minimale Sperrdämpfung A_s gefordert wird, läßt man dann noch einen gewissen *Übergangsbereich* zu, in dem die Dämpfung stetig von A_d auf A_s ansteigt. Unter Berücksichtigung der angesprochenen Periodizität der Übertragungsfunktion wird das Toleranzschema wie folgt vorgegeben:

Durchlaßbereich

Sperrbereich

Übergangsbereich

$$A(\omega) \leq A_d \quad \text{für} \quad |\omega| \leq \omega_d,$$
$$A(\omega) \geq A_s \quad \text{für} \quad \omega_s \leq |\omega| \leq \Omega/2. \qquad (2.18)$$

In vielen Anwendungsfällen spielt dabei der Verlauf der Phase eine untergeordnete Rolle.

Wird allerdings für gewisse Anwendungen ein bestimmter Phasenverlauf angestrebt – in der Regel wird das ein linearer Verlauf sein –, so kann dies ebenfalls beim Filterentwurf berücksichtigt werden. Wie im Fall der Dämpfung wird dann auch hier ein Toleranzschema zugrunde gelegt, das jedoch meistens für die sogenannte *Gruppenlaufzeit* τ_{gr} angegeben wird, die durch $\tau_{gr}(\omega) = dB(\omega)/d\omega$ definiert ist. Die Forderung nach einer (näherungsweise) linear ansteigenden Phase wird ersetzt durch die Forderung nach einer (näherungsweise) konstanten Gruppenlaufzeit. In der Praxis geschieht die Linearisierung der Phase bzw. die Ebnung der Gruppenlaufzeit häufig im Anschluß an die Filterung durch ein geeignet entworfenes *Allpaß*-System.

Gruppenlaufzeit

Als Folge der endlichen Wortlängen, die zur Darstellung der Parameter und der Signale eines Digitalfilters zur Verfügung stehen, treten bei der Realisierung unerwünschte Effekte auf, die bei der Auswahl einer Digitalfilterstruktur und beim Filterentwurf berücksichtigt werden müssen. Auf eine detaillierte Darstellung muß an dieser Stelle aus Platzgründen verzichtet werden. Es sei lediglich angedeutet, daß die Begrenzung der Wortlängen, die zur Darstellung der Parameter (Koeffizienten) benutzt werden, zwar nicht die Linearität des zu realisierenden Systems beeinträchtigt, aber die Menge der realisierbaren Übertragungsfunktionen weiter einschränkt. Die Begrenzung der Signalwortlänge führt in einer rekursiven Struktur grundsätzlich zu einem nichtlinearen Verhalten des Systems. Bei bestimmten Strukturen, wie z. B. den Wellendigitalfiltern (siehe Abschnitt 2.2.4), lassen sich die damit verbundenen Effekte aber derart kontrollieren, daß die Stabilität des Systems weiterhin sichergestellt werden kann (vgl. Abschnitt 2.2.4.11).

2.2 Synthese von Digitalfiltern

In Abschnitt 2.1.2 wurde mit (2.13) ein Zusammenhang gezeigt, der es ermöglicht, die zu einem Digitalfilter mit gegebener Struktur gehörende Übertragungsfunktion zu berechnen. In diesem Abschnitt wird mit der Synthese die umgekehrte Aufgabe behandelt, nämlich zu einer vorgegebenen Übertragungsfunktion geeignete Strukturen zu finden.

2.2.1 Allgemeines

Ausgangspunkt ist hier eine rationale Übertragungsfunktion H, die der Kausalitätsbedingung $H(\infty) \neq \infty$ genügt. Eine solche Funktion kann stets in der normierten Form

$$H(z) = \frac{\alpha_0 + \alpha_1 z^{-1} + \ldots + \alpha_m z^{-m}}{1 + \beta_1 z^{-1} + \beta_2 z^{-2} + \ldots + \beta_n z^{-n}} \qquad (2.19)$$

geschrieben werden, wobei m und n beliebige nichtnegative ganze Zahlen sind. In Verbindung mit (2.11) folgt daraus, daß bei Anregung mit $x[k] = Xz^k$ zwischen den komplexen Amplituden X und Y der Zusammenhang

$$Y = \sum_{\mu=0}^{m} \alpha_\mu X z^{-\mu} - \sum_{\nu=1}^{n} \beta_\nu Y z^{-\nu}$$

bestehen muß. Erinnert man sich nun daran, daß die Übertragungsfunktion eines durch $w = \mathcal{T}v$ beschriebenes, d. h. eines um die Betriebsperiode T verzögernden Teilsystems, gerade durch z^{-1} gegeben ist, so wird deutlich, daß ein Digitalfilter, das durch die Differenzengleichung

$$y = \sum_{\mu=0}^{m} \alpha_\mu \mathcal{T}^\mu x - \sum_{\nu=1}^{n} \beta_\nu \mathcal{T}^\nu y \qquad (2.20)$$

beschrieben wird, die in Gleichung (2.19) angegebene Übertragungsfunktion besitzt.

2.2 Synthese von Digitalfiltern

Sind alle β_ν null, so vereinfacht sich (2.20) zu

$$y = \sum_{\mu=0}^{m} \alpha_\mu \mathcal{T}^\mu x, \qquad (2.21)$$

und die Impulsantwort des Filters kann durch die Wahl $x = \delta$ unmittelbar zu

$$h[k] = \begin{cases} \alpha_k & \text{für } 0 \leq k \leq m \\ 0 & \text{sonst} \end{cases} \qquad (2.22)$$

bestimmt werden. Das Filter besitzt dann also eine Impulsantwort endlicher Dauer; ein Filter mit dieser Eigenschaft wird meist als *FIR-Filter* (engl. *Finite Impulse Response*) bezeichnet. Im folgenden Abschnitt wird sich zeigen, daß dann eine passende Struktur angegeben werden kann, die nichtrekursiv ist. Jedes nichtrekursive Digitalfilter ist ein FIR-Filter; es gibt aber durchaus auch rekursive Digitalstrukturen, welche eine Impulsantwort endlicher Dauer besitzen. Trotzdem wird häufig der Begriff "FIR-Filter" verwendet, wenn strenggenommen ein nichtrekursives Filter gemeint ist.

FIR-Filter

Ist in (2.20) mindestens ein β_ν verschieden von null, so gibt es kein $k_{\max}$ derart, daß $h[k] = 0$ für alle $k \geq k_{\max}$ gilt. Die Impulsantwort ist also nicht von endlicher Dauer, man spricht in diesem Fall von einem *IIR-Filter* (engl. *Infinite Impulse Response*). Ein solches Filter ist stets rekursiv.

IIR-Filter

2.2.2 Direktstrukturen

Gleichung (2.20) läßt sich auch in der Form

$$y = \alpha_0 x + \sum_{\nu=1}^{n} \mathcal{T}^\nu \left(\alpha_\nu x - \beta_\nu y \right) \qquad (2.23)$$

schreiben, wobei hier ohne Einschränkung der Allgemeinheit $m = n$ gesetzt wurde. Bei gegebener Übertragungsfunktion H kann hieraus unmittelbar eine passende Struktur abgelesen werden, sie wird meist als *Direktstruktur I* bezeichnet und besitzt die folgende Form:

Direktstruktur I

Abbildung 2.2
Direktstruktur I

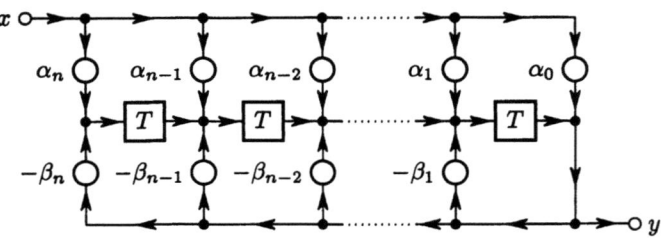

Dagegen führt der Ansatz

$$y = \sum_{\mu=0}^{m} \alpha_\mu T^\mu w \qquad (2.24)$$

mit dem "Hilfssignal" w, das noch geeignet zu bestimmen ist, in (2.20) nach elementaren Umformungen auf

$$\sum_{\mu=0}^{m} \alpha_\mu T^\mu w = \sum_{\mu=0}^{m} \alpha_\mu T^\mu \left(x - \sum_{\nu=1}^{n} \beta_\nu T^\nu w \right).$$

Daher ist zur Synthese auch eine Struktur geeignet, für die neben (2.24) noch der Zusammenhang

$$w = x - \sum_{\nu=1}^{n} \beta_\nu T^\nu w \qquad (2.25)$$

Direktstruktur II gültig ist. Eine solche Struktur ist als *Direktstruktur II* bekannt; sie besitzt (für $m = n$) den folgenden Aufbau:

Abbildung 2.3
Direktstruktur II

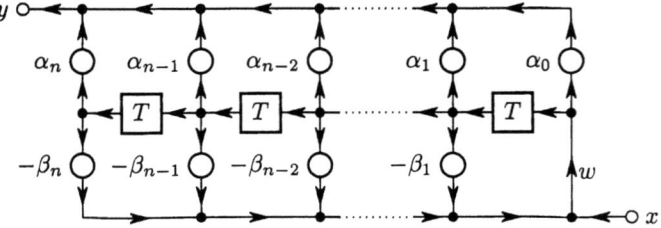

Signalflußumkehr

Bei näherer Betrachtung der Abbildungen 2.2 und 2.3 fällt die große Ähnlichkeit der beiden Direktstrukturen auf: Sie gehen durch *Signalflußumkehr* auseinander hervor, d. h., bei einer Umkehrung der Signalflußrichtung gehen Addierer in Verzweigungen über und umgekehrt, außerdem sind Eingang und Ausgang des Filters miteinander vertauscht. Die Tatsache, daß durch einen solchen Vorgang die Übertragungsfunktion H unverändert bleibt, ist

2.2 Synthese von Digitalfiltern

nicht an diese speziellen Strukturen gebunden. Sie gilt vielmehr bei beliebigen Signalflußgraphen, da bei einer Signalflußumkehr in der Zustandsraumbeschreibung (2.6) – und damit auch in der Übertragungsfunktion nach (2.13) – lediglich die Systemmatrix **A** durch ihre Transponierte $\mathbf{A}^T$ ersetzt wird und die Vektoren **b** und **c** miteinander vertauscht werden, während die Konstante d unverändert bleibt.

Beide Direktstrukturen eignen sich als nichtrekursive Realisierungen von FIR-Filtern, wenn also alle Koeffizienten β_ν verschwinden. Als rekursive Realisierungen sind diese Strukturen jedoch – außer in Sonderfällen – aufgrund der bereits angesprochenen Problematik endlicher Signal- und Koeffizientenwortlängen bei höherem Filtergrad (genauer: bei größeren Werten n, in vielen Fällen schon ab $n = 4$) denkbar ungeeignet!

2.2.3 Kaskadenstruktur, Parallelstruktur

Die mit dem Einsatz von Direktstrukturen höherer Ordnung verbundenen Probleme hinsichtlich einer Gewährleistung der Stabilität lassen sich umgehen, indem das Filter aus (weitgehend entkoppelten) Teilsystemen niedriger Ordnung zusammengesetzt wird. Diese können dann mittels Direktstrukturen realisiert werden.

Weitverbreitet ist der Einsatz der sogenannten *Kaskadenstruktur*, die aus einer Faktorisierung der gegebenen Übertragungsfunktion H resultiert. Jede rationale Übertragungsfunktion, die der Kausalitätsbedingung genügt, kann nämlich in der Form

Kaskadenstruktur

$$H = \prod_{\lambda=1}^{l} H_\lambda \quad \text{mit} \quad H_\lambda(z) = \frac{\alpha_{\lambda 0} + \alpha_{\lambda 1} z^{-1} + \alpha_{\lambda 2} z^{-2}}{1 + \beta_{\lambda 1} z^{-1} + \beta_{\lambda 2} z^{-2}} \quad (2.26)$$

geschrieben werden, wobei die Faktoren H_λ erster oder zweiter Ordnung sind (im ersten Fall sind die Koeffizienten $\alpha_{\lambda 2}$ und $\beta_{\lambda 2}$ null). Die Zuordnung der Null- bzw. Polstellen der Übertragungsfunktion H zu den einzelnen Faktoren kann dabei beliebig erfolgen, wobei man zweckmäßigerweise komplex konjugierte Null- bzw. Polstellenpaare jeweils zusammenfaßt. Dieser Faktorisierung der Übertragungsfunktion entspricht eine *Hintereinanderschaltung* der einzelnen Teilsysteme:

Hintereinanderschaltung

Abbildung 2.4 Kaskadenstruktur

Parallelstruktur

Die Reihenfolge der Teilsysteme sowie die Zuordnung der Null- zu den Polstellen kann vom Anwender frei gewählt werden. Diese Wahlmöglichkeit hat zwar bei streng linearen Systemen keinerlei Auswirkungen auf das Übertragungsverhalten, kann aber in der Praxis beispielsweise dazu genutzt werden, um die Struktur etwa hinsichtlich ihres Rundungsrauschens zu optimieren.

Als Alternative zur Kaskadenstruktur findet man die sogenannte *Parallelstruktur*, die nicht aus einer multiplikativen, sondern einer additiven Zerlegung der Übertragungsfunktion H resultiert. Falls sämtliche Pole dieser Funktion einfach sind (mit Ausnahme eines eventuell auftretenden k-fachen Poles an der Stelle null), kann H auch in der Form

$$H = \sum_{\lambda=0}^{l} H_\lambda \quad \text{mit} \quad H_0(z) = \sum_{\varkappa=0}^{k} \gamma_\varkappa z^{-\varkappa} \tag{2.27}$$

und, für $\lambda = 1, 2, \ldots, l$, mit

$$H_\lambda(z) = \frac{\alpha_{\lambda 0} + \alpha_{\lambda 1} z^{-1}}{1 + \beta_{\lambda 1} z^{-1} + \beta_{\lambda 2} z^{-2}} \quad \text{mit} \quad H_\lambda(0) = 0 \tag{2.28}$$

geschrieben werden. Der Summand H_0 kann durch eine geeignete Polynomdivision aus H abgespalten werden, er vereinfacht sich zu $H_0 = H(0)$, falls an der Stelle Null kein Pol vorliegt. Die übrigen Summanden H_λ sind anschließend durch eine Partialbruchzerlegung zu gewinnen. Es resultiert die folgende Struktur:

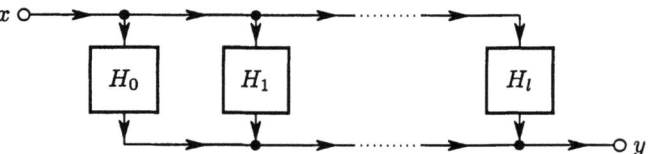

Abbildung 2.5
Parallelstruktur

Die Stabilität von (linearen) Direktstrukturen ersten oder zweiten Grades, deren Übertragungsfunktionen H_λ von der Form (2.26) bzw. (2.28) sind, kann durch geeignete Wahl der Koeffizienten $\beta_{\lambda 1}$ und $\beta_{\lambda 2}$ sichergestellt werden. Eine Analyse zeigt, daß die Nullstellen der Nennerpolynome jeweils genau dann im Inneren des Einheitskreises liegen, wenn die Koeffizienten der Bedingung

$$|\beta_{\lambda 1} - \beta_{\lambda 2} \beta_{\lambda 1}^*| < 1 - |\beta_{\lambda 2}|^2 \tag{2.29}$$

genügen. Im Fall reeller Koeffizienten läßt sich diese Bedingung auch wie folgt formulieren:

$$|\beta_{\lambda 1}| < 1 + \beta_{\lambda 2} < 2. \tag{2.30}$$

2.2.4 Wellendigitalfilter

Die bereits angesprochenen Stabilitätsprobleme, die durch endliche Koeffizienten- und Signalwortlängen hervorgerufen werden können, lassen sich durch den Einsatz sogenannter passiver Filterstrukturen besonders systematisch vermeiden. Ein typisches Beispiel hierfür sind *Wellendigitalfilter* (kurz: WDF), die von FETTWEIS als Nachbildung klassischer analoger Reaktanzfilterschaltungen eingeführt wurden [2.9], [2.10]. Ein weiterer Vorteil der WDF wurde darin gesehen, daß die bereits existierenden umfangreichen Tabellenwerke, die für den Entwurf analoger Reaktanzfilterschaltungen zur Verfügung standen, nun auch zum Entwurf von Digitalfiltern genutzt werden konnten.

Wellendigitalfilter

2.2.4.1 Äquivalente komplexe Frequenzvariable

Sollen analoge Reaktanzfilterschaltungen digital nachgebildet werden, so ist zunächst festzuhalten, daß die zugehörigen Übertragungsfunktionen im ersten Fall rational in der gewöhnlichen komplexen Frequenz $p = \sigma + j\omega$ sind, während im zweiten Fall rationale Übertragungsfunktionen in der Variablen $z = e^{pT}$ vorliegen.

Es ist nun zweckmäßig, die sogenannte *äquivalente komplexe Frequenzvariable*

äquivalente komplexe Frequenzvariable

$$\psi = \xi + j\varphi := \tanh(pT/2) = \frac{z-1}{z+1} \qquad (2.31)$$

einzuführen. Mit

$$z = \frac{1+\psi}{1-\psi} \quad \text{bzw.} \quad z^{-1} = \frac{1-\psi}{1+\psi} \qquad (2.32)$$

kann die Übertragungsfunktion dann in Abhängigkeit von ψ geschrieben werden[2]; auch in dieser Variablen ist die Übertragungsfunktion eines Digitalfilters rational, der Grad bleibt dabei unverändert. Ist das Filter asymptotisch stabil, so besitzen wegen der Beziehungen $|z_{\infty i}| < 1$ und

$$|z| < 1 \quad \Longleftrightarrow \quad \Re\psi < 0 \qquad (2.33)$$

die Pole $\psi_{\infty i}$ der Übertragungsfunktion einen negativen Realteil.

Jetzt korrespondiert aber der wichtige Sonderfall reeller Frequenzen, d.h. der Fall $\sigma = 0$ bzw. $p = j\omega$, gerade mit dem Fall

$$\xi = 0 \quad \wedge \quad \varphi = \tan(\omega T/2), \qquad (2.34)$$

---
[2]Im weiteren wird hierfür die Schreibweise $H(\psi) = H(z)$ verwendet, die zwar mathematisch nicht korrekt ist, deren Bedeutung aber klar sein sollte.

und somit wird speziell das NYQUIST-Intervall $-\Omega/2 < \omega < \Omega/2$ umkehrbar eindeutig mit gleichbleibender Orientierung auf den Bereich $-\infty < \varphi < \infty$ abgebildet. Daher ist es oft wesentlich einfacher, das Frequenzverhalten einer in ψ gegebenen Übertragungsfunktion zu erkennen als das der derselben in z geschriebenen Funktion. Man vergleiche zum Beispiel die beiden äquivalenten Beschreibungen

$$H(\psi) = \frac{1}{1+\alpha\psi} \iff H(z) = \frac{z+1}{z(1+\alpha)+1-\alpha}, \quad (2.35)$$

die mit $\alpha > 0$ jeweils einen Tiefpaß erster Ordnung repräsentieren.

2.2.4.2 Referenznetzwerk

Referenznetzwerk KIRCHHOFF-Netzwerk

Der erste Schritt zur Herleitung eines Wellendigitalfilters besteht in der Vorgabe eines geeigneten *Referenznetzwerkes*. Ausgangspunkt ist dabei ein analoges KIRCHHOFF-*Netzwerk*, welches in gewohnter Weise mathematische Zusammenhänge zwischen Spannungen und Strömen in graphischer Form beschreibt. Im folgenden wird vorausgesetzt, daß dieses Netzwerk ausschließlich konstante lineare Bauelemente enthält. Die Beschreibung kann somit, je nach Bedarf, äquivalent mit Hilfe von Zeitgrößen oder komplexen Amplituden erfolgen.

In dem betrachteten KIRCHHOFF-Netzwerk können nun jeweils durch Betrachtung eines Stromes $i(t) = Ie^{pt}$ und einer Spannung $u(t) = Ue^{pt}$ die Impedanzen Z der reaktiven Bauelemente Induktivität (definiert durch $u = L \cdot di/dt$) und Kapazität (definiert durch $i = C \cdot du/dt$) aus dem Verhältnis der komplexen Amplituden U und I zu

$$Z(p) = pL \quad \text{bzw.} \quad Z(p) = \frac{1}{pC} \quad (2.36)$$

ermittelt werden. Motiviert durch die Ausführungen des vorigen Abschnittes, ersetzt man diese im Referenznetzwerk durch

$$Z(\psi) = R\psi \quad \text{bzw.} \quad Z(\psi) = R/\psi. \quad (2.37)$$

Die übrigen (dynamikfreien) Bauelemente werden aus dem analogen Netzwerk unverändert übernommen.

Ein Beispiel für ein typisches Referenznetzwerk, das auf die beschriebene Weise gewonnen werden kann und an dem das weitere Vorgehen exemplarisch erläutert werden soll, sieht wie folgt aus:

2.2 Synthese von Digitalfiltern

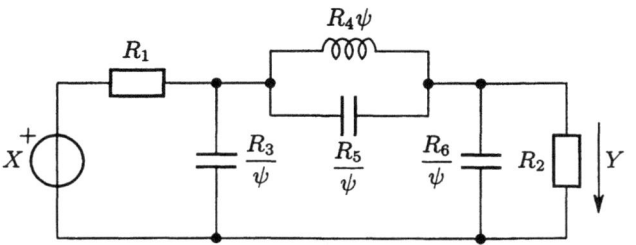

Abbildung 2.6
Typisches Referenznetzwerk

2.2.4.3 Wellengrößen

Ohne zusätzliche Überlegungen läßt sich einem Referenznetzwerk wie in Abbildung 2.6 im allgemeinen noch kein realisierbares Digitalfilter entnehmen. Schon das folgende einfache Beispiel zeigt die grundlegende Problematik auf:

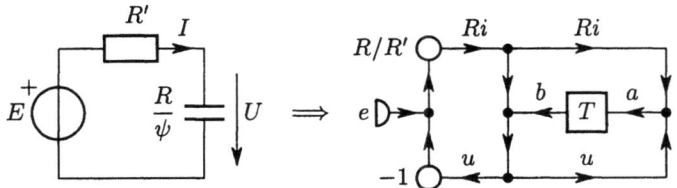

Abbildung 2.7
Zur Entstehung verzögerungsfreier Schleifen

Zunächst kann zu der Kapazität – für die ja der Zusammenhang $U/(RI) = 1/\psi = (1+z^{-1})/(1-z^{-1})$ gilt – zwar gemäß Abschnitt 2.2.2 eine Direktstruktur I mit Eingangssignal Ri und Ausgangssignal u angegeben werden, doch ergibt sich in Verbindung mit der Quelle wegen des Zusammenhanges $RI = (E-U)R/R'$ insgesamt die dargestellte Anordnung. Es ist zu erkennen, daß bereits bei diesem einfachen Beispiel eine verzögerungsfreie gerichtete Schleife auftritt und das Digitalfilter so nicht zu realisieren ist.
Eine nähere Betrachtung der Abbildung 2.7 zeigt jedoch, daß mit dem Signal am Eingang und dem am Ausgang des Speicherelementes, also mit

$$a = u + Ri \quad \wedge \quad b = u - Ri, \qquad (2.38)$$

im Signalflußgraphen zwei Größen auftreten, die in der Nachrichtentechnik ein gewisse Bedeutung besitzen. Diese Größen werden gemeinhin als *Wellengrößen* bezeichnet. Da die Wellengrößen gerade mit den Zustandsgrößen an den Kapazitäten korrespondieren und für die Induktivitäten eine ganz ähnliche Aussage gilt, bietet es sich an, solche Größen – anstelle von Spannungen und Strömen – im Referenznetzwerk durchgängig zu verwenden.

Wellengrößen

Torbedingung   Wellengrößen können jedem Klemmenpaar zugeordnet werden, das der sogenannten *Torbedingung* genügt, d. h., bei dem der in eine Klemme hineinfließende Strom gerade mit dem aus der anderen Klemme herausfließenden Strom übereinstimmt:

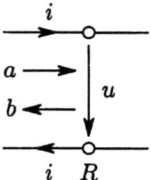

Abbildung 2.8
Torbedingung
und Wellengrößen

Torwiderstand   Dem Tor wird nun ein zunächst beliebiger positiver *Torwiderstand* R zugeordnet; die Wellengrößen sind dann als Linearkombinationen von Torspannung und Torstrom gemäß (2.38) definiert. Dabei
hinlaufende und   wird a als *hinlaufende* und b als *rücklaufende Welle* bezeichnet.
rücklaufende   Diese Bezeichnungen sind durch die physikalische Bedeutung der
Welle   Wellengrößen bei der Beschreibung von Ausbreitungsvorgängen auf Leitungen motiviert. Bei bekanntem Torwiderstand läßt sich aus den Wellengrößen bei Bedarf jederzeit wieder auf Spannung bzw. Strom zurückrechnen:

$$2u = a + b \quad \wedge \quad 2i = (a - b)/R. \qquad (2.39)$$

Die Gleichungen (2.38) und (2.39), die die grundlegenden Beziehungen zwischen Spannungen und Strömen einerseits und den Wellengrößen andererseits darstellen, gelten naturgemäß in entsprechender Form auch für die zugeordneten komplexen Amplituden. In vielen Fällen wird es durch die Verwendung der Wellengrößen in einem Referenznetzwerk möglich, aus diesem eine realisierbare Digitalstruktur – das Wellendigitalfilter – abzuleiten, indem die im folgenden beschriebenen Vorgehensweise angewendet wird.

2.2.4.4 Bauelemente

Mit den Wellengrößen kann eine Vielzahl an Bauelementen von KIRCHHOFF-Netzwerken beschrieben werden. Dabei führt oft die Wahl eines geeigneten Wertes für den Torwiderstand zu Vereinfachungen.

Beispielsweise ergibt sich für einen ohmschen Widerstand mit dem Wert R bei entsprechender Festlegung des Torwiderstandes aus Gleichung (2.38) mit $u = Ri$ der Zusammenhang $b = 0$; die Realisierung im Wellendigitalfilter ist also von der folgenden denkbar einfachen Form:

2.2 Synthese von Digitalfiltern

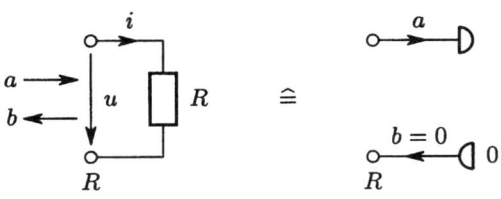

Abbildung 2.9
Realisierung eines
Widerstandes

Entsprechend erhält man für eine Quelle mit Quellspannung e und Innenwiderstand R mit $u = e - Ri$ die Beziehung $a = e$ und daher die folgende Realisierung:

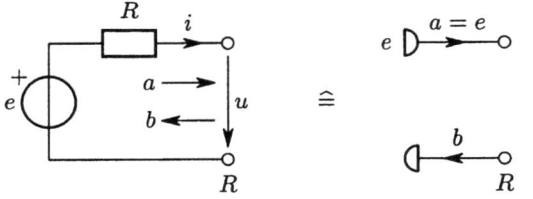

Abbildung 2.10
Realisierung einer
Quelle

Eine Kapazität wird wegen $U = RI/\psi \Longrightarrow B = z^{-1}A$ durch $b = \mathcal{T}a$ beschrieben und, in Übereinstimmung mit den Ergebnissen des vorigen Abschnittes, in Form einer einfachen Verzögerung realisiert:

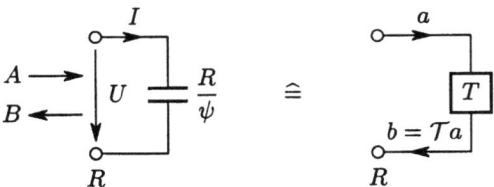

Abbildung 2.11
Realisierung einer
Kapazität

Zu guter Letzt ist im Vergleich zur Kapazität für die Induktivität mit $U = R\psi I \Longrightarrow B = -z^{-1}A$ bzw. $b = -\mathcal{T}a$ nur eine zusätzliche Multiplikation mit -1 erforderlich:

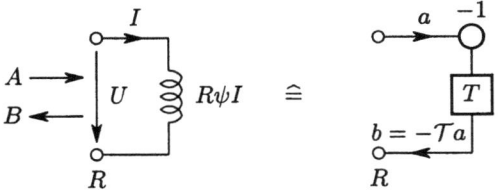

Abbildung 2.12
Realisierung einer
Induktivität

Damit sind die WDF-Realisierungen der wichtigsten Bauelemente aufgeführt; hinsichtlich der Realisierungen weiterer Bauelemente sei hier auf die Literatur verwiesen [2.10].

2.2.4.5 Adaptoren

Verbindungsstruktur

Zu den mathematischen Zusammenhängen, die durch das Referenznetzwerk in graphischer Form beschrieben werden, gehören, neben den bereits behandelten Definitionsgleichungen der Bauelemente, weiterhin noch die KIRCHHOFFschen Maschen- und Knotengleichungen. Auch die daraus resultierenden Beziehungen, die ausschließlich von der *Verbindungsstruktur* des Referenzfilters bestimmt werden, sind mit Hilfe der Wellengrößen auszudrücken [2.6].

Als Beispiel diene wieder das Referenznetzwerk aus Abbildung 2.6. Die zugehörige Verbindungsstruktur kann auf die folgende Weise dargestellt werden:

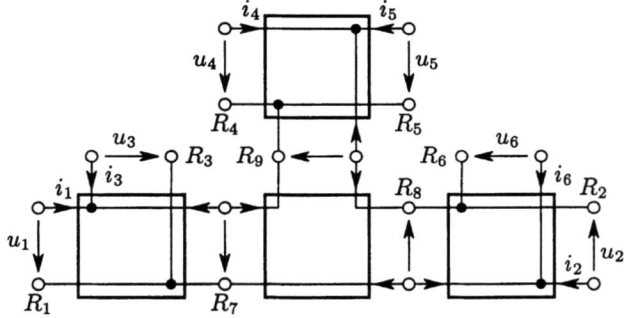

Abbildung 2.13
Verbindungsstruktur
zu Abbildung 2.6

Sie setzt sich also aus reinen 3-Tor-Serien- und 3-Tor-Parallelverbindungen zusammen.

Eine Serienverbindung ist dadurch gekennzeichnet, daß die Summe der Torspannungen u_ν zu jedem Zeitpunkt null ergibt, während die Torströme i_ν untereinander gleich sind. Für eine 3-Tor-Serienverbindung gilt also

$$u_1 + u_2 + u_3 = 0 \quad \wedge \quad i_1 = i_2 = i_3 =: i_0. \tag{2.40}$$

Die Summe der Wellengrößen $a_\nu = u_\nu + R_\nu i_\nu$ wird somit zu

$$a_0 := a_1 + a_2 + a_3 = (R_1 + R_2 + R_3)i_0. \tag{2.41}$$

Daraus kann der Strom i_0 in Abhängigkeit von den Wellengrößen a_ν ermittelt werden, und für die Wellengrößen $b_\nu = u_\nu - R_\nu i_\nu = a_\nu - 2R_\nu i_\nu$ findet man durch erneute Anwendung von (2.40) das Ergebnis

$$b_\nu = a_\nu - \gamma_\nu a_0 \quad \text{mit} \quad \gamma_\nu := \frac{2R_\nu}{R_1 + R_2 + R_3}. \tag{2.42}$$

2.2 Synthese von Digitalfiltern

Nun muß aber die Summe der in (2.42) definierten Koeffizienten γ_ν offenbar gerade zwei ergeben, daher kann ein Koeffizient, etwa γ_3, eliminiert werden. Die Wellengröße b_3 läßt sich nämlich mit $\gamma_3 = 2 - \gamma_1 - \gamma_2$ unter Berücksichtigung von Gleichung (2.41) auch aus

$$b_3 = -a_1 - a_2 - (1 - \gamma_1 - \gamma_2)a_0 \qquad (2.43)$$

berechnen. Aus den Gleichungen (2.42), ausgewertet für $\nu = 1$ und $\nu = 2$, sowie (2.43) kann die Struktur des 3-Tor-*Serienadaptors* entnommen werden:

Serienadaptor

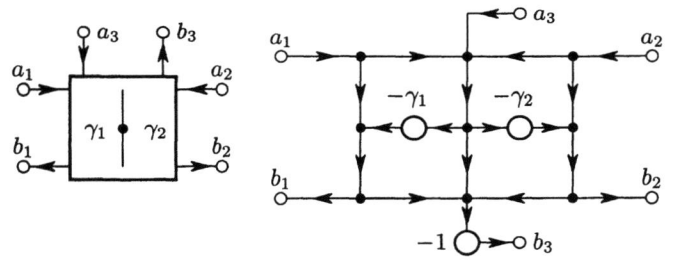

Abbildung 2.14
3-Tor-Serienadaptor

Eine Multiplikation mit dem Wert γ_3 ist hier nicht erforderlich, daher handelt es sich bei γ_3 um einen *verdeckten Koeffizienten*.

verdeckter Koeffizient

Der dargestellte Adaptor kann in bestimmten Fällen noch vereinfacht werden. Gilt beispielsweise

$$\gamma_3 = 1 \quad \Longleftrightarrow \quad R_3 = R_1 + R_2, \qquad (2.44)$$

so folgt zunächst $\gamma_1 + \gamma_2 = 1$, und (2.43) vereinfacht sich zu

$$b_3 = -(a_1 + a_2). \qquad (2.45)$$

Für die Wellengrößen b_1 und b_2 findet man

$$b_1 = a_1 - \gamma_1 a_0 \quad \wedge \quad b_2 = -(a_1 + a_3 - \gamma_1 a_0), \qquad (2.46)$$

und der 3-Tor-Serienadaptor kommt mit einem Multiplizierer mit dem Wert $-\gamma_1 = -R_1/R_3$ aus:

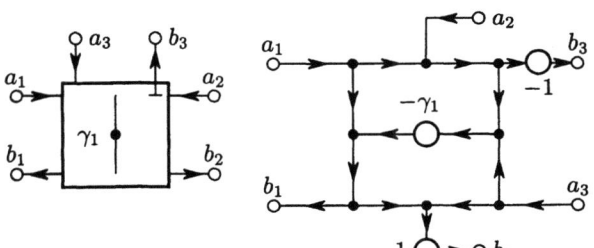

Abbildung 2.15
3-Tor-Serienadaptor mit reflexionsfreiem Tor 3

Offenbar ist hier zwischen Eingang und Ausgang des Tores 3 kein gerichteter Signalpfad vorhanden, man spricht in einem solchen reflexionsfreies Fall von einem *reflexionsfreien Tor* und kennzeichnet es wie in Tor obiger Abbildung dargestellt.

Gerade so wie bei der Serienverbindung kann auch bei der 3-Tor-Parallelverbindung, die durch die Gleichungen

$$u_1 = u_2 = u_3 \quad \wedge \quad i_1 + i_2 + i_3 = 0 \qquad (2.47)$$

charakterisiert wird, ein passender Adaptor hergeleitet werden.
Paralleladaptor Der 3-Tor-*Paralleladaptor* ist den Gleichungen

$$b_3 = a_3 - \gamma_1(a_3 - a_1) - \gamma_2(a_3 - a_2) \qquad (2.48)$$

mit

$$\gamma_\nu := \frac{2G_\nu}{G_1 + G_2 + G_3} \qquad (2.49)$$

und

$$b_\nu = b_3 + (a_3 - a_\nu) \qquad (2.50)$$

zu entnehmen, wobei mit $G_\nu := 1/R_\nu$ die Torleitwerte bezeichnet werden. Der Adaptor besitzt den folgenden Aufbau:

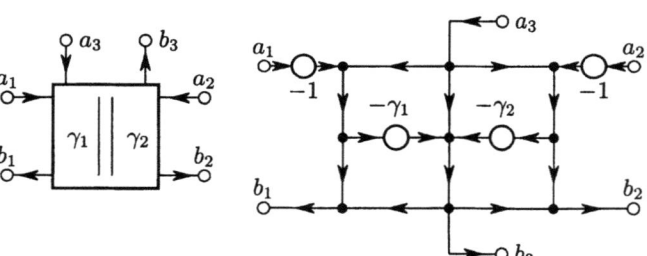

Abbildung 2.16
3-Tor-Paralleladaptor

Das Tor 3 wird hier reflexionsfrei, wenn

$$\gamma_3 = 1 \quad \Longleftrightarrow \quad G_3 = G_1 + G_2 \qquad (2.51)$$

gilt und mit $\gamma_1 = G_1/G_3$ die folgende Struktur verwendet wird:

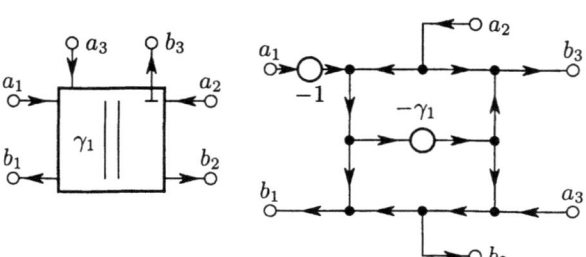

Abbildung 2.17
3-Tor-Paralleladaptor mit reflexionsfreiem Tor 3

2.2 Synthese von Digitalfiltern

Dann gelten die Beziehungen

$$b_0 := -\gamma_1(a_2 - a_1) \quad \wedge \quad b_3 = b_0 + a_2 \qquad (2.52)$$

sowie

$$b_2 = b_0 + a_3 \quad \wedge \quad b_1 = b_2 + (a_2 - a_1). \qquad (2.53)$$

Die angegebenen Serien- und Paralleladaptoren (ohne oder mit reflexionsfreiem Tor) lassen sich systematisch auf entsprechende n-Tor-Adaptoren mit beliebigem $n \geq 2$ verallgemeinern. Die Adaptorkoeffizienten sind bei all diesen Strukturen stets positiv, und ihre Summe beträgt jeweils zwei. Da deshalb maximal ein Koeffizient größer als eins ist und dieser gegebenenfalls verdeckt realisiert werden kann, können diese Adaptoren stets so gewählt werden, daß die Koeffizienten der Multiplizierer dem Betrage nach kleiner als eins sind.

Im Fall der 2-Tor-Parallelverbindung, die ja durch die Gültigkeit der Beziehungen

$$u_1 = u_2 \quad \wedge \quad i_1 = -i_2 \qquad (2.54)$$

gekennzeichnet ist, kann alternativ auch eine Struktur verwendet werden, die den Gleichungen

$$b_1 = a_2 + \gamma(a_2 - a_1) \quad \wedge \quad b_2 = a_1 + \gamma(a_2 - a_1) \qquad (2.55)$$

mit dem Koeffizienten

$$\gamma := \frac{R_1 - R_2}{R_1 + R_2} \qquad (2.56)$$

entspricht:

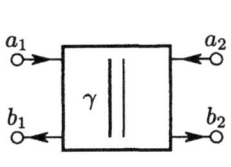
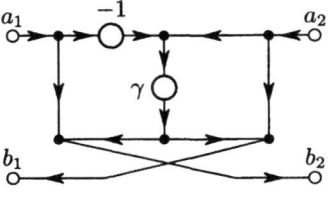

Abbildung 2.18
2-Tor-Paralleladaptor

Der Adaptorkoeffizient γ ist in diesem Fall nicht notwendigerweise positiv, er liegt vielmehr im Bereich $-1 < \gamma < 1$.

2.2.4.6 Abzweigfilter

Mit den Ergebnissen der beiden vorangegangenen Abschnitte kann nun ein Wellendigitalfilter zu dem Referenznetzwerk aus Abbildung 2.6 angegeben werden.

Zunächst wird die Verbindungsstruktur aus Abbildung 2.13 mit Hilfe geeigneter Adaptoren nachgebildet. Dabei ist allerdings zu beachten, daß eine unmittelbare Verknüpfung der Adaptoren aus den Abbildungen 2.14 und 2.16 miteinander nicht möglich ist, da auf diese Weise verzögerungsfreie Schleifen entstehen würden. Nun sind zwar in Abbildung 2.13 mit den Werten der jeweiligen Bauelemente die Torwiderstände R_1 bis R_6 fest vorgegeben, nicht aber die Torwiderstände R_7 bis R_9 zwischen den Adaptoren. Diese können stets so gewählt werden, daß mindestens drei der vier Adaptoren ein reflexionsfreies Tor besitzen. Zweckmäßigerweise wird man (aus Rechenzeitgründen) lediglich den mittleren Adaptor ohne reflexionsfreies Tor wählen.

In Verbindung mit den angegebenen Realisierungen der einzelnen Bauelemente ergibt sich so aus dem Referenznetzwerk aus Abbildung 2.6 das folgende Wellendigitalfilter:

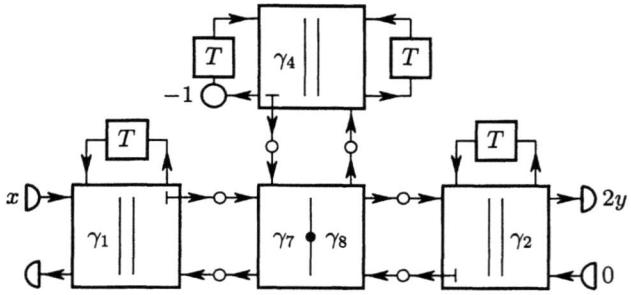

Abbildung 2.19
WDF zum Referenznetzwerk aus Abbildung 2.6

Die Übertragungsfunktion des Referenznetzwerkes in Abbildung 2.6 besitzt fünf Freiheitsgrade (einstellbare Koeffizienten); diese Zahl ist um eins niedriger als die Zahl der Bauelemente, da es in diesem Zusammenhang lediglich auf das Verhältnis der Bauelementwerte zueinander ankommt. In Übereinstimmung damit besitzt das Wellendigitalfilter in Abbildung 2.19 ebenfalls fünf Freiheitsgrade (einstellbare Adaptorkoeffizienten); zunächst scheinbar zusätzlich vorhandene Freiheitsgrade mußten dazu genutzt werden, das Auftreten verzögerungsfreier Schleifen zu verhindern.

Die an diesem Beispiel erläuterte Vorgehensweise führt zumindest für solche Referenznetzwerke stets zu einer realisierbaren Digitalstruktur, die lediglich aus (positiven) Kapazitäten, Induktivitäten, Widerständen sowie widerstandsbehafteten Quellen bestehen, welche in Abzweigstruktur angeordnet sind. Naheliegenderweise werden die resultierenden Filter als *Abzweigfilter* bezeichnet. Insbesondere bezüglich der Zahl Freiheitsgrade gelten dort entsprechende Aussagen.

Abzweigfilter

2.2.4.7 Verlustfreie Zweitore

Das in Abbildung 2.19 gezeigte Wellendigitalfilter stellt strenggenommen ein Digitalsystem mit zwei Eingangs- und zwei Ausgangsgrößen dar, wobei jedoch zunächst das Eingangssignal an Tor 2 zu null gesetzt wurde, während das Ausgangssignal an Tor 1 bis zu dieser Stelle keine weitere Beachtung fand. Diesem Digitalsystem entspricht ein Referenznetzwerk, das aus einem beidseitig mit widerstandsbehafteten Quellen beschalteten Zweitor N besteht:

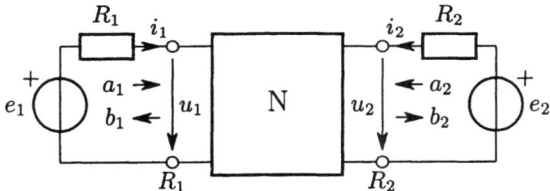

Abbildung 2.20 Beschaltetes Zweitor

Das Übertragungsverhalten eines solchen Zweitors wird üblicherweise mit Hilfe der *Streumatrix* **S** gemäß

Streumatrix

$$\mathbf{B} = \mathbf{S}(\psi)\mathbf{A} \qquad (2.57)$$

beschrieben, wobei die komplexen Amplituden der Eingangs- und der Ausgangssignale jeweils zu den Vektoren $\mathbf{A} = (A_1, A_2)^T$ bzw. $\mathbf{B} = (B_1, B_2)^T$ zusammengefaßt wurden. Die Elemente der Streumatrix werden zusammenfassend als *Streuparameter* bezeichnet, dabei sind S_{11} und S_{22} jeweils die zugehörigen *Reflektanzen* und S_{12} sowie S_{21} die entsprechenden *Transmittanzen*.

Streuparameter

Reflektanz / Transmittanz

Im weiteren sollen nur noch solche Anordnungen betrachtet werden, bei denen die beiden Widerstände R_1 und R_2 gleiche Werte annehmen, bei denen also $R_1 = R_2 = R$ gilt. Weiterhin wird vorausgesetzt, daß das Zweitor N *passiv* ist. Ein Zweitor wird in diesem Zusammenhang als passiv bezeichnet, wenn die Streumatrix **S** der Beziehung

Passivität

$$\mathbf{S}^*(\psi)\mathbf{S}(\psi) \leq \mathbf{1} \quad \text{für} \quad \Re\psi \geq 0 \qquad (2.58)$$

genügt, wobei der hochgestellte Stern hier die Transjugation, also die Verbindung aus Transposition und Konjugation, symbolisiert und die Gleichung (2.58) so zu verstehen ist, daß die Matrix $\mathbf{1} - \mathbf{S}^*(\psi)\mathbf{S}(\psi)$ positiv semidefinit ist; eine genauere Definition der Passivität erfolgt im Abschnitt 2.2.4.11. Ein Zweitor ist in diesem Sinne genau dann passiv, wenn die Streumatrix **S** Polstellen ausschließlich in der linken offenen ψ-Halbebene (d. h. für $\Re\psi < 0$) besitzt und außerdem der folgenden Beziehung genügt:

$$\mathbf{S}^*(j\varphi)\mathbf{S}(j\varphi) \leq \mathbf{1}. \qquad (2.59)$$

Verlustfreiheit Besonders geeignet für Filterzwecke sind diejenigen Anordnungen, bei denen das Zweitor N sogar *verlustfrei* ist, d. h., bei denen die Streumatrix des Zweitors neben der Beziehung (2.58) noch dem Zusammenhang

$$\mathbf{S}^*(j\varphi)\mathbf{S}(j\varphi) = \mathbf{1} \qquad (2.60)$$

FELDTKELLER-Gleichung gehorcht. Dieser Zusammenhang wird allgemein bezeichnet als FELDTKELLER-*Gleichung*; im engeren Sinn wird diese Bezeichnung auch für die in Gleichung (2.60) enthaltene Beziehung

$$|S_{11}(j\varphi)|^2 + |S_{21}(j\varphi)|^2 = 1 \qquad (2.61)$$

verwendet.

Eine analytische Fortsetzung der FELDTKELLER-Gleichung (2.60) auf die gesamte komplexe Ebene ergibt die Gleichung

$$\mathbf{S}_*(\psi)\mathbf{S}(\psi) = \mathbf{1} \quad \text{mit} \quad \mathbf{S}_*(\psi) := \mathbf{S}^*(-\psi^*); \qquad (2.62)$$

der tiefgestellte Stern kennzeichnet hierbei die sogenannte Parakonjugation. Durch eine konsequente Auswertung der Beziehung $\mathbf{S}_* = \mathbf{S}^{-1}$ läßt sich zeigen, daß die Streumatrix $\mathbf{S}$ jedes verlustfreien Zweitors in der kanonischen Form

$$\mathbf{S} = \frac{1}{g}\begin{pmatrix} h & -\sigma f_* \\ f & \sigma h_* \end{pmatrix} \quad \text{mit} \quad ff_* + hh_* = gg_* \qquad (2.63)$$

mit den kanonischen Polynomen f, g und h geschrieben werden kann [2.3], wobei g ein sogenanntes HURWITZ-Polynom und σ eine unimodulare Konstante ist (d. h., die Nullstellen von g besitzen einen negativen Realteil, und es gilt $|\sigma| = 1$). Andererseits kann aus beliebig vorgegebenen teilerfremden Polynomen f und h mittels (2.63) stets die Streumatrix eines verlustfreien – und damit insbesondere stabilen – Zweitors gewonnen werden. Da dann aufgrund der FELDTKELLER-Gleichung (2.61) mit S_{21} und S_{11} zwei zueinander leistungskomplementäre Übertragungsfunktionen gegeben sind – ist z. B. S_{21} die Übertragungsfunktion eines Tiefpasses, so stellt S_{11} automatisch eine Hochpaßübertragungsfunktion dar –, bietet sich der Einsatz verlustfreier Zweitore speziell als *Weichenfilter* an.

Weichenfilter

2.2.4.8 Charakteristische Funktion

Aufgrund der FELDTKELLER-Gleichung (2.61) ergibt sich für die Dämpfung der Transmittanz eines verlustfreien Zweitors der Zusammenhang $A_{\text{dB}} = 10\lg|1/S_{21}|^2 = 10\lg(1 + |S_{11}/S_{21}|^2)$; für den

2.2 Synthese von Digitalfiltern

Dämpfungsverlauf ist also der Quotient $S_{11}/S_{21} = h/f$ eine charakteristische Größe. Daher wird dieser Quotient als *charakteristische Funktion* C bezeichnet, und man schreibt

charakteristische Funktion

$$A_{dB}(\varphi) = 10\lg(1 + |C(j\varphi)|^2) \qquad (2.64)$$

mit

$$C(\psi) := \frac{S_{11}(\psi)}{S_{21}(\psi)} = \frac{h(\psi)}{f(\psi)}. \qquad (2.65)$$

Im weiteren Verlauf werden zwei Sonderfälle verlustfreier Zweitore näher betrachtet:

- Gehorchen die kanonischen Polynome h und f aus Gleichung (2.63) jeweils den Beziehungen $h = \sigma h_*$ und $f = -\sigma f_*$, so handelt es sich bei S um die Streumatrix eines *symmetrischen Filters*, welches durch die Beziehungen $S_{12} = S_{21}$ und $S_{22} = S_{11}$ gekennzeichnet ist. Die charakteristische Funktion C ist in diesem Fall paraungerade, d. h., es gilt $C_* = -C$.

symmetrisches Filter

- Gilt dagegen $h = -\sigma h_*$ und $f = -\sigma f_*$, so wird S zur Streumatrix eines *antimetrischen Filters*, weist also die Symetrieigenschaften $S_{12} = S_{21}$ und $S_{22} = -S_{11}$ auf. Die charakteristische Funktion C ist dann paragerade, d. h., es gilt $C_* = C$.

antimetrisches Filter

Wie sich zeigt, sind beide Sonderfälle einerseits auf relative einfache und systematische Weise zu synthetisieren; sie ermöglichen es andererseits aber auch, bei gegebener Systemordnung eine maximale Trennung zwischen Durchlaß- und Sperrbereich zu erreichen (siehe auch Abschnitt 2.3.1).

2.2.4.9 Symmetrische und antimetrische Zweitore

Die Streumatrix eines symmetrischen Zweitors ist, wie bereits erwähnt, von der Form

$$\mathbf{S} = \begin{pmatrix} S_{11} & S_{21} \\ S_{21} & S_{11} \end{pmatrix}. \qquad (2.66)$$

Eine Matrix dieser Form besitzt stets die zwei orthogonalen konstanten Eigenvektoren $\mathbf{p}_1 = (-1, 1)^T$ und $\mathbf{p}_2 = (1, 1)^T$ zu den Eigenwerten

$$S_1 = S_{11} - S_{21} \quad \text{bzw.} \quad S_2 = S_{11} + S_{21}. \qquad (2.67)$$

Damit ist sie, unabhängig von S_{11} und S_{21}, stets diagonalisierbar:

$$\mathbf{S} = \frac{1}{2}\begin{pmatrix} -1 & 1 \\ 1 & 1 \end{pmatrix}\begin{pmatrix} S_1 & 0 \\ 0 & S_2 \end{pmatrix}\begin{pmatrix} -1 & 1 \\ 1 & 1 \end{pmatrix}. \qquad (2.68)$$

Brückenstruktur   Dieser Darstellung entspricht eine Realisierung mittels einer *Brückenstruktur*:

Abbildung 2.21
Symmetrisches
Zweitor als
Brückenstruktur

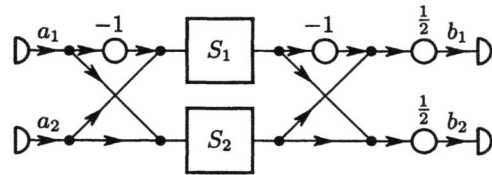

kanonische   Ist das symmetrische Zweitor passiv, so gilt dies auch für die
Reflektanzen   beiden Eintore mit den *kanonischen Reflektanzen* S_1 und S_2, wobei ein Eintor mit der Reflektanz S als passiv bezeichnet wird, wenn

$$|S(\psi)|^2 \leq 1 \quad \text{für} \quad \Re\psi \geq 0 \qquad (2.69)$$

gilt oder, äquivalent dazu, wenn die zugehörigen Polstellen einen negativen Realteil besitzen und $|S(j\varphi)|^2 \leq 1$ ist.

Allpaßfunktion   Die kanonischen Reflektanzen eines verlustfreien symmetrischen Zweitors sind *Allpaßfunktionen*. Eine Allpaßfunktion S erfüllt ebenfalls (2.69) und besitzt außerdem die Eigenschaft

$$|S(j\varphi)|^2 = 1 \quad \Longleftrightarrow \quad S_*(\psi)S(\psi) = 1, \qquad (2.70)$$

wobei die rechte Gleichung die analytische Fortsetzung der linken darstellt. Daß die kanonischen Reflektanzen S_1 und S_2 einer entsprechenden Beziehung genügen, läßt sich durch Auswertung der Gleichungen $S_1 = (h-f)/g$ und $S_2 = (h+f)/g$ unter Berücksichtigung von $ff_* + hh_* = gg_*$ sowie $h = \sigma h_*$ und $f = -\sigma f_*$ bestätigen. Aus (2.67) folgt schließlich noch

$$\frac{S_1(\psi)}{S_2(\psi)} = K(\psi) := \frac{C(\psi)-1}{C(\psi)+1} = \frac{h(\psi)-f(\psi)}{h(\psi)+f(\psi)}. \qquad (2.71)$$

Ist andererseits eine paarungerade charakteristische Funktion $C = h/f$ mit teilerfremden Polynomen h und f gegeben, so erfüllt $K = (C-1)/(C+1)$ die Gleichung $KK_* = 1$. Daraus läßt sich dann folgern, daß K die Form $K(\psi) = e^{j\alpha}q_*(\psi)/q(\psi)$ besitzt, wobei das Polynom $q = h+f$ aufgrund der Teilerfremdheit von h und f keine Nullstellen auf der imaginären Achse besitzt. Damit

2.2 Synthese von Digitalfiltern

kann q aber stets in der Form $q = q_1 q_{2*}$ mit zwei Hurwitzpolynomen q_1 und q_2 geschrieben werden (besitzt q Nullstellen ψ_ν mit negativem Realteil und Nullstellen ψ'_μ mit positivem Realteil, so sind die ψ_ν die Nullstellen von q_1, während die Nullstellen von q_2 jeweils durch $-[\psi'_\mu]^*$ gegeben sind), und aus

$$K(\psi) = e^{j\alpha} \frac{q_{1*}(\psi)/q_1(\psi)}{q_{2*}(\psi)/q_2(\psi)} \qquad (2.72)$$

können geeignete Allpaßfunktionen S_1 mit den Polstellen ψ_ν und S_2 mit den Polstellen $-[\psi'_\mu]^*$ ermittelt werden. Ist das Filter dann noch *bireziprok*, gilt also   Bireziprozität

$$C\left(\frac{1}{\psi}\right) = \frac{1}{C(\psi)}, \qquad (2.73)$$

so läßt sich aus (2.72) recht einfach herleiten, daß entweder S_1 oder S_2 eine gerade Funktion in z ist, während die andere jeweils eine ungerade Funktion darstellt. Damit lassen sich beide Allpässe – bis auf eine einfache Verzögerung – durch Strukturen synthetisieren, die ausschließlich zweifache Verzögerungen enthalten. Damit ist der Realisierungsaufwand im Vergleich zum allgemeinen Fall bei gleichbleibendem Filtergrad um mehr als die Hälfte reduziert.

Auch verlustfreie antimetrische Filter lassen sich mit Hilfe zweier Allpässe synthetisieren. Nimmt nämlich die Streumatrix die Form

$$\mathbf{S} = \begin{pmatrix} S_{11} & S_{21} \\ S_{21} & -S_{11} \end{pmatrix} \qquad (2.74)$$

an, so kann sie gemäß

$$\mathbf{S} = \begin{pmatrix} 1 & 0 \\ 0 & j \end{pmatrix} \begin{pmatrix} S_{11} & -jS_{21} \\ -jS_{21} & S_{11} \end{pmatrix} \begin{pmatrix} 1 & 0 \\ 0 & j \end{pmatrix} \qquad (2.75)$$

faktorisiert werden. Neben jeweils einer Multiplikation des Eingangssignals a_2 bzw. des Ausgangssignals b_2 mit einer unimodularen Konstanten bleibt demnach lediglich ein symmetrisches Zweitor zu synthetisieren, welches naturgemäß wieder verlustfrei ist. Ausgehend von einer parageraden charakteristischen Funktion $C = S_{11}/S_{21}$ des antimetrischen Filters ist die charakteristische Funktion $C' = jS_{11}/S_{21} = jC$ des symmetrischen Filters wie erforderlich paraungerade, und die Synthese kann mit den bereits besprochenen Methoden erfolgen. Dabei sind die Allpaßfunktionen S_1 und S_2 durch folgende Beziehungen gegeben:

$$S_1 = S_{11} + jS_{21} \quad \text{bzw.} \quad S_2 = S_{11} - jS_{21} \qquad (2.76)$$

In dem für die Praxis besonders relevanten Fall reeller Koeffizienten wird die charakteristische Funktion eines symmetrischen Zweitors reell und ungerade. Die kanonischen Polynome h und f sind dann reell; es ist jeweils eines gerade und das andere ungerade. In der Darstellung (2.72) sind die Nullstellen von q_1 und q_2 jeweils entweder reell oder treten als komplex konjugierte Paare auf, und es gilt $e^{j\alpha} = \pm 1$. Damit können auch die Allpaßfunktionen S_1 und S_2 reell gewählt werden.

Die charakteristische Funktion eines reellen antimetrischen Filters ist reell und gerade. Die als teilerfremd vorausgesetzten Polynome h und f müssen dann aber reell und gerade sein. Damit gilt für die Nullstellen des dann ebenfalls geraden (aber i. a. nicht reellen) Polynoms $q = jh + f$ der Zusammenhang $\psi'_\mu = -\psi_\mu$, und in (2.72) kann

$$q_2(\psi) = \bar{q}_1(\psi) \quad \text{mit} \quad \bar{q}_1(\psi) := q_1^*(\psi^*) = q_{1*}(-\psi) \qquad (2.77)$$

geschrieben werden. Die durch den Oberstrich gekennzeichnete Operation wird als Bikonjugation bezeichnet. Schreibt man nun (2.72) in der Form

$$K(\psi) = \frac{e^{j\alpha/2}}{e^{-j\alpha/2}} \frac{q_{1*}(\psi)/q_1(\psi)}{\bar{q}_{1*}(\psi)/\bar{q}_1(\psi)}, \qquad (2.78)$$

so lassen sich zwei geeignete Allpaßfunktionen $S_1(\psi) = S(\psi)$ und $S_2(\psi) = \bar{S}(\psi)$ mit

$$S(\psi) := e^{j\alpha/2} q_{1*}(\psi)/q_1(\psi) \qquad (2.79)$$

angeben. Die Streumatrix des antimetrischen Zweitors wird damit zu

$$\mathbf{S} = \begin{pmatrix} \operatorname{Ra} S & \operatorname{Ia} S \\ \operatorname{Ia} S & -\operatorname{Ra} S \end{pmatrix} \quad \text{mit} \quad \begin{aligned} \operatorname{Ra} S &:= \tfrac{1}{2}(S + \bar{S}), \\ \operatorname{Ia} S &:= \tfrac{1}{2j}(S - \bar{S}), \end{aligned} \qquad (2.80)$$

wobei S eine im allgemeinen komplexe Allpaßfunktion ist und $\operatorname{Ra} S$ und $\operatorname{Ia} S$ jeweils den zugehörigen reell-analytischen und imaginär-analytischen Teil bezeichnen. Andererseits zeigt aber eine einfache Rechnung, das eine nach Real- und Imaginärteil getrennte Betrachtung des Eingangs- und des Ausgangssignals des komplexen Allpasses S, also z. B. von $a[k] = \Re\{A_1 z^k\} - j\Re\{A_2 z^k\}$ bzw. $b[k] = \Re\{B_1 z^k\} + j\Re\{B_2 z^k\}$, gerade die entsprechenden Zusammenhänge $B_1 = (\operatorname{Ra} S)A_1 + (\operatorname{Ia} S)A_2$ und $B_2 = (\operatorname{Ia} S)A_1 - (\operatorname{Ra} S)A_2$ ergibt. Das reelle antimetrische Zweitor mit den reellen Eingangssignalen a_1 und a_2 sowie den reellen Ausgangssignalen b_1 und b_2 kann daher mit einem komplexen Allpaß realisiert werden:

2.2 Synthese von Digitalfiltern

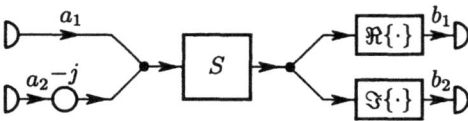

Abbildung 2.22
Reelles antimetrisches Zweitor

Auch hier läßt sich der Realisierungsaufwand reduzieren, wenn das Zweitor bireziprok ist. Details hierzu sind in [2.12] zu finden.

2.2.4.10 Allpaßsynthese

Wie im vorigen Abschnitt gezeigt wurde, kann die Synthese (reeller oder komplexer) symmetrischer oder antimetrischer verlustfreier Zweitore auf die Synthese (reeller oder komplexer) Allpässe zurückgeführt werden.

Sind die Polstellen einer Allpaßfunktion S bekannt, so kann S in Allpaßfunktionen ersten oder zweiten Grades faktorisiert werden, und es kann zu dieser *Allpaßfaktorisierung* eine entsprechende Kaskadenstruktur angegeben werden.

Allpaßfaktorisierung

Alternativ lassen sich klassische Syntheseverfahren der Netzwerktheorie auf die Impedanz Z anwenden, die mit der Reflektanz S bei gegebenem Torwiderstand R über

$$Z = R\frac{1+S}{1-S} \quad \Longleftrightarrow \quad S = \frac{Z-R}{Z+R} \qquad (2.81)$$

verknüpft ist und bei einem verlustfreien Eintor eine FOSTER-Funktion darstellt, d.h., die Eigenschaft $\Re Z(j\varphi) = 0$ bzw. $Z(\psi) + Z_*(\psi) = 0$ besitzt und außerdem – sofern Z nicht konstant ist – der Bedingung $\Re Z(\psi) > 0$ für alle $\Re \psi > 0$ genügt. Eine geeignete Partialbruchzerlegung der Impedanz Z (oder der Admittanz $Y = 1/Z$) führt auf die *kanonischen Schaltungen nach* FOSTER, während jeweils aus einer geeigneten Kettenbruchentwicklung die *kanonischen Schaltungen nach* CAUER resultieren. Diese ursprünglich nur für reelle FOSTER-Funktionen angegebenen Verfahren lassen sich auf Funktionen mit komplexen Koeffizienten verallgemeinern [2.7], [2.13].

kanonische Schaltungen nach FOSTER / CAUER

Schließlich steht mit der RICHARDS-*Synthese* ein Verfahren zur Verfügung, welches unter anderem ohne eine Nullstellenbestimmung auskommt [2.16]. Schreibt man nämlich zunächst

RICHARDS-Synthese

$$S(\psi) = e^{j\varphi_0}S'(\psi) := e^{j\,\text{arc}\{S(1)\}}S'(\psi), \qquad (2.82)$$

so sind S' und $Z' = R(1+S')/(1-S')$ offenbar *eins-reell*, d.h., $S'(1)$ und $Z'(1)$ sind jeweils reell. Da ja Z' eine FOSTER-Funktion ist, muß $Z'(1)$ somit positiv sein; der Torwiderstand kann also zu

eins-reelle Funktion

$$R' = Z'(1) \qquad (2.83)$$

gewählt werden. Dazu ist in der zugehörigen Wellendigitalstruktur ein Adaptor vorzusehen, der die Anpassung des Torwiderstandes von R auf R' vornimmt; geeignet wäre beispielsweise der Zweitor-Paralleladaptor aus Abbildung 2.18 mit dem Koeffizienten $\gamma_1 = (R - R')/(R + R')$. Mit dieser Wahl besitzt aber $\tilde{S}' = (Z' - R')/(Z' + R')$ eine Nullstelle bei $\psi = 1$ sowie wegen $Z'(-1) = -[Z']^*(1) = -R$ eine Polstelle bei $\psi = -1$ und kann daher in der Form

$$\tilde{S}'(\psi) = \frac{1-\psi}{1+\psi}\,\tilde{S}(\psi) = z^{-1}\tilde{S}(\psi) \qquad (2.84)$$

geschrieben werden. Auch $\tilde{S}$ ist eine Allpaßfunktion, ihr Grad ist aber gegenüber S um eins verringert. Durch Fortführung dieses Prozesses kann der Grad der Allpaßfunktion sukzessive verringert werden, bis nurmehr eine Allpaßfunktion vom Grad null, d. h. eine unimodulare Konstante, verbleibt. Eine entsprechende RICHARDS-*Struktur* sieht wie folgt aus:

RICHARDS-Struktur

Abbildung 2.23
RICHARDS-Struktur

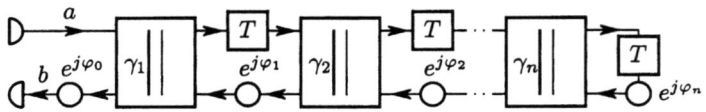

Falls S eine reelle Allpaßfunktion ist, kann auf die Einführung der unimodularen Konstanten $e^{j\varphi_\nu}$ verzichtet werden (gegebenenfalls mit Ausnahme der Konstanten $e^{j\varphi_n} = \pm 1$).

Eine eng mit der RICHARDS-Struktur verwandte Struktur wird in der englischsprachigen Literatur als *Lattice Structure* bezeichnet. Ihre von GRAY und MARKEL vorgeschlagene Erweiterung, die sogenannte *Lattice Ladder Structure*, kann zur Synthese beliebiger rationaler Übertragungsfunktionen verwendet werden, deren Polstellen einen negativen Realteil besitzen. Siehe hierzu z. B. [2.10].

2.2.4.11 Passivität

Passivität

Enthält das Referenznetzwerk eines Wellendigitalfilters lediglich die in den Abschnitten 2.2.4.4 und 2.2.4.5 angegebenen Bauelemente und Adaptoren, so ist das Filter *passiv*. Es kann dann nämlich sichergestellt werden, daß für die Wellengrößen a_μ und b_μ der m Quellen mit den (positiven) Torleitwerten G'_μ sowie die Speicherwerte w_ν der insgesamt n Kapazitäten und Induktivitäten mit den (positiven) Torleitwerten G_ν stets

$$\sum_{\nu=1}^{n} G_\nu |w_\nu(k+1)|^2 - \sum_{\nu=1}^{n} G_\nu |w_\nu(k)|^2 \\ \leq \sum_{\mu=1}^{m} G'_\mu \left[|a_\mu(k)|^2 - |b_\mu(k)|^2 \right] \quad (2.85)$$

gilt, daß also die Zunahme der gespeicherten Energie niemals größer ist als die dem System durch die Quellen insgesamt zugeführte Energie[3]. Zum einen überprüft man leicht, daß die angesprochenen Bauelemente und Adaptoren die entsprechenden Eigenschaften besitzen, und zum anderen kann damit wegen der torweisen Verknüpfung der Bestandteile auch auf die Passivität der Gesamtstruktur geschlossen werden. Letzteres ist sogar dann möglich, wenn die bereits mehrfach erwähnten endlichen Signalwortlängen berücksichtigt werden. Dazu sind lediglich die (bis dahin mit der notwendigen hohen Wortlänge berechneten) Signalwerte an den Verbindungstoren durch *Betragsschneiden* auf die erforderliche Signalwortlänge zu reduzieren.   Betragsschneiden

Als unmittelbare Konsequenz der Passivität besitzen Wellendigitalfilter einige wünschenswerte Stabilitätseigenschaften. So ist beispielsweise die – stets vorhandene – Ruhelage **0** des Filters immer stabil im Sinne von LJAPUNOV, auch läßt sich nachweisen, daß das Filter mit Sicherheit L_2-stabil mit endlicher Verstärkung ist.

Ähnliche Aussagen gelten bei den hier nicht besprochenen Leistungswellendigitalstrukturen, bei den sogenannten Orthogonalfiltern und auch bei der Struktur nach GRAY und MARKEL, deren rekursiver Teil als Wellendigitalfilter interpretiert werden kann.

2.3 Filterentwurf

Hat man, wie in Abschnitt 2.1.3 erläutert, die Anforderungen an ein Digitalfilter mit Hilfe eines Toleranzschemas formuliert, so besteht die Aufgabe des Filterentwurfs darin, eine (in z oder ψ) rationale Übertragungsfunktion zu bestimmen, die die Vorgaben durch das Toleranzschema einhält. Dabei muß aber gleichzeitig stets gewährleistet sein, daß die resultierende Übertragungsfunktion zu einem stabilen System gehört, also Polstellen ausschließlich im Innern des Einheitskreises besitzt. Diese Nebenbedingung

---

[3]Hieraus läßt sich der bereits auf Seite 105 angegebene Zusammenhang (2.58) für die Streumatrix eines passiven Zweitors ableiten.

stellt beim unmittelbaren Entwurf anhand der Übertragungsfunktion in der Regel, zumindest beim Entwurf rekursiver Filter, ein nahezu unüberwindbares Hindernis dar.

Im Gegensatz dazu ist für die in Abschnitt 2.2.4.8 eingeführte charakteristische Funktion C eines verlustfreien Zweitors lediglich zu fordern, daß sie paragerade oder paarungerade ist, was keine wesentliche Einschränkung der Allgemeinheit darstellt. Ist C geeignet entworfen, kann mit den Methoden der vorangegangen Abschnitte ein passendes verlustfreies Zweitor – welches mit Sicherheit stabil ist – synthetisiert werden.

2.3.1 Tiefpaßentwurf

Die Dämpfungsanforderungen an einen digitalen Tiefpaß lassen sich wie folgt formulieren:

$$A_{dB}(\varphi) \leq A_d \ \forall \, |\varphi| \leq \varphi_d \quad \wedge \quad A_{dB}(\varphi) \geq A_s \ \forall \, |\varphi| \geq \varphi_s. \quad (2.86)$$

Durchlaßbereich Dabei stellt A_d die maximal zulässige Dämpfung im *Durchlaßbereich* $|\varphi| \leq \varphi_d$ dar; entsprechend ist A_s die minimal einzuhaltende Dämpfung im *Sperrbereich* $|\varphi| \geq \varphi_s > \varphi_d$. Mit Hilfe des Zusammenhanges (2.65), der sich auch in der Form

$$|C(j\varphi)| = \sqrt{10^{A_{dB}(\varphi)/10} - 1} \quad (2.87)$$

schreiben läßt, können die Anforderungen auch äquivalent als

$$|C(j\varphi)| \leq C_d \ \forall \, |\varphi| \leq \varphi_d \quad \wedge \quad |C(j\varphi)| \geq C_s \ \forall \, |\varphi| \geq \varphi_s \quad (2.88)$$

formuliert werden.

Der einfachste Ansatz führt an dieser Stelle auf einen Potenz- BUTTERWORTH- oder auch BUTTERWORTH-Tiefpaß. Die zugehörige charakteristische Funktion lautet
Tiefpaß

$$C(\psi) = C_d \cdot (\psi/\varphi_d)^n \quad (2.89)$$

und kann äquivalent auch als

$$C(\psi) = j^n C_d \mathcal{P}_n\left(\frac{\psi}{j\varphi_d}\right) \quad \text{mit} \quad \mathcal{P}_n(x) = x^n \quad (2.90)$$

geschrieben werden, wobei zwecks einer einheitlicheren Darstellung im folgenden die letztgenannte Form betrachtet wird. Die Polynome $\mathcal{P}_n(x)$ sind offensichtlich gerade oder ungerade, sie erfüllen die Bedingung $\mathcal{P}_n(1) = 1$ und stellen für $x \geq 0$ streng monoton steigende Funktionen dar[4]. Mit der Beziehung (2.89) gilt

---

[4] Die Betrachtung negativer Werte von x kann hier und im folgenden aufgrund der angesprochenen Symmetrieeigenschaften entfallen.

2.3 Filterentwurf

$|C(j\varphi_d)| = C_d$, und aus der Bedingung $|C(j\varphi_s)| = C_s$ ergibt sich der rechnerische Zusammenhang

$$n = \frac{\log(g)}{\log(k)} \quad \text{mit} \quad g := \frac{C_d}{C_s} \quad \text{und} \quad k := \frac{\varphi_d}{\varphi_s}. \tag{2.91}$$

Nimmt bei bei vorgegebenen Größen φ_d, φ_s, C_d und C_s der Filtergrad n mindestens diesen Wert an, so sind die Entwurfsvorgaben (2.88) mit Sicherheit erfüllt. Der minimal erforderliche Filtergrad hängt somit ausschließlich von den Größen g und k aus (2.91) ab. Da n ganzzahlig sein muß, ergibt sich in der Regel noch eine Entwurfsreserve, die dazu genutzt werden kann, den Übergangsbereich schmaler zu machen und/oder eine niedrigere Durchlaß- bzw. eine höhere Sperrdämpfung zu erzielen als ursprünglich vorgesehen. Die folgende Zeichnung zeigt den Betragsverlauf der Polynome $\mathcal{P}_n(x)$ für verschiedene Werte n sowie einen typischen Dämpfungsverlauf eines BUTTERWORTH-Tiefpasses siebter Ordnung über der reellen Frequenz ω:

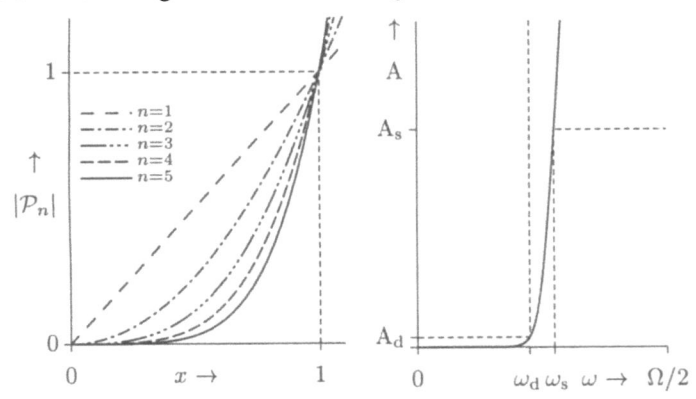

Abbildung 2.24
Betragsverlauf der Polynome $\mathcal{P}_n(x)$ und Dämpfungsverlauf eines BUTTERWORTH-Tiefpasses ($n=7$)

Dieselben Vorgaben können mit einem Filter niedrigerer Ordnung eingehalten werden, wenn anstelle eines BUTTERWORTH-Tiefpasses ein sogenannter TSCHEBYSCHEFF-Tiefpaß eingesetzt wird. Ein solcher Tiefpaß besitzt die charakteristische Funktion

TSCHEBYSCHEFF-Tiefpaß

$$C(\psi) = j^n C_d \mathcal{T}_n\left(\frac{\psi}{j\varphi_d}\right), \tag{2.92}$$

wobei $\mathcal{T}_n(x)$ jeweils das TSCHEBYSCHEFF-Polynom der Ordnung n ist. TSCHEBYSCHEFF-Polynome besitzen eine Parameterdarstellung der Form

$$\mathcal{T}_n(x) = \cos(n\xi) \quad \wedge \quad x = \cos(\xi) \tag{2.93}$$

und lassen sich somit rekursiv aus

$$T_0(x) = 1, \; T_1(x) = x, \; T_{n+1}(x) = 2xT_n(x) - T_{n-1}(x) \qquad (2.94)$$

bestimmen; für gerade Ordnungen n ist also $T_n(x)$ gerade, für ungerade Ordnungen n ist es ungerade [2.1]. Der Parameterdarstellung entnimmt man unmittelbar die n Nullstellen von $T_n(x)$: sie liegen bei $x_\nu = \cos([2\nu - 1]\pi/[2n])$ und somit sämtlich im Intervall $-1 < x < 1$. Weiterhin gilt $|T_n(x)| \leq 1$ für $-1 \leq x \leq 1$; das Polynom nimmt in diesem Bereich (einschließlich der Grenzen) insgesamt $(n+1)$-mal den Wert ± 1 mit alternierendem Vorzeichen an. Da in (2.93) der Parameter ξ allgemein komplexe Werte annehmen darf, kann alternativ auch die Parameterdarstellung

$$T_n(x) = \cosh(n\xi) \quad \wedge \quad x = \cosh(\xi) \qquad (2.95)$$

angegeben werden. Damit ist $T_n(x)$ außerhalb des Intervalls $|x| \leq 1$ insbesondere streng monoton. Mit Hilfe der genannten Eigenschaften läßt sich zeigen, daß von allen Polynomen $\mathcal{P}_n(x)$ eines Grades n, die der Nebenbedingung $\mathcal{P}_n(x_0) = y_0$ mit $x_0 > 1$ und $y_0 > 0$ genügen, gerade stets das Polynom $y_{\max}T_n(x)$ mit $y_{\max} = y_0/\cosh(n\,\mathrm{acosh}(x_0))$ den kleinsten Wert von $\max_{-1\leq x \leq 1} |\mathcal{P}_n(x)|$ besitzt, es approximiert daher den Wert null im TSCHEBYSCHEFFschen Sinne nicht nur gleichmäßig, sondern auch optimal.

Zwischen dem Filtergrad n eines TSCHEBYSCHEFF-Filters und den Größen $g = C_\mathrm{d}/C_\mathrm{s}$ und $k = \varphi_\mathrm{d}/\varphi_\mathrm{s}$ besteht wegen $|C(j\varphi_\mathrm{d})| = C_\mathrm{d}$ sowie mit $|C(j\varphi_\mathrm{s})| = C_\mathrm{s}$ und (2.95) der rechnerische Zusammenhang

$$n = \frac{\mathrm{acosh}(1/g)}{\mathrm{acosh}(1/k)} = \frac{\mathrm{acosh}(C_\mathrm{s}/C_\mathrm{d})}{\mathrm{acosh}(\varphi_\mathrm{s}/\varphi_\mathrm{d})}. \qquad (2.96)$$

Die folgende Zeichnung zeigt den Betragsverlauf der TSCHEBYSCHEFF-Polynome $\mathcal{P}_n(x)$ für verschiedene Werte n sowie den Dämpfungsverlauf eines TSCHEBYSCHEFF-Tiefpasses vierter Ordnung, der so entworfen wurde, daß die Vorgaben A_d und A_s mit denen des BUTTERWORTH-Tiefpasses aus Abbildung 2.24 übereinstimmen:

2.3 Filterentwurf

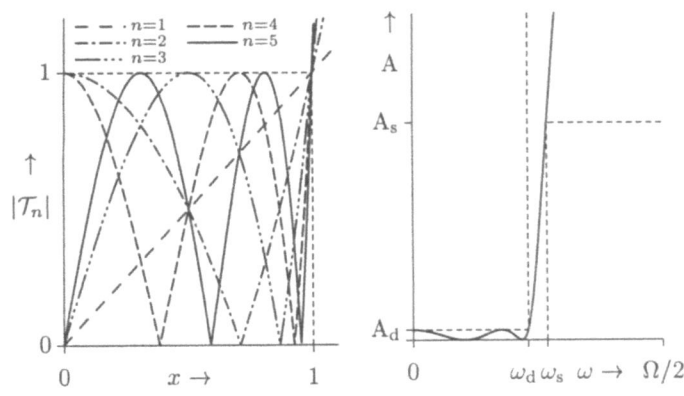

Abbildung 2.25
Betragsverlauf
der Polynome
$\mathcal{T}_n(x)$ und
Dämpfungsverlauf
eines
TSCHEBYSCHEFF-
Tiefpasses
($n=4$)

Sollen vorgegebene Dämpfungsanforderungen mit möglichst geringem Realisierungsaufwand erfüllt werden, so empfiehlt sich der Einsatz eines elliptischen Filters, auch CAUER-Filter genannt, welches die charakteristische Funktion

CAUER-Tiefpaß

$$C(\psi) = j^n \sqrt{C_\mathrm{d} C_\mathrm{s}}\, \mathcal{Z}_n\left(\frac{\psi}{j\sqrt{\varphi_\mathrm{d}\varphi_\mathrm{s}}}, k\right) \quad (2.97)$$

besitzt [2.4]. Dabei ist die sogenannte ZOLOTAREFF-Funktion $\mathcal{Z}_n(x, k)$ diejenige Funktion, die unter allen rationalen Funktionen $\mathcal{R}_n$ vom Grad n mit der Eigenschaft $\mathcal{R}_n(1/x) = 1/\mathcal{R}_n(x)$ im Intervall $-\sqrt{k} \leq x \leq \sqrt{k}$ den Wert null (und damit für $x \geq 1/\sqrt{k}$ bzw. $x \leq -1/\sqrt{k}$ den Wert $\pm\infty$) im TSCHEBYSCHEFFschen Sinne am besten approximiert [2.14]. Im Intervall $-\sqrt{k} < x < \sqrt{k}$ liegen die n Nullstellen sowie $n-1$ Extremstellen der ZOLOTAREFF-Funktion; die Extremwerte in diesem Intervall haben jeweils den gleichen Absolutwert und alternieren im Vorzeichen. Eine mögliche Parameterdarstellung dieser Funktionen kann mit Hilfe der JACOBIschen elliptischen cd-Funktion angegeben werden:

$$\mathcal{Z}_n(x, k) = \sqrt{g}\, \mathrm{cd}(nG\xi, g) \quad \wedge \quad x = \sqrt{k}\, \mathrm{cd}(K\xi, k). \quad (2.98)$$

Dabei sind der Grad n der ZOLOTAREFF-Funktion und die sogenannten Moduln g und k über die vollständigen elliptischen Integrale $K = \mathcal{K}(k) = \int_0^{\pi/2}[1 - k^2 \sin^2 \vartheta]^{-1/2}\, d\vartheta$ und $G = \mathcal{K}(g)$ sowie $K' = \mathcal{K}(\sqrt{1-k^2})$ und $G' = \mathcal{K}(\sqrt{1-g^2})$ miteinander verknüpft:

$$n = \frac{G'/G}{K'/K}. \quad (2.99)$$

Beim Entwurf eines CAUER-Filters sind die Moduln der elliptischen Funktionen wieder durch $g = C_\mathrm{d}/C_\mathrm{s}$ und $k = \varphi_\mathrm{d}/\varphi_\mathrm{s}$ gegeben, und der minimal erforderliche Filtergrad kann damit aus

(2.99) entnommen werden. Die Auswertung dieser Gleichung sowie des Zusammenhanges (2.98) kann mit Hilfe von LANDENschen Modultransformationen (siehe hierzu z. B. [2.2]) erfolgen, wie es beispielsweise DARLINGTON vorgeschlagen hat [2.5]; eine detaillierte Darstellung würde hier jedoch den Rahmen sprengen. Daher sei an dieser Stelle auf weiterführende Literatur [2.1] verwiesen und lediglich Betragsverlauf der ZOLOTAREFFschen Funktionen im Intervall $0 \leq x \leq \sqrt{k}$ und Dämpfungsverlauf eines mit den vorigen Beispielen vergleichbaren CAUER-Filters dritter Ordnung skizziert:

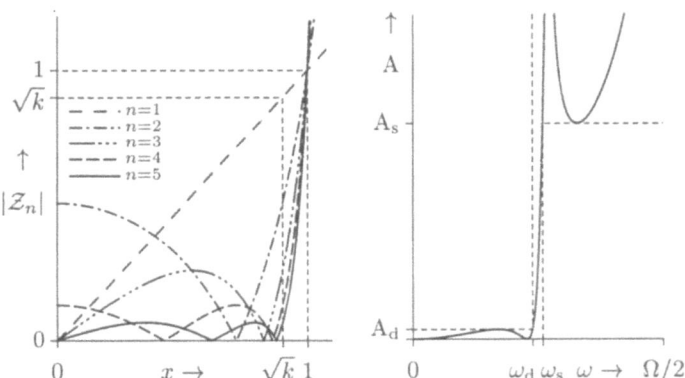

Abbildung 2.26 Betragsverlauf der Funktionen $\mathcal{Z}_n(x,k)$ und Dämpfungsverlauf eines CAUER-Tiefpasses ($n=3$)

In Abschnitt 2.2.4.9 wurde der Sonderfall bireziproker Filter erwähnt, die sich durch einen verringerten Realisierungsaufwand auszeichnen, wobei aufgrund von (2.73) dann aber die Zusammenhänge $\varphi_\mathrm{d}\varphi_\mathrm{s} = 1 \iff \omega_\mathrm{d} = \Omega/2 - \omega_\mathrm{s}$ und $C_\mathrm{d}C_\mathrm{s} = 1$ gültig sind und daher eine feste Kopplung zwischen Durchlaßgrenze ω_d und Sperrgrenze ω_s sowie zwischen Durchlaß- und Sperrdämpfung besteht. Es ist nun leicht zu erkennen, daß sowohl BUTTERWORTH- als auch CAUER-Tiefpässe bireziprok sein können, während dies bei TSCHEBYSCHEFF-Tiefpässen nicht möglich ist.

2.3.2 Hochpaßentwurf

Ist $H(\psi)$ die Übertragungsfunktion eines Tiefpasses, so kann die Übertragungsfunktion $H'(\psi)$ eines Hochpasses mit Hilfe der *Frequenztransformation*

Frequenztransformation

$$H'(\psi) = H(1/\psi) \tag{2.100}$$

gewonnen werden, die dem Übergang $\omega \mapsto \omega - \Omega/2$ bzw. $z^{-1} \mapsto -z^{-1}$ entspricht. Erfüllt ein geeignet entworfener Tiefpaß die Anforderungen (2.88), so hält der Hochpaß die Vorgaben

$$A'_{dB}(\varphi) \geq A_s \quad \forall |\varphi| \leq 1/\varphi_s$$
$$\wedge \quad A'_{dB}(\varphi) \leq A_d \quad \forall |\varphi| \geq 1/\varphi_d \tag{2.101}$$

ein, wenn im Signalflußplan des Tiefpasses jede Verzögerung um einen zusätzlichen Multiplizierer mit dem Koeffizienten -1 ergänzt wird.

2.3.3 Bandpaßentwurf

Auch der Bandpaßentwurf läßt sich mittels einer geeigneten Frequenztransformation auf den Entwurf eines Tiefpasses zurückführen, wenn man gewisse Einschränkungen hinsichtlich des Toleranzschemas in Kauf nimmt. Formuliert man die Anforderungen als

$$A_{dB}(\varphi) \leq A_d \quad \forall \varphi_{du} \leq |\varphi| \leq \varphi_{do}$$
$$\wedge \quad A_{dB}(\varphi) \geq A_s \quad \forall \, (|\varphi| \leq \varphi_{su} \vee |\varphi| \geq \varphi_{so}) \tag{2.102}$$

mit $\varphi_{su} < \varphi_{du} < \varphi_{do} < \varphi_{so}$, so ist eine geeignete Frequenztransformation durch

$$H'(\psi) = H\left(\alpha\psi + \frac{\beta}{\psi}\right) \tag{2.103}$$

mit positiven Konstanten α und β gegeben. In diesem Fall erhält man mit $\varphi \mapsto \alpha\varphi - \beta/\varphi$ z. B. den Zusammenhang $\alpha\varphi_{du} - \beta/\varphi_{du} = -\varphi_d$; weitere sind Abbildung 2.27 zu entnehmen. Nach einigen elementaren Umformungen verbleiben noch die Beziehungen $\beta = \alpha\varphi_{du}\varphi_{do} = \alpha\varphi_{su}\varphi_{so}$ und $\alpha(\varphi_{do} - \varphi_{du}) = \varphi_d$ sowie $\alpha(\varphi_{so} - \varphi_{su}) = \varphi_s$, und für den Koeffizienten k des zu entwerfenden Tiefpasses ergibt sich schließlich

$$k = \frac{\varphi_d}{\varphi_s} = \frac{\varphi_{do} - \varphi_{du}}{\varphi_{so} - \varphi_{su}} \quad \text{mit} \quad \varphi_{du}\varphi_{do} = \varphi_{su}\varphi_{so}. \tag{2.104}$$

Im Gegensatz zu einem allgemeinen Bandpaß müssen hier also nicht nur die minimalen Dämpfungen in den beiden Sperrbereichen miteinander übereinstimmen, auch sind nur drei der vier Grenzfrequenzen frei vorgebbar. Besonders einfach wird die Transformation (2.103) im Sonderfall $\varphi_{du}\varphi_{do} = \varphi_{su}\varphi_{so} = 1$. In diesem Fall kann $\alpha = \beta = 1/2$ gewählt werden, die Transformation entspricht dann dem Übergang $z^{-1} \mapsto -z^{-2}$, und im Signalflußplan des entsprechend entworfenen Tiefpasses ist jede einfache Verzögerung durch eine zweifache Verzögerung zu ersetzen und mit einem zusätzlichen Multiplizierer mit dem Koeffizienten -1 zu versehen. Die folgende Abbildung veranschaulicht die Auswirkungen der Frequenztransformation (2.103) und zeigt den Dämpfungsverlauf eines derart gewonnenen Bandpasses:

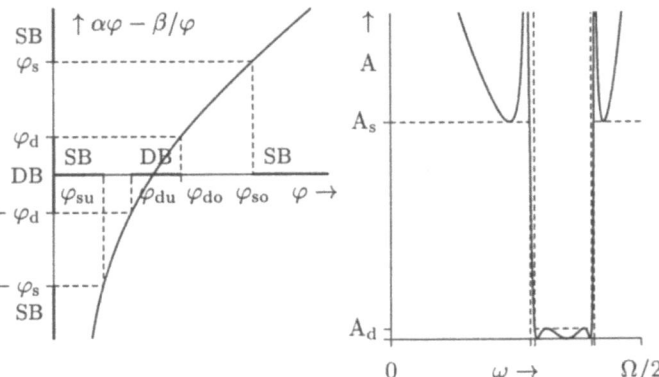

Abbildung 2.27
Verlauf der Funktionen $\alpha\varphi - \beta/\varphi$ und Dämpfungsverlauf eines Bandpasses

2.3.4 Linearphasige FIR-Filter

Bis zu dieser Stelle wurden beim Filterentwurf ausschließlich Vorgaben für den Dämpfungsverlauf berücksichtigt. Es stellt sich die Frage, inwieweit ein für gewisse Anwendungen gewünschter linearer Phasenanstieg bereits während des Entwurfvorganges in Rechnung gestellt werden kann. Wie die folgenden Überlegungen zeigen, ist ein exakt linearer Phasenanstieg ausschließlich mit Hilfe von FIR-Filtern zu erzielen, wenn stets die Stabilität der betrachteten Filter gefordert wird:

Für eine gegebene Übertragungsfunktion H wird der Ausdruck $H(\psi)/H_*(\psi)$ näher untersucht. Wegen $H_*(j\varphi) = H^*(j\varphi)$ findet man die Zusammenhänge

$$\left|\frac{H(j\varphi)}{H_*(j\varphi)}\right| = 1 \quad \text{und} \quad \arc\left\{\frac{H(j\varphi)}{H_*(j\varphi)}\right\} = 2\arc\{H(j\varphi)\}. \quad (2.105)$$

Mit H ist auch H/H_* eine rationale Funktion (in ψ bzw. z), die für reelle Frequenzen unimodular ist und außerdem einen (in ω) linearen Phasenanstieg besitzen soll. Daher muß sie von der Form

$$\frac{H(\psi)}{H_*(\psi)} = \sigma z^{-N} = \sigma \left(\frac{1-\psi}{1+\psi}\right)^N \quad (2.106)$$

sein, wobei N eine natürliche Zahl und σ eine unimodulare Konstante ist. Ist nun $\psi_\infty \neq -1$ eine Polstelle von H, dann muß ψ_∞

2.3 Filterentwurf

wegen (2.106) auch Polstelle von H_* bzw. $-\psi_\infty^*$ Polstelle von H sein. Da aber etwaige Polstellen von H nur in der offenen linken ψ-Halbebene liegen dürfen, verbleibt als einzig mögliche Polstelle gerade $\psi_\infty = -1$ bzw. $z_\infty = 0$. Mit anderen Worten, H ist die Übertragungsfunktion eines FIR-Filters.

Mit einer entsprechenden Argumentation zeigt man, daß mit z_0 auch $1/z_0^*$ eine Nullstelle von $H(z)$ ist, daß also etwaige Nullstellen auf dem Einheitskreis liegen oder in Paaren von am Einheitskreis gespiegelten Werten auftreten. Es läßt sich (beispielsweise durch vollständige Induktion) zeigen, daß – falls $h[0] = H(\infty) \neq 0$ gilt – die Übertragungsfunktion H daher stets in der Form

$$H(z) = \sum_{\nu=0}^{n} \alpha_\nu z^{-\nu} \quad \text{mit} \quad \tilde{\sigma}\alpha_{n-\nu} = \tilde{\sigma}^* \alpha_\nu^* \qquad (2.107)$$

geschrieben werden kann, wobei auch $\tilde{\sigma}$ eine unimodulare Konstante ist. Umgekehrt besitzt eine Übertragungsfunktion dieser Form stets einen – bis auf mögliche Phasensprünge um π an den Übertragungsnullstellen – linearen Phasenanstieg, denn einfache Umformungen ergeben in diesem Fall den Zusammenhang

$$H(e^{j\omega T}) = \tilde{\sigma}^* e^{-jn\omega T/2} \Re \sum_{\nu=0}^{n} \tilde{\sigma}\alpha_\nu e^{j(n-2\nu)\omega T/2}. \qquad (2.108)$$

Ab jetzt werde der interessante Sonderfall eines linearphasigen Filters mit $\Im\{\tilde{\sigma}\alpha_\nu\} = 0$ betrachtet. Dann kann (2.108) zu

$$H(e^{j\omega T}) = e^{-jn\omega T/2} \sum_{\nu=0}^{n} \alpha_\nu \cos\left(j(n-2\nu)\omega T/2\right) \qquad (2.109)$$

und weiter zu

$$H(e^{j\omega T}) e^{jn\omega T/2} = \sum_{\nu=0}^{n} \alpha'_\nu \bigl(\cos(\omega T/2)\bigr)^\nu \qquad (2.110)$$

vereinfacht werden, wobei $\alpha'_{n-2\mu} = 0$ für ganzzahlige μ gilt. Damit läßt sich die Frage beantworten, mit welchem derartigen Filter bei gegebenem Filtergrad und gewünschter Sperrfrequenz ω_s bei $|H(e^{j0T})| = 1$ die maximal mögliche Sperrdämpfung erreicht werden kann. Setzt man nämlich

$$x = \frac{\cos(\omega T/2)}{\cos(\omega_s T/2)} \quad \Longrightarrow \quad 1 \geq x \geq 0 \quad \text{für} \quad \omega_s \leq \omega \leq \Omega/2, \quad (2.111)$$

so stellt die rechte Seite von (2.110) ein (gerades oder ungerades) Polynom $\mathcal{P}_n(x)$ dar, das nun bei gegebenem $\mathcal{P}_n(x_0) = 1$

DOLPH-
TSCHEBYSCHEFF-
Tiefpaß

mit $x_0 = 1/\cos(\omega_s T/2) > 1$ den Wert null im Intervall $0 \leq x \leq 1$ im TSCHEBYSCHEFFschen Sinne möglichst gut approximieren soll. Diese Aufgabe wird aber gerade durch die bereits in Abschnitt 2.3.1 besprochenen TSCHEBYSCHEFF-Polynome gelöst, und man erhält somit die Übertragungsfunktion des sogenannten DOLPH-TSCHEBYSCHEFF-Tiefpasses (siehe z. B. [2.18]):

$$H(e^{j\omega T}) = \frac{e^{-jn\omega T/2}}{\mathcal{T}_n(1/\cos(\omega_s T/2))} \mathcal{T}_n\left(\frac{\cos(\omega T/2)}{\cos(\omega_s T/2)}\right). \quad (2.112)$$

Aus $\max_{\omega_s \leq \omega \leq \Omega/2} |H(e^{j\omega T})| = 1/\mathcal{T}_n(1/\cos(\omega_s T/2))$ ergibt sich wegen der für reelle Frequenzen gültigen Beziehungen $1/|H|^2 = 1 + |C|^2$ und $1/\cos(\omega T/2)^2 = 1 + \varphi^2$ der rechnerische Zusammenhang

$$n = \frac{\text{acosh}(\sqrt{1 + C_s^2})}{\text{acosh}(\sqrt{1 + \varphi_s^2})}. \quad (2.113)$$

Im Gegensatz zu den Verfahren des Abschnittes (2.3.1) ist hier also der minimal erforderliche Filtergrad nicht ausschließlich von $g = C_d/C_s$ und $k = \varphi_d/\varphi_s$ abhängig, er ist vielmehr bereits durch die Wahl von Sperrfrequenz und Sperrdämpfung festgelegt. Die Beziehung zwischen Durchlaßfrequenz und Durchlaßdämpfung kann anschließend aus

$$\text{acosh}\left(\sqrt{\frac{1 + \varphi_s^2}{1 + \varphi_d^2}}\right) = n\,\text{acosh}\left(\sqrt{\frac{1 + C_s^2}{1 + C_d^2}}\right) \quad (2.114)$$

ermittelt werden. Die folgende Abbildung verdeutlicht den Zusammenhang (2.111) und zeigt den Dämpfungsverlauf eines DOLPH-TSCHEBYSCHEFF-Tiefpasses zwölfter Ordnung, der hinsichtlich der Anforderungen A_d und A_s sowie der Breite des Übergangsbereiches mit dem TSCHEBYSCHEFF-Tiefpaß vierter Ordnung aus Abschnitt (2.3.1) vergleichbar ist:

2.3 Filterentwurf

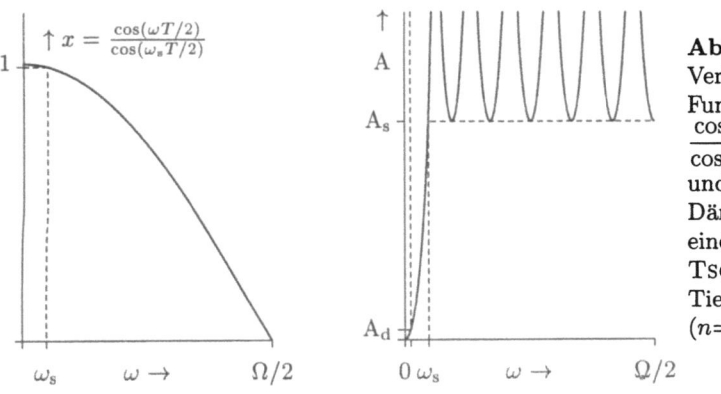

Abbildung 2.28 Verlauf der Funktion $\dfrac{\cos(\omega T/2)}{\cos(\omega_s T/2)}$ und Dämpfungsverlauf eines DOLPH-TSCHEBYSCHEFF-Tiefpasses ($n=12$)

Das FIR-Filter weist ein Invers-TSCHEBYSCHEFF-Verhalten auf; sämtliche Dämpfungspole liegen im Sperrbereich. Es fällt hier der erheblich schmalere Durchlaßbereich auf.

Der Entwurf von FIR-Filtern, die so wie das rekursive CAUER-Filter sowohl im Durchlaß- als auch im Sperrbereich ein gleichrippliges Verhalten aufweisen, kann in der Regel nur mit numerischen Methoden durchgeführt werden (z. B. durch Anwendung des REMEZ-Algorithmus, siehe u. a. [2.15]) und ist nicht Gegenstand dieser Darstellungen. An dieser Stelle bleibt aber festzuhalten, daß die inhärente Stabilität und der möglicherweise lineare Phasenanstieg bei nichtrekursiven Filtern oft durch einen Realisierungsaufwand erkauft wird, der erheblich höher ist als der eines rekursiven Filters mit vergleichbaren Dämpfungsanforderungen.

2.3.5 IIR-Filter mit näherungsweise linearem Phasenanstieg

Im Vergleich zu den FIR-Filtern des vorangegangenen Abschnittes lassen sich Einsparungen erzielen, wenn man – wie es bei der Dämpfung ja auch geschehen ist – gewisse Abweichungen vom exakt linearen Phasenanstieg akzeptiert, also auch für die Phase ein geeignetes Toleranzschema vorgibt. Eine interessante Möglichkeit besteht darin, die kanonische Reflektanz S_1 eines symmetrischen verlustfreien Zweitors (siehe Abschnitt 2.2.4.9) zu

$$S_1(z) = z^{-m} \qquad (2.115)$$

zu wählen, wodurch S_1 linearphasig ist. Da für reelle Frequenzen aber mit $S_2 = e^{j\phi_2}$ und $S_1 = e^{j\phi_1} = e^{-jm\omega T}$ der Zusammenhang

$$S_{21} = \frac{e^{j\phi_2} - e^{j\phi_1}}{2} = e^{j(\phi_2+\phi_1)/2} j \sin\left(\frac{\phi_2 - \phi_1}{2}\right) \qquad (2.116)$$

gilt, muß im Durchlaßbereich des geeignet entworfenen Filters dann wegen $|S_{21}| \approx 1 \implies (\phi_2 - \phi_1)/2 \approx (\pi + 2k\pi)/2$ mit ganzzahligem k die Beziehung

$$S_{21}(e^{j\omega T}) \approx -e^{-j(m\omega T - k\pi)} \sin\left(\frac{\pi + 2k\pi}{2}\right) = -e^{-jm\omega T} \quad (2.117)$$

gültig sein und daher S_{21} einen annähernd linearen Phasenanstieg aufweisen. Bei diesem Ansatz verbleibt jeweils der Allpaß S_2 geeignet zu bestimmen, was wiederum den Einsatz numerischer Verfahren erfordert.

Die folgende Abbildung verdeutlicht die angesprochenen Zusammenhänge und zeigt den Dämpfungsverlauf eines näherungsweise linearphasigen Tiefpasses siebter Ordnung:

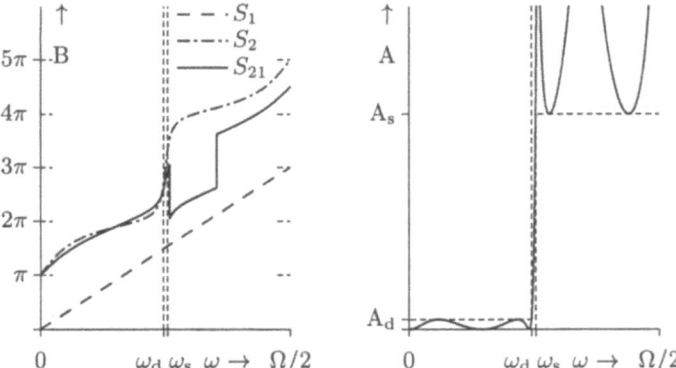

Abbildung 2.29 Phasenverläufe und Dämpfungsverlauf eines näherungsweise linearphasigen Tiefpasses ($n=7$, $m=3$)

Es ist zu erkennen, daß die Abweichung des Phasenanstieges von S_{21} vom exakt linearen Verlauf im Durchlaßbereich ebenso wie die Dämpfung ein Äquirippel-Verhalten aufweist. Tatsächlich läßt sich zeigen, daß bei dem hier vorgestellten Ansatz eine direkte Kopplung zwischen den Toleranzschemen für Dämpfung und Phase besteht.

2.4 Literatur

[2.1] Achieser, N. I.: *Vorlesungen über Approximationstheorie.* Akademie-Verlag, Berlin, 1967

[2.2] Akhiezer, N. I.: *Elements of the Theory of Elliptic Functions.* American Mathematical Society, Providence, 1990

[2.3] Belevitch, V.: *Classical Network Theory.* Holden-Day, San Francisco, 1986

2.4 Literatur

[2.4] Cauer, W.: *Theorie der linearen Wechselstromschaltungen.* Akademie-Verlag, Berlin, 1954

[2.5] Darlington, S.: *Simple Algorithms for Elliptic Filters and Generalizations Thereof.* IEEE Transactions on Circuits and Systems, 25(12):975-980, 1978

[2.6] Fettweis, A., Meerkötter, K.: *On Adaptors for Wave Digital Filters.* IEEE Transactions on Acoustics, Speech, and Signal Processing, 23(6):516-525, 1975

[2.7] Fettweis, A.: *Principles of Complex Wave Digital Filters.* International Journal of Circuit Theory and its Applications, 9:119-134, 1981

[2.8] Fettweis, A.: *Realizability of Digital Filter Networks.* Archiv für Elektronik unf Übertragungstechnik, 30(2):90-96, 1976

[2.9] Fettweis, A.: *Digital Filters related to Classical Filter Networks.* Archiv für Elektronik und Übertragungstechnik, 25(2):79-89, 1971

[2.10] Fettweis, A.: *Wave Digital Filters: Theory and Practice.* Proceedings of the IEEE, 74(2):270-327, 1986

[2.11] Gray, A. H., Markel, J. D.: *Digital Lattice and Ladder Filter Synthesis.* IEEE Transactions on Audio and Electroacoustics, 21(12):491-500, 1973

[2.12] Meerkötter, K.: *Antimetric Wave Digital Filters derived from Complex Reference Circuits.* Proceedings of the European Conference on Circuit Theory and Design, 4(9):217-220, 1983

[2.13] Meerkötter, K.: *Complex Passive Networks and Wave Digital Filters.* Proceedings of the European Conference on Circuit Theory and Design, 2(9):24-35, 1980

[2.14] Piloty, H.: *Zolotareffsche rationale Funktionen.* Zeitschrift für angewandte Mathematik und Mechanik, 34(4):175-189, 1954

[2.15] Powell, M. J. D.: *Approximation Theory and Methods.* University Press, Cambridge, 1966

[2.16] Richards, P. I.: *Resistor-Transmission-Line Circuits.* Proceedings of the IEEE, 36(2):217-220, 1948

[2.17] Schüßler, H. W.: *Digitale Signalverarbeitung 1.* Springer-Verlag, Berlin, 1994

[2.18] Schüßler, H. W.: *Digitale Systeme zur Signalverarbeitung.* Springer-Verlag, Berlin, 1973

Kapitel 3

Hochfrequenzsystemtechnik

von Robert Weigel

Die Hochfrequenztechnik befaßt sich mit der Erzeugung, Übertragung und Verarbeitung schneller elektromagnetischer Signale. Sie hat sich vor etwa 100 Jahren aus der Funktechnik entwickelt und wurde während des zweiten Weltkrieges durch die stürmischen Entwicklungen der Radartechnik für militärische Aufgaben der Schiffs- und Flugzeugortung immens vorangetrieben. Von diesem Technologieschub profitierte dann nicht nur die kurz darauf daraus hervorgehende moderne Funkkommunikationstechnik, sondern auch die Nachrichtenübertragungstechnik in Wellenleitern wie z.B. Koaxialleitungen und Lichtwellenleitern. Heute besitzt die Hochfrequenztechnik vielfältige, sich ständig erweiternde Anwendungsfelder sowohl in der Sprach-, Bild- und Datenübertragung als auch in der Funkmeßtechnik [3.1].

3.1 Elemente der Hochfrequenzsystemtechnik

Wellenlänge λ, Frequenz f und Periodendauer T einer harmonischen elektromagnetischen Welle hängen gemäß

$$\lambda = \frac{v}{f} = vT \qquad (3.1)$$

zusammen, wobei durch $v = 1/\sqrt{\varepsilon\mu}$ die Ausbreitungsgeschwindigkeit der Welle gegeben ist (ε, μ: Permittivität, Permeabilität des Übertragungsmediums); im freien Raum ist $v \approx 3 \cdot 10^8$ m/s. Die traditionelle Zuordnung von *Bandbezeichnungen* und Frequenzen ist in Tabelle 3.1 zusammengestellt.

Bandbezeichnungen

Tabelle 3.1
Bandbezeichnungen und Frequenzen (Freiraumausbreitung)

Frequenzbereich [Hz]	Wellenlänge [m]	Bezeichnung deutsch	Bezeichnung englisch
$3 \cdot 10^0 \ldots 3 \cdot 10^1$	$10^8 \ldots 10^7$		extremely low frequency (ELF)
$3 \cdot 10^1 \ldots 3 \cdot 10^2$	$10^7 \ldots 10^6$		extremely low frequency (ELF)
$3 \cdot 10^2 \ldots 3 \cdot 10^3$	$10^6 \ldots 10^5$		ultra low frequency (ULF)
$3 \cdot 10^3 \ldots 3 \cdot 10^4$	$10^5 \ldots 10^4$	Längstwellen	very low frequency (VLF)
$3 \cdot 10^4 \ldots 3 \cdot 10^5$	$10^4 \ldots 10^3$	Langwellen	low frequency (LF)
$3 \cdot 10^5 \ldots 3 \cdot 10^6$	$10^3 \ldots 10^2$	Mittelwellen	medium frequency (MF)
$3 \cdot 10^6 \ldots 3 \cdot 10^7$	$10^2 \ldots 10^1$	Kurzwellen	high frequency (HF)
$3 \cdot 10^7 \ldots 3 \cdot 10^8$	$10^1 \ldots 10^0$	Ultrakurzwellen	very high frequency (VHF)
$3 \cdot 10^8 \ldots 3 \cdot 10^9$	$10^0 \ldots 10^{-1}$	Mikrowellen: Dezimeterwellen	ultra high frequency (UHF)
$3 \cdot 10^9 \ldots 3 \cdot 10^{10}$	$10^{-1} \ldots 10^{-2}$	Mikrowellen: Zentimeterwellen	super high frequency (UHF)
$3 \cdot 10^{10} \ldots 3 \cdot 10^{11}$	$10^{-2} \ldots 10^{-3}$	Mikrowellen: Millimeterwellen	extremely high frequency (EHF)
$3 \cdot 10^{11} \ldots 3 \cdot 10^{12}$	$10^{-3} \ldots 10^{-4}$	Mikrowellen: Submillimeterwellen	

Leistungsspektrum   Das von Hochfrequenzsystemen abzudeckende *Leistungsspektrum* kann von wenigen Attowatt (10^{-18} W; Empfangsleistung eines Signals aus der Tiefe des Kosmos) bis in den Megawattbereich (10^6 W; Nachrichtensender hoher Reichweite) hinein reichen. Bei Pegeln unterhalb von 0 dBm spricht man üblicherweise von niedrigen, bei Pegeln oberhalb von 40 dBm von hohen Leistungen (Low Power, High Power).

Niederfrequenztechnik   Die Frequenzgrenze zwischen der *Niederfrequenztechnik*, in der
Hochfrequenztechnik   von quasistationären Feldtypen und konzentrierten Bauelementen ausgegangen werden kann, und der *Hochfrequenztechnik*, bei der nichtstationäre Feldtypen und verteilte Bauelemente vorkommen, ist fließend. Methoden der Hochfrequenztechnik sind immer dann anzuwenden, wenn

- die Abmessungen der betrachteten Strukturen oder Anordnungen größer $\lambda/10$ sind, wenn also die Wellenausbreitung nicht mehr wie im quasistationären Fall vernachlässigt werden kann;

- die Laufzeiten elektromagnetischer Wellen oder von Ladungsträgern in den betrachteten Strukturen oder Anordnungen vergleichbar mit der Periodendauer T des Signals oder größer sind.

3.1 Elemente der Hochfrequenzsystemtechnik

In der Funktechnik hat man es schon bei relativ niedrigen Frequenzen üblicherweise immer mit Wellenausbreitungsphänomenen zu tun, weil die Sender/Empfänger-Abstände im allgemeinen deutlich größer als die Wellenlänge sind. Im sogenannten Mikrowellenbereich (300 MHz - 3000 GHz) können dann auch die Schaltungen und Bauelemente in der Regel nicht mehr als konzentriert angenommen werden. Auch die Abmessungen der Zu- und Verbindungsleitungen spielen hier eine erhebliche Rolle und sind bei der Schaltungsdimensionierung zu berücksichtigen. Des weiteren kommt bei Halbleiterbauelementen auch die auf etwa 10^7 cm/s begrenzte Ladungsträgergeschwindigkeit zum Tragen, die schon bei kleinen Bauelementeabmessungen Laufzeiten in der Größenordnung der Periodendauer bewirken kann. Dadurch nehmen beispielsweise Eingangswiderstand und Verstärkung von Transistoren mit zunehmender Frequenz ab. Im elektromagnetischen Strahlungsspektrum schließt sich an den Mikrowellenbereich nach oben hin der optische Infrarotbereich (3000 GHz bis etwa 300 THz) an, in welchem die Wellenlängen im Vergleich zu den Strukturabmessungen so klein werden, daß hier die nichtstationären Wellentypen vereinfacht durch strahlenoptische Methoden beschrieben werden können. Solche Methoden können manchmal auch bereits im Bereich der Millimeterwellentechnik angewendet werden, wo sie dann quasioptische Methoden genannt werden.

Die hochfrequente Signalübertragung weist etliche Vorzüge und Besonderheiten auf:

- Die hohen Trägerfrequenzen ermöglichen bei der Übertragung von Nachrichtenkanälen kleine relative Bandbreiten bzw. große absolute Bandbreiten.

- Die kurzen Wellenlängen ermöglichen die Realisierung stark bündelnder Richtantennen bei relativ kleinen Antennenabmessungen. Dies hat erhebliche Konsequenzen für den Aufbau miniaturisierter Nachrichtensysteme.

- Ionosphäre und Atmosphäre sind für elektromagnetische Wellen im Hochfrequenzbereich im wesentlichen transparent. Dies ermöglicht Satellitenkommunikation und terrestrischen Richtfunk.

3.1.1 Systemkonzept

Bei der Nachrichtenübertragung mit Hilfe elektromagnetischer Signale ist die Frequenz des Nachrichtenträgers höher als die der Nachricht. Ein Nachrichtensystem setzt sich dementsprechend

Hochfrequenzteil	aus einem analogen Hochfrequenzteil und einem digitalen oder analogen Basisbandteil zusammen. Beim Systemdesign eines Nachrichtensystems spielt der *Hochfrequenzteil* eine entscheidende Rolle. Er bildet nach wie vor den Flaschenhals der Systemauslegung, obwohl er, was die Anzahl der Komponenten angeht, eine um Größenordnungen geringere Komplexität als
Basisbandteil	der *Basisbandteil* aufweist ([3.2] - [3.8]). Insbesondere bei den sich immer stärker entwickelnden digitalen Nachrichtensystemen sind Nachrichtensystemdesign und Hochfrequenzsystemdesign nicht mehr zu trennen. Beispielsweise bestimmen die Eigenschaften des Nachrichtenkanals und der Modulations-, Multiplex-, Vielfachzugriffs- und Diversityverfahren die Anforderungen an Linearität, Rauschen, Störsicherheit, AM/PM-Umwandlung, Jitter, Stromverbrauch, Temperaturdrift usw. der Hochfrequenzkomponenten des Senders und des Empfängers sowie deren Architekturen. Die Eigenschaften des Senders (insbesondere Ausgangsleistung, Einschaltzeit, Load Pull, Störaussendungen, Signalrauschabstand, Frequenzstabilität, Intermodulationsverzerrungen, Elektromagnetische Verträglichkeit usw.) und des Empfängers (insbesondere Empfindlichkeit, Selektivität, Störabstand, Inter- und Kreuzmodulationsunterdrückung, Basisbandverzerrungen, Frequenzstabilität, Störaussendung, Elektromagnetische Verträglichkeit usw.) gehen stark in die Übertragungsqualität des Nachrichtensystems ein.

Bild 3.1 zeigt den analogen Hochfrequenzteil einer typischen Sender/Empfängerstruktur am Beispiel eines GSM-Transceivers.

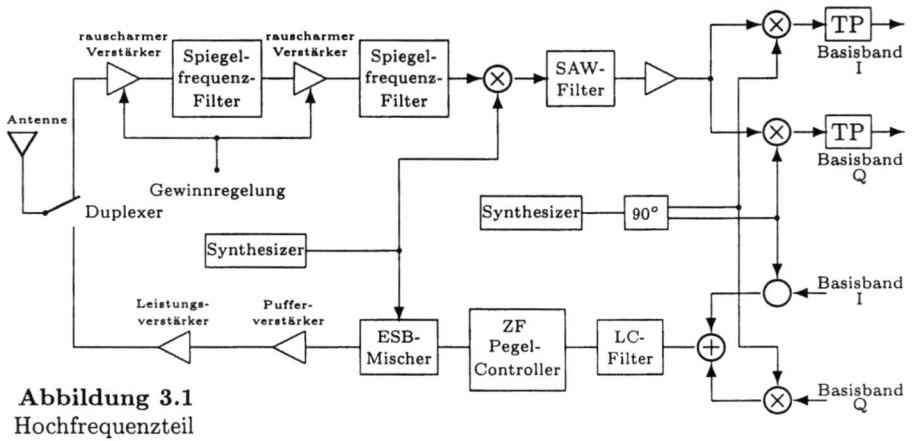

Abbildung 3.1
Hochfrequenzteil eines Mobilfunktransceivers

3.1 Elemente der Hochfrequenzsystemtechnik

Im Sendezweig wird das vom Modulator abgegebene Zwischenfrequenzsignal in den gewünschten Hochfrequenzbereich umgesetzt, verstärkt und über die Sendeantenne abgestrahlt. Das Signal der Empfangsantenne wird im Empfänger in ein Zwischenfrequenzsignal umgesetzt und dem Demodulator zugeführt.

3.1.2 Überlagerungsempfang

Viele Nachrichtenempfänger sind Überlagerungsempfänger (Superheterodynempfänger). Das *Superheterodynkonzept* bietet eine Reihe von Vorteilen. So kann z.B. der Zwischenfrequenzteil, in welchem die wesentliche Signalverstärkung sowie die Kanalfilterung erfolgt, für eine fest eingestellte, niedrig liegende und damit technisch einfach handhabbare Zwischenfrequenzlage dimensioniert werden. Die *Zwischenfrequenz* liegt aber hoch genug, damit das Flickerrauschen keinen degradierenden Einfluß auf die Signalqualität bekommt. Dies, sowie der Umstand, daß die Frequenzumsetzung des Abwärtsmischers sehr linear erfolgt, bewirkt, daß der Überlagerungsempfänger wesentlich empfindlicher als ein Direktempfänger mit einem Gleichrichter ist. Die Funktionsweise des Empfangsteils des in Bild 3.1 dargestellten GSM-Transceivers basiert ebenfalls auf dem Superheterodynprinzip, bei dem ein empfangenes Eingangssignal der Frequenz f_E mit Hilfe eines sich am Ort des Empfängers befindlichen Oszillators (des Lokaloszillators) der Frequenz f_{LO} auf ein Zwischenfrequenzsignal der fest eingestellten Frequenz $f_Z = |f_{LO} - f_E|$ umgesetzt wird. Die Einstellung von f_Z auf einen festen unveränderten Wert erfolgt durch geeignetes Abstimmen der Lokaloszillatorfrequenz nach Maßgabe der jeweils vorliegenden Signalfrequenz.

Superheterodynkonzept

Zwischenfrequenz

Beim Überlagerungsempfang ist es gleichgültig, ob bei der Bildung der festen Zwischenfrequenz f_{LO} ober- oder unterhalb von f_E liegt. Bei $f_{LO} > f_E$ liegt Abwärtsmischung in Kehrlage und bei $f_{LO} < f_E$ Abwärtsmischung in Gleichlage vor. Meist wird die Kehrlagemischung bevorzugt, weil dann bei einer gegebenen Empfangsbandbreite die notwendige Variation von f_{LO} kleiner ist als bei Gleichlagemischung.

Wird die Beziehung $f_Z = |f_{LO} - f_E|$ in der Form

$$f_{E1,2} = f_{LO} \pm f_Z \qquad (3.2)$$

notiert, erkennt man eine Mehrdeutigkeit der Frequenzumsetzung, die als *Spiegelfrequenzproblem* bezeichnet wird. Neben der jeweiligen Nutzsignalfrequenz f_{E1} bzw. f_{E2} wird auch ein eventuell auf der Frequenz f_{E2} bzw. f_{E1} vorhandenes störendes Spiegelfre-

Spiegelfrequenzproblem

quenzsignal in die gleiche Zwischenfrequenzlage gemischt. Beim Überlagerungsempfänger mit Kehrlageabwärtsmischung ist $f_E = f_{LO} - f_Z$ und die zugehörige Spiegelfrequenz $f_{SP} = f_{LO} + f_Z = 2f_{LO} - f_E$. Das Eingangssignal wird durch einen rauscharmen Verstärker vorverstärkt und breitbandig bandpaßgefiltert, wobei diese Filterung für einen eindeutigen, d.h. spiegelfrequenzfreien Empfang das Spiegelfrequenzsignal heraussieben muß.

Im Falle $f_{LO} = f_E$, d.h. $f_Z = 0$ wird der Superheterodyn-

Homodynempfänger empfänger zum *Homodynempfänger*, bei dem die Sollempfangsfrequenz f_Z mit der Spiegelfrequenz f_{SP} zusammenfällt, so daß keine Vorselektion mehr möglich bzw. nötig ist. Das Empfangssignal wird dadurch prinzipiell verfälscht, weil es sowohl in Gleich- als auch in Kehrlage auftritt und aufsummiert wird. Diese Störung wird z.B. durch die Bildung von Quadraturkomponenten nach der Abwärtsmischung behoben (Quadraturempfänger).

3.1.3 Wichtige Hochfrequenzsystemkomponenten

Bei der elektromagnetischen Signalübertragung wird grundsätzlich zwischen in Wellenleitern geführter und freier Wellenausbreitung unterschieden. Technisch wichtige *wellenleiterbasierte*

wellenleiterbasierte Übertragungsmedien *te Übertragungsmedien* sind z.B. Koaxialkabel und Glasfasern. Die wellenleiterbasierten Nachrichtenkanäle sind entweder direkt oder über entsprechende Signal- bzw. Wellenformwandler an den Sender und Empfänger gekoppelt. Bei der freien Wellen-

Funkübertragung ausbreitung hat insbesondere die *Funkübertragung* eine hohe technische Bedeutung, weniger die optische Freiraumausbreitung. Bei der Funkübertragung übernehmen Antennen die notwendige Umwandlung geführter Wellen in Raumwellen (Sendeantennen) und umgekehrt (Empfangsantennen).

Im folgenden werden nun die wichtigsten Hochfrequenzsystemkomponenten eines Senders und eines Empfängers aufgelistet; sie finden sich sämtlich in dem bereits betrachteten Beispieltransceiver im Bild 3.1 ([3.9] - [3.19]).

3.1.3.1 Kleinsignalverstärker

lineare Verstärker Am Empfängereingang werden empfindliche *lineare Verstärker* benötigt, um die teilweise sehr schwachen Eingangssignale rauscharm zu verstärken. Derartige Kleinsignalverstärker sind im wesentlichen durch ihre Rauschzahl F und ihre Verstärkung gekennzeichnet. Bei hohen Frequenzen sind Strom- und Spannungsverstärkung oftmals von geringem Interesse, weil die

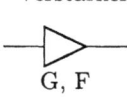

3.1 Elemente der Hochfrequenzsystemtechnik

auftretenden Impedanzniveaus in der Regel Leistungsverstärkung erfordern. Daher wird häufig mit der Kenngröße Gewinn G als dem Verhältnis von Ausgangsleistung zu verfügbarer Eingangsleistung gearbeitet. Technische Kleinsignalverstärker können oft in guter Näherung als lineare zeitinvariante Zweitore beschrieben werden.

3.1.3.2 Leistungsverstärker

Leistungsverstärker sollen das Sendesignal möglichst linear auf einen hohen Pegel verstärken. Das wesentliche Merkmal eines Leistungsverstärkers ist seine Signalleistung, die er an eine Last abgeben kann, ohne daß störende Verzerrungen auftreten. Im Gegensatz zu Kleinsignalverstärkern ist die Leistungsverstärkung selbst von untergeordneter Bedeutung. Wichtig ist vielmehr der Wirkungsgrad $\eta \approx -P_A/P_{DC}$, d.h. der Wert der aus der zugeführten Gleichleistung P_{DC} entnommenen Hochfrequenzleistung P_A. Dementsprechend wird ein Leistungsverstärker im wesentlichen durch seine Ausgangsleistung P_A, seinen Wirkungsgrad η und seine Intermodulationsunterdrückung, bestimmt durch seinen Interceptpunkt 3. Ordnung IP_3, charakterisiert. Je nach Betriebsart werden Leistungsverstärker in die Klassen A, AB, B, C usw. eingeteilt, wobei der maximale Wirkungsgrad in der Reihenfolge der alphabetischen Bezeichnung wächst. Verstärker der C-Klasse können Wirkungsgrade bis zu 100% aufweisen.

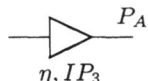

3.1.3.3 Oszillatoren und Synthesizer

Schwingungsgeneratoren, die ein sinusförmiges Ausgangssignal konstanter Frequenz und Amplitude erzeugen, spielen eine entscheidende Rolle in der Hochfrequenzsystemtechnik. Es werden u.a. stabile monofrequente oder über ein breites Frequenzband durchstimmbare Oszillatoren, wie z.B. diodenabgestimmte VCO's (VCO: Voltage Controlled Oscillator) benötigt. Beide Oszillatortypen finden Verwendung in Synthesizern nach dem *PLL-Prinzip* PLL-Prinzip (PLL: Phase Locked Loop), deren in Schritten einstellbare Ausgangsfrequenz ihres VCO's mit Hilfe von Mischern und Frequenzteilern aus einer stabilen, monofrequenten Referenzquelle abgeleitet wird. Oszillatoren setzen Gleichleistung in eine Wechselleistung P_C um, wobei die Verluste eines Resonators (Resonanzfrequenz ω_R, Güte Q) durch eine negative Resistanz ausgeglichen werden. Die Schwingung eines Oszillators erregt sich selbst aus dem Rauschen oder einer sonstigen Störung (wie z.B. dem Einschaltstoß) heraus; es werden also keine Eingangssignale benötigt.

nichtlineare Bauelemente

Oszillatoren sind *nichtlineare Bauelemente*, bei denen lediglich für die Beschreibung des Anschwing- und Abreißverhaltens eine lineare Modellierung eingesetzt werden kann. Sie sind im wesentlichen durch ihre stationäre Schwingungsamplitude und ihr Phasenrauschen, ausgedrückt durch ihr Einseitenbandphasenrauschmaß $\mathcal{L}(f_M)$ gekennzeichnet.

3.1.3.4 Mischer

Frequenzumsetzer

Mischer sind spezielle *Frequenzumsetzer*, mit denen ein hochfrequentes Signal der Frequenz f_E mit Hilfe einer hochfrequenten Oszillatorschwingung der Frequenz f_{LO} in seiner Frequenzlage auf die Frequenz f_Z umgesetzt werden kann. Die Mischung basiert auf der Aussteuerung einer nichtlinearen Kennlinie durch das Eingangs- und das Lokaloszillatorsignal, wodurch im Prinzip alle Ober- und Kombinationsschwingungen bei den Frequenzen $|\pm n f_{LO} \pm m f_E|$ mit $m, n = 0, 1, 2, \ldots$ generiert werden können. In der Regel wird gefordert, daß die Umsetzung von Signalamplitude und -phase linear erfolgt. Ebenso wie beim Kleinsignalverstärker ist auch beim Kleinsignalmischer eine *lineare Zweitormodellierung* möglich, wenn die zur Mischung notwendigen nichtlinearen Resistanzen oder Reaktanzen durch lineare, jetzt aber zeitvariable Beschreibungen ersetzt und andere Kombinationsfrequenzen und Oberschwingungen als $f_Z = |\pm f_E \pm n f_{LO}|$ vernachlässigt werden können. In diesem Fall tritt das Lokaloszillatortor nicht mehr als explizites Netzwerktor auf. In der technischen Anwendung werden die nichtinteressierenden Frequenzkomponenten unterdrückt. In der Regel werden nur drei Frequenzlagen zugelassen (Dreifrequenzfall), wobei je nach ausgefilterter Ausgangsfrequenz folgende Fälle unterschieden werden:

lineare Zweitormodellierung

G, F

1. Gleichlageaufwärtsmischung: $f_Z = f_E + n f_{LO}$ mit $f_Z > f_E$;
2. Gleichlageabwärtsmischung: $f_Z = f_E - n f_{LO}$ mit $f_Z < f_E$;
3. Kehrlageaufwärtsmischung: $f_Z = -f_E + n f_{LO}$ mit $n f_{LO}/2 > f_E$ und $f_Z > f_E$;
4. Kehrlageabwärtsmischung: $f_Z = -f_E + n f_{LO}$ mit $n f_{LO}/2 < n f_{LO}$ und $f_Z < f_E$.

Abbildung 3.2
Kleinsignalspektrum eines Mischers

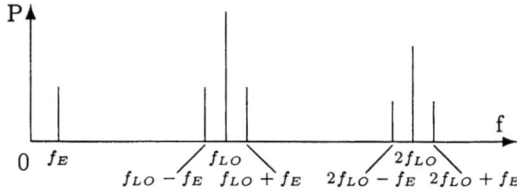

3.2 Nichtlineare Verzerrungen

Wichtige Kenngrößen sind wie beim Kleinsignalverstärker der Gewinn G bzw. der Mischverlust $L = 1/G$ und die Rauschzahl F. Für $n = 0$ liegt Geradeausverstärkung ohne Frequenzumsetzung, für $n = 1$ Grundwellenmischung und für $n > 1$ Oberwellenmischung vor.

3.1.3.5 Filter, Koppler und Duplexer

Zusammen mit anderen passiven Schaltungskomponenten dienen diese der Entkopplung von Systemen, der Spiegelfrequenzunterdrückung, Kanalfilterung, Signalvorverzerrung, Kanaltrennung usw. Filter sind durch ihre Übertragungsfunktion charakterisiert; ihre Frequenzselektivität wird durch ihre Güte $Q = f_0/\Delta f$ beschrieben (f_0 Mittenfrequenz; Δf: 3 dB-Bandbreite).

3.1.3.6 Antennen

Bei einem Funksystem gehen die Antennencharakteristika und die Ausbreitungseigenschaften der Funkwellen stark in das Systemverhalten ein. Antennen dienen zur Abstrahlung und zum Empfang elektromagnetischer Wellen. Wichtige Kenngrößen sind Gewinn G, Richtfaktor D, Wirkfläche A_W und Rauschtemperatur T_A.

G, T_A

3.2 Nichtlineare Verzerrungen

Hochfrequenzverstärker und -mischer können im allgemeinen in guter Näherung als linear zeitinvariant (Verstärker) oder linear zeitvariant (Mischer) angesetzt werden. Abweichungen vom linearen Verhalten können oftmals als schwach angenommen werden, so daß die Übertragungskennlinie gedächtnisloser nichtlinearer Hochfrequenzkomponenten durch eine Polynomreihe der Form

$$y(t) \approx \alpha_1 x(t) + \alpha_2 x^2(t) + \alpha_3 x^3(t) \tag{3.3}$$

genügend genau approximiert werden kann ($x(t)$: Eingangssignal; $y(t)$: Ausgangssignal; α_i: konstante Koeffizienten mit $i = 1, 2, \cdots$).

3.2.1 Harmonische

Eine monofrequente Ansteuerung dieser kubischen Kennlinie durch ein Signal der Form $x(t) = A\cos(\omega t)$ liefert das Ausgangssignal

$$y(t) = \frac{\alpha_2 A^2}{2} + \left(\alpha_1 A + \frac{3\alpha_3 A^3}{4}\right)\cos(\omega t) +$$
$$\frac{\alpha_2 A^2}{2}\cos(2\omega t) + \frac{\alpha_3 A^3}{4}\cos(3\omega t). \qquad (3.4)$$

Oberschwingungen
Neben der Grundschwingung entstehen demnach die ersten beiden *Oberschwingungen* bei 2ω und 3ω mit Amplituden proportional zu A^2 und A^3. Bei Verwendung aller Potenzen in der Polynomreihenentwicklung treten alle weiteren Oberschwingungen bis zu Frequenzen ω_n mit Amplituden proportional zu A^n auf. Durch das Verhältnis der Amplituden aller Oberwellen zur Amplitude der Gesamtschwingung ist der *Klirrfaktor*

Klirrfaktor

$$K = \sqrt{\frac{Y_2^2 + Y_3^2 + \cdots}{Y_1^2 + Y_2^2 + Y_3^2 + \cdots}} \qquad (3.5)$$

definiert, mit Y_i als den Amplituden der Harmonischen.

3.2.2 Kompression

Der Kleinsignalgewinn wird unter Vernachlässigung der Oberschwingungen, also unter der Annahme linearer Verhältnisse bestimmt. Aufgrund der Kennliniennichtlinearität geht der Gewinn jedoch für genügend hohe Eingangspegel gegen Null, weil die Hochfrequenzkomponente in den Sättigungs- oder Kompressionsbereich gesteuert wird. In der Beschreibung gemäß (3.4) bedeutet dies, daß der Term $Y_1 = \alpha_1 A + 3\alpha_3 A^3/4$ für wachsende A kleiner werden muß, d.h. α_3 ist eine negative Konstante. Die Kennlinienkompression wird durch den *1 dB-Kompressionspunkt* A_{1dB} quantifiziert. Der 1 dB-Kompressionspunkt entspricht der Ausgangsleistung, die 1 dB unter derjenigen Leistung liegt, welche sich durch lineare Extrapolation der Ausgangsleistung bei Kleinsignalbetrieb ergäbe. Bild 3.3 zeigt dazu eine typische Übertragungskennlinie in doppeltlogarithmischer Darstellung.

1 dB-Kompressionspunkt

3.2 Nichtlineare Verzerrungen

Für A_{1dB} folgt aus (3.4)

$$20\log\left|\alpha_1 + \frac{3}{4}\alpha_3 A_{1dB}^2\right| =$$
$$= 20\log|\alpha_1| - 1 \text{ dB}, \qquad (3.6)$$

d.h. für das durch (3.3) beschriebene Modell ergibt sich

$$A_{1dB} = \sqrt{0,145\left|\frac{\alpha_1}{\alpha_3}\right|}. \qquad (3.7)$$

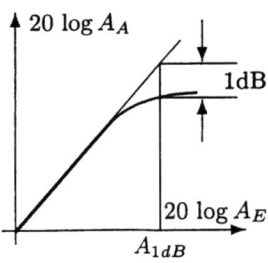

Abbildung 3.3 Übertragungskennlinie in doppeltlogarithmischer Darstellung

3.2.3 Blocking

Wenn bei einer kompressiven Komponente ein schwaches Nutzsignal der Frequenz ω_1 von einem *starken Störsignal* der Frequenz ω_2 überlagert wird, kann das Nutzsignal erheblich gedämpft werden. Zur Modellierung dieses als Blocking bezeichneten Effekts wird in (3.3) $x(t) = A_1\cos(\omega_1 t) + A_2\cos(\omega_2 t)$ eingesetzt. Damit folgt

starkes Störsignal

$$y(t) = \left(\alpha_1 A_1 + \frac{3}{4}\alpha_3 A_1^3 + \frac{3}{2}\alpha_3 A_1 A_2^2\right)\cos(\omega_1 t) + \cdots, \qquad (3.8)$$

woraus sich für $A_1 \ll A_2$

$$y(t) = \left(\alpha_1 + \frac{3}{2}\alpha_3 A_2^2\right)A_1\cos(\omega_1 t) + \cdots \qquad (3.9)$$

ergibt. Der Gewinn für das Nutzsignal ist durch den Term in der Klammer gegeben, der für negative α_3 und genügend große Störamplituden A_2 gegen Null geht.

3.2.4 Kreuzmodulation

Unter Kreuzmodulation wird die Übertragung der Modulation, d.h. der Seitenbandinformation, oder des Rauschens eines Störsignals der Frequenz ω_2 auf das Nutzsignal der Frequenz ω_1 verstanden. Im beispielhaften Fall eines *amplitudenmodulierten Störsignals* mit der Modulationsfrequenz ω_M und dem Modulationsindex $m < 1$ ergibt das Einsetzen von $x(t) = A_1\cos(\omega_1 t) + A_2[1 + m\cos(\omega_M t)]\cos(\omega_2 t)$ in (3.3)

amplitudenmoduliertes Störsignal

$$y(t) = \left[\alpha_1 A_1 + \frac{3}{4}\alpha_3 A_1^3 + \frac{3}{2}\alpha_3 A_1 A_2^2\left(1 + \frac{m^2}{2} + \frac{m^2}{2}\cos(2\omega_M t) + \right.\right.$$
$$\left.\left. + 2m\cos(\omega_M t)\right)\right]\cos(\omega_1 t) + \cdots. \qquad (3.10)$$

3.2.5 Intermodulation

Unter Intermodulation versteht man die Bildung neuer, unerwünschter Signale, wenn nichtlineare Kennlinien von mehreren Signalen ausgesteuert werden. Zur Modellierung wird in (3.3) $x(t) = A_1 \cos(\omega_1 t) + A_2 \cos(\omega_2 t)$ eingesetzt. Mit den Beziehungen $2\cos^2 x = 1 + \cos 2x$, $4\cos^3 x = \cos 3x + 3\cos x$ und $2\cos x_1 \cos x_2 = \cos(x_1 - x_2) + \cos(x_1 + x_2)$ ergeben sich dann neben einem Gleichanteil bei $\omega = 0$ und den Harmonischen bei $n\omega_1$ und $n\omega_2$ ($n = 1, 2, 3$) noch 6 weitere Anteile bei den Summen- und Differenzfrequenzen $\omega_1 \mp \omega_2$, $2\omega_1 \mp \omega_2$ und $2\omega_2 \mp \omega_1$.

In der praktischen Übertragungstechnik liegen die beiden Frequenzen ω_1 und ω_2 oft dicht beieinander. Von den entstehenden Oberwellen und *Kombinationsfrequenzen* liegen nun die Frequenzanteile $2\omega_1 - \omega_2$ und $2\omega_2 - \omega_1$ am dichtesten bei den Grundschwingungen der Frequenzen ω_1 und ω_2 und können in der Regel nicht mehr wie die weiter von ihnen entfernt liegenden anderen Frequenzkomponenten herausgefiltert werden (Bild 3.4). Im Ausgangssignal $y(t)$ treten die beiden Frequenzanteile bei $2\omega_1 - \omega_2$ und $2\omega_2 - \omega_1$ und die beiden Grundwellenanteile wie folgt auf:

Kombinationsfrequenzen

$$y_{2\omega_1-\omega_2}(t) = \frac{3}{4}\alpha_3 A_1^2 A_2 \cos[(2\omega_1 - \omega_2)t]; \quad (3.11)$$

$$y_{2\omega_2-\omega_1}(t) = \frac{3}{4}\alpha_3 A_2^2 A_1 \cos[(2\omega_2 - \omega_1)t]; \quad (3.12)$$

$$y_{\omega_1}(t) = \left(\alpha_1 A_1 + \frac{3}{4}\alpha_3 A_1^3 + \frac{3}{2}A_1 A_2^2\right) \cos(\omega_1 t); \quad (3.13)$$

$$y_{\omega_2}(t) = \left(\alpha_1 A_2 + \frac{3}{4}\alpha_3 A_2^3 + \frac{3}{2}A_2 A_1^2\right) \cos(\omega_2 t). \quad (3.14)$$

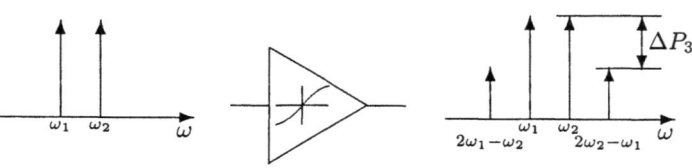

Abbildung 3.4 Intermodulation in einem nichtlinearen Übertragungsglied. ΔP_3: Intermodulationsabstand

Ein in Hochfrequenzsystemen oft auftretender Fall ist die Störung eines Nutzkanals durch Intermodulationsprodukte zweier benachbarter starker Störsignale (Bild 3.5).

3.2 Nichtlineare Verzerrungen

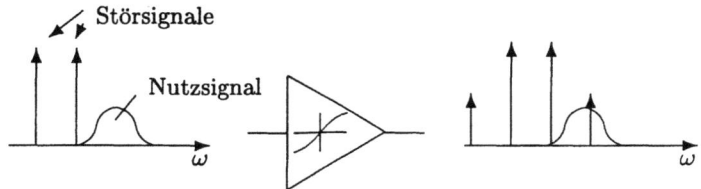

Abbildung 3.5
Störung eines Nutzsignals durch zwei benachbarte starke Störsignale

Durch die *Intermodulationsprodukte 3. Ordnung* entstehen unvermeidliche Signalverzerrungen. Im Vergleich zu den Intermodulationsprodukten 3. Ordnung fallen die Intermodulationsprodukte anderer Ordnungen in der Praxis kaum ins Gewicht. Quantifiziert werden die Intermodulationsprodukte 3. Ordnung durch den *Interceptpunkt 3. Ordnung* IP_3, der sich bei einer bifrequenten Ansteuerung mit $A_1 = A_2 = A$ ergibt. Aus (3.11) bis (3.14) erkennt man, daß mit wachsender Ansteueramplitude A die Grundwellen proportional zu A, die Intermodulationsprodukte 3. Ordnung jedoch proportional zu A^3 sind (Bild 3.6 a). In doppeltlogarithmischer Darstellung ergibt sich daraus die Darstellung in Bild 3.6 b, bei der die Ausgangsleistung über der Eingangsleistung aufgetragen ist. Der Schnittpunkt der beiden Geraden $20\log(\alpha_1 A)$ und $20\log(3\alpha_3 A^3/4)$ liefert den Interceptpunkt 3. Ordnung IP_3. Man unterscheidet zwischen Ausgangs-(Output-) und Eingangs-(Input-) Interceptpunkt 3. Ordnung (OIP_3 bzw. IIP_3), je nach Bezug auf den Eingang oder Ausgang der betrachteten Übertragungskomponente. In der Praxis liegt IP_3 oft jenseits des erlaubten oder möglichen Ansteuerpegels, so daß der Intermodulationstest für kleine Pegel durchgeführt wird und die Kennlinien in der doppeltlogarithmischen Darstellung linear extrapoliert werden (dünne Linien in Bild 3.6 b).

Intermodulationsprodukt 3. Ordnung

Interceptpunkt 3. Ordnung

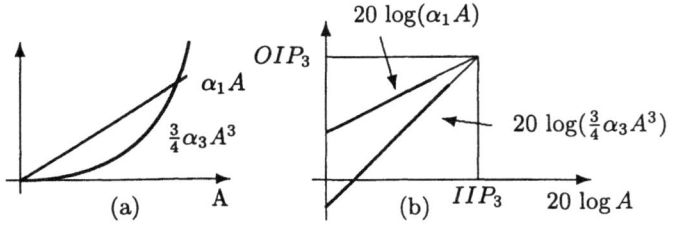

Abbildung 3.6
Anwachsen der relevanten Ausgangsamplituden bei einem Intermodulationstest mit $A_1 = A_2 = A$.

Für $A_1 = A_2 = A$ kann mit dem Ansatz $x(t) = A[\cos(\omega_1 t) + \cos(\omega_2 t)]$ IP_3 leicht aus (3.3) berechnet werden; es ergibt sich

$$y(t) = \left(\alpha_1 + \frac{9}{4}\alpha_3 A^2\right) A[\cos(\omega_1 t) + \cos(\omega_2 t)] +$$
$$+ \frac{3}{4}\alpha_3 A^3 \{\cos[(2\omega_1 - \omega_2)t] + \cos[(2\omega_2 - \omega_1)t]\} + \cdots$$

Für genügend kleine Ansteuerpegel kann $|\alpha_1| \gg 9\alpha_3 A^2/4$ angenommen werden, so daß am Schnittpunkt der beiden Kurven $\alpha_1 A$ und $\frac{3}{4}|\alpha_3|A^3$

$$|\alpha_1|A_{IP_3} = \frac{3}{4}|\alpha_3|A_{IP_3}^3 \qquad (3.15)$$

gilt, woraus sich am Eingang

$$IIP_3 = A_{IP_3} = \sqrt{\frac{4}{3}\left|\frac{\alpha_1}{\alpha_3}\right|} \qquad (3.16)$$

ergibt, und am Ausgang

$$OIP_3 = \alpha_1 IIP_3. \qquad (3.17)$$

3.2.6 Kaskadierung nichtlinearer Übertragungsstufen

Hochfrequenzsysteme bestehen in der Regel aus kaskadierten Stufen. Bild 3.7 zeigt die Kettenschaltung zweier nichtlinearer Stufen, die durch

$$y_1(t) = \alpha_1 x(t) + \alpha_2 x^2(t) + \alpha_3 x^3(t); \qquad (3.18)$$
$$y_2(t) = \beta_1 y_1(t) + \beta_2 y_1^2(t) + \beta_3 y_1^3(t) \qquad (3.19)$$

beschrieben werden.

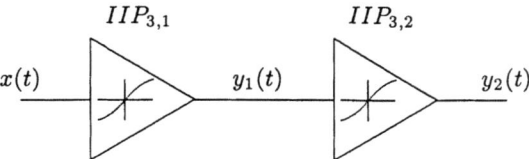

Abbildung 3.7
Zwei kaskadierte nichtlineare Stufen.

Aufbauend auf den vorigen Überlegungen kann für genügend schmalbandige Einzelstufen für ein aus mehreren Stufen bestehendes Gesamtsystem als eine erste qualitative Näherung

$$\frac{1}{A_{IP_3}^2} \approx \frac{1}{A_{IP_{3,1}}^2} + \frac{\alpha_1^2}{A_{IP_{3,2}}^2} + \frac{(\alpha_1\beta_1)^2}{A_{IP_{3,3}}^2} + \cdots \qquad (3.20)$$

angegeben werden. Wenn jede Stufe einen Gewinn größer Eins aufweist, fallen demnach die hinteren Stufen viel stärker ins Gewicht als die vorderen, weil die Interceptpunkte 3. Ordnung jeder Stufe um den Gewinn der vorhergehenden Stufen herabgesetzt werden.

3.3 Rauschen

Jede elektromagnetische Größe, mit der Nutzsignale übertragen werden können, ist Rauschstörungen unterworfen, die für den Empfang schwacher Signale grundlegende Grenzen darstellen. Eine grundsätzliche Ursache für das elektronische Rauschen ist durch thermisch bedingte Schwankungen der Ladungsträgerverteilung in verlustbehafteten Strukturen im thermodynamischen Gleichgewicht gegeben *(thermisches Rauschen)*. thermisches Rauschen

Weitere wichtige Rauschursachen stellen die Schwankungen bei Strömen aufgrund der Quantisierung der elektrischen Ladung und der Schwankungen der Dichte der Ladungsträger, die zum Stromfluß beitragen *(Schrotrauschen)* sowie das vielfältige Ursachen habende $1/f$- oder *Flicker-Rauschen* dar. Wichtig in der Hochfrequenzsystemtechnik ist des weiteren noch das *Antennenrauschen*. Darunter versteht man die Summe aller Störungen, die eine Empfangsantenne aufnimmt wie z.B. atmosphärisches Rauschen (z.B. aufgrund von Blitzentladungen), Man-Made Noise (z.B. durch Fahrzeugzündanlagen, Stromrichter, Motoren, Hochfrequenzgeneratoren usw. verursacht), kosmisches Rauschen und atmosphärisches Wärmerauschen. Im optischen Spektralbereich herrscht das *Quantenrauschen* vor, welches in der Quantisierung der Photonenenergie und der Schwankungen der Photonenemission begründet ist. Quantenrauschen spielt in der Hochfrequenztechnik keine Rolle. Bei optischen Frequenzen hingegen werden wegen des Quantenrauschens sehr viel größere Leistungen zur Signalübertragung benötigt als im Hochfrequenzbereich.

Schrotrauschen
Flicker-Rauschen

Antennenrauschen

Quantenrauschen

Der *Signalrauschabstand S/N* (Signal-to-Noise Ratio) *Signalrauschabstand*

$$S/N = \frac{P}{N} \quad (3.21)$$

ist als Verhältnis von Signalleistung P und Rauschleistung N in einem vorgegebenen Frequenzband B definiert. Eine wesentliche hochfrequenztechnische Aufgabe ist es, die Verschlechterung der Signalqualität am Systemausgang bezogen auf die Signalqualität am Systemeingang möglichst gering zu halten, wie in Bild 3.8 am Beispiel der Funkübertragung skizziert ist.

Das übertragene Nutzsignal wird sowohl im Funkkanal als auch im Empfänger von Rauschstörungen überlagert. Das Signalrauschverhältnis am Empfängereingang $(S/N)_E$ ist aufgrund des Rauschens der Schaltungskomponenten immer größer als das Signalrauschverhältnis $(S/N)_A$ am Ausgang des linearen Empfängerteils, d.h. am Demodulatoreingang. Bei analoger Modulation wird die Übertragungsqualität durch $(S/N)_A$, bei digitaler Modulation durch das Verhältnis von Signalenergie pro Bit zu spektraler Rauschleistungsdichte (E/N_0), jeweils gemessen am Eingang des Demodulators, gekennzeichnet.

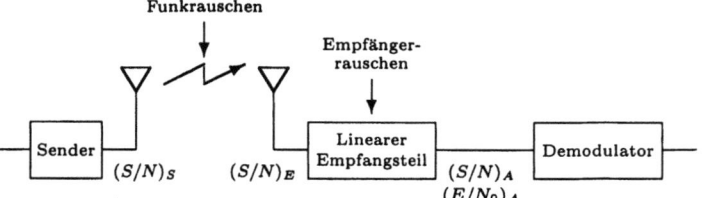

Abbildung 3.8 Funkübertragungssystem.

3.3.1 Thermisches Rauschen und äquivalente Rauschtemperatur

Thermisches Rauschen tritt in allen verlustbehafteten Strukturen im thermodynamischen Gleichgewicht bei einer *absoluten Temperatur T* auf. Modelliert man die Verluste durch einen Wirkwiderstand R, so gilt für die spektrale Leistungsdichte $\Phi(f)$ der an diesem Widerstand auftretenden Leerlaufspannung nach Maßgabe der statistischen Thermodynamik

absolute Temperatur

$$\Phi(f) = \frac{4Rhf}{e^{\frac{hf}{kT}} - 1} \qquad (3.22)$$

mit $h = 6,6 \cdot 10^{-34}$ Ws² als dem Planckschen Wirkungsquantum und $k = 1,38 \cdot 10^{-23}$ Ws/K als der Boltzmannkonstante. Mit der in der Hochfrequenztechnik gültigen Näherung $f \ll kT/h$ bzw.

$$f\,[\text{GHz}] \ll 20,8\ T\,[\text{K}] \qquad (3.23)$$

Nyquist- oder Johnson-Theorem

folgt daraus das *Nyquist- oder Johnson-Theorem*

$$\Phi(f) = \Phi = 4kTR. \qquad (3.24)$$

Bezugstemperatur Bei der meist als *Bezugstemperatur* verwendeten Temperatur $T_0 = 290$ K ist $kT_0 = 4 \cdot 10^{-21}$ Ws = -174 dBm/Hz. Die spektrale Leistungsdichte ist frequenzunabhängig; thermisches Rauschen

weißes Rauschen ist also *weißes Rauschen*. Jede thermisch rauschende Resistanz kann durch ein Ersatzschaltbild dargestellt werden, in welchem eine rauschfreie Resistanz in Serie zu einer zugehörigen idealen Spannungsquelle geschaltet ist, die der spektralen Leistungsdichte des Rauschens entspricht. In einem Frequenzband B gilt

$$\sqrt{<u^2>} = \sqrt{4kTRB}. \qquad (3.25)$$

Entsprechende Überlegungen gelten auch für Rauschströme.

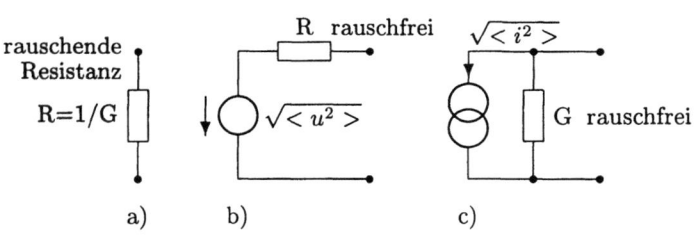

Abbildung 3.9
(a) Thermisch rauschende Resistanz bzw. Konduktanz;
(b) Serienersatzschaltung;
(c) Parallelersatzschaltung.

Im Frequenzband B können Resistanz R bzw. Konduktanz G bei Leistungsanpassung eine *verfügbare Rauschleistung*

$$N = kTB \qquad (3.26)$$

abgeben, die unabhängig von R bzw. G ist. Deswegen können mit Hilfe dieser Beziehung auch nichtthermisch rauschende Eintore durch eine *äquivalente Rauschtemperatur*

$$T_N = \frac{N}{kB} \qquad (3.27)$$

verfügbare Rauschleistung

äquivalente Rauschtemperatur

beschrieben werden, solange die Rauschleistung innerhalb von B in guter Näherung als weiß angenommen werden kann. T_N ist eine reine Rechengröße, die sich in der Regel von der physikalischen Temperatur des nichtthermisch rauschenden Eintores unterscheidet. Dies gilt insbesondere für die Rauschtemperatur von Antennen.

3.3.2 Rauschen linearer Übertragungssysteme und Rauschzahl

Viele Komponenten von Übertragungssystemen können als lineare zeitinvariante oder zeitvariante Zweitore modelliert werden. Bei linearen Systemen ist der Überlagerungssatz gültig. Unter der Annahme, daß zwischen Nutz- und Rauschsignalen keine Korrelation besteht, kann man sich deshalb bei der Rauschcharakterisierung linearer Systeme auf die Betrachtung der Rauschsignale

Rauschphasoren beschränken. Über die Auto- und Kreuzkorrelationsspektren lassen sich *Rauschphasoren* für die in einer Schaltung auftretenden Rauschspannungen und -ströme derart einführen, daß die Methoden der linearen Netzwerktheorie voll anwendbar sind. Für ein aus einer Signalquelle, einem Übertragungszweitor und einem Empfänger bestehendes lineares Übertragungssystem kann das in Bild 3.10 dargestellte Schema verwendet werden.

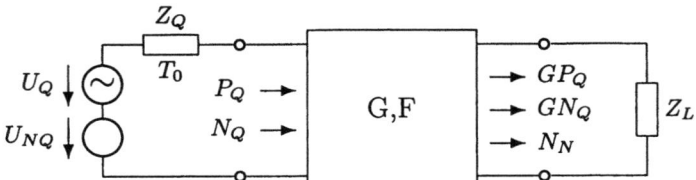

Abbildung 3.10
Lineares
Übertragungssystem

Ohne Einschränkung der Allgemeinheit wird im folgenden davon ausgegangen, daß der Empfänger, modelliert durch Z_L, rauschfrei ist, und daß der Sender, modelliert durch U_Q, U_{NQ} und Z_Q, thermisch mit der Bezugstemperatur $T_0 = 290$ K rauscht. Generatorrauschen und Zweitorrauschen sind unkorreliert. Das Zweitor hat den Gewinn G. Weil das Quellenrauschsignal und das Nutzsignal jeweils die gleichen Anpassungsverhältnisse vorfinden, wird immer mit den verfügbaren Leistungen gerechnet. Am Zweitorausgang treten also die verstärkte Quellennutzleistung GP_Q und die Quellenrauschleistung $GN_Q = GkT_0B$ sowie die Ausgangsrauschleistung N_N des Zweitores mit einer spektralen Leistungsdichte Φ_N auf. Die das Verhältnis von ein- und ausgangsseitigem Signalrauschabstand bestimmende *spektrale Rauschzahl* F ist durch

spektrale
Rauschzahl

$$F = 1 + \frac{\Phi_N}{GkT_0} = \frac{(S/N)_E}{(S/N)_A} \quad (3.28)$$

gegeben. Ein rauschfreies Zweitor hat die Rauschzahl 1 entsprechend 0 dB. Bei rauschenden Zweitoren wird F größer 0 dB, d.h. das Signalrauschverhältnis am Ausgang einer realen Schaltung ist immer kleiner als dasjenige am Eingang der Schaltung. F hängt von Z_G und T_0 ab, nicht aber vom Gewinn G des Zweitores und auch nicht von Z_L. Die Rauschzahl F wird minimal, wenn Quelle

Rauschanpassung und Zweitor rauschangepaßt sind; die für eine *Rauschanpassung* notwendige Quellenimpedanz unterscheidet sich im allgemeinen von der für Leistungsanpassung erforderlichen Impedanz.

Die Definition der Rauschzahl F gemäß (3.28) gilt für eine mit der Bezugstemperatur $T_0 = 290$ K rauschende Quelle. Eine mit $T_Q \neq T_0$ rauschende Quelle kann in einfacher Weise dadurch berücksichtigt werden, daß das Zweitorrauschen mit einer nach vorne gezogenen Rauschspannungsquelle der verfügbaren Rauschleistung $N = (F-1)kT_0B$ modelliert wird.

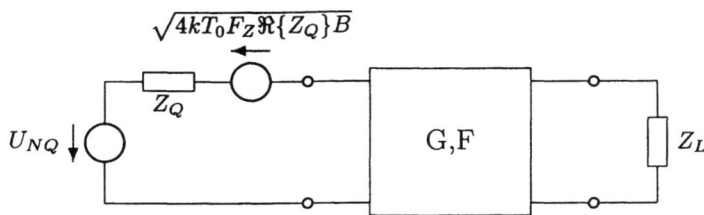

Abbildung 3.11
Rauschfreies Zweitor mit nach vorne gezogener Spannungsquelle

Für $T_Q \neq T_0$ ergibt sich dann die gesamte am Ausgang auftretende Rauschleistung zu $N_A = kGB(T_Q + T_N)$. Damit folgt der Zusammenhang

$$F = 1 + \frac{T_N}{T_0} = 1 + F_Z \quad (3.29)$$

mit der *zusätzlichen Rauschzahl* F_Z. Mit der im Frequenzband B definierten *Systemrauschtemperatur*

zusätzliche Rauschzahl

$$T_S = T_Q + T_N \quad (3.30)$$

System-rauschtemperatur

wird das gesamte Rauschen einer Stufe auf deren Eingang umgerechnet, weil das Verhältnis von der in B verfügbaren Signalleistung zu der in B durch T_Q beschriebenen Rauschleistung am Ausgang

$$(S/N)_A = \frac{P_Q}{kT_SB} \quad (3.31)$$

einem äquivalenten Signalrauschverhältnis am Stufeneingang entspricht.

3.3.3 Antennenrauschen

Das Antennenrauschen beinhaltet alle Störungen, die von einer ideal rauschfreien Antenne neben dem Nutzsignal aufgenommen werden. Es ist somit von grundlegender Bedeutung für die Funktechnik. Das Antennenrauschen kann nach Maßgabe der an den Antennenklemmen im Band B vorkommenden verfügbaren Rauschleistung $N_Q = kT_QB$ durch eine Rauschtemperatur $T_A = T_Q$ beschrieben werden. Aus der Strahlungstheorie des *Schwarzen Körpers* folgt für das Antennenrauschen die Beziehung

Schwarzer Körper

$$N_Q = kT_AB = \frac{k}{4\pi}B\int_{4\pi} G(\Theta,\varphi)T_H(\Theta,\varphi)d\Omega. \quad (3.32)$$

Darin bedeuten Θ, φ und $d\Omega = \sin\Theta d\Theta d\varphi$ Elevationswinkel, Azimuthwinkel und Raumwinkelelement des Kugelkoordinatensystems, $T_H(\Theta,\varphi)$ die Temperatur des die Antenne umgebenden schwarzen Körpers und $G(\Theta,\varphi)$ den richtungsabhängigen Antennengewinn.

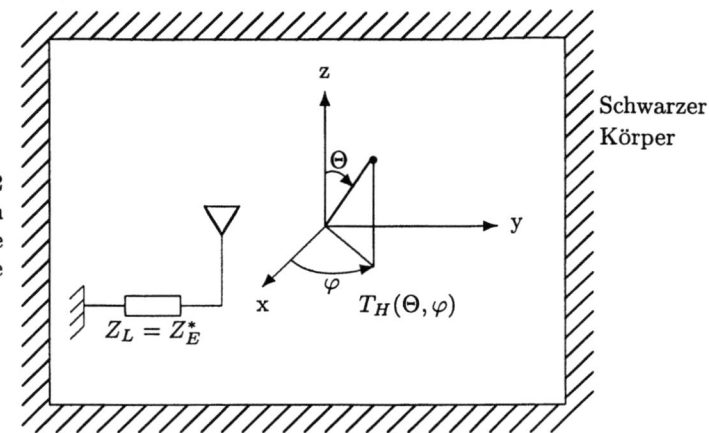

Abbildung 3.12 Von schwarzem Körper umgebene Antenne

Für ein richtungsunabhängiges Strahlungsfeld folgt daraus $T_A = T_H$, im Allgemeinfall gilt aber

$$T_A = \frac{1}{4\pi}\int_{4\pi} G(\Theta,\varphi)T_H(\Theta,\varphi)d\Omega. \qquad (3.33)$$

3.3.4 Kaskadierung rauschender Zweitore

Nachrichtenübertragungssysteme bestehen oft aus einer Kaskadierung von linearen Zweitoren.

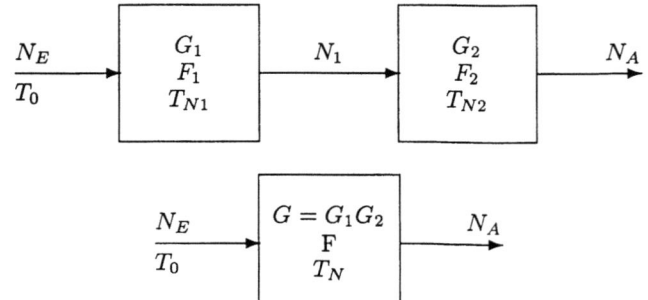

Abbildung 3.13 Aus zwei kaskadierten Stufen bestehendes Übertragungssystem

3.3 Rauschen

Ein Empfänger beinhaltet z.B. oft die Kette rauscharmer Vorverstärker, Wellenleiter, Abwärtsmischer und Zwischenfrequenzverstärker. Es ist ausreichend, sich die Kettenschaltung von nur zwei Stufen anzusehen, weil sich dieser Fall durch sukzessive Zusammenfassung von jeweils zwei hintereinandergeschalteten Stufen in einfacher Weise auf eine beliebige Stufenzahl erweitern läßt.

Die beiden Zweitore haben Rauschzahlen F_1 und F_2, äquivalente Rauschtemperaturen T_{N1} und T_{N2} sowie verfügbare Gewinne G_1 und G_2. Am Ausgang der ersten Stufe tritt bei einer verfügbaren Eingangsrauschleistung von $N_E = kT_0 B$ eine Rauschleistung von

$$N_1 = G_1 k T_0 B + G_1 k T_{N1} B \qquad (3.34)$$

auf. Damit folgt für die am Ausgang von Zweitor 2 auftretende Rauschleistung

$$N_A = G_2 N_1 + G_2 k T_{N2} B = G_1 G_2 k B \left(T_0 + T_{N1} + \frac{T_{N2}}{G_1} \right). \quad (3.35)$$

Für das Gesamtsystem gilt auch

$$N_A = G_1 G_2 k B (T_N + T_0), \qquad (3.36)$$

woraus

$$T_N = T_{N1} + \frac{T_{N2}}{G_1} \qquad (3.37)$$

bzw.

$$F = F_1 + \frac{F_2 - 1}{G_1} \qquad (3.38)$$

folgt. Diese grundlegenden Gleichungen sagen aus, daß die Rauschzahl F_1 des ersten Zweitores eines Übertragungssystems zur Gänze in das Gesamtrauschen eingeht, wohingegen der Beitrag der nachfolgenden zweiten Stufe um den verfügbaren Gewinn der ersten Stufe reduziert wird, falls es sich um ein verstärkendes Zweitor handelt. Allgemein ist also ein geringes Rauschen der ersten Stufe eines Übertragungssystems entscheidend für die Systemqualität. Für die Kaskadierung mehrerer Zweitore ergibt sich

$$T_N = T_{N1} + \frac{T_{N2}}{G_1} + \frac{T_{N3}}{G_1 G_2} + \cdots + \frac{T_{Nn}}{G_1 G_2 \cdots G_{n-1}} \qquad (3.39)$$

und

$$F = F_1 + \frac{F_2 - 1}{G_1} + \frac{F_3 - 1}{G_1 G_2} + \cdots + \frac{F_n - 1}{G_1 G_2 \cdots G_{n-1}}. \qquad (3.40)$$

3.3.5 Empfängerempfindlichkeit

Die Empfindlichkeit eines technischen Empfängers ist durch die Leistung eines hochfrequenten, modulierten Signals am Empfängereingang gegeben, die erforderlich ist, um am Demodulatoreingang ein Signal ausreichender Qualität zur Verfügung zu stellen. In der Praxis wird die Empfindlichkeit eines Empfängers mit der Rauschzahl F oft durch den Parameter *Grenzempfindlichkeit* beschrieben: Die Grenzempfindlichkeit ist diejenige am Empfängereingang auftretende Rauschleistung N, die am Demodulatoreingang $S/N = 1$ bzw. $E/N_0 = 1$ ergibt. Sie ist bei analoger Modulation durch

Grenzempfindlichkeit

$$N = P = kT_0 F B \qquad (3.41)$$

gegeben. Sie entspricht demnach einer Signalleistung, die gerade so groß ist wie das Eigenrauschen des Empfängers mit der Rauschbandbreite B, die im allgemeinen mit der Zwischenfrequenzbandbreite identisch ist. Bei digitaler Modulation ist B durch die Bitrate R zu ersetzen.

3.4 Oszillatorrauschen

Technische Oszillatoren zeigen immer gewisse Frequenzschwankungen, die zum einen auf Alterungseffekten und Temperaturschwankungen und zum anderen auf Störungen und Rauschen beruhen. Prinzipiell unterscheidet man zwischen *Kurz- und Langzeitstabilität*, wobei Zeitspannen im Bereich von einer Millisekunde bis einer Sekunde als kurz und Zeitspannen im Bereich einiger Sekunden bis über ein Jahr als lang angesehen werden. Sowohl die Kurz- als auch die Langzeitstabilität eines Oszillators wird stark von der Resonatorgüte Q bzw. der Resonatorphasensteilheit

Kurz- und Langzeitstabilität

$$\left.\frac{d\varphi_R}{d\omega}\right|_{\omega=\omega_r} = \frac{2Q}{\omega_r} \qquad (3.42)$$

bestimmt. φ_R ist die durch den passiven, frequenzbestimmenden Schaltungsteil bewirkte Phasendrehung. Eine hohe Frequenzkonstanz erfordert also eine hohe *Phasensteilheit* des frequenzbestimmenden Resonanzgebildes.

Phasensteilheit

Von den verschiedenen kurzzeitigen Störeinflüssen sind die durch Man-Made Noise, atmosphärische Störungen und Nebensprechen bedingten Effekte durch geeignete Filterung und Abschirmung weitgehend unterdrückbar. Nicht vermeidbar sind jedoch interne Rauschquellen des Oszillators, die dazu führen, daß

3.4 Oszillatorrauschen

jeder technische Oszillator verrauscht ist, d.h. daß stochastische Schwankungen seiner Phase (*Phasenrauschen*, Frequenzrauschen) und seiner Amplitude (*Amplitudenrauschen*) auftreten. Typischerweise dominiert das Phasenrauschen, weil das Amplitudenrauschen dadurch unterdrückt wird, daß die stark nichtlineare Amplitudenabhängigkeit der negativen Resistanz einen merklichen Amplitudenstabilisierungseffekt bewirkt.

Phasenrauschen
Amplitudenrauschen

Zum Phasenrauschen tragen z.B. die thermischen Rauscheinflüsse im Frequenzband der Schwingfrequenz bei. Des weiteren wird aufgrund der vorhandenen Nichtlinearitäten auch das thermische Rauschen anderer Frequenzbereiche in die Umgebung der Oszillatorfrequenz umgesetzt. Der wichtigste Rauscheinfluß ist durch das niederfrequente Flickerrauschen gegeben, welches sich nach seinem Hochmischen direkt bei der Schwingfrequenz degradierend auswirkt.

3.4.1 Rauschseitenbänder

Das Spektrum eines technisches Oszillators weist Rauschseitenbänder auf, die im allgemeinen vom Phasenrauschen herrühren. Die auf f_C bezogene Frequenzablage f_M wird als *Ablage- oder Modulationsfrequenz* bezeichnet, die die Schnelligkeit wiedergibt, mit der das Rauschen die Oszillatorfrequenz stört.

Ablage- oder Modulationsfrequenz

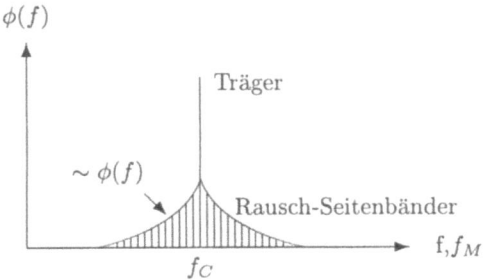

Abbildung 3.14
Spektrale Leistungsdichte eines technischen Oszillators (Kleinsignalmodell)

Das Phasenrauschen von Signalquellen kann einen überaus degradierenden Einfluß auf ein Hochfrequenzsystem bewirken. In der Empfängertechnik beispielsweise kann es zur Beeinträchtigung der Dynamik und der Trennschärfe kommen.

Für genügend kleine, relativ langsame Phasenschwankungen $\Delta\varphi(t) \ll 1$ und für verschwindende Schwankungen der Oszillatoramplitude A, d.h. für $\Delta a(t) = 0$, kann für die Oszillatoramplitude

$$A(t) = A_C \cos[\omega_C t + \Delta\varphi(t)] \qquad (3.43)$$

angesetzt werden. Aus der Entwicklung

$$A(t) = A_C[\cos(\omega_C t)\cos\Delta\varphi - \sin(\omega_C t)\sin\Delta\varphi] \quad (3.44)$$

folgt dann in guter Näherung

$$A(t) \approx A_C \cos(\omega_C t) - A_C \Delta\varphi \sin(\omega_C t). \quad (3.45)$$

Modelliert man die Phasenfluktuationen $\Delta\varphi(t)$ als sinusförmige Schwankungen, so folgt mit einem Rauschphasor $\Delta A_\varphi(f_M)$ und einer zugehörigen (einseitigen) spektralen Leistungsdichte $\Phi_\varphi(f_M)$

$$\Delta\varphi(t) = \Delta A_\varphi(f_M)\cos(\omega_M t) = \sqrt{\Phi_\varphi(f_M)B}\cos(\omega_M t) \quad (3.46)$$

mit $|\Delta A_\varphi(f_M)|^2 = \Phi_\varphi(f_M)B$; Φ_φ hat die Einheit rad^2/Hz. Mit $d\Delta\varphi(t)/dt = 2\pi\Delta f_C(t)$ können damit auch die Frequenzfluktuationen

$$\Delta f_C(t) = \Delta A_f(f_M)\sin(\omega_M t) = \sqrt{\Phi_f(f_M)B}\sin(\omega_M t) \quad (3.47)$$

eingeführt werden; Φ_f besitzt die Einheit rad^{2}Hz^2/Hz. Zwischen Frequenz- und Phasenspektrum gilt der Zusammenhang

$$\Phi_f(f_M) = f_M^2 \Phi_\varphi(f_M). \quad (3.48)$$

Mit dem Ausdruck für $\Delta\varphi(t)$ kann die obige Näherung für die Oszillatoramplitude in der Form

$$A(t) \approx A_C \cos\omega_C t - \frac{1}{2}A_C[\Delta A_\varphi \sin(\omega_C + \omega_M)t + \Delta A_\varphi \sin(\omega_C - \omega_M)t] \quad (3.49)$$

notiert werden. Man sieht sofort, warum f_M als Modulationsfrequenz bezeichnet wurde: jede Frequenzkomponente des Phasenrauschens moduliert die Phasenlage des Oszillatorsignals.

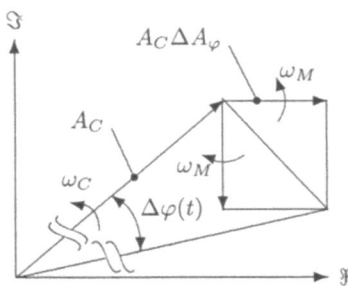

Abbildung 3.15 Zeigerdarstellung der Phasenschwankung $\Delta\varphi(t)$ bei f_M durch eine Frequenzkomponente des Phasenrauschens

Damit bilden sich obere und untere Rauschseitenbänder heraus, die symmetrisch zur Trägerfrequenz liegen; es genügt deshalb im folgenden die Betrachtung eines der beiden Seitenbänder.

3.4.2 Einseitenbandphasenrauschen

Zur Kennzeichnung des Phasenrauschens wird das *Einseitenband-Phasenrauschmaß* $\mathcal{L}(f_M)$ eingeführt als Verhältnis der bei f_M innerhalb der Meßbandbreite B (üblicherweise ist $B = 1$ Hz) auftretenden Einseitenbandrauschleistung $N_{ESB}(f_M)$ und der Trägerleistung P_C,

Einseitenband-Phasenrauschmaß

$$\mathcal{L}(f_M) = 10\log\frac{N_{ESB}}{BP_C} \qquad (3.50)$$

mit der Einheit dBc/Hz.

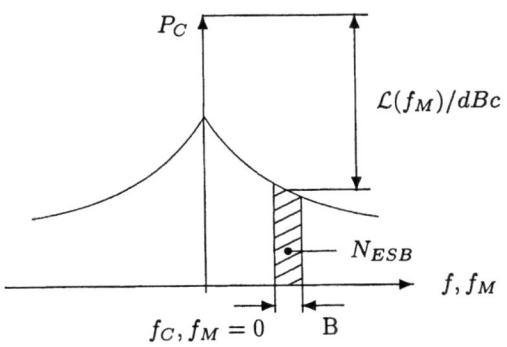

Abbildung 3.16 Zur Definition des Einseitenband-Phasenrauschmaßes

Technische Oszillatoren besitzen charakteristische $\mathcal{L}(f_M)$-Verläufe.

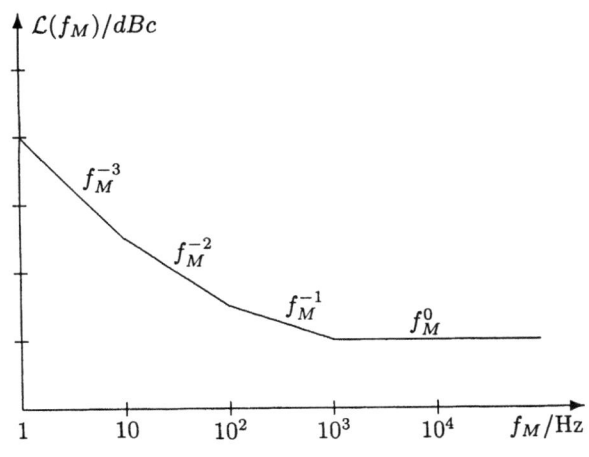

Abbildung 3.17 Schematische Frequenzabhängigkeit des Einseitenband-Phasenrauschmaßes eines Oszillators

Rauschteppich Sie weisen in der Nähe des Trägers immer einen Abfall mit 30 dB/Dekade (also proportional zu $1/f_M^3$) auf, der das an Nichtlinearitäten der Reaktanzen aufwärtsgemischte Flickerrauschen wiederspiegelt. Der Bereich mit einem Abfall um 20 dB/Dekade (also proportional zu $1/f_M^2$) rührt im wesentlichen vom weißen Rauschen bei der Trägerfrequenz her (weißes Frequenzrauschen), enthält aber auch das an Nichtlinearitäten der Resistanzen aufwärtsgemischte weiße Rauschen. Für große Ablagefrequenzen geht $\mathcal{L}(f_M)$ dann in das konstante weiße Grundrauschen (Noise Floor, *Rauschteppich*) über.

3.5 Funkübertragung

Bei funktechnischen Anwendungen spielen Senden und Empfangen elektromagnetischer Wellen mit Hilfe von Antennen und die Wellenausbreitung im freien und erdnahen Bereich die wichtigste Rolle.

3.5.1 Systemaspekte von Antennen

Antennen wandeln Freiraumwellen und in Wellenleitern geführte Wellen ineinander um. Es existieren vielfältige Antennenformen, die im wesentlichen in die Grundformen Linearantennen (z.B. Dipol-, Monopol- und Langdrahtantennen), Aperturantennen (z.B. Hohlleiter-, Horn- und Schlitzstrahler), Planarantennen (z.B. Streifenleitungsantennen) und Spiegelantennen (z.B. Parabol-, Hornparabol und Muschelantennen) eingeteilt werden können.

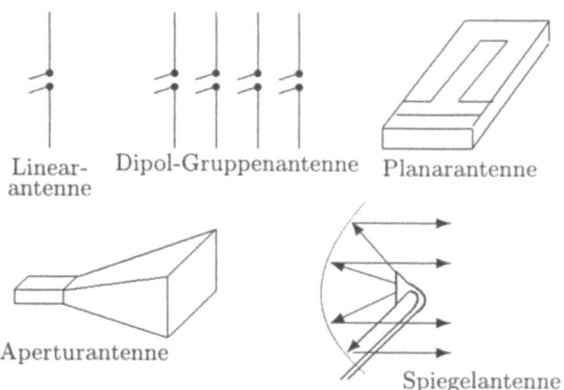

Abbildung 3.18
Beispiele von Antennengrundformen

3.5 Funkübertragung

Ungeachtet ihres Typs und ihrer Geometrie werden Antennen u.a. durch ihre Polarisation, ihre Richtcharakteristik, ihren Richtfaktor, ihren Gewinn und ihre Wirkfläche charakterisiert. Die *Antennenpolarisation* bezieht sich auf die Polarisation des elektromagnetischen Strahlungsfeldes, d.h. auf die Richtung seines elektrischen Feldstärkevektors. Technische Antennen sind typischerweise linear (vertikal oder horizontal, je nach Orientierung zur Erdoberfläche) oder zirkular (links- oder rechtszirkular) polarisiert. In der Funkübertragung ist der Abstand zwischen Sende- und Empfangsantenne d in der Regel größer $2D^2/\lambda$ (bei Antennenabmessungen $D > \lambda$) bzw. deutlich größer $\lambda/(2\pi)$ (bei Antennenabmessungen $D < \lambda$), so daß davon ausgegangen werden kann, daß unabhängig von der speziellen Antennenform die Feldkomponenten des elektromagnetischen Feldes wie bei einer Punktquelle Kugelwellen bilden (Bild 3.19), deren sphärische Phasenfronten sich im Freiraum mit $v = 1/\sqrt{\varepsilon\mu} \approx 3\cdot 10^8$ m/s ausbreiten.

Antennenpolarisation

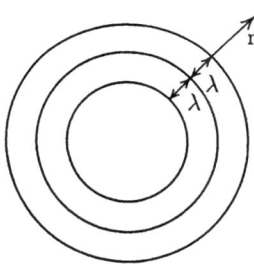

Abbildung 3.19 Kugelwellen mit Kugelflächen $r = const.$ als Flächen gleicher Phase, die sich mit v in radialer Richtung ausbreiten

Die Antennenform selbst bestimmt nur die Winkelverteilung des Strahlungsfeldes. In diesem *Fernfeldfall* kann die lokal von einer Empfangsantenne aufgenommene Welle als ebene Welle betrachtet werden, d.h. im Fernfeld strömt in Richtung der Wellenausbreitung reine Wirkenergie mit einer Leistungsdichte

Fernfeld

$$S = \frac{E^2}{2Z_{F0}} \quad (3.51)$$

(E: Amplitude der elektrischen Feldstärke; $Z_{F0} = 120\pi\ \Omega$: Feldwellenwiderstand des freien Raumes). Funkübertragungsstrecken können als reziprok angenommen werden, solange das Funkfeld und die Antennenbeschaltungen keine nichtreziproken Elemente oder Effekte aufweisen. Dann sind Sende- und Empfangsrichtcharakteristik einer Antenne identisch. Im folgenden werden reziproke Verhältnisse vorausgesetzt.

3.5.1.1 Richtcharakteristik

Das Antennenstrahlungsfeld und seine Verteilung im Fernfeld werden zweckmäßigerweise im Kugelkoordinatensystem (Radius r, Elevationswinkel Θ, Azimutwinkel φ) beschrieben. Die Richtcharakteristik

$$C(\Theta,\varphi) = \frac{E(\Theta,\varphi)}{E_{max}} \qquad (3.52)$$

gibt die Winkelverteilung des elektrischen Fernfeldes bezogen auf dessen Maximalwert E_{max} an. Schnitte durch bevorzugte Ebenen der dreidimensionalen Antennencharakteristik heißen *Richtdiagramme*. Oft sind das horizontale Richtdiagramm $C(\Theta = 90°, \varphi)$ und das vertikale Richtdiagramm $C(\Theta, \varphi = const.)$ genügend aussagekräftig. Richtdiagramme werden meist in Polarkoordinaten, bei stark bündelnden Antennen aber auch in kartesischen Koordinaten dargestellt. In einem Richtdiagramm können Haupt- und Nebenkeulen auftreten (Bild 3.20). Die Bündelungsstärke in einem Richtdiagramm wird durch eine entsprechende *Halbwertsbreite* (3 dB-Breite) gekennzeichnet.

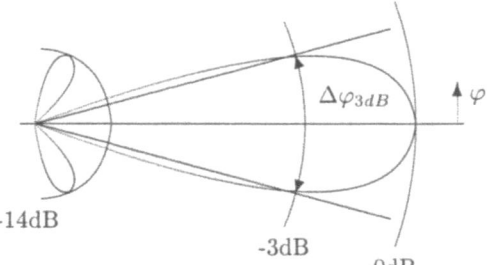

Abbildung 3.20 Beispiel eines Richtdiagramms

Unter einem *isotropen Kugelstrahler* versteht man eine fiktive verlustfreie Vergleichsantenne, die gleichmäßig in alle Raumrichtungen abstrahlt, deren Leistungsdichte $S(r)$ also durch $P/(4\pi r^2)$ gegeben ist (P: Strahlungsleistung der Antenne). Der Richtfaktor (Directivity) D einer Antenne besagt, um wieviel stärker eine Antenne in Hauptstrahlrichtung abstrahlt als ein isotroper Kugelstrahler gleicher Polarisation und Strahlungsleistung; er ist durch

$$D = \frac{4\pi}{\int_0^{2\pi}\int_0^{\pi} C^2(\Theta,\varphi)\sin\Theta d\Theta d\varphi} \qquad (3.53)$$

gegeben.

Richtantennen (*Gruppenantennen*) bestehen aus einer Gruppe

von Einzelantennen. Durch geeignete Anordnung der Antennen und Einstellung der Phasoren ihrer Speiseströme ist eine Synthese der Richtcharakteristik möglich; es kann z.b. eine ausgeprägte Bündelung der Strahlung in bestimmte Raumrichtungen erzielt werden. Die Richtcharakteristik einer aus gleichartigen und gleichorientierten Einzelantennen bestehenden Richtantenne ergibt sich mit Hilfe des multiplikativen Gesetzes zu

$$C(\Theta,\varphi) = C_0(\Theta,\varphi)C_G(\Theta,\varphi), \qquad (3.54)$$

mit $C_0(\Theta,\varphi)$ als der Richtcharakteristik der Einzelantenne und $C_G(\Theta,\varphi)$ als der durch die Anordnung und Speisung der Einzelantennen bestimmten Gruppencharakteristik.

Die technisch wichtige elektrische Schwenkung des Richtdiagramms kann durch eine Änderung der Phasen der Speiseströme erreicht werden (*Phased Array-Antenne*). Phased Array-Antenne

3.5.1.2 Gewinn und Wirkfläche

Der *Antennenwirkungsgrad* η gibt das Verhältnis von abgestrahlter Leistung einer Antenne P zur Antenneneingangsleistung an, berücksichtigt also die Antennenverluste. Ideale Antennen sind durch $\eta=1$ gekennzeichnet, wohingegen technische Antennen Wirkungsgrade zwischen 0,6 und 0,95 aufweisen. Der Antennengewinn Antennenwirkungsgrad

$$G = \eta D \qquad (3.55)$$

setzt die maximale Strahlungsdichte einer technischen Antenne ins Verhältnis zur Strahlungsleistung des verlustfreien isotropen Kugelstrahlers. Bei verlustlosen Antennen gilt $G = D$. Die *äquivalente isotrope Strahlungsleistung* (Equivalent Isotropic Radiated Power: EIRP) äquivalente isotrope Strahlungsleistung

$$P_{EIRP} = GP \qquad (3.56)$$

entspricht der Leistung, die einem isotropen Kugelstrahler zugeführt werden muß, damit dieser die gleiche Leistungsdichte erzeugt wie die technische Antenne in Hauptstrahlrichtung bei gleichem Abstand.

Bei optimaler Polarisation, Orientierung und Leistungsanpassung einer Empfangsantenne entnimmt die Antenne einer ebenen elektromagnetischen Welle der Leistungsdichte S die Empfangsleistung $P_E = A_W S$. Dadurch ist die Wirkfläche als diejenige zur Wellenausbeutungsrichtung senkrechte Fläche definiert, durch die bei gegebenem S die Leistung P_E hindurchtritt. Für alle Antennen hängen Gewinn und Wirkfläche gemäß

$$A_W = \frac{\lambda^2}{4\pi} G \qquad (3.57)$$

zusammen.

3.5.2 Ausbreitung von Funkwellen

Von einer Sendeantenne abgestrahlte Funkwellen können die Empfangsantenne auf direktem (*Line-of-Sight:* LOS) und/oder indirektem Weg (*Non-Line-of-Sight:* NLOS) erreichen. Die Übertragungsfunktion eines Funkfeldes wird im allgemeinen durch Brechung, Reflexion, Streuung und/oder Beugung bewirkende Einflüsse der Umgebung und des Übertragungsmediums beeinflußt. Funkwellen können einen (sich eventuell bewegenden) Empfänger auf verschiedenen, sich zeitlich verändernden Ausbreitungswegen erreichen (*Mehrwegeausbreitung*), so daß die Teilwellen am Ort der Empfangsantenne entsprechend interferieren. Dadurch kann es zu frequenzselektiven und/oder zeitvarianten Schwunderscheinungen (*Fading*) und zu Abschattungseffekten (*Shadowing*) kommen. In der Hochfrequenzsystemtechnik interessiert vor allem die am Empfänger verfügbare Leistung P_E, die in einem für das Modulationsverfahren und den Funkdienst charakteristischen Maß über der Störleistung liegen muß.

Bild 3.21 zeigt schematisch die Funkübertragung zwischen einer Sendeantenne (G_S, A_{WS}) und einer sich im Abstand r befindlichen optimal orientierten, polarisations- und leistungsangepaßten Empfangsantenne (G_E, A_{WE}) im freien Raum.

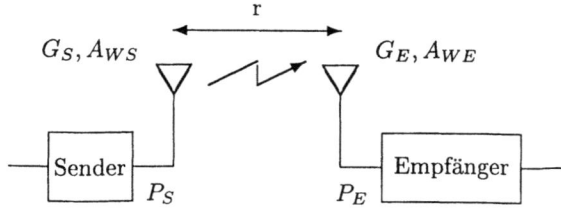

Abbildung 3.21 Funkübertragungsstrecke

Die Sendeantenne strahlt die Leistung P_S ab, so daß im Abstand r die Leistungsflußdichte

$$S = \frac{P_S G_S}{4\pi r^2} = \frac{P_{EIRP}}{4\pi r^2} \qquad (3.58)$$

3.5 Funkübertragung

auftritt. Die Empfangsantenne entnimmt dem elektromagnetischen Feld die Leistung

$$P_E = SA_{WE} = P_S \frac{\lambda^2}{4\pi r^2} G_S G_E. \qquad (3.59)$$

Damit ergibt sich der Übertragungsfaktor zu

$$\frac{P_E}{P_S} = \frac{A_{WS}A_{WE}}{\lambda^2 r^2} = \left(\frac{\lambda}{4\pi r}\right)^\alpha G_S G_E \qquad (3.60)$$

mit dem LOS-Freiraumkoeffizienten $\alpha = 2$. In realen Funkfeldern mit ihren komplexen LOS- und NLOS-Ausbreitungsverhältnissen gilt (von seltenen Fällen abgesehen) $\alpha > 2$, so daß der technische *Pfadverlust* L (Path Loss) im allgemeinen immer größer als der Freiraumpfadverlust $L_0 = L(\alpha = 2)$ ist.

Pfadverlust

3.5.3 Leistungsbilanz

Die Leistungsbilanz eines Funksystems läßt sich durch das am Eingang des Demodulators auftretende S/N (bei analoger Modulation) bzw. E/N_0 (bei digitaler Modulation) beschreiben. Mit $T_S = T_A + T_N$ als der Systemrauschtemperatur des Empfängers ist am Empfängereingang eine Rauschleistung $N = kT_S B$ verfügbar. Damit folgt aus den bisher gemachten Überlegungen für analoge Modulation

$$S/N = \frac{P_{EIRP} G_E}{L k T_S B} \qquad (3.61)$$

bzw. für digitale Modulation

$$\frac{E}{N_0} = \frac{P_{EIRP} G_E}{L k T_S R} \qquad (3.62)$$

mit der Rauschbandbreite B bzw. der Bitrate R, $P_{EIRP} = G_S P_S$ und dem Pfadverlust L. In der Praxis wird noch eine Reserve für P_{EIRP} vorgesehen, die zusätzlichen Verlusten Rechnung trägt.

3.6 Literatur

[3.1] Meinke, H. H., Gundlach, F. W.: *Taschenbuch der Hochfrequenztechnik: Grundlagen, Komponenten, Systeme.* Springer-Verlag, Berlin/Heidelberg, 1992

[3.2] Larson, L. E.: *RF and Microwave Circuit for Wireless Communications.* Artech House, Boston, 1996

[3.3] Freeman, R. L.: *Radio System Design for Telecommunications.* Wiley, New York, 1997

[3.4] Glover, I. A., Grant, P.M.: *Digital Communications.* Prentice Hall, London, 1998

[3.5] Couch II, L. W.: *Modern Communication Systems: Principles and Applications.* Prentice Hall, New Jersey, 1995

[3.6] Razavi, B.: *RF Microelectronics.* Prentice Hall, New Jersey, 1998

[3.7] Bullock, S. R.:*Transceiver System Design for Digital Communications.* Noble, Atlanta, 1995

[3.8] Vizmuller, P.: *RF Design Guide: Systems, Circuits, and Equations.* Artech House, Boston, 1995

[3.9] Ishii, T. K. [Hrsg.]: *Handbook of Microwave Technology: Volume 1, Components and Devices.* Academic Press, San Diego, 1995

[3.10] Ishii, T. K. [Hrsg.]: *Handbook of Microwave Technology: Volume 2, Applications.* Academic Press, San Diego, 1995

[3.11] Zinke, O., Brunswig, H.: *Hochfrequenztechnik 1: Hochfrequenzfilter, Leitungen, Antennen.* Springer-Verlag, Berlin/Heidelberg, 1995

[3.12] Zinke, O., Brunswig, H.: *Hochfrequenztechnik 2: Elektronik und Signalverarbeitung.* Springer-Verlag, Berlin/Heidelberg, 1993

[3.13] Voges, E.: *Hochfrequenztechnik: Band 1, Bauelemente und Schaltungen.* Hüthig-Verlag, Heidelberg, 1991

[3.14] Voges, E.: *Hochfrequenztechnik: Band 2, Leistungsröhren, Antennen und Funkübertragung, Funk und Radartechnik.* Hüthig-Verlag, Heidelberg, 1991

[3.15] Pozar, D. M.: *Microwave Engineering.* Wiley, New York 1988

[3.16] Maas, S. A.: *The RF and Microwave Circuit Design Cookbook.* Artech House, Boston, 1998

[3.17] Losee, F.: *RF Systems, Components, and Circuits Handbook.* Artech House, Boston, 1997

[3.18] Hoffmann, M.: *Hochfrequenztechnik: Ein systemtheoretischer Zugang.* Springer-Verlag, Berlin/Heidelberg, 1997

[3.19] Thumm, M., Wiesbeck, W., Kern, S.: *Hochfrequenzmeßtechnik: Verfahren und Meßsysteme.* Teubner-Verlag, Stuttgart, 1997

Kapitel 4

Informationstheorie und Quellencodierung

von Dietmar Lochmann

4.1 Begriffe und Modell

Der Begriff *Information* bedeutet in der Umgangssprache etwas grundsätzlich anderes als in der Informationtheorie. Im täglichen Sprachgebrauch etwa wird Information als Mitteilung von Tatbeständen und Sachverhalten, als Unterrichtung und als Gewinnung von Kenntnissen betrachtet. In diesem Verständnis des Begriffs ist Information durchaus gleichzusetzen mit den Begriffen *Nachricht* oder *Mitteilung*. Wesentlich ist dabei, daß im genannten Zusammenhang eine empfangene Nachricht für den Empfänger eine *Bedeutung* hat, daß sie von ihm somit verstanden und gegebenenfalls in eine gezielte Handlung umgesetzt werden kann. In der Informationstheorie wird der Begriff der Information in einer grundsätzlich unterschiedlichen Weise betrachtet: Hier wird die Bedeutung einer Information für den Empfänger ausdrücklich ausgeschlossen. Die Informationstheorie wurde 1948 von dem amerikanischen Mathematiker *C. E. Shannon* als Nachrichtenübertragungstheorie begründet [4.18]. Sie betrachtet die Information als statistische Größe. Das bedeutet, daß der *Informationsgehalt* einer Nachricht abhängig ist von der *Wahrscheinlichkeit*, mit der diese Nachricht auftritt.

Die wesentlichen Aussagen der Informationstheorie beziehen sich auf das Modell einer gerichteten Nachrichtenkette, die im Abbildung 4.1 dargestellt ist. Die *Nachrichtenquelle* (kurz Quelle genannt) erzeugt Nachrichten, von denen jede mit einer bestimmten Wahrscheinlichkeit auftritt. Eine Nachricht kann ein Symbol (Buchstabe, Zahl, Satzzeichen), eine Silbe, ein Wort oder

Nachrichtenquelle

Abbildung 4.1
Die gerichtete
Nachrichtenkette

auch ein ganzer Satz sein. Wesentlich im Sinne der Informationstheorie ist aber, daß jeder von der Quelle abgegebenen Nachricht eine Wahrscheinlichkeit eindeutig zugeordnet werden kann.

Quellenalphabet

Quellensignal

Alle möglichen verschiedenen Nachrichten einer Quelle bilden das *Quellenalphabet*, das meist ein Alphabet von Symbolen ist, denn damit lassen sich alle Aussagen der Informationstheorie gewinnen. Die Nachrichten werden vom *Quellensignal* getragen. Sie stecken in der zeitlichen Veränderung des Signals. Das Quellensignal wird im *Codierer* in ein elektrisches Signal umgeformt. Weitere wesentliche Aufgaben des Codierers sind die *Quellencodierung* zur Senkung des Übertragungsaufwands, die *Kanalcodierung* zur Erkennung von Übertragungsfehlern und die *Leitungscodierung* zur optimalen Formung des Signals für die Übertragung. Der Codierer und weitere Einrichtungen, z.B. Verstärker, Wandler, Modulator, sind Bestandteil des Senders, dessen Funktion jedoch im Zusammenhang mit der Informationstheorie von untergeordneter Bedeutung ist.

Übertragungskanal

Das von der Quelle ausgesendete Signal wird über den *Übertragungskanal* (kurz Kanal genannt), der oft Distanzen von Hunderten, ja sogar Millionen von km überbrücken muß, übertragen. Der Kanal kann eine Kabelstrecke, eine Funkstrecke oder eine Lichtwellenleiterstrecke sein. Jeder Kanal hat die Eigenschaft, das Signal zu dämpfen, zu stören und zu verzerren.

Der Decodierer (als Bestandteil des Signalempfängers) enthält die Einrichtungen zur Decodierung des Signals bzgl. des Leitungscodes, des Kanalcodes und des Quellencodes. Nach der Decodierung wird das Signal vom Decodierer an den Nachrichtenempfänger weitergereicht, der im Modell der Nachrichtenkette als

Sinke

Sinke bezeichnet wird.

Die Beeinträchtigungen, die das Signal (in dessen zeitlicher Veränderung die Nachrichten stecken) durch den Kanal erfährt, führen dazu, daß jede übertragene Nachricht mit einer gewissen Wahrscheinlichkeit verfälscht wird, was insbesondere in der Computerkommunikation in Geldinstituten oder beim Schaltkreisentwurf sehr unangenehme Folgen haben kann.

Kanalcodierung und Leitungscodierung werden in gesonderten Abschnitten dieses Buches behandelt. Nachfolgend wird daher das wichtige Gebiet der Quellencodierung betrachtet, für das Kenntnisse der Informationstheorie unerläßlich sind, denn die Quellencodierung baut auf auf den Begriffen Information und *Redundanz*.

Wir werden aber auch sehen, daß die Informationstheorie wichtige Grenzwerte für die Übertragung von Signalen über einen gestörten Kanal liefert.

4.2 Diskrete Quellen und Kanäle

4.2.1 Quellen mit unabhängigen Symbolen

Wir betrachten nun eine *Quelle,* deren Quellenalphabet n verschiedene Symbole S_i umfaßt. Die Wahrscheinlichkeit für das Auftreten eines dieser Symbole sei $P(i)$. Die Summe dieser Wahrscheinlichkeiten ist immer 1. Ausgehend von dieser Wahrscheinlichkeit $P(i)$ wird dem Symbol S_i ein *Informationsgehalt* I_i zugeordnet: Informationsgehalt

$$I_i = \operatorname{ld}\frac{1}{P(i)} = -\operatorname{ld}P(i) \qquad \text{bit.} \qquad (4.1)$$

Wir drücken den Informationsgehalt in bit aus, da wir in diesem Abschnitt nur Binärsysteme betrachten wollen, die in der praktischen Anwendung die weitaus größte Bedeutung haben. Deshalb arbeiten wir nur mit dem Logarithmus dualis. Aus dieser Definition wird ersichtlich, daß der Informationsgehalt eines Quellensymbols um so größer ist, je kleiner seine Wahrscheinlichkeit ist: Seltenere Nachrichten enthalten danach mehr Information als häufigere. Ausgehend davon wird in der Informationstheorie die Information folgendermaßen charakterisiert: *Information ist be-*   Information
seitigte Unsicherheit.
Das bedeutet, daß Nachrichten, die mit geringer Wahrscheinlichkeit auftreten, mehr Unsicherheit beseitigen als häufige, deren Überraschungswert geringer ist.

Wenn man den Informationsgehalt I_i nach (4.1) für alle n Quellensymbole mit der zugehörenden Wahrscheinlichkeit $P(i)$ gewichtet und aufsummiert, dann erhält man den Mittelwert der Information, die diese Quelle pro Symbol abgibt. Diese wichtige Größe wird in der Informationstheorie als *Entropie H* bezeichnet: Entropie

$$H = -\sum_{i=1}^{n} P(i) \cdot \operatorname{ld}P(i) \qquad \text{bit/Symbol.} \qquad (4.2)$$

Das negative Vorzeichen bewirkt, daß die Entropie einen positiven Wert erhält, denn der Logarithmus einer Zahl < 1 ist negativ. Aus (4.2) ist ersichtlich, daß Symbole, die mit der Wahrscheinlichkeit 0 oder mit der Wahrscheinlichkeit 1 auftreten, keinen Beitrag zur Entropie der Quelle leisten.

Es ist nun eine wichtige Frage, unter welchen Bedingungen die Quelle die maximale Information pro Symbol abgibt. Das läßt sich leicht beantworten, wenn wir eine Quelle mit nur 2 Symbolen, also eine Binärquelle, betrachten. Eine solche Quelle habe die Symbole S_1 und S_2 mit den Wahrscheinlichkeiten $P(1) = P$ und $P(2) = 1 - P$. Die Entropie nach (4.2) ist dann
$H = -P(1)\cdot\text{ld}P(1) - P(2)\cdot\text{ld}P(2) = -P\cdot\text{ld}P - (1-P)\cdot\text{ld}(1-P)$.
Um das Maximum zu finden, differenzieren wir diese Gleichung für H nach P und setzen den Differentialquotienten null. Es ergibt sich, daß H dann ein Maximum hat, wenn $P = 1/2$ ist. Das bedeutet, daß dann beide Symbole die gleiche Wahrscheinlichkeit haben, denn die Summe beider muß immer 1 sein. Der Verlauf der Entropie über den Wahrscheinlichkeiten bei einer Binärquelle ist in nebenstehendem Bild dargestellt.

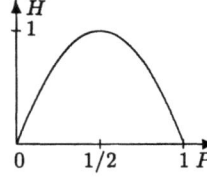

Dieses Ergebnis, das man für eine Quelle mit n Symbolen nur bei Anwendung der Variationsrechnung erhält, kann man verallgemeinern: Eine Quelle hat dann die maximale Entropie, wenn alle ihre Symbole gleichwahrscheinlich sind. Setzen wir in (4.2) für alle n Symbole $P(i) = 1/n$, so ergibt sich

$$H_0 = H_{max} = -\sum_{i=1}^{n} \frac{1}{n}\cdot\text{ld}\frac{1}{n} = n\cdot\frac{1}{n}\cdot\text{ld}\,n = \text{ld}\,n. \qquad (4.3)$$

Entscheidungs- H_0 wird als *Entscheidungsgehalt* bezeichnet. Der Entscheidungsgehalt gehalt ist im Verständnis der Informationstheorie die maximale Information, die eine Quelle pro Symbol abgeben kann. Da die meisten realen Nachrichtenquellen ein Quellenalphabet enthalten, dessen Symbole *nicht* gleichverteilt sind, senden diese Quellen auch nicht mit der maximalen Information pro Symbol. Das gilt insbesondere auch für das Alphabet der deutschen Schriftsprache mit $n = 27$ Symbolen (ohne Umlaute und ß, aber mit Wortzwischenraum). Es gibt bei allen diesen Quellen somit eine Differenz zwischen dem Entscheidungsgehalt H_0 und der Entropie H: Sie geben nicht die maximal mögliche Information pro Symbol ab. Diese wichtige Differenz, die die Effektivität der Nachrichtenübertragung berührt, wurde von *C. E. Shannon* bei der Redundanz Begründung der Informationstheorie als *Redundanz* bezeichnet:

$$R = H_0 - H \qquad \text{bit/Symbol}. \qquad (4.4)$$

Aus dieser Gleichung erkennen wir die wichtige Tatsache, *daß eine Quelle um so mehr Redundanz enthält, je geringer ihre Entropie ist*. Denn der Entscheidungsgehalt H_0 wird nur von der Anzahl der Symbole bestimmt. Die Erkenntnis, die bis dahin in der Nachrichtentheorie nicht vorhanden war, daß eine Quelle Redundanz, also *überflüssige* Anteile enthält, hatte weitreichende Konsequenzen. Sie war die Initialzündung für die nachfolgend in aller Welt einsetzenden Arbeiten zur Codierung digitaler Signale, die letztendlich (neben der Anwendung der Mikroelektronik) die deutliche Überlegenheit der digitalen Nachrichtentechnik über die bis dahin dominierende analoge Nachrichtentechnik bewirkte.

4.2.2 Quellen mit abhängigen Symbolen

Bei den realen Nachrichtenquellen der Sprach-, Bild- und Textübertragung kann man beobachten, daß die Aufeinanderfolge der einzelnen Nachrichten Gesetzen unterliegt. Wenn wir als Beispiel eine Textübertragung in der deutschen Schriftsprache betrachten, so wissen wir, daß auf ein q immer ein u folgt und demzufolge auf ein q niemals ein x. Sehr häufig treffen wir auf die Symbolfolge sch oder st aber sehr selten auf sx oder mx. Dieses Phänomen weist darauf hin, daß in der Sprache zwischen den Symbolen Abhängigkeiten bestehen. Wir betrachten nachfolgend nur die Abhängigkeit zwischen 2 Symbolen.

Vorhandene oder nicht vorhandene *Abhängigkeiten* zwischen 2 Ereignissen A und B mit den Wahrscheinlichkeiten $P(A)$ und $P(B)$ werden in der Wahrscheinlichkeitsrechnung wie folgt ausgedrückt:

Abhängigkeiten

$$P(AB) = P(A|B) \cdot P(B) = P(B|A) \cdot P(A) \text{ bei Abhängigkeit}, \quad (4.5)$$

$$P(AB) = P(A) \cdot P(B) \text{ bei Unabhängigkeit}. \quad (4.6)$$

$P(AB)$ bezeichnet das Verbundereignis, d.h. das gemeinsame Auftreten der Ereignisse A und B und $P(A|B)$ die bedingte Wahrscheinlichkeit für das Ereignis A unter der Bedingung, daß auch das Ereignis B auftritt. Wir bilden nun aus den von der Quelle abgegebenen Symbolen alle möglichen *Duette* von 2 Symbolen. Bei einer Quelle mit n Symbolen sind das n^2 verschiedene Duette S_iS_j mit eben der gleichen Anzahl von Kombinationswahrscheinlichkeiten $P(S_iS_j)$, die wir der Einfachheit halber, ähnlich wie bei (4.2), mit $P(i,j)$ bezeichnen. Dann kann man die Entropie dieser Quelle pro Doppelsymbol mit den $P(i,j)$ nach (4.2) bestimmen zu (Index v von Verbundereignis)

Symbolduette

$$H_v = -\sum_{i=1}^{n}\sum_{j=1}^{n} P(i,j) \cdot \mathrm{ld} P(i,j) \quad \text{bit/2 Symbole}. \quad (4.7)$$

Um die Entropie einer Quelle mit *abhängigen Symbolen* zu bestimmen hat man in (4.7) für die Verbundwahrscheinlichkeit (4.5)

abhängige Symbole

einzusetzen. Wir erhalten dann in bit/2 Symbole, wenn wir gleich das Produkt hinter dem Logarithmus in eine Summe verwandeln (Index va von abhängig, Verbundereignis)

$$H_{va} = -\sum_i \sum_j P(j|i)P(i) \cdot \mathrm{ld} P(j|i) - \sum_i \sum_j P(j|i)P(i) \cdot \mathrm{ld} P(i).$$
(4.8)

Im 1. Summanden dieser Gleichung ergibt die Summe aller $P(i)$ für jedes konstante j den Wert 1 und im 2. Summanden ebenso die Summe aller $P(j|i)$ für alle j bei einem konstanten i, da auf das Symbol S_i mit Sicherheit eines der Symbole S_j folgt. Mit diesen vorgezogenen Ausdrücken verbleibt vom 2. Summanden in (4.8) noch die Entropie H und im 1. Summanden die bedingte Entropie der Symbole S_j unter der Bedingung des Auftretens des Symbols S_i, die wir mit $H(j|i)$ bezeichnen wollen:

$$H_{va} = H + H(j|i) \quad \text{bit/2 Symbole,} \quad (4.9)$$

die bedingte Entropie hat darin die Form

$$H(j|i) = -\sum_i P(i) \sum_j P(j|i) \cdot \mathrm{ld} P(j|i). \quad (4.10)$$

Zur weiteren Veranschaulichung nehmen wir nun an, daß $P(j|i) = 1$ ist, daß also vollständige Abhängigkeit besteht. Diese Annahme bedeutet, daß die Quelle Doppelsymbole aussendet, die aus den Symbolduetten $S_i S_j$ bestehen. Insgesamt gibt es n^2 solcher Duette: $S_1 S_1, S_1 S_2 \cdots S_1 S_n \cdots S_2 S_1, S_2 S_2 \cdots$ bis $S_n S_n$. Wenn man $P(j|i) = 1$ in (4.10) einsetzt, dann wird der Logarithmus null, und damit auch $H(j|i) = 0$. Aus (4.10) ergibt sich dann mit Markoff-Entropie $H(j|i) = 0$ für die sogenannte *Markoff-Entropie*

$$H_M = H_{va} = H \text{ bit/2 Symbole} = \frac{H}{2} \text{ bit/Symbol}. \quad (4.11)$$

Wir erkennen aus (4.11) die wichtige Tatsache, daß sich die Entropie der Quelle mit vollständig abhängigen Doppelsymbolen auf die Hälfte verringert hat. Dieses Ergebnis berechtigt uns zu der Annahme, daß die Entropie H_M einer Quelle mit *stochastisch* abhängigen Doppelsymbolen einen Wert zwischen $H/2$ und H annimmt, *auf jeden Fall aber* gegenüber der Entropie H einer Quelle mit unabhängigen Symbolen verringert ist. Das ist eine fundamentale Aussage der Informationstheorie:

Abhängigkeiten *Abhängigkeiten zwischen den Symbolen verringern die Entropie und erhöhen damit, ebenso wie die unterschiedlichen Symbolwahrscheinlichkeiten, die Redundanz der Quelle.*

4.2 Diskrete Quellen und Kanäle

Ohne Beweis sei angeführt, daß sich die Entropie einer Quelle auf den Wert H/q verringert, wenn q aufeinanderfolgende Symbole vollständig abhängig sind.

4.2.3 Codierung der Quellensymbole

Die Darstellung der diskreten Symbole in einer übertragungsgerechten Form nennen wir *Codierung*. Wir betrachten hier nur die Binärcodierung. Es ist allgemein bekannt, daß die Quellensymbole der Schriftsprache vorwiegend im ASCII (american standard code for information interchange) codiert werden. ASCII ist ein 7-bit-Code, d.h. jedes Symbol wird mit der gleichen Anzahl von 7 Bits codiert. Man bezeichnet diese Darstellung eines Symbols in mehreren Bits als *Codewort* und die Anzahl Bits für das Symbol S_i als *Codewortlänge* k_i. Mit den bisher gewonnenen Kenntnissen der Informationstheorie können wir nun zeigen, daß der Übertragungsaufwand mit 7 bit für *jedes* Symbol viel zu hoch ist. Denn die geniale Definition des Informationsgehalts in (4.1), die von *Hartley* stammt [4.5], gibt uns einen Hinweis, wie man Symbole mit weniger Aufwand codieren kann, wenn man die Wahrscheinlichkeit der Symbole berücksichtigt. Diese Methode wurde bereits vor 150 Jahren beim Morsealphabet angewendet.

ASCII

Codewort
Codewortlänge

Betrachten wir als Beispiel das häufigste Symbol e mit $P(e) = 0,14700$ und das seltenste Symbol x mit $P(x) = 13 \cdot 10^{-5}$ der deutschen Schriftsprache, so erhalten wir mit (4.1) einen Informationsgehalt für e von $I_e = 2,76$ bit und für x von $I_x = 12,9$ bit. Der entscheidende Gedanke der Informationstheorie besteht nun darin, den Übertragungsaufwand in bit für ein Symbol gleich dem Wert der nächst größeren ganzen Zahl *des Informationsgehalts* zu machen. Dieses Codierverfahren liegt der *Quellencodierung* zugrunde. Nehmen wir an, das e würde mit 3 bit und das x mit 13 bit codiert, dann würde in einem langen Text von insgesamt z.B. 10^5 Symbolen das e im Mittel 14700 mal und das x im Mittel 13 mal auftreten. Für die Symbole e müßte man $14700 \cdot 3 = 44100$ bit übertragen und für die Symbole x $13 \cdot 13 = 169$ bit, insgesamt also 44269 bit. Würde man diese beiden Symbole im ASCII codieren, dann müßte man für diese Symbole $14713 \cdot 7 = 102991$ bit, also 2,3 mal soviel Bits übertragen.

Durch die Codierungsmethode mit unterschiedlich langen Codewörtern sind wir in der Lage, eine *mittlere Codewortlänge* k_m zu definieren. Bezeichnen wir in einem Text die Summe aller Symbole mit m_{ges} und die Summe aller für diese Anzahl Symbole entsprechend ihrem Informationsgehalt I_i nach (4.1) erforderlichen Bits

mittlere
Codewortlänge

mit k_{ges} so ist
$$k_m = \frac{k_{ges}}{m_{ges}}.$$

In einem solchen Text treten die n verschiedenen Symbole S_i je mit der Anzahl m_i auf. Die Summe aller m_i ist m_{ges}, und k_{ges} ist die Summe aller $m_i k_i$. Wenn nun der Text immer länger wird, dann nähern sich die relative Häufigkeit m_i/m_{ges} der n verschiedenen Quellensymbole S_i immer mehr ihrer Wahrscheinlichkeit an:

relative Häufigkeit

$$\lim_{m_{ges} \to \infty} \frac{m_i}{m_{ges}} = P(i).$$

Für die mittlere Codewortlänge kann man dann schreiben

$$k_m = P(1) \cdot k_1 + P(2) \cdot k_2 + P(3) \cdot k_3 + \cdots + P(n) \cdot k_n. \quad (4.12)$$

Den minimalen Wert von k_m erhalten wir, wenn die einzelnen Codewortlängen gleich dem Informationsgehalt nach (4.1) sind, also $k_i = I_i$ gilt. Wir erkennen dann, daß sich aus (4.12) für diesen Fall gerade (4.2) ergibt. Dieses Ergebnis führt uns zu einer der wichtigsten Aussagen der Informationstheorie, die als *1. Shannonsches Theorem* bezeichnet wird:

1. Shannonsches Theorem

$$\lim_{m_{ges} \to \infty} \frac{k_{ges}}{m_{ges}} = \sum_i k_i P(i) = \lim_{m_{ges} \to \infty} k_m = H. \quad (4.13)$$

Dieses Theorem bringt zum Ausdruck, daß die Entropie H einen unteren Grenzwert für die erreichbare mittlere Codewortlänge k_m darstellt. Es ist nicht möglich, mit weniger Codierungsaufwand in bit für die Codierung einer Quelle auszukommen. Damit haben wir gleichzeitig eine übertragungstechnisch anschauliche Interpretation für die Entropie selbst gewonnen:

Entropie im übertragungstechnischen Sinne

Die Entropie einer Quelle ist das nicht zu unterschreitende Minimum für die mittlere Codewortlänge bei der Quellencodierung. Sie stellt den minimalen Übertragungsaufwand in bit/Symbol für die Symbole dieser Quelle dar.

4.2.4 Optimalcodierung

Wir betrachten nun als Anwendungsbeispiel eine Quelle mit 4 Symbolen: $S_1 = A$, $S_2 = B$, $S_3 = C$, $S_4 = D$ und den zugehörigen Wahrscheinlichkeiten $P(1) = 1/2$, $P(2) = 1/4$, $P(3) = 1/8$, $P(4) = 1/8$.

Diese Quelle hat einen Entscheidungsgehalt nach (4.3) von $H_0 = \text{ld}\, 4 = 2$ bit/Symbol und eine Entropie von

4.2 Diskrete Quellen und Kanäle

$H = 0,5 \cdot \text{ld}(0,5) + 0,25 \cdot \text{ld}(0,25) + 2 \cdot 0,125 \cdot \text{ld}(0,125) = 1,75$ bit/Symbol.

Die Redundanz dieser Quelle beträgt nach (4.4) $R = H_0 - H = 0,25$ bit/Symbol. Das Ziel der Codierung besteht darin, den Codierungsaufwand in bit/Symbol für die Übertragung zu senken.

Für die Codiermethode nach Shannon-Fano gilt folgende Codiervorschrift:

(1) Man schreibe die Symbole und darunter ihre Wahrscheinlichkeiten von links beginnend nach fallenden Wahrscheinlichkeiten auf.
(2) Man teile die Symbole für jeden Codierschritt in 2 Gruppen möglichst gleicher Wahrscheinlichkeit.
(3) Dann ordne man der 1. Gruppe das Symbol 1 und der 2. Gruppe das Symbol 0 zu. Wenn in einer Gruppe weitere Symbole folgen, dann enthalten sie dieses Binärelement als vorderes Codeelement.
(4) Man verfahre für die restlichen Symbole wie unter (2) und (3) bis alle Symbole codiert sind.
(5) Das Codewort für jedes Symbol ergibt sich von oben nach unten gelesen.

Im vorliegenden Beispiel ergibt sich folgendes Schema:

Quellensymbol	A	B	C	D
Wahrscheinlichkeit	1/2	1/4	1/8	1/8
1. *Codierschritt*	1		0	
2. *Codierschritt*	−	1	0	
3. *Codierschritt*	−	−	1	0

Wir erhalten von oben nach unten gelesen als Codewörter für die Symbole und als Codewortlängen: $A = 1$ ($k_1 = 1$); $B = 01$ ($k_2 = 2$); $C = 001$ ($k_3 = 3$); $D = 000$ ($k_4 = 3$).

Was wurde nun durch diese Quellencodierung erreicht? Würde man die 4 Symbole ohne Berücksichtigung der Wahrscheinlichkeit codieren, dann müßte man pro Symbol $\text{ld}\, 4 = 2$ bit aufwenden. Das ist aber gerade der Entscheidungsgehalt H_0 der Quelle, der immer dann aufgewendet werden muß, wenn alle Symbole mit gleichlangen Codewörtern codiert werden. Den Codierungsaufwand bei der Shannon-Fano-Codierung in bit pro Symbol kann man mit der mittleren Codewortlänge nach (4.13) bestimmen zu

$$k_m = \sum_{i=1}^{4} P(i) \cdot k_i = \frac{1}{2}1 + \frac{1}{4}2 + 2 \cdot \frac{1}{8}3 = \frac{7}{4} \text{ bit/Symbol.}$$

Dieser Codierungsaufwand ist geringer als der Entscheidungsgehalt aber genau gleich der Entropie, d.h. daß $k_m = H$ ist. Daher wurde durch die Codierung der minimal mögliche Aufwand für die Übertragung erreicht.

Redundanz der Quelle. Wir können nun auch die Wahrscheinlichkeit der beiden Symbole 0 und 1 der durch die Shannon-Fano-Codierung geschaffenen *Ersatzquelle* bestimmen. Nehmen wir an, daß 8 Symbole gesendet werden, dann treten im Mittel das A 4x, das B 2x und das C und das D je 1x auf. Durch die Umcodierung in Binärelemente werden von der Ersatzquelle 4+2+1+0=7 Einselemente und 0+2+2+3=7 Nullelemente gesendet, ihre Gesamtzahl ist 7+7=14. Das bedeutet, daß die beiden Binärelemente die gleiche Wahrscheinlichkeit 1/2 haben. Für diese Ersatzquelle ergibt sich nun ein Entscheidungsgehalt von $H_0 = \operatorname{ld} 2 = 1$ bit/Symbol und eine Entropie von $H = -2 \cdot 0,5 \cdot \operatorname{ld}(0,5) = 1$ bit/Symbol. Das ist ein wichtiges Resultat, denn $H_0 = H$, und das heißt nach (4.4), daß die Redundanz dieser Ersatzquelle jetzt null ist. Durch die Codierung wurde die Redundanz der ursprünglichen Quelle beseitigt, und genau das war das Ziel.

redundanzfreier Optimalcode

Die vollständige Beseitigung der Redundanz ist nur dann möglich, wenn der Informationsgehalt I_i der Symbole nach (4.1) einen ganzzahligen Wert ergibt. Dazu muß die Wahrscheinlichkeit der Symbole (wie in unserem Beispiel) bei einem Binärcode eine reziproke Potenz von 2 sein. Ein Code, der diese Bedingung erfüllt, wird als *redundanzfreier Optimalcode* bezeichnet. Wenn diese Bedingung nicht erfüllt ist, dann erreicht man trotzdem oft eine beachtliche Redundanzreduktion, aber nicht den Wert $R = 0$.

Die Kraftsche Ungleichung. Wir richten unsere Aufmerksamkeit nun auf die durch die vorstehende Codierung erzeugten 4 Codewörter, die die Form 1, 01, 001 und 000 haben. Diese Codewörter haben unterschiedliche Längen, und das bedeutet, daß sie beim Empfang *nicht* durch Abzählen (wie bei gleichlangen Codewörtern) aus dem seriellen Bitstrom des Signals zurückgewonnen werden können. Es gilt deshalb für diese Art der Codierung die *Decodierbarkeitsbedingung: Kein Codewort darf linker Teil eines anderen Codeworts sein!*

Decodierbarkeitsbedingung

Diese Bedingung ist bei der vorstehenden Codierung erfüllt. Um das aber immer zu gewährleisten, muß die Codierung die *Kraftsche Ungleichung* erfüllen, die eine bedeutende Einschränkung der zulässigen Codewörter erfordert.

Die Kraftsche Ungleichung kann wie folgt veranschaulicht werden. Betrachten wir eine Binärzahlendarstellung mit $k = 3$

4.2 Diskrete Quellen und Kanäle

Binärelementen, so kann man damit 8 verschiedene gleichlange Binärzahlen bilden: 000, 001, 010, 011, 100, 101, 110, 111.

Wenn nun das Codewort 1 für A im obigen Beispiel kein linker Teil eines anderen sein darf, dann werden durch diese 1 alle Binärzahlen *reserviert*, die mit 1 beginnen. Das betrifft 111, 110, 101 und 100. $r_1 = 4 = 1 \cdot 2^{k-1}$ der möglichen Binärzahlen sind damit von $n_1 = 1$ *Codewort* der Länge $k_1 = 1$ bit reserviert. Nehmen wir das zweistellige Codewort 01, so reserviert das die Binärzahlen, die mit 01 beginnen, also 010 und 011. $r_2 = 2 = 1 \cdot 2^{k-2}$ der möglichen Binärzahlen sind damit von dem $n_2 = 1$ Codewort der Länge $k_2 = 2$ bit reserviert. Insgesamt sind damit bereits 6 Binärzahlen reserviert. Schließlich gilt im vorliegenden Beispiel, daß noch $r_3 = 2 = 2 \cdot 2^{k-3}$ Codewörter der Länge $k_3 = 3$ vorhanden sind, für die die beiden gleichlangen Binärzahlen 001 und 000 zur Verfügung stehen. Insgesamt sind dann alle 8 (d.h. 2^k) möglichen Binärzahlen vergeben. Diese Verhältnisse lassen sich für eine Codierung, die k-stellige Codewörter erfordert, wie folgt in eine Formel kleiden:

Codewort

$$n_1 2^{k-1} + n_2 2^{k-2} + n_3 2^{k-3} + \cdots + n_{k-1} 2^1 = 2^k. \qquad (4.14)$$

Wir multiplizieren diese Gleichung mit 2^{-k} und benutzen das Summenzeichen:

$$\sum_{i=1}^{k} n_i 2^{-k_i} = 1. \qquad (4.15)$$

Wenn diese Gleichung durch die Optimalcodierung erfüllt wird, dann bedeutet das, daß die Quelle redundanzfrei codiert wird. Das ist nicht für jede Wahrscheinlichkeitsverteilung möglich. Es treten dann trotz der dargelegten Einschränkung im Umfang der verwendeten Binärzahlen als Codewörter noch immer mögliche ungenutzte Binärzahlen auf. In diesem Falle ist die linke Summe (4.14) nicht 2^k und demzufolge die Summe (4.15) < 1. Die Kraftsche Ungleichung bekommt dann die endgültige Form

$$\sum_{i=1}^{k} n_i 2^{-k_i} \leq 1. \qquad (4.16)$$

4.2.5 Die Entropie der deutschen Sprache

Am Ende des Abschnitts 4.2.2 haben wir festgestellt, daß jede Quelle 2 Ursachen für Redundanz haben kann: (1) die unterschiedlichen Symbolwahrscheinlichkeiten und (2) die Abhängigkeiten der Symbole. Ganz besonders groß sind die Unterschiede in den

Wahrscheinlichkeiten und die Abhängigkeiten der Symbole in der Schriftsprache. Es ist daher sehr interessant, den Wert der Entropie (d.h. den minimalen Übertragungsaufwand in bit/Symbol) für eine Sprache zu untersuchen. Diese Frage hat Karl Küpfmüller, ein bedeutender deutscher Nachrichteningenieur, in seiner klassischen Veröffentlichung im Jahre 1954 beantwortet [4.9]. Aufbauend auf Vorarbeiten aus dem vorigen Jahrhundert über Häufigkeiten von Silben und Wörtern der deutschen Sprache konnte er so die Abhängigkeiten über 3 (für Silben), 6 (für Wörter) und mehr als 10 Buchstaben (für Sätze) abschätzen. Zusammengefaßt ergeben sich folgende Ergebnisse:

(1) Der Entscheidungsgehalt des deutschen Alphabets (ohne Wortzwischenraum) beträgt $H_0 = \text{ld}(26) = 4,7$ bit/Symbol.

(2) Bei Annahme unabhängiger Symbole kann man aus den bekannten Symbolwahrscheinlichkeiten mit (4.2) die Entropie H_1 für Einzelsymbole bestimmen. Es ergibt sich $H_1 = 4,1$ bit/Symbol.

(3) Bei Berücksichtigung der relativen Häufigkeit der Silben (gezählt aus über 20 Millionen Silben) erhält man eine Entropie von $H_3 = 2,8$ bit/Symbol.

(4) Bei Berücksichtigung der Häufigkeiten der Wörter ergibt sich $H_6 = 2,0$ bit/Symbol.

(5) Bei Berücksichtigung der Statistik der Sätze erhält man schließlich $H_\infty = 1,6$ bit/Symbol.

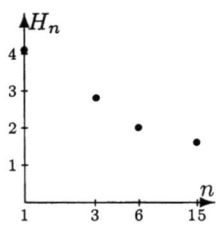

Der Wert von 1,6 bit/Symbol ist die Entropie der deutschen Schriftsprache. Da man mit 1 bit 2 Symbole und mit 2 bit 4 Symbole kennzeichnen kann, besagt das Ergebnis, daß man für die Codierung langer deutschsprachiger Texte nur 3 Symbole benötigen würde, die aber in den Codewörtern gleichhäufig auftreten müssen, damit die Redundanz null ist. Solche Texte wären natürlich völlig unverständlich. Aber man könnte so (theoretisch) die Redundanz nach (4.4) von $4,7 - 1,6 = 3,1$ bit/Symbol (das sind ca. 66%) beseitigen und erheblich an Übertragungsaufwand sparen. Der Verlauf der Entropie als Funktion der Anzahl Symbole ist nebenstehend abgebildet.

4.2.6 Diskrete Übertragungskanäle

Der diskrete Übertragungskanal überträgt in der im Abschnitt 4.1 mit Bild 4.1 erläuterten Weise die diskreten Nachrichten in codierter Form (d.h. als impulsförmiges elektrisches Signal) vom Sender zum Empfänger. Dabei gibt es immer eine bestimmte Wahrscheinlichkeit dafür, daß die vom Kanal verursachten Be-

4.2 Diskrete Quellen und Kanäle

einträchtigungen des Signals zu Übertragungsfehlern, d.h. zu einer Verfälschung der binären Elemente 1 in 0 oder 0 in 1 führen. Übertragungskanäle können komplizierte mathematische Modelle sein, insbesondere dadurch, daß ihre Störungen oft in Bursts (gebündelt) auftreten, wodurch mehrere aufeinanderfolgende, voneinander abhängige Elementefehler (sogenannte Mehrfachfehler) auftreten [4.10]. Einen Kanal mit burstförmiger Störstruktur bezeichet man als *Kanal mit Gedächtnis* [4.20]. Im Gegensatz dazu verursacht das *Gaußsche Rauschen*, d.h., das Wärmerauschen in Widerständen und Transistoren, Störstrukturen, bei denen die Elementefehler unabhängig voneinander auftreten, und zudem meist aus Einfachfehlern und viel selteneren Zweifachfehlern bestehen. Einen solchen Kanal bezeichnet man als *gedächtnisloser Kanal*, und nur diesen wollen wir hier betrachten. Dabei nehmen wir an, daß dieser Kanal im stationären Zustand arbeitet, bei dem daher die Wahrscheinlichkeitsverteilung der Störungen zeitunabhängig und konstant ist.

Gaußsches Rauschen

gedächtnisloser Kanal

Wegen der großen praktischen Bedeutung für die digitale Nachrichtentechnik werden wir die Übertragung nur am Beispiel des *Binärkanals* behandeln. Die abgeleiteten Formeln gelten aber auch für Quellen mit mehr als 2 Symbolen. Das Quellensignal sei, falls erforderlich, bereits digitalisiert, und die Quelle gibt daher eine stochastische Folge von Einsen und Nullen ab [4.2].

Binärkanal

Das nebenstehende Bild zeigt einen allgemeinen Binärkanal. Die Sendesymbole bezeichnen wir zur besseren Unterscheidung mit $S_i = x_i$ ($i = 1, 2$) und die Empfangssymbole mit $S_j = y_j$ ($j = 1, 2$). Die Verfälschung einer 1 in eine 0 soll mit der *Kanalwahrscheinlichkeit* 2/5 erfolgen und die Verfälschung einer 0 in eine 1 mit der *Kanalwahrscheinlichkeit* 1/3. Das bedeutet sehr starke Störungen auf dem Kanal. Auch die Symbolwahrscheinlichkeiten der Quelle sind nicht gleich: $P(x_1) = 5/8$, $P(x_2) = 3/8$.

Kanalwahrscheinlichkeit

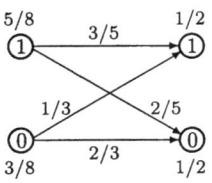

Daraus erkennen wir sofort, daß für die Entropie der Quelle gilt: $H(x) < H_0$. Wir berechnen zuerst die Wahrscheinlichkeit für die Empfangssymbole $y_1 = 1$ und $y_2 = 0$. Dabei ist zu beachten, daß beide Symbole durch die Verfälschungen des Kanals mit den angegebenen Wahrscheinlichkeiten aus *beiden* Sendesymbolen entstehen können. Ein Empfangssymbol ist daher *abhängig* vom jeweils abgegebenen Sendesymbol, und deshalb müssen wir mit bedingten Wahrscheinlichkeiten rechnen, die im Abschnitt 4.2.2 erklärt wurden. Es ergibt sich dann aus der Anschauung:

$$P(y_1) = P(y_1|x_1) \cdot P(x_1) + P(y_1|x_2) \cdot P(x_2),$$
$$P(y_2) = P(y_2|x_1) \cdot P(x_1) + P(y_2|x_2) \cdot P(x_2).$$

Mit $P(x_1) = 5/8$, $P(x_2) = 3/8$, $P(y_1|x_1) = 3/5$, $P(y_1|x_2) = 1/3$, $P(y_2|x_1) = 2/5$ und $P(y_2|x_2) = 2/3$ erhalten wir das Ergebnis

$$P(y_1) = 1/2, \qquad P(y_2) = 1/2.$$

Beide Empfangssymbole sind gleichwahrscheinlich, und das besagt, daß hier die Sinke, mit $H(y) = 1$ bit/Symbol (im informationstheoretischen Sinne) eine größere Entropie hat als die Quelle mit $H(x) = 0,9544$.

Die Erklärung dafür ist ganz einfach: Der Kanal hat die Statistik der Symbole verändert. Die Verhältnisse lassen sich wieder, wie im Abschnitt 4.2.2, mit Betrachtung der Verbundereignisse veranschaulichen. Ein *Verbundereignis* ist hier das stochastisch auftretende Symbolpaar S_iS_j, das wir aber jetzt mit x_i, y_j bezeichnen. Wie das Bild auf S. 171 zeigt, kann ein bestimmtes Empfangssymbol infolge von Störungen auch aus dem *anderen* Sendesymbol entstanden sein. Das führt wieder auf bedingte Wahrscheinlichkeiten. Dabei gilt gemäß (4.5)

Verbundereignis

$$P(x_i, y_j) = P(x_i|y_j) \cdot P(y_j) = P(y_j|x_i) \cdot P(x_i). \qquad (4.17)$$

$P(y_j|x_i)$ ist die bedingte Wahrscheinlichkeit dafür, daß y_j empfangen wird, wenn x_i gesendet wurde. $P(x_i|y_j)$ ist die bedingte Wahrscheinlichkeit dafür, daß x_i gesendet wurde, wenn y_j empfangen wird. Die $P(y_j|x_i)$ sind als Annahme über die Eigenschaften des Kanals im auf S. 171 enthalten. Die $P(x_i|y_j)$ müssen aus (4.17) bestimmt werden zu:

$$P(x_i|y_j) = \frac{P(y_j|x_i) \cdot P(x_i)}{P(y_j)}. \qquad (4.18)$$

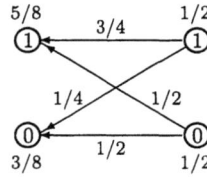

Es ergibt sich für $i = j = 1$ mit den vorstehend berechneten $P(y_j)$ z.B.: $P(x_1|y_1) = \frac{5}{8} \cdot \frac{3}{5} / \frac{1}{2} = \frac{3}{4}$. Alle so errechneten $P(x_i|y_j)$ sind im nebenstehenden Bild eingetragen. Ihre Wirkungsrichtung ist umgekehrt. Da wir je 2 Sende- und Empfangssymbole haben, gibt es für (4.17) vier Kombinationen, mit denen die bedingten Entropien berechnet werden können. Wir wissen aus der Diskussion nach (4.11), daß sie wegen der Abhängigkeiten zur Verminderung der Quellenentropie (und hier auch der Sinkenentropie) führen. Ausgehend von der Situation bei (4.10) haben wir dann:

$$H(y|x) = -\sum_i \sum_j P(y_j|x_i) \cdot P(x_i) \cdot \mathrm{ld} P(y_j|x_i), \qquad (4.19)$$

$$H(x|y) = -\sum_i \sum_j P(x_i|y_j) \cdot P(y_j) \cdot \mathrm{ld} P(x_i|y_j). \qquad (4.20)$$

4.2 Diskrete Quellen und Kanäle

$H(y|x)$ ist eine bedingte Sinkenentropie, die die Entropie der Sinke vermindert nach der Beziehung $H(y) - H(y|x)$, sie wird als *Streuentropie* oder *Irrelevanz* bezeichnet. Diese Entropie beschreibt die Unsicherheit bzgl. des tatsächlich gesendeten Symbols aus Sicht des Empfängers. $H(x|y)$ ist eine bedingte Quellenentropie, die die Entropie der Quelle verringert nach der Beziehung $H(x) - H(x|y)$, sie wird als *Äquivokation* bezeichnet. Diese Entropie beschreibt die aus Sicht des Senders entstehende Unsicherheit bzgl. des an den Empfänger gelangenden Symbols.

Irrelevanz

Äquivokation

Transinformation. Es interessiert nun der Anteil der Information, der zum Empfänger übertragen wird. Dazu betrachten wir die angeschriebene Entropiedifferenz auf der Sendeseite. Es ist offensichtlich, daß diese Differenz gerade die zum Empfänger gelangende Information sein muß, die als *Transinformation* T bezeichnet wird. Es zeigt sich, daß T auch gleich ist der Entropiedifferenz beim Empfänger, und darüberhinaus kann man aus (4.17) eine Verbundentropie $H(x, y)$ bestimmen, die unter Verwendung von $H(y|x)$ und $H(x|y)$ ebenfalls eine Bestimmung von T gestattet:

Transinformation

$$T = H(x) - H(x|y) = H(y) - H(y|x) = H(x) + H(y) - H(x,y). \tag{4.21}$$

In der Literatur wird T oft auch mit $H(x; y)$ bezeichnet.

Die soeben durch die verschiedenen Entropien beschriebenen Veränderungen im Informationsbelag der übertragenen Symbole können durch das nebenstehend abgebildete Schema veranschaulicht werden. Der Anteil $H(x|y)$ der Quellenentropie $H(x)$ wird gewissermaßen aus dem Kanal hinausgeworfen. Der Anteil T wird zum Empfänger übertragen. Durch die Störungen des Kanals verursacht wird der Anteil $H(y|x)$ in den Kanal eingeschleust.

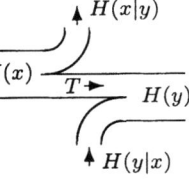

Beispiel 4.1
Zur zahlenmäßigen Veranschaulichung berechnen wir die in den vorstehenden Gleichungen beschriebenen Größen mit Hilfe der beiden Kanalmodelle auf S. 171 und S. 172. Man erhält in bit/Symbol:

$H(x) = -\frac{5}{8}\text{ld}\frac{5}{8} - \frac{3}{8}\text{ld}\frac{3}{8} = 0,954434, \quad H(y) = -2 \cdot \frac{1}{2}\text{ld}\frac{1}{2} = 1;$
$H(y|x) = -[\frac{5}{8}\frac{3}{5}\text{ld}\frac{3}{5} + \frac{3}{8}\frac{1}{3}\text{ld}\frac{1}{3} + \frac{5}{8}\frac{2}{5}\text{ld}\frac{2}{5} + \frac{3}{8}\frac{2}{3}\text{ld}\frac{2}{3}] = 0,951205,$
$H(x|y) = -\frac{1}{2}[\frac{3}{4}\text{ld}\frac{3}{4} + \frac{1}{4}\text{ld}\frac{1}{4} + 2 \cdot \frac{1}{2}\text{ld}\frac{1}{2}] = 0,905639.$

Daraus ergibt sich in beiden Fällen von (4.21) $T = 0,048794$. □

Man sieht bei dem Beispiel, daß nur ein sehr geringer Teil der vom Sender gelieferten Information zum Empfänger gelangt. Denn die Sinken-Entropie besteht zum großen Teil aus *Streuentropie*, die für die Nachrichtenübertragung schädlich ist. Ein solcher Kanal ist aber nicht unbrauchbar. Denn betrachten wir die Entropie der

Streuentropie (Irrelevanz)

Quelle mit beinahe 1 bit/Symbol und die Transinformation mit etwa T=0,0488 bit/Symbol, so ergibt sich, daß man 1/0,0488=21 Symbole übertragen müßte, um 1 Bit zu erhalten. Denn, wenn Information gleich beseitigte Unsicherheit ist und die Quelle zur Unterscheidung ihrer 2 Symbole 1 bit erfordert, dann benötige ich zur Beseitigung der Unsicherheit beim Empfänger 21 Symbole.

Es ist dann aber erforderlich, Sinkensymbole zu bilden, die aus 21 bit bestehen. Wie man aus dieser großen Anzahl von Sinkensymbolen erkennt, ob die Übertragung fehlerfrei ist, das wird im Abschnitt Kanalcodierung erklärt. Hier sei nur die interessante Feststellung getroffen, daß ein fehlererkennender Code für diesen Kanal mit einer Restfehlerwahrscheinlichkeit von $P_{e,rest} = 10^{-6}$ 20 zusätzliche Kontrollelemente an Redundanz erfordern würde, so daß sich ebenso 21 bit für den Codeblock ergeben [4.10].

Der symmetrische Binärkanal. Mit den gewonnenen Kenntnissen wollen wir uns nun einem realen Kanalmodell zuwenden: dem symmetrisch gestörten Binärkanal, wie er nebenstehend abgebildet ist. Die Symmetrie besteht darin, daß beide Sendeelemente (1 und 0) mit der gleichen Wahrscheinlichkeit 1/2 auftreten und mit der gleichen Wahrscheinlichkeit P verfälscht werden. Daraus ergeben sich die im Bild angeschriebenen Übergangswahrscheinlichkeiten. Ebenso wie im vorangegangenen Kanalmodell können wir nun die $P(y_j)$, die Entropien und die bedingten Entropien sowie die Transinformation T berechnen. Aus der Anschauung ist schon ersichtlich, daß $H(x) = 1$ und $H(y) = 1$ ist.

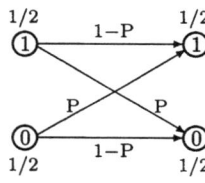

Für die bedingten Rückwärtswahrscheinlichkeiten erhalten wir nach (4.18): $P(x_1|y_1) = P(x_2|y_2) = 1 - P$; $P(x_1|y_2) = P(x_2|y_1) = P$. Damit kann man die Irrelevanz nach (4.19) und die Äquivokation nach (4.20) und die Transinformation nach (4.21) bestimmen:

$$H(y|x) = -\tfrac{1}{2}[2 \cdot (1-P)\,\text{ld}(1-P) + 2 \cdot P\,\text{ld}P] = \\ = -(1-P)\text{ld}\,(1-P) - P\,\text{ld}\,P = H(x|y). \quad (4.22)$$

$$T = H(x) - H(x|y) = H(y) - H(y|x) = 1 + P\,\text{ld}\,P + (1-P)\,\text{ld}\,(1-P). \quad (4.23)$$

Der Verlauf von T über der Fehlerwahrscheinlichkeit P ist in nebenstehendem Bild dargestellt: Die übertragene Information wird für $P = 1/2$ null. In diesem Falle sind die Ausgangssymbole völlig unabhängig vom Eingang. Jedoch für $P > 1/2$ zeigt sich wieder ein Anstieg. Das erklärt sich daraus, daß für $P > 1/2$ die Wahrscheinlichkeit immer größer wird, daß die Kanalstörung das andere Symbol erzeugt, es entsteht eine Vertauschung der Zuordnung der

4.2 Diskrete Quellen und Kanäle

Symbole. Der Fall P=1/2 entspricht einem völlig gestörten Kanal: Die Empfangssymbole könnten in diesem Falle genauso durch würfeln erzeugt werden.

Ungestörter Kanal. Für beide besprochenen Modelle des Binärkanals sei noch kurz der Fall des ungestörten Kanals betrachtet. Dabei gilt $P = 0$ und $1 - P = 1$. Die $P(x_i|y_j)$ und die $P(y_j|x_i)$ sind 1 für $i = j$ und 0 für $i \neq j$. Aus (4.22) erhält man wegen ld 1 = 0 $H(y|x) = H(x|y) = 0$ und daher aus (4.23) $T = H(x) = H(y)$. Alle Sendesymbole werden ungestört zum Empfänger übertragen.

4.2.7 Kanalkapazität und Hauptsatz der Informationstheorie

Kanalkapazität. Wir interessieren uns nun für die maximal über einen gestörten Binärkanal übertragbare Information, also für T_{max}. Dieses Maximum bezeichnet man als *Kanalkapazität C*: Kanalkapazität

$$C = T_{max} \quad \text{in bit/Symbol.} \qquad (4.24)$$

Die Kanalkapazität wird oft in bit/s angegeben, dann hat sie die durch Multiplikation mit der Übertragungsrate v entstandene Form

$$C = v \cdot T_{max} \quad \text{in bit/s.} \qquad (4.25)$$

In dieser Gleichung beschreibt C einen *Informationsfluß*. Wie Informationsfluß wir aus der vorangegangenen Diskussion wissen, hängt C von den gegebenen Störungsverhältnissen, ausgedrückt durch die $P(x_i|y_j)$ und die $P(y_j|x_i)$ ab. Das Maximum ist deshalb ein Maximum in bezug auf die Quellensymbolverteilung $P(x_i)$. Wir berechnen die Kanalkapazität nur für den symmetrischen Binärkanal. Der Leser findet allgemeine Ableitungen mit Anwendung der Variationsrechnung in [4.2], [4.3], [4.11], [4.12]. Nun benötigen wir eine Gleichung für T, in der nur die $P(x_i)$, $P(x_i|y_j)$ bzw. $P(y_j|x_i)$ vorkommen. Das wird erreicht, wenn wir von $T = H(y) - H(y|x)$ ausgehen und für $H(y)$ einsetzen:

$$H(y) = -\sum_i \sum_j P(y_j|x_i)P(x_i)\text{ld}\left(\sum_i P(y_j|x_i)P(x_i)\right). \qquad (4.26)$$

Für $H(y|x)$ gilt (4.19). Wie im Bild auf S. 174 setzen wir nun $P(y_j|x_i) = (1 - P)$ für $i = j$, $P(y_j|x_i) = P$ für $i \neq j$, $P(x_1) = P_1$, $P(x_2) = 1 - P_1$. Diese Beziehungen in (4.19) und (4.26) eingesetzt ergeben nach (4.21):

$$T = -(1-P)P_1 \text{ld}[(1-P)P_1] - P(1-P_1)\text{ld}[P(1-P_1)] -$$
$$-(1-P)(1-P_1)\text{ld}[(1-P)(1-P_1)] - PP_1\text{ld}[PP_1] +$$
$$+(1-P)P_1\text{ld}(1-P) + P(1-P_1)\text{ld}P + (1-P)(1-P_1)\text{ld}(1-P) +$$
$$PP_1\text{ld}P.$$

Wenn man zunächst die Produkte in den Numeri der Logarithmen in Summen von Logarithmen verwandelt, hebt sich eine beträchtliche Anzahl der Ausdrücke weg. Durch Ausmultiplizieren der Klammern ergibt sich schließlich der einfache Ausdruck:

$$T = P_1 \text{ld}(1-P_1) - P_1 \text{ld} P_1 - \text{ld}(1-P_1). \qquad (4.27)$$

Um das Maximum zu finden, differenzieren wir (4.27) nach P_1 und setzen den Differentialquotienten null. Es ergibt sich

$$(1-P_1)[\text{ld}(1-P_1) - \text{ld}P_1] = 0.$$

Da P_1 nicht 1 werden kann, muß in dieser Gleichung die eckige Klammer null sein, und das führt uns auf das Ergebnis

$$P_1 = P(x_1) = 1/2 \quad \text{und} \quad P(x_2) = 1/2.$$

maximale Transinformation

Dieses Ergebnis besagt, daß der symmetrische Binärkanal seine Kanalkapazität, d.h. seine *maximale Transinformation*, bei Gleichverteilung der Sendesymbole hat. Die Kanalkapazität wird deshalb ausgedrückt durch (4.23), bei der wir, ohne zu wissen, daß das auch das Maximum von T ist, bereits eine Gleichverteilung angenommen hatten: Die Kanalkapazität des symmetrischen Binärkanals ist somit

$$C = 1 + P \text{ld} P + (1-P) \text{ld}(1-P). \qquad (4.28)$$

Hauptsatz der Informationstheorie. Die Berechnung der über einen gestörten Kanal übertragbaren Information mit (4.21) läßt uns noch im Unklaren darüber, ob es unter diesen Umständen möglich ist, unverfälschte Nachrichten über einen gestörten Kanal zu übertragen. Aus der Erfahrung wissen wir, daß dies möglich ist. Im Abschnitt Kanalcodierung werden die dabei angewendeten Prinzipien anschaulich beschrieben.

Es ist aber sehr interessant festzustellen, daß *Shannon* in seinen grundlegenden Arbeiten [4.18] allein mit statistischen Methoden nachgewiesen hat, daß es möglich ist, über einen beliebig gestörten Kanal maximal mit der Übertragungsrate der Kanalkapazität Nachrichten *fehlerfrei* zu übertragen.

4.2 Diskrete Quellen und Kanäle

Dieser Beweis wird deshalb als Hauptsatz der Informationstheorie (im amerikanischen Schrifttum oft auch als *Shannonsches Haupttheorem*) bezeichnet. Die Tiefe seiner Gedanken in diesem Beweis ist sehr beeindruckend. Wir wollen diesen mathematischen Beweis für den symmetrischen Binärkanal in vereinfachter Form darzustellen.

Shannonsches Haupttheorem

Alle Nachrichtensignale unterliegen den Gesetzen des Zufalls, das gilt auch für die Aufeinanderfolge der Binärelemente 0 und 1 im Binärkanal. Wir nehmen die Quelle in Bild 4.1 an mit $P(0) = P(1) = 1/2$. Der entscheidende Gedanke des Hauptsatzes ist nun der, daß die zu übertragenden Binärelemente in *Blöcke* zusammengefaßt werden. Die Länge eines Blockes sei n, dann kann man aus den 2 Elementen 0 und 1 insgesamt 2^n verschiedene Blöcke der Länge n bilden.

Für die Störungen im Kanal setzen wir das am Anfang des Abschnitts 4.2.6 beschriebene Gaußsche Rauschen voraus, dann sind die bei der Übertragung auftretenden Bitfehler in den einzelnen Blöcken unabhängig voneinander. Ein Bit, bestehend entweder aus 0 oder aus 1, kann bei der Übertragung mit einer bestimmten Wahrscheinlichkeit P verfälscht werden, so wie es im Bild auf S. 174 gezeigt ist, und es ist möglich, daß mehrere falsche Bits in einem Block der Länge n auftreten. Ihre Anzahl sei x. Unter den gemachten Voraussetzungen (n, P, Unabhängigkeit) wird die Anzahl x der *Bitfehler* in einem Block der Länge n durch diskrete *Bernoulli-Verteilung* beschrieben:

Bitfehler
Bernoulli-Verteilung

$$P(x) = \binom{n}{x} \cdot P^x \cdot (1-P)^{n-x}. \quad (4.29)$$

Diese Formel ist so zu interpretieren: Ein Block der Länge n mit x Bitfehlern kann auf $\binom{n}{x}$ verschiedene Weise auftreten, je nachdem, an welcher Stelle im Block die Fehler sitzen. Jeder Block mit x Fehlern ist gleichwahrscheinlich und er enthält x falsche und $n-x$ richtige Binärelemente. Die Wahrscheinlichkeit eines solchen Blocks ist $P^x \cdot (1-P)^{(n-x)}$. Als Beispiel zeigt nebenstehendes Bild den Verlauf von $P(x)$ über x für $n = 10$ und $P = 0,3$. Für Mittelwert m_x und Streuung σ_x^2 dieser Verteilung gilt [4.2]

$$m_x = nP, \quad \sigma_x^2 = nP(1-P). \quad (4.30)$$

Die Formel für den Mittelwert m_x ist aus der Verteilung anschaulich klar, denn wenn jedes Bit mit der gleichen Wahrscheinlichkeit P verfälscht werden kann, dann werden n Bits im Mittel mit der Wahrscheinlichkeit $n \cdot P$ verfälscht.

Wenn man den Verlauf von (4.29) auf dem Computer simuliert, dann stellt man eine sehr wichtige Eigenschaft der Bernoulli-Verteilung fest: Die Wahrscheinlichkeit $P(x)$ für die Anzahl x der Fehler im Block, für die gilt $x > n \cdot P$, wird mit steigendem n sehr schnell vernachlässigbar klein. Das läßt sich als Gesetzmäßigkeit aus dem nebenstehenden Bild und aus den Gleichungen 4.30 ab-
Streuungsgrenze leiten. Berechnen wir nämlich die obere *Streuungsgrenze* der Verteilung nach (4.29), so erhalten wir nach den Gesetzen der Wahrscheinlichkeitsrechnung für den nur noch mit sehr kleiner Wahrscheinlichkeit auftretenden Maximalwert von x als sogenannte 3σ-Grenze:

$$x_{max} = m_x + 3 \cdot \sqrt{\sigma_x^2} = nP + 3\sqrt{nP(1-P)}. \qquad (4.31)$$

Mit $n = 20$ und $P = 0,1$ ergibt sich $x_{max} = 6$. Das bedeutet, daß alle Blöcke mit mehr als $x = 6$ Fehlern vernachlässigbar, also uninteressant sind. Die jetzt noch interessierenden Blöcke enthalten bei $n = 20$ und $P = 0,1$ entweder keine Fehler ($x = 0$) oder 1 bis 6 Fehler.

Wir suchen nun den Grenzwert für die Anzahl Fehler pro Block bei wachsender Blocklänge, d.h. bei $n \to \infty$:

$$\lim_{n \to \infty} \frac{x_{max}}{n} = \lim_{n \to \infty} \frac{nP + 3\sqrt{nP(1-P)}}{n} = P. \qquad (4.32)$$

Da x_{max}/n nur Werte zwischen 0 und 1 annehmen kann, können wir diesen Quotienten als Wahrscheinlichkeit interpretieren: Es ist die Wahrscheinlichkeit dafür, daß im Block ein Bit verfälscht wird. Als Grenzwert ergibt sich somit, daß die Anzahl Fehler im Block der Länge n *begrenzt* und genau $n \cdot P$ ist. Die relative Streuung dieser Anzahl Fehler wird bei großen Blocklängen null. Mehr und weniger als nP Fehler treten dann im Block nicht auf. Blöcke mit
hochwahrschein- nP Fehlern bezeichnet man als *hochwahrscheinliche Blöcke*. Ihre
liche Blöcke Anzahl ist $\ll 2^n$.

Aus (4.29) können wir entnehmen, daß diese hochwahrscheinlichen Blöcke mit $x = nP$ Fehlern alle die Wahrscheinlichkeit haben:

$$P(Bh) = P^{nP}(1-P)^{(n-nP)} = [P^P(1-P)^{(1-P)}]^n. \qquad (4.33)$$

Da diese Blöcke im Grenzfall alle gleichwahrscheinlich sind, ist ihre Anzahl z_{Bh} multipliziert mit $P(Bh)$ gleich 1. Aus (4.33) kann man daher ihre Anzahl bestimmen zu

$$z_{Bh} = \frac{1}{P(Bh)} = [P^P(1-P)^{(1-P)}]^{-n}. \qquad (4.34)$$

4.2 Diskrete Quellen und Kanäle

Diese Anzahl hochwahrscheinlicher Blöcke mit nP fehlerhaften Bits ist für eine bestimmte (große) Blocklänge eine Konstante. Aus dieser statistischen Gesetzmäßigkeit ergibt sich die wichtige Konsequenz: *Wenn man einen bestimmten Eingangsblock der Blocklänge n bit über den gestörten Kanal überträgt, so kann dieser Block in maximal z_{Bh} und nicht mehr Ausgangsblöcke mit nP Fehlern verändert werden.*

Blocklänge

In der praktischen Anwendung und auch bei der Betrachtung von Beispielen ist es natürlich nicht möglich, $n \to \infty$ zu erreichen. Dann muß man davon ausgehen, daß die Anzahl der hochwahrscheinlichen Blöcke um nP streut. Die Streuung ergibt sich ebenfalls aus (4.30), da diese Werte mit Wahrscheinlichkeit auftreten. Nehmen wir wieder die 3σ-Grenze, dann ist die maximal mögliche Anzahl z_{Bm} der hochwahrscheinlichen Blöcke mit z_{Bh} nach (4.34)

$$z_{Bm} = z_{Bh}\left(1 + 3\sqrt{\sigma_x^2}\right) = z_{Bh}\left(1 + 3\sqrt{nP(1-P)}\right). \qquad (4.35)$$

Für $P = 0,1$ wird $3\sqrt{\sigma_x^2} = 0,9 \cdot \sqrt{n}$ und für größere Blocklängen kann man die 1 in (4.35) vernachlässigen. Wir erhalten dann eine Näherungsgleichung, mit der wir weiterhin rechnen werden:

$$z_{Bm} = z_{Bh} \cdot \sqrt{n}. \qquad (4.36)$$

Die obige Aussage über die maximale Anzahl fehlerhafter Blöcke besagt nun, daß aus einem Sendeblock der Länge n maximal z_{Bm} verschiedene falsche Empfangsblöcke entstehen können.

Da aber die Gesamtzahl der möglichen Sendeblöcke mit $2^n \gg z_{Bm}$ ist, kann man daraus

$$z_{gr} = \frac{2^n}{z_{Bm}} \qquad (4.37)$$

verschiedene Gruppen bilden. Jede dieser Gruppen enthält *einen anderen* unverfälschten *Sendeblock* und alle aus diesem Sendeblock durch Störungen entstehenden fehlerhaften möglichen Empfangsblöcke. Wenn man diese Zuordnung geschickt macht, dann hat jede dieser Gruppen eine andere Anordnung der nP Fehler, so daß *disjunktive (sich ausschließende) Gruppen* entstehen. Jede für sich gehört zu einem bestimmten Sendeblock. Es ist damit möglich, von einem fehlerhaften Empfangsblock mit bestimmter Fehlerstruktur eindeutig auf den Sendeblock zu schließen und somit eine *fehlerfreie* Übertragung zu realisieren. Man kann also z_{gr} Sendeblöcke fehlerfrei übertragen.

Sendeblock

disjunktive Gruppen

Um z_{gr} Sendeblöcke zu unterscheiden, benötigt man $k = \operatorname{ld} z_{gr}$ bit. Dieses Binärcodewort aus k bit ist gleichzeitig die Anzahl der pro Gruppe fehlerfrei über einen beliebig gestörten Kanal übertragbaren Binärelemente der Quelle. Es ist also

$$k = \operatorname{ld} z_{gr} \text{ Anzahl fehlerfrei übertragbare Bits je Block.} \qquad (4.38)$$

Beispiel 4.2
Wenden wir die erhaltenen Gleichungen auf die (kleine) Blocklänge $n = 4$ an, dann erhalten wir mit $P = 0,1$: Mittlere Anzahl Fehler im Block $x = nP = 0,4$. Wir nehmen damit an, daß bei der Übertragung nur Einfachfehler auftreten. Weiterhin wird nach (4.33) $P_{Bh} = 0,2724$, nach (4.34) $z_{Bh} = 3,67$, nach (4.36) als maximale Anzahl hochwahrscheinlicher Blöcke $z_{Bm} = 7,34$, nach (4.37) $z_{gr} = 2$ und nach (4.38) die Anzahl fehlerfrei übertragbarer Quellensymbole (Bits) je Block $k = \operatorname{ld} 2 = 1$. Die Einteilung der $2^n = 2^4 = 16$ Blöcke in 2 Gruppen kann folgendermaßen erfolgen, wenn die fehlerfreie Übertragung mit einbezogen wird:
Symbol 1, Sendeblock 1111: Gruppe 1111, 0111, 1011, 1101, 1110
Symbol 0, Sendeblock 0000: Gruppe 0000, 1000, 0100; 0010, 0001
Obwohl diese Art der Codierung eine fehlerfreie Übertragung gewährleistet, erfolgt sie mit einer beträchtlichen Redundanz. Denn von 4 bit pro Block wird nur 1 bit Information übertragen. Die Redundanz ist 75 Prozent. □

Der vorstehend in vereinfachter Form am Beispiel des symmetrischen Binärkanals abgehandelte Hauptsatz der Informationstheorie enthält ein wesentliches Problem: Er gibt keine Anleitung, wie man die Codierung der Blöcke vorzunehmen hat, damit disjunktive Gruppen entstehen. In der Tat ist das bei größeren Blocklängen ein sehr schwieriges Unterfangen, das ohne einen leistungsfähigen Computer-Algorithmus überhaupt nicht lösbar ist. Deshalb liegt der eigentliche und unschätzbare Wert dieses Theorems in der verursachten Initialzündung für die Theorie der fehlererkennenden und fehlerkorrigierenden Codes, die ohne die Pionierarbeit von *C. E. Shannon* nicht vorstellbar ist und die nach der Veröffentlichung seiner Arbeiten [4.18] in aller Welt, insbesondere aber in den USA, einsetzte. Der Leser kann sich davon im Abschnitt Kanalcodierung einen Eindruck verschaffen.

4.3 Kapazität kontinuierlicher Kanäle

In den vorangehenden Abschnitten dieses Kapitels wurden Quellen und Kanäle der diskreten Informationsübertragung ausführlich behandelt, da sie in den letzten Jahren eine außergewöhnliche Bedeutung erlangt haben. Dagegen treten die Prinzipien der analo-

4.3 Kapazität kontinuierlicher Kanäle

gen Nachrichtenübertragung in terrestrischen Netzen immer mehr in den Hintergrund. Deshalb sollen die Betrachtungen für analoge Quellen und Kanäle auf die Kanalkapazität des Analogkanals beschränkt werden, wobei jedoch einige wichtige Grenzwerte sichtbar werden.

Die grundsätzlichen Verhältnisse zeigt das Modell im rechts stehenden Bild. Wir gehen aus von einer Mehrpegelübertragung über einen Kanal der Grenzfrequenz f_g. Dann kann man mit $z_n = 2^n$ Amplitudenstufen über diesen Kanal maximal eine Übertragungsrate realisieren von [4.10]

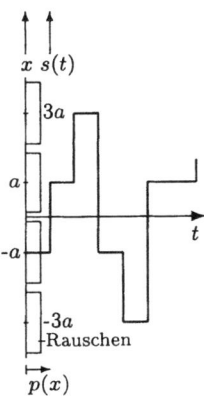

$$v_{max} = 2nf_g = 2f_g \operatorname{ld} z_n. \tag{4.39}$$

Ohne den Einfluß von Störungen könnte man durch Vergrößerung von z_n diese Übertragungsrate beliebig erhöhen, die Störungen begrenzen eine solche Erhöhung jedoch. Wir suchen nun diese Grenze.

Die mittlere Signalleistung sei begrenzt und gleich P_S. Die mittlere Störleistung sei P_N. Signal und Störungen werden als gleichverteilt angenommen, wie es für die Störungen im Bild dargestellt ist. Das bipolare *Mehrpegelsignal* kann z_n diskrete Signalwerte $\pm a$, $\pm 3a$, $\pm 5a \ldots$ annehmen. Man erkennt aus dem Bild, daß die Signalerkennung fehlerfrei ist, wenn der maximale Wert der Störung immer $\mid x \mid < a$ ist. Wird z.B. der Signalwert $s = a$ übertragen, dann ist $s - x$ immer > 0 und $s + x$ immer $< 2a$, so daß eine korrekte Signalerkennung in diesen Fällen gerade noch möglich ist, denn die Entscheidungsschwellen liegen bei 0, bei $\pm 2a$, $\pm 4a$ usw.

Die mittlere Signalleistung ist bei $z_n = 2^n$ Amplitudenstufen, davon je die Hälfte positiv und negativ, gegeben durch

$$P_S = \frac{1}{2^n} 2 \sum_{i=1}^{z_n/2} \left[a^2 + (3a)^2 + (5a)^2 + \cdots + (2i-1)^2 a^2 \right]. \tag{4.40}$$

Wenn man a^2 ausklammert, dann ist diese Summe als geschlossener Ausdruck darstellbar und es ergibt sich

$$P_S = \frac{a^2}{3}(2^{2n} - 1). \tag{4.41}$$

Die mittlere Leistung des Rauschens ist nach dem Bild mit $p(x) = \frac{1}{2}a$ gleich dem Effektivwert eines gleichverteilten Zufallssignals:

$$P_N = \int_{-\infty}^{+\infty} x^2 p(x) dx = \frac{1}{2a} \int_{-a}^{+a} x^2 dx = \frac{a^2}{3}. \tag{4.42}$$

Da der Ausdruck $a^2/3$ auch in (4.41) vorkommt, erhält man aus beiden Gleichungen

$$P_S = P_N(2^{2n} - 1), \qquad (4.43)$$

und aufgelöst nach n bzw. nach $z_n = 2^n$

$$n = \frac{1}{2}\mathrm{ld}\frac{P_S + P_N}{P_N}, \qquad z_n = \sqrt{\frac{P_S + P_N}{P_N}}. \qquad (4.44)$$

Kanalkapazität Die *Kanalkapazität* als maximale Übertragungsrate ergibt sich so aus (4.39) zu

$$C = v_{max} \cdot n = f_g \cdot \mathrm{ld}\frac{P_S + P_N}{P_N} = f_g \cdot \mathrm{ld}\left(1 + \frac{P_S}{P_N}\right) \text{ in bit/s.} \qquad (4.45)$$

C. E. Shannon hat gezeigt [4.18], daß dieselbe Beziehung auch für Gaußsches Rauschen und für ein Sendesignal mit ebenfalls Gaußscher Wahrscheinlichkeitsdichte (Leistung P_S, Mittelwert 0) gilt. (4.45) gilt offenbar immer dann, wenn Signal und Störung die gleiche Verteilung haben.

Beispiel 4.3
Beim analogen Fernsprechkanal ist $f_g = 3,4$ kHz. Der Störabstand $r = 10\lg(P_S/P_N)$ werde mit 50 dB angenommen. In diesem Falle kann man in (4.45) die 1 gegen P_S/P_N vernachlässigen. Es ergibt sich mit $\mathrm{ld}\,x = \lg x/\lg 2$:

$$C = \frac{f_g r}{10\lg 2} = 56472 \quad \text{bit/s.}$$

Dieser Wert der Kanalkapazität ist ein Grenzwert. Heute erreicht man in einem guten Fernsprechnetz mit exklusiven Modems max. 28800 bit/s. Das heißt, der Fernsprechkanal wird damit zu 50 Prozent ausgenutzt. □

Austausch Bandbreite gegen Störabstand. Aus (4.45) ist ersichtlich, daß man einen bestimmten Wert für C mit großer Bandbreite und kleinem Störabstand oder mit kleiner Bandbreite und großem Störabstand erreichen kann. Ist $P_{S1}/P_{N1} = 7$ und $f_g = 4$ kHz, so erhält man $C = 12$ kbit/s. Wird P_{S2}/P_{N2} vergrößert auf 15 und f_g verkleinert auf 3 kHz, so hat C denselben Wert. Betrachten wir aber diese Verhältnisse bei Gaußschem Rauschen, dann hat der 4-kHz-Kanal bei konstanter doppelseitiger Rauschleistungsdichte $N_0/2$ auch eine größere Rauschleistung von 4/3 zum 3-kHz-Kanal. Es ergibt sich

$$P_{S2} = 15 P_{N2} = 15\frac{3}{4}P_{N1} = \frac{45}{4}\frac{P_{S1}}{7} = 1,6 P_{S1}.$$

25 Prozent Einsparung an Bandbreite erfordern 60 Prozent Erhöhung an Signalleistung.

Kanalkapazität bei Vergrößerung der Bandbreite. Wir ersetzen in (4.45) die Störleistung P_N durch das Produkt aus Bandbreite und Rauschleistungsdichte $N_0/2$. Weiterhin bestimmen wir aus Dimensionsgründen C/f_0, wobei f_0 eine Bezugsbandbreite von z.B. 4 kHz sein soll. Dann erhalten wir

$$\lim_{f_g \to \infty} \frac{C}{f_0} = \lim_{f_g \to \infty} \operatorname{ld}\left(1 + \frac{P_S}{N_0 f_g}\right)^{f_g} = \frac{C_\infty}{f_0}.$$

Mit der Substitution $(N_0 f_g)/P_S = y$ und mit dem Grenzwert

$$\lim_{y \to \infty} \left(1 + \frac{1}{y}\right)^y = e$$

erhält man daraus:

$$\frac{C_\infty}{f_0} = \frac{P_S}{N_0 f_0} \operatorname{ld} e = 1,44 \cdot \frac{P_S}{N_0 f_0}. \tag{4.46}$$

Dieses Ergebnis besagt, daß die Kanalkapazität des *Analogkanals* mit wachsender Bandbreite f_g sich nicht beliebig vergrößert, sondern infolge der ebenfalls ansteigenden Rauschleistung $P_N = N_0 f_g$ einem festen Grenzwert zustrebt.

Analogkanal

4.4 Quellencodierung

4.4.1 Prinzipien und Möglichkeiten

Die Quellencodierung hat das Ziel, den Übertragungsaufwand für ein Quellensignal zu verringern [4.8]. Das kann erreicht werden, wenn man die Redundanz, definiert mit (4.4), aus dem Quellensignal entfernt. Im Abschnitt 4.2.4 wurde das Prinzip bereits an Hand der Optimalcodierung mit dem Shannon-Fano-Code erläutert. Dabei wurde die in der *Wahrscheinlichkeitsverteilung* steckende Redundanz beseitigt. Am Ende des Abschnitts 4.2.2 wurde aber gesagt, daß auch die Abhängigkeiten zwischen den Symbolen der Quelle Redundanz erzeugen. Auch diese Redundanz kann durch Quellencodierung verringert werden.

Wahrscheinlichkeitsverteilung

Quellencodierung im Zusammenhang mit der Datenübertragung wird heute zunehmend als *Datenkompression* bezeichnet. Die in großem Umfang angewendeten Verfahren schließen auch Methoden der *Irrelevanzreduktion* mit ein. Dabei werden physiologisch nicht wahrnehmbare Bestandteile der

Datenkompression

Irrelevanzreduktion

Informationsreduktion

Nachricht oder nach einem Gütekriterium vernachlässigbare Bestandteile (z.B. beim Videophon) beseitigt. Irrelevanzreduktion nach einem Gütekriterium mit merklichen oder unmerklichen Qualitätsveränderungen bezeichnet man auch als *Informationsreduktion*. Irrelevanzreduktion ist irreversibel. Redundanzreduktion kann dagegen nach der Übertragung vollständig wieder rückgängig gemacht werden. Das ist auch erforderlich, denn redundanzreduzierte Nachrichten sind für den Empfänger unverständlich. Wir werden hier nur Verfahren der Quellencodierung durch Redundanzreduktion behandeln. Für die weitergehenden Verfahren muß auf die Literatur verwiesen werden [4.1], [4.14], [4.19], [4.20].

Komprimierungsgrad

Als Maß für den Effekt der Quellencodierung führen wir den *Komprimierungsgrad* ein:

$$G_k = 1 - k_{mk}/k_{ok} = 1 - A_T. \qquad (4.47)$$

In dieser Gleichung ist k_{ok} der Übertragungsaufwand für die Quellensymbole in bit/Symbol ohne Komprimierung, k_{mk} der Übertragungsaufwand in bit/Symbol mit Komprimierung und A_T das Verhältnis k_{mk}/k_{ok}, das ist der Übertragungsaufwand in % vom Maximalwert. Nach dieser Definition vergrößert sich G_k mit der beseitigten Redundanz. Wenn keine Komprimierung erreicht wird, dann ist $k_{mk} = k_{ok}$ und $G_k = 0$. Wenn der Übertragungsaufwand nach der Komprimierung null wäre, dann ist $k_{mk} = 0$ und $G_k = 1$ oder 100%. Dieser Grenzwert kann jedoch nicht erreicht werden, da auch eine redundanzfreie Quelle immer einen bestimmten Übertragungsaufwand in bit/Symbol erfordert.

Arten von Nachrichtenquellen

Man kann vom Gesichtspunkt der Komprimierung grob 3 *Arten von Nachrichtenquellen* unterscheiden:
(1) Diskrete Quellen, die gewöhnliche Texte erzeugen, bei denen die Symbole einer Wahrscheinlichkeitsverteilung gehorchen und zwischen den Symbolen Abhängigkeiten bestehen. Bei diesen Quellen kann der Übertragungsaufwand durch Quellencodierung theoretisch maximal auf $A_T = 20\%$ gesenkt werden, d.h., der Komprimierungsgrad ist hier maximal $G_k = 80\%$.
(2) Diskrete Quellen, bei denen oft wiederkehrende Teile auftreten, z.B. bei Computerprogrammen. Hier kann der Übertragungsaufwand maximal auf $A_T = 5\% \ldots 20\%$ gesenkt werden [4.17].
(3) Analoge Quellen von Sprach-, Bild- oder Tonsignalen, bei denen nach der Signalabtastung zusätzlich zur Redundanzreduktion eine Informationsreduktion zulässig ist. Hier kann der

4.4 Quellencodierung

Übertragungsaufwand durch Quellencodierung auf Werte unter 1% gesenkt werden [4.17].

Wir können hier nur Verfahren der Quellencodierung bei Textübertragung nach (1) betrachten, bei denen kein Informationsverlust zulässig ist. Bei diesen Verfahren ist der Text, der komprimiert zum Empfänger übertragen wird, nach der Dekomprimierung mit hoher Wahrscheinlichkeit identisch mit dem Sendetext, denn die modernen Verfahren und Geräte der Quellencodierung (Datenkompression) wenden gleichzeitig immer auch Verfahren der Fehlererkennung an.

Mögliche Kompression bei deutschen Texten. Wenn eine Quellencodierung nur zur Beseitigung der in der *Häufigkeitsverteilung der Symbole* steckenden Redundanz angewendet werden soll, dann werden die Abhängigkeiten zwischen den Symbolen nicht berücksichtigt. Würde bei einer Computerkommunikation die Textübertragung im ASCII erfolgen, so müßten 8 bit (1 Byte) pro Quellensymbol aufgewendet werden. Mit dem im Abschnitt 4.2.5 angegebenen Wert für die Entropie H_1 von 4,1 bit/Symbol kann man aus (4.47) errechnen, daß durch Quellencodierung ein Komprimierungsgrad von $G_k = 1 - 4,1/8 = 48,75\%$ erreichbar ist.

<!-- Marginalie: Häufigkeitsverteilung -->

Wird die Quellencodierung dagegen unter Berücksichtigung der *Abhängigkeiten der Symbole* in Silben, Wörtern und Sätzen realisiert, dann sinkt der Aufwand pro Symbol auf den im Abschnitt 4.2.5 angegebenen Wert von $H_\infty = 1,6$ bit/Symbol. Damit ergibt sich der Grenzwert der überhaupt bei deutschsprachigen Texten erreichbaren Komprimierung zu $G_k = 1 - 1,6/8 = 0,8$. Das bedeutet, daß man den Übertragungsaufwand A_T maximal auf 20% senken kann.

<!-- Marginalie: Abhängigkeiten der Symbole -->

4.4.2 Huffman-Codierung

Die Huffman-Codierung ist eine Quellencodierung, mit der man die Redundanz von Quellen mit unabhängigen und auch mit abhängigen Symbolen reduzieren oder sogar beseitigen kann [4.4]. Sie ist eine Verfeinerung der im Abschnitt 4.2.4 beschriebenen Codiermethode nach Shannon-Fano und erbringt meist eine bessere Komprimierung, wenn die Symbolwahrscheinlichkeiten nicht ganzzahlige Potenzen von 1/2 sind. Die Symbole einer Quelle S_i mit ihren Wahrscheinlichkeiten $P(i)$ werden nach Huffman in folgender Weise codiert:
(1) Man schreibt die Symbole der (binären) Quelle nach fallenden Wahrscheinlichkeiten senkrecht untereinander.

(2) Danach faßt man die Wahrscheinlichkeiten von unten beginnend paarweise zusammen zu einer Verbindung und kennzeichnet in dieser Verbindung den Verbindungszweig mit der kleineren Wahrscheinlichkeit mit 0 und den Zweig mit der größeren Wahrscheinlichkeit mit 1.

(3) Als nächstes wird die Summenwahrscheinlichkeit dieser Verbindung in die unter (1) entstandene Reihenfolge der Wahrscheinlichkeiten eingeordnet. Diese Wahrscheinlichkeit (und alle weiteren Summenwahrscheinlichkeiten) wird nun bei der weiteren Codierung wie eine Symbolwahrscheinlichkeit behandelt.

(4) Von der 1. Verbindung nach oben fortschreitend werden nun die nächsten beiden Wahrscheinlichkeiten zu einer Verbindung zusammengefaßt, der Zweig mit der kleineren Wahrscheinlichkeit erhält wieder eine 0 und der andere eine 1, und die Summenwahrscheinlichkeit wird wieder eingeordnet.

(5) Wenn alle Wahrscheinlichkeiten erfaßt sind, dann stehen an allen Verbindungszweigen Nullen oder Einsen und die letzte Summenwahrscheinlichkeit ist 1.

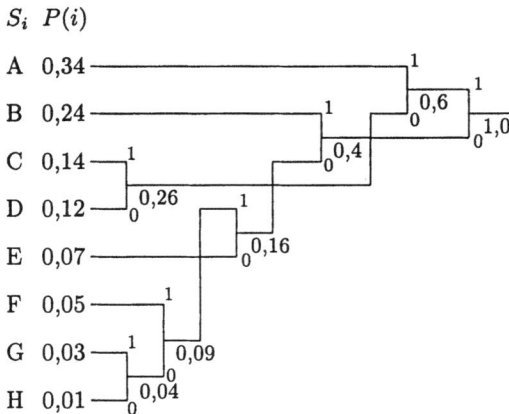

Abbildung 4.2
Huffmancodierung einer Quelle mit 8 Symbolen

Als Beispiel ist im Abbildung 4.2 die Huffman-Codierung für eine Quelle mit 8 Symbolen dargestellt. Das für jedes Symbol entstehende Codewort erhält man durch Zurückverfolgung des

Codebaum entstandenen *Codebaums* vom Zweig 1,0 bis zu jedem Symbol. Der obere Zweig beginnt mit 1, der untere mit 0. An jeder Verzweigung kommt ein neues Binärsymbol dazu. So erhält man die nachstehende Codetabelle.

4.4 Quellencodierung

Symbol	A	B	C	D	E	F	G	H
$P(i)$	0,34	0,24	0,14	0,12	0,07	0,05	0,03	0,01
Codewort	11	01	101	100	000	0011	00101	00100

Wir wollen nun den *Effekt der Codierung* mit den im Abschnitt 4.2 definierten Größen bestimmen. Für die mittlere Codewortlänge k_m (nach der Codierung) erhält man nach (4.12)

Effekt der Codierung

$$k_m = \sum_{i=1}^{8} P_i k_i = (0,34 + 0,24) \cdot 2 + (0,14 + 0,12 + 0,07) \cdot 3 +$$
$$+ 0,05 \cdot 4 + (0,03 + 0,01) \cdot 5 = 2,56 \text{ bit/Symbol}.$$

Die Entropie der Quelle ist nach (4.2)

$$H = -\sum_{i=1}^{8} P(i) \operatorname{ld} P(i) = 0,34 \operatorname{ld}(0,34) + \cdots = 2,49 \text{ bit/Symbol},$$

der Entscheidungsgehalt nach (4.3) $H_0 = \operatorname{ld} n = \operatorname{ld} 8 = 3$ bit/Symbol und die Redundanz der Quelle (vor der Codierung) nach (4.4)

$$R = H_0 - H = 3 - 2,49 = 0,51 \text{ bit/Symbol}.$$

Da $k_m = 2,56$ bit/Symbol größer ist als $H = 2,49$ bit/Symbol konnte durch diese Huffman-Codierung die Redundanz zwar vermindert, aber nicht vollständig beseitigt werden. Es verbleibt eine Restredundanz von $k_m - H = 0,07$ bit/Symbol. Bestimmen wir den erreichten Komprimierungsgrad, dann ist $k_{ok} = 3$ bit/Symbol und $k_{mk} = k_m = 2,56$ bit/Symbol. Es ergibt sich

$$G_k = 1 - \frac{2,56}{3} = 14,66\%.$$

Ein Effekt ist zwar vorhanden, aber er ist gering. Viel bessere Ergebnisse erreicht man, wenn man lange Texte der deutschen Sprache nach Huffman codiert. Um das zu zeigen muß man jedoch mit Computersimulation arbeiten.

Computersimulation einer Huffman-Codierung. Dieser Simulation liegen mehrere Programme zur Texterfassung und zur Ermittlung der Statistik der Symbole zugrunde, die in [4.10] beschrieben sind. Als erstes Beispiel betrachten wir die Huffman-Codierung eines deutschen Textes mit 8000 Zeichen. Der Text enthielt 25 verschiedene Symbole (ohne q und Wortzwischenraum). Folgende Effekte wurden ermittelt:

- Mittlere Codewortlänge $k_m = 4,12$ bit/Symbol,
- Entropie der Quelle $H = 4,09$ bit/Symbol,
- Komprimierungsgrad $G_k = 48,51\%$ gegenüber ASCII.

Weiterhin wurde eine Huffman-Codierung mit den relativen Häufigkeiten aller Symbole der deutschen Schriftsprache (einschl. Wortzwischenraum) simuliert. Dabei ergab sich folgender Effekt:
- Mittlere Codewortlänge $k_m = 4,07$ bit/Symbol,
- Entropie der Quelle $H = 4,04$ bit/Symbol,
- Komprimierungsgrad $G_k = 49,11\%$ gegenüber ASCII.

Diese Ergebnisse berechtigen uns zu der Aussage:

Bei langen deutschen Texten ist es möglich, mit einer Huffman-Codierung den Übertragungsaufwand gegenüber ASCII in bit/Symbol auf fast 50% zu senken.

Übertragungsaufwand

Bei den betrachteten Beispielen wurde nur die Statistik der Symbole berücksichtigt, die Abhängigkeiten zwischen den Symbolen wurden noch nicht einbezogen. Diese Art der Huffman-Codierung wird in bedeutendem Maße angewendet, um in Computern die Daten auf der Festplatte zu komprimieren. Eine modifizierte Form der Huffman-Codierung MHC wird mit großem Effekt bei der Lauflängencodierung in TELEFAX-Geräten eingesetzt. Dieses Verfahren wird nachfolgend beschrieben.

MHC

Die Huffman-Codierung kann auch zur Reduktion der durch Abhängigkeiten der Symbole einer Quelle verursachten Redundanz angewendet werden [4.4], [4.10]. Dazu müssen jedoch die Übergangswahrscheinlichkeiten bekannt sein.

4.4.3 Lauflängencodierung

Bei der Lauflängencodierung (engl. run length coding, RLC) werden nicht Symbole codiert, sondern Punktfolgen von weißen oder schwarzen Punkten einer abgetasteten Bildzeile, die man als *Lauflängen* bezeichnet [4.7]. Ihre Anwendung konzentriert sich daher sehr stark auf die Festbildübertragung im Rahmen des TELEKOM-Dienstes TELEFAX. Durch die hohe Effektivität dieses Verfahrens wurde es möglich, eine DIN-A4-Seite mit Faxgeräten der Gruppe 3 in weniger als 1 Minute über das Fernsprechnetz zu übertragen.

Telefax

Eine normale Bildvorlage hat eine Verteilung von schwarzen und weißen Bildpunkten, bei der viel mehr weiße als schwarze Punkte auftreten. Darüberhinaus bestehen zwischen diesen Punkten vielerlei Abhängigkeiten, so daß sich auch viele verschiedene Lauflängen ergeben. Ungleiche Verteilung der Symbole (hier Lauflängen) und Abhängigkeiten sind aber die Ursachen für die

4.4 Quellencodierung

Redundanz einer Quelle. Hier kann die RLC ansetzen.
In der Faksimileübertragung werden die Bildvorlagen zeilenweise abgetastet. Je nach Auflösung des Verfahrens kann eine Zeile bei einer A4-Seite bis zu 1728 Bildpunkte umfassen. Es können Zeilen auftreten, die ganz schwarz sind (z.b. Unterstreichungen), Zeilen, die ganz weiß sind (z.b. Durchschuß) oder bei denen sich schwarze und weiße Lauflängen verschiedener Länge abwechseln. Das Beispiel einer solchen Zeile zeigt Abbildung 4.3.

Abbildung 4.3
Beispiel für eine Folge von Lauflängen

Man erkennt, daß folgende Lauflängen aufeinanderfolgen: weiß, Länge 5; schwarz, Länge 3; weiß, Länge 8; schwarz, Länge 2; weiß, Länge 3. Die RLC codiert immer eine ganze Lauflänge, die Bildvorlage wird deshalb zu einer *run-Quelle*. Viele Bilddarstellungen (Wetterkarten, Schaltbilder, Geschäftsbriefe) lassen sich durch das Modell einer *Markoff-Quelle* beschreiben, die durch 2 Zustände (im vorliegenden Falle die Zustände W (*weiß*) und S (*schwarz*)) und Übergangswahrscheinlichkeiten zwischen diesen Zuständen gekennzeichnet ist. Bei Markoffprozessen gilt, daß die Summe der vom einem Zustand wegführenden Übergangswahrscheinlichkeiten $P(W \mid S) + P(S \mid S) = 1$ ist. Wenn nun $P(W \mid S)$ von schwarz nach weiß sehr klein ist, dann erzeugt die Quelle infolge der großen Wahrscheinlichkeit $P(S \mid S)$ immer wieder den Zustand S, wodurch sich eine schwarze Lauflänge ergibt, ebenso ist es bei weiß. Ist dagegen $P(W \mid S) = P(S \mid W) = 1$ und demzufolge $P(S \mid S) = P(W \mid W) = 0$, dann entsteht eine als Modell unbrauchbare alternierende Folge der Zustände S und W und daher eine abwechselnde Folge von schwarzen und weißen Punkten der Lauflänge 1.

run-Quelle

Markoff-Quelle

Lauflängenverteilung und Codierung. Für die Verteilung der schwarzen und weißen Lauflängen (runs) gelten die gleichen Gesetzmäßigkeiten (nicht aber die gleichen Wahrscheinlichkeiten). Wir beschränken unsere weiteren Betrachtungen daher auf schwarze runs. Ein run habe die Länge r Bildpunkte, und er besteht dann aus $r-1$ schwarzen Punkten und einem weißen Punkt, der den run abschließt. Bezeichnet $P_s(r)$ die Wahrscheinlichkeit dafür, daß ein schwarzer run mit $r-1$ schwarzen Punkten und 1 weißen Punkt auftritt, dann ist mit den vorstehend eingeführten Bezeichnungen

$$P_s(r) = P(S \mid S)^{r-1} P(W \mid S) = [1 - P(W \mid S)]^{r-1} P(W \mid S). \tag{4.48}$$

Da r nur ganzzahlig sein kann, beschreibt diese Gleichung eine diskrete mit r abfallende Exponentialverteilung, die für $P(W \mid S) =$

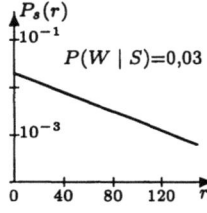

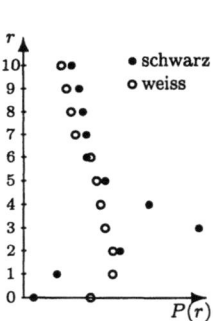

0,03 im nebenstehenden Bild dargestellt ist. Es ist interessant festzustellen, daß dieser Verlauf recht gut mit Meßergebnissen bei Wetterkarten übereinstimmt.

Mit (4.48) verfügen wir bereits über wesentliche Kenntnisse als Voraussetzung für die Anwendung der Huffman-Codierung: runs mit großer Wahrscheinlichkeit $P_s(r)$ werden kurze und runs mit kleinem $P_s(r)$ werden lange Codewörter zugeordnet. Dabei sind zwei Probleme zu beachten:

(1) (4.48) und das zugehörige Bild gelten nicht genau genug für alle vorkommenden Bildvorlagen. Man muß durch Messung die genaue run-Verteilung bestimmen, um eine im Mittel optimale Codierung zu erreichen. Als Beispiel zeigt das untere Bild die auf Grund von Messungen an 8 verschiedenen Dokumenten (darunter Handschriften, Chinesische Schriftzeichen und Geschäftsbriefe) gemessene relative Häufigkeit der runs in Abhängigkeit von der run-Längenverteilung für S-runs. Man erkennt, daß es Abweichungen zum vorhergehenden Bild gibt: die größte Häufigkeit haben S-runs der Länge 2 bis 4.

(2) Da man alle auf einer Zeile möglichen run-Längen erfassen muß, können runs von $r-1 = 1$ bis $r-1 = 1728$ auftreten bei W und bei S. Das ergibt die sehr große Zahl von 3456 nach Huffman zu codierender verschiedener Symbole. Um die Anzahl der dazu erforderlichen Codewörter zu reduzieren, wird deshalb die maximale Länge eines runs in der einschlägigen Empfehlung ITU-T T4 auf $r_{max} = 63$ begrenzt. Dadurch kann eine Zeile maximal $1728/63 = 27$ Codewörter erfordern.

Die Codierung wird nun folgendermaßen realisiert:
- Eine schwarze Zeile ($r_w = 0$) erhält das Codewort 00110101,
- Eine weiße Zeile ($r_s = 0$) erhält das Codewort 0000110111,
- Das Ende einer Zeile erhält das Codewort 000000000001, das durch keine Kombination anderer Codewörter gebildet werden kann. Durch diese Festlegung wird Fehlerfortpflanzung vermieden.
- Den runs von 1 bis 63 werden Binärcodewörter entsprechend ihrer Häufigkeit zugeordnet.
- Ein run der Länge > 63 wird durch $r = 64m + n$ codiert. Dabei kann m Werte zwischen 1 und 27 und n Werte zwischen 0 und 63 annehmen.

Terminating Codewords — Hat ein run z.B. die Länge 195, dann ist $m = 3$ und $n = 3$. Die Codewörter für $n = 0$ bis 63 werden einer eingespeicherten Tabelle für *Terminating Codewords* entnommen, die Codewörter

Make-up Codewords — für die ganzzahligen Produkte $64m$ aus einer eingespeicherten Tabelle für *Make-up Codewords*.

4.4 Quellencodierung

Entropie einer Markoff-Quelle. Es interessiert nun der minimale Übertragungsaufwand für ein mit RLC-codiertes Dokument, der nach den Ergebnissen am Ende des Abschnitts 4.2.3 durch die Entropie der Quelle ausgedrückt wird. Dazu benötigt man die Zustandswahrscheinlichkeiten einer Markoff-Quelle [4.2], [4.8]:

$$P(W) = \frac{P(W \mid S)}{P(S \mid W) + P(W \mid S)}, \quad P(S) = \frac{P(S \mid W)}{P(S \mid W) + P(W \mid S)}.$$

Die Entropie einer Markoff-Quelle ist dann

$$H_M = P(W)H_w + P(S)H_s,$$

wobei H_w und H_s die nach (4.2) zu bestimmenden Entropien für weiße runs bzw. für schwarze runs sind. Für diese Größen gilt

$$H_w = -P(S \mid W) \operatorname{ld} P(S \mid W) - (1 - P(S \mid W)) \operatorname{ld}(1 - P(S \mid W)),$$

$$H_s = -P(W \mid S) \operatorname{ld} P(W \mid S) - (1 - P(W \mid S)) \operatorname{ld}(1 - P(W \mid S)).$$

Diesen Beziehungen liegt zugrunde, daß aufeinanderfolgende runs unabhängig voneinander sind. Um einen Zahlenwert für H_M zu erhalten nehmen wir an, daß bei einer Bildvorlage $P(S \mid W) = 0,01$ und $P(W \mid S) = 0,02$ sei. Die 1. Annahme bedeutet, daß ein weißer run im Mittel 100 Punkte umfaßt und die zweite, daß ein schwarzer run im Mittel 50 schwarze Punkte enthält. Man erhält damit aus den vorstehenden Gleichungen

$$H_M = 0,10 \text{ bit/Bildpunkt}. \tag{4.49}$$

Dieses Ergebnis kann man als minimalen *Codierungsaufwand* für die Übertragung pro Bildpunkt betrachten. Berechnen wir damit den Komprimierungsgrad nach (4.47), mit der Annahme, daß ohne den MHC ein Aufwand von 1 bit/Bildpunkt erforderlich wäre, so erhalten wir

Codierungsaufwand

$$G_k = 1 - (0,1)/1 = 90\,\%. \tag{4.50}$$

Solche und noch größere Effekte werden bei der realen Anwendung des MHC in TELEFAX-Geräten auch tatsächlich erreicht.

4.4.4 Prädiktionsverfahren

Prädiktionsverfahren werden zur Redundanzreduktion bei kontinuierlichen Signalen (Sprach- und Bildsignalen) mit großem Effekt angewendet [4.15], [4.16]. Bei diesen Verfahren wird ein Vorhersagewert $\hat{s}[n]$ (Vorhersage, engl. prediction) aus den Abtastwerten des vorangegangenen Signalverlaufs $s(t)$ gebildet und mit dem nachfolgenden Abtastwert $s[n]$ verglichen. Es entsteht so ein Differenzsignal $d[n]$, das bei wirksamer Prädiktion einen kleineren Dynamikbereich hat, als das ursprüngliche Quellensignal $s(t)$. Die Prädiktion beruht auf der Tatsache, daß sich ein gefiltertes und daher bandbegrenztes Signal nicht beliebig schnell ändern kann.

Die Abtastwerte des Quellensignals müssen natürlich dem *Abtasttheorem* folgen, und sie haben dann den zeitlichen Abstand T_a. Von Abtastwert zu Abtastwert ergibt sich durch den Zufallscharakter des Signals eine gewisse Veränderung in der Größe, man kann auch sagen, daß der nachfolgende Wert sich ergibt aus dem vorhergehenden Wert plus oder minus einem Differenzwert. Die relevante Information steckt in der Differenz. Bei Sprach- und Bildsignalen zeigen die aufeinanderfolgenden Abtastwerte Abhängigkeiten, die über viele Abtastungen T_a hinweg wirken. Solche Abhängigkeiten werden bei kontinuierlichen Signalen anschaulich durch die *Autokorrelationsfunktion* (AKF) ausgedrückt, die nachfolgend in Erscheinung treten wird.

Prädiktionsverfahren werden in verschiedenen Varianten angewendet. Das Grundprinzip kann anschaulich durch die *Differenz-Pulscodemodulation* (DPCM) erläutert werden, auf die wir uns hier beschränken müssen. Häufig (z.B. bei der 7-kHz-Sprachkommunikation im ISDN) wird auch die adaptive DPCM (ADPCM) angewendet. Das Grundprinzip der DPCM zeigt Abbildung 4.4.

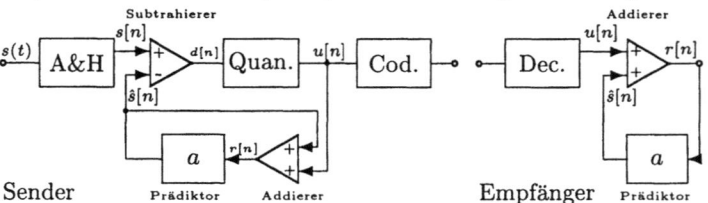

Abbildung 4.4 Prinzipschaltbild der DPCM

Wir betrachten die Funktionsweise der DPCM am Beispiel des Sprachsignals, das als $s(t)$ links im Bild anliegt. Dieses Signal wird abgetastet und der aktuelle Abtastwert zum Zeitpunkt nT_a als $s[n]$ im Subtrahierer mit dem Prädiktionswert $\hat{s}[n]$, der aus den vorangegangenen Abtastwerten gebildet wurde, verglichen. Am Ausgang des Subtrahierers erscheint der Differenzwert $d[n]$, der nachfolgend quantisiert und für die Übertragung codiert wird.

Auf der Übertragungsleitung (und damit beim Empfänger) erscheint der codierte und quantisierte *Differenzwert*, der erst durch Wiederhinzufügen des im Subtrahierer abgezogenen Schätzwerts $\hat{s}[n]$ für den Empfänger verständlich gemacht wird. Diese Funktion erfüllt der Addierer auf der Empfängerseite. Am Ausgang dieses Addieres erscheint dann der Signalwert $r[n]$, der mit den

4.4 Quellencodierung

Bezeichnungen der Abbildung 4.4 und mit $s_Q[n]$ als Quantisierungsverzerrung bestimmt werden kann zu $r[n] = u[n] + \hat{s}[n] = d[n] + s_Q[n] + \hat{s}[n]$,

$$r[n] = s[n] - \hat{s}[n] + s_Q[n] + \hat{s}[n] = s[n] + s_Q[n]. \qquad (4.51)$$

Der Empfangs-Abtastwert $r[n]$ ist somit nur um die Quantisierungsverzerrung vom Sendesignal-Abtastwert $s[n]$ verschieden.

Eine gleiche Addierfunktion erfüllt auch der Addierer auf der Senderseite, an dessen Ausgang ebenfalls der Signalwert $r[n]$ erscheint. Zur Bildung des Prädiktionswerts $\hat{s}[n]$ wird $r[n]$ mit dem *Prädiktionskoeffizienten* a multipliziert, dessen optimaler Wert nachfolgend berechnet wird. Die Güte der Prädiktion kann wesentlich verbessert werden, wenn der Schätzwert $\hat{s}[n]$ aus mehreren vorhergehenden Abtastwerten des Signals mit mehreren verschiedenen Prädiktionskoeffizienten gebildet wird. Wir werden nachfolgend nur die Bestimmung von $\hat{s}(nT_a)$ aus einem, um T_a zurückliegenden Abtastwert, d.h. aus $r\big((n-1)T_a\big)$ betrachten. Dann kann man aus der Abbildung 4.4 ablesen:

Prädiktionskoeffizient

$$\hat{s}(nT_a) = a \cdot r\big((n-1)T_a\big). \qquad (4.52)$$

Einsparung an Übertragungsaufwand bei DPCM. Sprachsignale haben eine Wahrscheinlichkeitsdichte, die mit guter Näherung einer Exponentialverteilung *(Laplace-Verteilung)* gehorcht:

Laplace-Verteilung

$$f_s(s) = \frac{1}{\sqrt{2}\sigma} e^{-\sqrt{2}|s|/\sigma}. \qquad (4.53)$$

Für $s > 4\sigma$ ist $f_s(s)$ vernachlässigbar klein, und wir nehmen deshalb an, daß Signal bei diesem Wert von s für die Quantisierung begrenzt wird. Der Effekt der DPCM beruht nun darauf, daß die Abtastwerte des Differenzsignals $d[n]$ eine geringere Varianz, d.h. eine geringere effektive Leistung σ_d^2 haben, als die Abtastwerte des Quellensignals, mit der Leistung σ_s^2. Das Verhältnis dieser beiden Leistungen bezeichnet man als *Gewinn G*:

Gewinn

$$G_{abs} = \frac{\sigma_s^2}{\sigma_d^2}; \quad G_{dB} = 10 \lg \frac{\sigma_s^2}{\sigma_d^2}. \qquad (4.54)$$

Wenn das *Differenzsignal* eine kleinere Varianz hat, dann ist sein Dynamikbereich $-4\sigma_d < d[n] < +4\sigma_d$ kleiner als der Dynamikbereich des abgetasteten Quellensignals $-4\sigma_s < s[n] < +4\sigma_s$, und man benötigt für die Quantisierung von $d[n]$ weniger Quantisierungsintervalle q_d als Intervalle q_s für das Quellensignal $s[n]$. Hat ein Quantisierungsintervall die Größe Δs so gilt mit $q_d < q_s$

Differenzsignal

$$8\sigma_s = q_s \Delta s, \quad 8\sigma_d = q_d \Delta s, \quad \sigma_s/\sigma_d = \sqrt{G} = q_s/q_d.$$

Die Anzahl q der Quantisierungsintervalle hängt mit der Codewortlänge k (in bit) zusammen nach der Beziehung $q = 2^k$. Wenn man das in die vorstehende Gleichung einsetzt und ferner die Differenz $k_s - k_d = \Delta k$ setzt, erhält man

$$\Delta k = 0,5 \cdot \operatorname{ld} G.$$

Dieses Ergebnis besagt: *Wenn man mit DPCM eine Verringerung der Varianz des Differenzsignals erreicht, so daß der Gewinn nach (4.54) größer als 1 wird, dann kann man den Übertragungsaufwand um Δk bit/Abtastwert verringern.*

Optimierung des Prädiktors. Die maximale Einsparung an Übertragungsaufwand für ein digitalisiertes Analogsignal wird dann erreicht, wenn der Gewinn G nach (4.54) maximal, d.h., die Leistung σ_d^2 des Differenzsignals ein Minimum ist. Nach Kapitel 1 kann die Leistung eines mittelwertfreien Zufallssignals im Zeitbereich ausgedrückt werden mit der Gleichung

$$\sigma^2 = \lim_{T \to \infty} \frac{1}{2T} \int_{-T}^{T} x^2(t) dt. \tag{4.55}$$

Zufallssignal $x(t)$ ist in dieser Gleichung ein kontinuierliches *Zufallssignal*, das im vorliegenden Falle durch $d(t) = s(t) - \hat{s}(t)$ ersetzt werden kann, da man bei Einhaltung des Abtasttheorems aus dem abgetasteten Signal $d[n]$ durch Tiefpaßfilterung das kontinuierliche Signal immer fehlerfrei zurückgewinnen kann. Nach (4.51) und (4.52) kann man für $\hat{s}(t)$ setzen, wenn man die Quantisierungsverzerrungen vernachlässigt:

$$\hat{s}(t) = a \cdot r\big((n-1)T_a\big) = a \cdot s(t - T_a).$$

$d(t)$ anstelle von $x(t)$ unter Verwendung dieses Ergebnisses eingesetzt in (4.55) ergibt

$$\sigma_d^2 = \lim_{T \to \infty} \frac{1}{2T} \int_{-T}^{T} [s(t) - as(t - T_a)]^2 dt. \tag{4.56}$$

Wenn man die eckige Klammer ausmultipliziert und voraussetzt, daß die Signale stationär und ergodisch sind, dann ergeben sich 3 Integrale $I_1 \ldots I_3$, von denen das 1. und das 3., die beide jeweils die Produkte der beiden Funktionen hinter dem Integralzeichen in (4.56) mit sich selbst enthalten, gleich sind der Leistung σ_s^2 (wobei I_3 noch mit a^2 multipliziert ist). Das 2. Integral I_2 hat dagegen die Form

$$I_2 = \lim_{T \to \infty} \frac{2a}{2T} \int_{-T}^{T} s(t)s(t - T_a) dt = 2a R_{ss}(\tau = T_a).$$

4.4 Quellencodierung

$R_{ss}(T_a) = \sigma_s^2 \varphi_{ss}(T_a)$ ist die AKF des Sprachsignals $s(t)$ im Abstand $\tau = T_a$. $\varphi_{ss}(\tau)$ ist die *normierte AKF*. Mit diesen Beziehungen erhalten wir aus (4.56)

normierte AKF

$$\sigma_d^2 = \sigma_s^2[1 + a^2 - 2a\varphi_{ss}(T_a)]. \qquad (4.57)$$

Um das Minimum von σ_d^2 in Abhängigkeit vom Prädiktionskoeffizienten a zu finden, differenzieren wir (4.57) nach a und setzen den Differentialquotienten null. Es ergibt sich mit (4.54)

$$a = \varphi_{ss}(T_a), \qquad G_{max} = \frac{1}{1-a^2}. \qquad (4.58)$$

Dieses Ergebnis besagt: *Der Prädiktor ist optimal eingestellt, wenn a gleich ist der normierten AKF des Sprachsignals im Abstand $\tau = T_a$. Der Gewinn G ist dann maximal.*

Beispiel 4.4
Beim Sprachsignal ist $a = \varphi_{ss}(T_a)$ etwa mit 0,8 anzusetzen [4.10]. Nach (4.58) ergibt sich ein Gewinn $G = 2,8$ und eine mögliche Einsparung an Übertragungsaufwand von $\Delta k = 0,5 \cdot \text{ld}\, G = 0,74$ bit/Abtastwert. Mit Bildung des Schätzwerts aus mehr als 10 Vorgängerwerten kann man Gewinne bis 16 erreichen. □

4.4.5 Codierung mit adaptiven Wörterbüchern

Prinzip der Anwendung von Wörterbüchern. Verfahren mit Wörterbüchern haben das Ziel, die in den Abhängigkeiten aufeinanderfolgender Symbole eines Textes steckende Redundanz zu beseitigen. Bei deutschsprachigen Texten kann man damit nach der Abschätzung im Abschnitt 4.4.1 den Übertragungsaufwand auf maximal 20% senken. Das dabei entstehende große Problem ist die Gewinnung der *Signalstatistik,* d.h., die Gewinnung der relativen Häufigkeiten der Symbole, der Silben, der Wörter und der Wortgruppen. Gerade dieses Problem hat die Erarbeitung wirksamer Verfahren zur Quellencodierung, die über die Codierung einfacher Symbole hinausgehen, jahrzehntelang behindert, und die Lösung wurde erst durch den modernen Stand der Computertechnik und der Algorithmentheorie möglich. Bei den zur Diskussion stehenden Verfahren wird diese Statistik im Verlaufe der Textübertragung gewonnen. Wir betrachten nachfolgend nur das Verfahren LZW (nach *A. Lempel, J. Ziv* und *T. Welch*). Auf weitere Verfahren ist im Literaturverzeichnis hingewiesen.

Signalstatistik

Bei LZW, das auch Grundlage des von der ITU-T empfohlenen Verfahrens V 42bis zur Datenkompression (in Verbindung mit einem Verfahren zur Fehlererkennung) ist, wird das Wörterbuch in

V 42bis

folgender Weise angelegt und genutzt:
(1) Vor Beginn einer Übertragung enthält das Wörterbuch die Symbole eines Alphabets, z.B. die 128 Symbole des ASCII.
(2) Der Sendetext wird bei der Übertragung fortlaufend und vollständig in Textteile (sogenannte Phrasen) zerlegt, die zuerst mit dem Inhalt des Wörterbuchs verglichen, und wenn noch nicht vorhanden in das Wörterbuch eingetragen (gespeichert) werden. Eine Phrase kann aus einem Symbol, aus 2, 3 und mehreren Symbolen, aus einem Wort oder aus mehreren Wörtern bestehen.
(3) Jede im Wörterbuch enthaltene Phrase hat ihre Nummer, die anstelle der Phrase übertragen wird. Der Empfänger kann aus dieser codierten Zahlenangabe den Text wieder rekonstruieren, da das Verfahren der Phrasenbildung und Numerierung bei Sender und Empfänger gleich ist.
(4) Die Häufigkeit der aufgetretenen Phrasen wird gezählt. Nicht mehr benötigte Phrasen werden aus dem Wörterbuch entfernt. Häufig benutzte Phrasen erhalten einen vorderen Platz.

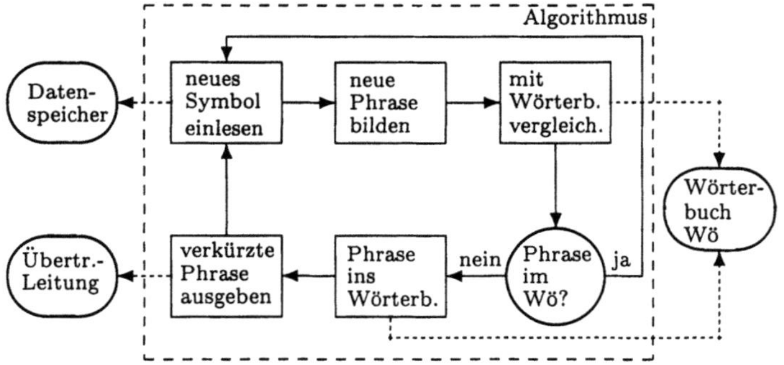

Abbildung 4.5
Flußdiagramm zur Arbeit mit einem Wörterbuch

Der vorstehend beschriebene Ablauf wird durch das Flußdiagramm in der Abbildung 4.5 veranschaulicht. Zu Beginn wird das 1. Symbol des Textes eingelesen, das immer im Wörterbuch enthalten ist. Der Algorithmus ist jedoch für jede Phrase gleich. Deshalb wird danach durch Einlesen des nächsten Symbols eine neue Phrase gebildet. Diese Phrase wird wieder im Wörterbuch nachgeschlagen. Am Anfang ist sie noch nicht im Wörterbuch enthalten. Deshalb wird die Nummer der verkürzten Phrase (am Anfang des 1. Symbols) übertragen und die neue Phrase ins Wörterbuch eingetragen und mit der nächsten freien Nummer versehen. Das nicht übertragene (hintere) Symbol der Phrase bildet den Anfang für die neue Phrase, die wieder nach dem gleichen Algorithmus gebildet wird. In Laufe der Übertragung entstehen so immer längere Phrasen, die im Wörterbuch enthalten sind und für die eine Ziffer

(*ein Ersatzzeichen*) übertragen wird. So entsteht nach und nach Ersatzzeichen
der Effekt der Komprimierung.

Mit Beginn der Übertragung werden zuerst Digrams (2 Symbole) gebildet. Sobald ein im Wörterbuch enthaltenes Digram im Text erneut auftritt, beginnt die Bildung von Trigrams (3 Symbole), wenn gespeicherte Trigrams im Text auftreten, werden Phrasen von 4 Symbolen gebildet usw. Auf diese Weise werden die im Wörterbuch eingetragenen Phrasen erst bei ihrem erneuten Auftreten im Text für die Übertragung genutzt. Das ist für den Synchronismus zwischen Sender und Empfänger unbedingt erforderlich, denn der Empfänger kann die neue Phrase erst nach Erhalt des 1. Symbols der nächsten Phrase bilden und in sein Wörterbuch eintragen.

Häufigkeit der Phrasen und variable Phrasennummern.
Da nach dem erläuterten Prinzip der gesamte Text in Phrasen umgewandelt wird, kann sich bei längeren Texten in kurzer Zeit eine ungeheuere Fülle von Phrasen im Wörterbuch ansammeln. Ihre Registrierung, Numerierung und Auffindung kann dann zu lange Nummern erfordern und insbesondere zu lange dauern. Es ist daher immer erforderlich, einen Teil der Phrasen nach gewisser Zeit wieder zu streichen. Um dabei die häufig auftretenden Phrasen zu erhalten, werden sie gezählt und nach ihrer Häufigkeit geordnet. Diese Prozedur erfordert eine hohe Computerleistung. Die maximale Binärstellenzahl für die Durchnumerierung der Phrasen liegt häufig bei 15 [4.14], [4.17]. Das bedeutet, daß dann der Umfang an Phrasen auf 32768 begrenzt ist. Da diese Anzahl in bestimmten Fällen zu klein ist, wird ein *Überlauf* geführt, Überlauf
der Phrasen, die aus dem Wörterbuch hinausgeschoben wurden, für eine spätere Nutzung aufbewahrt. Phrasen aus dem Überlauf werden ins Wörterbuch zurückgeholt, wenn ihre Häufigkeit wieder ansteigt. In der Häufigkeitsliste ganz hinten rangierende Phrasen werden auch aus dem Überlauf entfernt.

Die beschriebene Art der Numerierung der Phrasen bewirkt ein beständiges Ansteigen der Länge der Phrasennummern. Damit steigt mit der Länge eines Textes auch der Übertragungsaufwand. Diese Tendenz kann man abschwächen, wenn man mit variablen *Phrasennummern* arbeitet. Dazu wird jeweils erst bei einer Ver- Phrasennummer
doppelung der Anzahl Phrasen die Binärzahl für ihre Numerierung um eine Stelle erhöht und nicht bereits von vorn herein mit 15-stelligen Zahlen gearbeitet. Enthält das Wörterbuch am Anfang z.B. 128 Symbole, dann ist dafür eine 7-stellige Binärzahl ausreichend. Wenn die Anzahl der Phrasen zwischen 128 und 256 liegt, muß die Nummer auf 8 erhöht werden usw. Um diese

Erhöhung der erforderlichen Binärstellen vorzunehmen, wird die Anzahl Phrasen beim Sender und beim Empfänger gezählt.

Abschätzung des Effekts der Datenkompression. Um die bei der Arbeit mit einem Wörterbuch mögliche Einsparung an Übertragungsaufwand abzuschätzen, nehmen wir als Vergleichsbasis die unkomprimierte Übertragung eines Textes mit einer 8-bit-Codierung im ASCII an, wie sie meist bei der Computerkommunikation auftritt. Wir bezeichnen die Länge des Textes in Anzahl Symbole mit m, die Anzahl Phrasen im Wörterbuch mit z_p, die Anzahl gesendeter Phrasen mit z_g, die Codewortlänge zur Numerierung der Phrasen mit k_p und den Übertragungsaufwand in Bit unkomprimiert und komprimiert mit A_u und A_k.

Wenn ein Text der Länge m Symbole gesendet wird, so ist der unkomprimierte Übertragungsaufwand $A_u = 8m$. Wenn im Wörterbuch z_p Phrasen enthalten sind, dann ist ihr Codierungsaufwand pro Phrase k_p in Bit gleich der nächst größeren ganzen Zahl von $\mathrm{ld} z_p$. Wenn davon z_g Phrasen übertragen werden, dann ist der komprimierte Übertragungsaufwand $A_k = z_g k_p$. Der Komprimierungsgrad nach (4.47) ist dann

$$G_k = 1 - \frac{A_k}{A_u} = 1 - \frac{z_g k_p}{8m}. \qquad (4.59)$$

Beispiel 4.5
Als Anwendungsbeispiel betrachten wir den zu übertragenden Text: WIR SIND HIER BEI DIR HIER SIND WIR.
Dieser Text wurde zur Erreichung einer guten Kompression bei der geringen Länge künstlich mit sich wiederholenden Silben verlängert. Es ergibt sich folgender Effekt:
- Anzahl Symbole $m = 35$, Aufwand nach ASCII $A_u = 8 \cdot 35 = 280$ bit,
- Anzahl Phrasen im Wörterbuch einschließlich der 10 verschiedenen Symbole des Textes gemäß nachfolgender Tabelle $z_p = 10 + 26 = 36$,
- Aufwand zur Codierung der Phrasen in Bit $k_p = \lceil \mathrm{ld}\, 36 \rceil = 6$ bit,
- Anzahl zu übertragender Phrasen gemäß Tabelle $z_g = 26$,
- Übertragungsaufwand komprimiert $A_k = 26 \cdot 6 = 156$ bit,
- Komprimierungsgrad $G_k = 1 - 156/280 = 44,28\%$. □

Die Bildung der Phrasen nach der beschriebenen Methode ist aus der nachfolgenden Tabelle zu entnehmen. Die obere Zeile enthält den Text, die zweite die gebildeten Phrasen. Die übertragenen Phrasen sind in der 3. Zeile eingetragen. Zur Verbesserung der Ansicht ist der Wortzwischenraum durch einen Bindestrich gekennzeichnet. Phrasen mit mehr als einem Symbol,

4.4 Quellencodierung

die im Wörterbuch schon enthalten sind, und so übertragen werden, sind in Klammern gesetzt.

Text:	W	I	R	-	S	I	N	D	-	H	I	E
Phrase:		WI	IR	R-	-S	SI	IN	ND	D-	-H	HI	IE
Übertr.	W	I	R	-	S	I	N	D	-	H	I	

R	-	B	E	I	-	D	I	R	-	H	I
ER	(R-)	R-B	BE	EI	I-	-D	. DI	(IR)	IR-	(-H)	-HI
E		R-	B	E	I	-	D		IR		-H

E	R	-	S	I	N	D	-	W	I	R
(IE)	IER	(R-)	R-S	(SI)	SIN	(ND)	ND-	-W	(WI)	WIR
	IE		R-		SI		ND	-		WIR

Beispiel 4.6
Zur Bestimmung des möglichen Komprimierungsgrades bei der Übertragung langer Texte wurde eine Simulation auf dem Computer durchgeführt [4.10]. Der Text umfaßte 14174 Symbole. Es wurden 4503 Phrasen übertragen und 4759 Phrasen ins Wörterbuch eingetragen. Der Komprimierungsgrad betrug $G_k = 55,16\%$. □

4.4.6 Weitere relevante Verfahren

Neben den hier erläuterten Verfahren werden weitere zur Quellencodierung angewendet. Die wichtigsten davon sind nachfolgend aufgezählt.

(1) Die Transformationscodierung zur Redundanzreduktion bei der Bildübertragung. Dieses Verfahren ermöglicht es in einfacher Weise, auch eine sehr wirksame Informationsreduktion zu realisieren [4.10], [4.13].

(2) Die Arithmetische Codierung. Dieses Verfahren setzt die Kenntnis der Signalstatistik voraus und wird daher vorzugsweise für die Redunktion der in der Wahrscheinlichkeitsverteilung der Symbole steckenden Redundanz mit Komprimierungsgraden bis 50% angewendet[4.10], [4.17].

(3) MNP-5 von MICROCOM. Dieses Verfahren ist nicht frei zugänglich. Es wird in bedeutendem Umfang in modernen Modems eingesetzt und ermöglicht bei der Textübertragung einen Komprimierungsgrad bis 38%. Eine kurze Beschreibung findet der Leser in [4.10], [4.17].

(4) LZ 77. Dieses Verfahren arbeitet ebenfalls mit einem Wörterbuch, wobei der bereits komprimierte Text als Wörterbuch dient [4.10], [4.14], [4.17].

4.5 Literatur

[4.1] Bell, T. C., Cleary, J. G., Witten, I. H.: *Text Compression*. Prentice Hall, Englewood Cliffs, New Jersey, 1990

[4.2] Fey, P.: *Informationstheorie*. Akademie-Verlag, Berlin, 1963

[4.3] Fritzsche, G.: *Theoretische Grundlagen der Nachrichtentechnik*. Verlag Technik, Berlin, 1972

[4.4] Hamming, W. R.: *Information und Codierung*. VCH-Verlag, Weinheim, 1986

[4.5] Hartley, R. V. L.: *Transmission of Information*. BSTJ 7:535, 1928

[4.6] Howard, P. G., Vitter, J. S.: *Arithmetic Coding for Data Compression*. Proceedings of the IEEE, 82(6):857, 1994

[4.7] *ITU-Empfehlung T4*. Fascicle VII.3, Melbourne, 1988

[4.8] Jayant, N. S., Noll, P.: *Digital Coding of Waveforms*. Prentice Hall, Englewood Cliffs, New Jersey, 1971

[4.9] Küpfmüller, K.: *Die Entropie der deutschen Sprache*. FTZ 7(6): 264-272, 1954

[4.10] Lochmann, D.: *Digitale Nachrichtentechnik*. Verlag Technik, Berlin 1997

[4.11] Löffler, H.: *Information-Signal-Nachrichtenverkehr*. Akademie-Verlag, Berlin, 1980

[4.12] Mildenberger, O.: *Informationstheorie und Codierung*. Vieweg-Verlag, Braunschweig/Wiesbaden, 1990

[4.13] Musmann, H. G.: *Über redundanzreduzierende Quellencodierung*. Deutsche Luft- und Raumfahrt, Forschungsbericht 70-52, Oberpfaffenhofen 1970

[4.14] Nelson, M.: *Datenkomprimierung*. Heise-Verlag, Hannover, 1993

[4.15] Noll, P.: *Untersuchungen zur Sprachcodierung mit adaptiven Prädiktionsverfahren*. NTZ 27(2):67, 1974

[4.16] Noll, P.: *Sprachcodierung mit Differenz-Pulscodemodulation*. NTF-Fachbericht, Band 42:72-81, 1972

[4.17] Ruland, Chr.: *Telekommunikation*. (Abschn. Datenkompression), Interest-Verlag, Augsburg. 1995

[4.18] Shannon, C. E., Weaver, W.: *The Mathematical Theory of Communication*. University of Illinois Press, Urbana 1949

[4.19] Storer, J. A.: *Data Compression*. Computer Science Press, Rockville, Maryland, 1988

[4.20] Wilhelm, C.: *Datenübertragung*. Militärverlag, Berlin, 1976

Kapitel 5

Kanalcodierung

von Herbert Schneider-Obermann

Die Kanalcodierung stellt heute einen unverzichtbaren Bestandteil der modernen *Kommunikationssysteme* dar. In allen Bereichen der Nachrichtentechnik nimmt gegenwärtig der Anteil der digitalen Signalverarbeitung und damit die Notwendigkeit, eine digitale Nachricht vor Übertragungsfehlern zu schützen, zu. So ist geplant, ein weltumspannendes, mobiles digitales Kommunikationssystem (*UMTS* - Universal Mobile Telecommunication System) zu Beginn des neuen Jahrtausends zu realisieren. Die Verfahren der Kanalcodierung werden auch in zukünftigen Übertragungssystemen einen wichtigen Platz einnehmen, so daß Grundkenntnisse der Kanalcodierung für den Ingenieur heute genauso wichtig sind, wie andere klassische Basisbausteine des Wissens.

Kommunikationssysteme

UMTS

Das vorliegende Kapitel behandelt wesentliche Teile der Codierungstheorie. Es kann jedoch aufgrund des Umfangs des Sachgebietes keinen Anspruch auf Vollständigkeit erheben. Die nachfolgenden Abschnitte behandeln dann die in heutigen Systemen eingesetzten Codes zur *Fehlererkennung* und Fehlerkorrektur sowie deren Decodierverfahren. In den Abschnitten 5.1 *Lineare Codes* und 5.2 *Zyklische Codes* werden zur Beschreibung der Codier- und Decodierverfahren ganz wesentlich Matrizen und rückgekoppelte Schieberegister verwendet. Besonderer Wert wird auf die Darstellung der Gewichtsverteilungen der Codes gelegt. Die *Reed-Solomon-Codes* und die *BCH-Codes* sind in den Abschnitten 5.3 und 5.4 beschreiben. Für ihr Verständnis sind Kenntnisse der endlichen Zahlenkörper notwendig. Die algebraischen Decodiermethoden für Blockcodes sowie die Faltungscodes konnten im Rahmen dieses Kapitels nicht behandelt werden.

Fehlererkennung

lineare und zyklische Codes

Reed-Solomon-Codes und BCH-Codes

5.1 Lineare Codes

Lineare Codes stellen eine sehr wichtige Untergruppe aller Codes dar, denn die Codes, die bislang Eingang in die Praxis gefunden haben, wie Hamming-, BCH-, RS- und auch Faltungscodes, gehören zu dieser Klasse.

5.1.1 Aufbau eines Codewortes

Ein Codewort c eines Codes C besteht aus einer Anzahl von n Elementen c_i eines festgelegten Zahlenkörpers (Galoisfeld $GF(q)$). Diese n Elemente setzen sich aus einer Anzahl von k Informationszeichen und einer Anzahl von m Prüfelementen zusammen, so daß gilt: $n = k + m$.

Codewort

k	m
Information	Prüfteil

Ein Maß zur Beurteilung eines Codes ist die Coderate:

Coderate
$$R = \frac{k}{n}. \qquad (5.1)$$

Sie gibt das Verhältnis der Anzahl von k Informationsstellen zur Gesamtstellenanzahl n an. Lassen sich die k Informationselemente direkt aus dem Codewort herauslesen, so sprechen wir von einem systematischer *systematischen Code*, anderenfalls von einem nicht systematischen Code. Code.

5.1.2 Fehlervektor und Empfangsvektor

Ein Codewort c kann bei der Übertragung über einen Kanal gestört werden. Diese Störung soll durch einen additiven Fehlervektor: $f = (f_0, f_1, \ldots, f_{n-1})$, $f_i \in GF(q)$, der ebenfalls aus einer Anzahl von n Elementen besteht, modelliert werden. Die Vektoraddition von Codevektor c und Fehlervektor f ergibt den Empfangsvektor r.

Für die Vektoraddition gilt: $r = c + f \iff r_i = c_i \oplus f_i$.
Die Verknüpfung $\oplus$ der Komponenten (modulo-p Addition) von c und f ergibt den Vektor $r = (r_0, r_1, \ldots, r_{n-1})$.

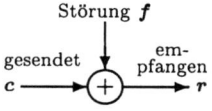

5.1.3 Linearität

Die Menge der Vektoren (n-Tupel) $a = (a_0, a_1, \ldots, a_{n-1})$, die aus Elementen des Galois-Feldes $GF(q)$ bestehen, bildet einen n-dimensionalen Vektorraum. Eine Untermenge dieser n-Tupel bildet einen LINEAREN (n, k) BLOCKCODE mit k Informationsstellen, wenn sie einen k-dimensionalen Unterraum dieses Vektorraumes darstellt. Gilt $q = p$ (p ist Primzahl), so bildet jede beliebige

5.1 Lineare Codes

Gruppe der Vektoren einen Unterraum und somit einen linearen Blockcode.

Definition 5.1 *Ein Code C heißt* LINEAR, *wenn jede Linearkombination zweier beliebiger Codewörter a und b des Codes C über $GF(p^s)$:* — linear

$$k \cdot a + l \cdot b = c \quad a, b \in C \text{ und } k, l \in GF(p)$$
$$\text{wobei} \quad k \cdot a_i \oplus l \cdot b_i = c_i \bmod p \text{ gilt}, \quad (5.2)$$

wieder ein Codewort $c \in C$ ist.

Lineare Codes können auf Zahlenkörpern nahezu beliebiger Größe konstruiert werden. Am häufigsten werden aber endliche Zahlenkörper $GF(q)$ verwendet, bei denen die Anzahl q der Elemente durch eine Primzahl $q = p$ oder eine Potenz $q = p^s$ dieser Primzahl bestimmt ist. Für binäre Codes, die nur aus den Elementen 0 und 1 gebildet werden, wird $q = 2^s$ gewählt.

5.1.4 Hamming-Gewicht und Mindestdistanz

Das Hamming-Gewicht $w(c)$ eines Vektors c ist definiert als die Anzahl der Elemente von c, die nicht Null sind.

Definition 5.2 *Das* GEWICHT $w(c)$ *eines Vektors $c = (c_0, c_1, \ldots, c_{n-1})$ mit n Elementen aus $GF(2)$ wird definiert durch:*

$$w(c) = \sum_{i=0}^{n-1} c_i. \quad (5.3) \quad \text{Gewicht}$$

Das MINDESTGEWICHT w^* *eines Codes ist das kleinste Gewicht* — Mindestgewicht
eines beliebigen Codevektors des Codes – mit Ausnahme des Nullvektors:

$$w^* = \min_{c_i \in C, c_i \neq 0} w(c_i). \quad (5.4)$$

Zum Beispiel ist das Gewicht von $c_1 = (1,1,1,1,1)$ gleich fünf und von $c_2 = (0,0,1,1,1)$ gleich drei.

Definition 5.3 *Die* DISTANZ D *zwischen zwei Vektoren $a = (a_0, a_1, \ldots, a_{n-1})$ und $b = (b_0, b_1, \ldots, b_{n-1})$ mit n Elementen aus $GF(2)$ ist definiert durch:*

$$D(a, b) = w(a - b) = w(a + b),$$
$$= \sum_{i=0}^{n-1} a_i \oplus b_i. \quad (5.5)$$

Distanz

Die Distanz zwischen c_1 und c_2 ist durch das Hamming-Gewicht der Differenz $c_1 - c_2$, also $w(c_1 - c_2)$, bestimmt. So ist $c_1 - c_2 = (1, 1, 0, 0, 0)$ und folglich die Distanz $D(c_1, c_2) = 2$.

Definition 5.4 *Die* MINDESTDISTANZ *d eines Codes C ist die kleinste Distanz D zweier voneinander verschiedener Codewörter $c_i, c_j \in C$:*

Mindestdistanz
$$d = \min_{\substack{c_i, c_j \in C \\ c_i \neq c_j}} D(c_i, c_j). \tag{5.6}$$

Satz 5.1 *Die Mindestdistanz d eines linearen Codes ist gleich dem Mindestgewicht w^* des Codes.*

Beispiel 5.1 Ein $(n = 7, k = 3)$ Code besitzt eine Redundanz von $m = n - k = 4$:

Nr.	Inform.	Redundanz	Codewort	w(c_i)
0	000	0000	0000000	0
1	001	0011	0010011	3
2	010	0101	0100101	3
3	011	0110	0110110	4
4	100	1001	1001001	3
5	101	1010	1011010	4
6	110	1100	1101100	4
7	111	1111	1111111	7

Tabelle 5.1 Beispiel eines linearen, binären (7,3) Blockcodes

Es ist zu erkennen, daß der Code das Mindestgewicht $w^* = 3$ besitzt. Deshalb gilt auch für die Mindestdistanz $d = 3$. Der (7, 3) Code kann einen Fehler korrigieren. Der Code ist auch linear.

Addiert man beispielsweise Codewort Nr. 1 und Nr. 4 aus Tabelle 5.1 so erkennt man, daß wiederum ein Codewort entsteht (Codewort 5). □

Eine Möglichkeit zur Fehlerkorrektur erhält man durch den Vergleich des Empfangscodewortes mit jedem Codewort aus der Tabelle. Man ordnet die Empfangsfolge b dem Codewort a zu, bei dem die geringste Distanz $D(a, b)$ festgestellt worden ist. Dieses Verfahren bezeichnet man mit *Minimum Distance Decoding*. Es ist immer dann optimal, wenn die Übertragungsfehler statistisch unabhängig sind.

Minimum Distance Decoding

Wird auf einen Kanal ein Codewort c übertragen und ein Vektor r empfangen, bei dem e Fehler aufgetreten sind, so gilt:

$$D(c, r) = w(c - r) = e. \tag{5.7}$$

Besitzt der Code die Mindestdistanz d, so kann r immer als falsch erkannt werden, solange die Anzahl der Fehler e nicht größer als $d - 1$ ist.

5.1 Lineare Codes

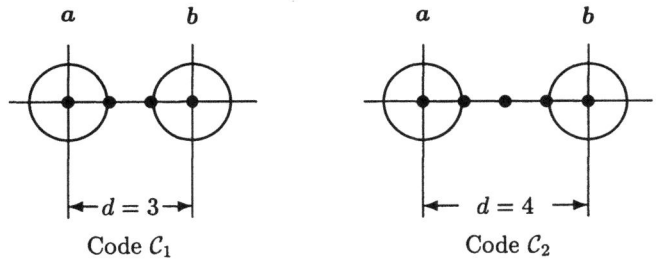

Abbildung 5.1
Darstellung der Hamming-Distanz für $d = 3$ und $d = 4$

In Abbildung 5.1 sind jeweils zwei Codewörter a und b eines Codes C_1 ($d = 3$) bzw. eines Codes C_2 ($d = 4$) mit ihren Korrekturbereichen dargestellt. Für beide Codes ist dieser Korrekturbereich gleich groß. Tritt nur ein Kanalfehler auf, so wird der Korrekturbereich von a nicht verlassen. Der Decoder des Empfängers korrigiert den empfangenen Vektor r richtig zum nächstgelegenen Codewort a. Treten aber mehrere Fehler (z.B. zwei) auf, so kommt es beim Code C_1 zur Falschkorrektur. Im Unterschied hierzu kann der Code C_2 das Auftreten von zwei Fehlern noch feststellen, da kein Korrekturbereich eines anderen Codewortes erreicht werden kann. Für die *Fehlererkennbarkeit ohne Korrektur* gilt demnach: Fehlererkennbarkeit

$$S \leq d - 1. \tag{5.8}$$

Die maximale Anzahl E *richtig korrigierbarer Fehler* ist durch: richtig korrigierbarer Fehler

$$E \leq \left\lfloor \frac{d-1}{2} \right\rfloor \tag{5.9}$$

bestimmt. Die Klammer $\lfloor \ \rfloor$ bedeutet, daß der in der Klammer errechnete Wert auf die nächste ganze Zahl abgerundet wird. Ist z.B. $d = 5$, so folgt: $E \leq 2$. Der Zusammenhang zwischen der Mindestdistanz d, der Anzahl der erkennbaren Fehler S und der Anzahl der korrigierbaren Fehler E ist in der folgenden Ungleichung dargestellt:

$$d - 1 \geq 2 \cdot E + S. \tag{5.10}$$

5.1.5 Gewichtsverteilung linearer Codes

Der Gewichtsverteilung eines Codes kommt für die Korrekturfähigkeit eine besondere Wichtigkeit zu.

Definition 5.5 *Die* GEWICHTSVERTEILUNG *eines linearen (n,k)-Blockcodes wird durch eine Folge $A_0, \ldots, A_i, \ldots, A_n$ von ganzen Zahlen beschrieben. Die Zahl A_i gibt an, wieviele Codewörter der* Gewichtsverteilung

Gewichtsfunktion *Code mit dem Hamminggewicht i besitzt. Dieser Gewichtsverteilung ist umkehrbar eindeutig eine* GEWICHTSFUNKTION $W_C(x,y)$ *des Codes C zugeordnet:*

$$W_C(x,y) = \sum_{i=0}^{n} A_i \cdot x^{n-i} y^i = \sum_{c \in C} x^{n-w(c)} y^{w(c)}. \quad (5.11)$$

Die Gewichtsfunktion $W_C(x,y)$ ist ein Polynom vom Grad n in den Variablen x und y. Der Exponent von x gibt die Anzahl der Nullen und der Exponent von y gibt die Anzahl der Einsen eines Codewortes an. Wird $x = 1$ gesetzt, so erhält man ein Polynom $W_C(y)$ in einer Variablen:

$$W_C(1,y) = W_C(y) = \sum_{i=0}^{n} A_i \cdot y^i = \sum_{c \in C} y^{w(c)}. \quad (5.12)$$

Die ursprüngliche Gewichtsfunktion $W_C(x,y)$ wird aus Gleichung (5.12) durch Substitution $(y \to y/x)$ zurückgewonnen:

$$W_C(x,y) = x^n \cdot W_C(\frac{y}{x}) = x^n \cdot \sum_{i=0}^{n} A_i \left(\frac{y}{x}\right)^i = \sum_{i=0}^{n} A_i x^{n-i} y^i. \quad (5.13)$$

Für lineare (n,k) Codes über $GF(q)$ mit der Mindestdistanz d sind folgende Eigenschaften einsichtig:

$$W_C(0) = A_0 = 1, \quad A_n \leq (q-1)^n, \quad (5.14)$$

$$W_C(1) = \sum_{i=0}^{n} A_i = q^k, \quad A_i = 0 \text{ für } 0 < i < d. \quad (5.15)$$

Ist die Gewichtsverteilung eines Codes symmetrisch, so sind die drei folgenden Aussagen äquivalent: $W_C(x,y) = W_C(y,x)$, $A_i = A_{n-i}$ für alle i und $W_C(y) = y^n \cdot W_C(y^{-1})$. Die Gewichtsverteilung kann nur für wenige Codes in geschlossener Form berechnet werden. Zu diesen Codes gehören der Hamming- und Simplex-Code (siehe Abschnitt 5.1.13) sowie die MDS-Codes (siehe Def. 5.6 und Abschn. 5.3).

5.1 Lineare Codes

Beispiel 5.2 Die Gewichtsverteilung eines Parity-Check-Codes.

Gegeben sei ein Code $\mathcal{C}$, dessen Codewörter jeweils k Informationselemente und nur ein Prüfelement (parity bit) $m = 1$ enthalten. Die Codewortlänge n beträgt deshalb $n = k + 1 = 4$. Das Codewort c_0 hat das Gewicht null.

Codewort	Inform.	Prüfstelle	Gewicht
c_i	$k=3$	$m=1$	$w(c_i)$
c_0	0 0 0	0	0
c_1	0 0 1	1	2
c_2	0 1 0	1	2
c_3	0 1 1	0	2
c_4	1 0 0	1	2
c_5	1 0 1	0	2
c_6	1 1 0	0	2
c_7	1 1 1	1	4

Sechs Codeworte, c_1 bis c_6, besitzen das Gewicht zwei, und c_7 hat das Gewicht vier. Die Gewichtsfunktion hat deshalb die Form:

$$W_{\mathcal{C}}(x,y) = x^4 + 6x^2y^2 + y^4 = W_{\mathcal{C}}(y,x).$$

Die Gewichtsfunktion ist symmetrisch. □

Die Gewichtsfunktion für den (7,3) Code aus Beispiel 5.1, Seite 204, lautet:

$$W_{\mathcal{C}(7,3)}(x,y) = x^7 + 3x^4y^3 + 3x^3y^4 + y^7.$$

Die Bedeutung der Gewichtsverteilung wird in den Abschnitten 5.1.10 *Dualer Code* und 5.1.14 *MacWilliams-Identität* vertiefend behandelt.

5.1.6 Berechnung der Fehlerwahrscheinlichkeit

Ein Decodierverfahren kann stets nur im begrenzten Umfang richtig korrigieren und sogar für den Fall, daß die Fehlererkennbarkeit überschritten wird, weitere Fehler hinzufügen. Deshalb ist es von besonderem Interesse, die Wahrscheinlichkeit zu berechnen, mit der ein Codewort richtig oder falsch empfangen bzw. decodiert wird. Bei den nun folgenden Überlegungen wird der BSC (binary symmetric channel) als Kanalmodell vorausgesetzt. Fragen wir zunächst einmal nach der Wahrscheinlichkeit, daß überhaupt kein Fehler in dem Codewort der Länge n aufgetreten ist:

$$P(e=0) = \underbrace{(1-P) \cdot (1-P) \cdots (1-P)}_{\text{n Faktoren}} = (1-P)^n. \quad (5.16) \text{ fehlerfrei}$$

Ein bestimmtes Bit wird mit der Wahrscheinlichkeit:

$$P_{bst}(e=1) = P \cdot (1-P)^{n-1} \qquad (5.17)$$

falsch übertragen. Allgemein kann die Wahrscheinlichkeit, daß e beliebige der n möglichen Stellen bei der Übertragung verfälscht werden durch:

$$P(e) = \binom{n}{e} \cdot P^e \cdot (1-P)^{n-e} \qquad (5.18)$$

berechnet werden. Der Faktor n über e:

$$\binom{n}{e} = \frac{n \cdot (n-1) \cdots (n-(e-1))}{1 \cdot 2 \cdots e} = \frac{n!}{e! \cdot (n-e)!}$$

gibt hierbei die Anzahl der verschiedenen Möglichkeiten an, e Fehler in n Stellen zu verteilen. Entsprechend (5.18) läßt sich die Wahrscheinlichkeit, mit der ein Code richtig korrigiert, der maximal E-Fehler korrigieren kann, berechnen:

$$P_{richtig} = \sum_{e=0}^{E} \binom{n}{e} \cdot P^e \cdot (1-P)^{n-e}. \qquad (5.19)$$

Die Wahrscheinlichkeit, daß ein Empfangswort nicht korrigierbar ist oder gar falsch korrigiert wird, bestimmt sich zu:

Restfehlerwahr-
scheinlichkeit
$$P_{falsch} = 1 - P_{richtig},$$
$$= \sum_{e=E+1}^{n} \binom{n}{e} \cdot P^e \cdot (1-P)^{n-e}. \qquad (5.20)$$

Vergleichen wir die Fehlerwahrscheinlichkeiten einer redundanzfreien Übertragung von vier Bit mit einer Übertragung, die zur Korrektur eines Fehlers vier zusätzliche Bits benötigt, so stellen wir fest:

uncodiert $P_{richtig} = (1-P)^4 = 0,961,$
$P_{falsch} = 1 - (1-P)^4 = 0,039,$

codiert $P_{richtig} = (1-P)^8 + 8P(1-P)^7 = 0,9973,$
$P_{falsch} = 1 - P_{richtig} = 0,0027.$

Dieser Vergleich zeigt, daß bereits durch diese einfache Codierung die Wahrscheinlichkeit, daß eines der 4 Informationsbits falsch übertragen wird, um den Faktor $0,039/0,0027 \approx 15$ verringert werden kann. Bei einer Bitfehlerrate von $P \leq 10^{-3}$ würde dieses Verhältnis schon größer als 140 sein.

5.1 Lineare Codes

Erwartungswert und Varianz der Binomialverteilung
Der Erwartungswert $E\{i\} = \sum_{i=0}^{n} i \cdot P(i)$ berechnet sich unter Berücksichtigung von:

$$\sum_{i=0}^{n} P(i) = \sum_{i=0}^{n} \binom{n}{i} \cdot P^i \cdot (1-P)^{n-i} = 1 \quad \text{und} \quad i \cdot \binom{n}{i} = n \cdot \binom{n-1}{i-1}$$

$$E\{i\} = nP. \quad (5.21) \quad \text{Erwartungswert}$$

Entsprechend berechnet sich das zweite Moment:

$$E\{i^2\} = \sum_{i=0}^{n} i^2 \cdot P(i) = \sum_{i=0}^{n} i^2 \cdot \binom{n}{i} \cdot P^i \cdot (1-P)^{n-i},$$
$$= nP + n(n-1)P^2, \quad (5.22)$$

und somit die Varianz $\sigma^2 = E\{i^2\} - (E\{i\})^2$ und die Streuung σ:

$$\sigma^2 = nP(1-P) \implies \sigma = \sqrt{nP(1-P)}. \quad (5.23) \quad \text{Varianz}$$

5.1.7 Schranken für lineare Codes

In diesem Abschnitt wird die Frage nach dem Zusammenhang der Codeparameter n, k, und d behandelt. Für welche Parameter können Codes existieren und für welche nicht?

Die *Singleton-Schranke* zeigt, daß die Mindestdistanz d höchstens so groß ist, wie die Anzahl der Prüfzeichen plus eins. **Singleton-Schranke**

Satz 5.2 *(Singleton–Schranke) Für die Mindestdistanz d eines Codes C mit der Länge n und der Dimension k gilt:*

$$d \leq n - k + 1. \quad (5.24)$$

Wird die Aussage der Singleton-Schranke mit (5.8) und (5.9) kombiniert, so folgt, das ein Code $S \leq n - k$ Fehler erkennen kann, bzw. $E \leq (n-k)/2$ Fehler korrigieren kann.

Definition 5.6 *Ein Code, der die Singleton–Schranke mit Gleichheit erfüllt, heißt "maximum distance separable" (MDS).* **MDS**

RS-Codes und die binären Repetition Codes ungerader Länge besitzen die MDS Eigenschaft.

Die *Hamming-Schranke* stellt eine obere Schranke dar, die angibt, wieviele Codewörter mit vorgegebenen Parametern höchstens existieren.

Hamming-Schranke

Satz 5.3 *Für alle linearen $E \leq \lfloor \frac{d-1}{2} \rfloor$ fehlerkorrigierenden binären Codes $C(n,k,d)$ gilt die* HAMMING-SCHRANKE:

$$2^k \left(1 + \binom{n}{1} + \cdots + \binom{n}{E}\right) \leq 2^n. \quad (5.25)$$

Für nichtbinäre Codes, die auf dem Zahlenkörper $GF(q)$ definiert sind gilt entsprechend:

$$q^k \cdot \sum_{e=0}^{E} \binom{n}{e} (q-1)^e \leq q^n \quad \text{bzw.} \quad q^{n-k} \geq \sum_{e=0}^{E} \binom{n}{e} (q-1)^e. \quad (5.26)$$

Die Einhaltung der Schranke garantiert aber nicht die Existenz eines Codes. Ebensowenig gibt sie Auskunft wie ein solcher Code konstruiert werden kann.

Beispiel 5.3 Ein $(7,4)$ Code mit $d=3$ erfüllt die Hamming-Ungleichung, denn $2^4 \cdot (1+7) = 2^7$. Fragen wir, wie groß die Anzahl der Informatiosstellen k eines Codes werden kann, der die Länge $n=63$ besitzt und zwei Fehler korrigieren kann, so folgt:

$$2^{63-k} \geq (1 + 63 + 63 \cdot 31) = 2017.$$

Wird $k=52$ gewählt, so ist die Ungleichung erfüllt, denn $2^{11} = 2048 \geq 2017$. Tatsächlich existiert ein solcher Code nicht. □

perfekte Codes

Definition 5.7 *Wenn für einen Code $C(n,k,d)$ die Gleichheit in der Hamming-Schranke (5.25) gilt, so heißt er* PERFEKT.

Für binäre Codes bedeutet dies anschaulich, daß sich alle 2^n möglichen Vektoren eines Raumes $GF(2^n)$ innerhalb der Korrekturkugeln der 2^k Codewörter befinden. Es existieren jedoch nur wenige lineare Perfekte Codes. Zu ihnen gehören der Wiederholcode ungerader Länge, die Hamming-Codes und der Golay-Code.

Plotkin-Schranke **Satz 5.4** *(Plotkin-Schranke) Für die Minimaldistanz d eines linearen (n,k) Codes gilt:*

$$d \leq \frac{n \cdot (q-1) q^{k-1}}{q^k - 1} \approx \frac{n \cdot (q-1)}{q}. \quad (5.27)$$

Die Näherung gilt nur für ein genügend großes k.

Gilbert-Varshamov-Schranke

Satz 5.5 *(Gilbert-Varshamov-Schranke) Es existiert ein linearer (n,k) Code mit der Mindestdistanz d, wenn für die Parameter gilt:*

$$\sum_{e=0}^{d-2} \binom{n-1}{e} (q-1)^e < q^{n-k}. \quad (5.28)$$

5.1 Lineare Codes

Beispiel 5.4 Im Beispiel 5.3 haben wir nach der maximalen Anzahl der Informationsstellen k eines Codes gefragt, der die Länge $n = 63$ besitzt und zwei Fehler korrigieren kann. Die Hamming-Schranke lieferte das etwas unbefriedigende Ergebnis $k = 52$. Unbefriedigend, weil kein entsprechender Code zu konstruieren war. Die Gilbert-Varshamov-Schranke sagt nun aus, daß es einen Code gibt, wenn:

$$\sum_{e=0}^{d-2}\binom{n-1}{e}(q-1)^e = \sum_{e=0}^{3}\binom{62}{e} = 39774 < 2^{63-k}$$

erfüllt ist. Dies ist für $k \leq 47$ erfüllt. Die Gilbert-Varshamov-Schranke garantiert somit nur einen $(63, 47)$ Code, der zwei Fehler korrigieren kann. Tatsächlich gibt es einen $(63, 51)$ BCH-Code (siehe Absch. 5.4), mit der Mindestdistanz $d = 5$. □

5.1.8 Das Standard Array

Die Form der Zerlegung nach Tabelle 5.2 wird *Standard Array* genannt und entsprechend die Form der Entscheidung *Standard Array Decodierung*.

Nebenklassen in $GF(2^n)$					
$c_0 = 0$	c_1	$\cdots$	c_i	$\cdots$	c_{2^k-1}
f_1	$f_1 + c_1$	$\cdots$	$f_1 + c_i$	$\cdots$	$f_1 + c_{2^k-1}$
f_2	$f_2 + c_1$	$\cdots$	$f_2 + c_i$	$\cdots$	$f_2 + c_{2^k-1}$
$\vdots$	$\vdots$	$\vdots$	$\vdots$	$\vdots$	$\vdots$
f_j	$f_j + c_1$	$\cdots$	$f_j + c_i$	$\cdots$	$f_j + c_{2^k-1}$
$\vdots$	$\vdots$	$\vdots$	$\vdots$	$\vdots$	$\vdots$
$f_{2^{n-k}-1}$	$f_{2^{n-k}-1} + c_1$	$\cdots$	$f_{2^{n-k}-1} + c_i$	$\cdots$	$f_{2^{n-k}-1} + c_{2^k-1}$

Tabelle 5.2 Standard Array eines binären linearen (n, k) Codes

In der ersten Zeile sind die 2^k Codewörter eines linearen (n, k) Codes eingetragen. Die sogenannten Nebenklassenanführer, die in der ersten Spalte der Tabelle stehen, stellen die möglichen 2^{n-k} korrigierbaren Fehlervektoren dar, wobei gilt: $f_0 = c_0 = 0$. Die Vektoren, die durch die Addition von Codevektor und Fehlervektor $r_{ij} = f_i + c_j$ entstehen, entsprechen den 2^n möglichen Empfangsvektoren r. Beispiele zum Standard Array finden sich z.B. in [5.10] Seite 92 und 93.

5.1.9 Generatormatrix und Prüfmatrix

Unter der Generatormatrix wollen wir die den Code erzeugende Matrix G verstehen:

$$c = i \cdot G, \qquad (5.29)$$

wobei der Vektor $i = (i_0, i_1, \ldots, i_{k-1})$ die zu codierende Information enthält. Die Matrix G muß hierfür in k Zeilen linear unabhängige Codevektoren von $\mathcal{C}$ enthalten:

$$G = \begin{pmatrix} g_{00} & g_{01} & g_{02} & \cdots & g_{0,n-1} \\ g_{10} & g_{11} & g_{12} & \cdots & g_{1,n-1} \\ \vdots & \vdots & \vdots & & \vdots \\ g_{k-1,0} & g_{k-1,1} & g_{k-1,2} & \cdots & g_{k-1,n-1} \end{pmatrix} = \begin{pmatrix} g_0 \\ g_1 \\ \vdots \\ g_{k-1} \end{pmatrix}. \quad (5.30)$$

Durch Zeilenaddition kann die Matrix G immer so umgeformt werden, daß sie die systematische Form besitzt:

$$G = \begin{pmatrix} 1 & 0 & \cdots & 0 & a_{00} & a_{01} & \cdots & a_{0,m-1} \\ 0 & 1 & \cdots & 0 & a_{10} & a_{11} & \cdots & a_{1,m-1} \\ \vdots & \vdots & \ddots & \vdots & \vdots & \vdots & & \vdots \\ 0 & 0 & \cdots & 1 & a_{k-1,0} & a_{k-1,1} & \cdots & a_{k-1,m-1} \end{pmatrix} = \begin{pmatrix} g_0 \\ g_1 \\ \vdots \\ g_{k-1} \end{pmatrix}. \quad (5.31)$$

Eine zweite wichtige Matrix ist die PRÜFMATRIX H, die als eine zu G orthogonale Matrix eingeführt wird:

$$G \cdot H^{(T)} = 0 \iff H \cdot G^{(T)} = 0. \quad (5.32)$$

Die Basis des Null-Raumes von G bilden dann die in H enthaltenen $m = n - k$ Zeilenvektoren:

$$H = \begin{pmatrix} a_{00} & a_{10} & \cdots & a_{k-1,0} & 1 & 0 & \cdots & 0 \\ a_{01} & a_{11} & \cdots & a_{k-1,1} & 0 & 1 & \cdots & 0 \\ \vdots & \vdots & \vdots & \vdots & \vdots & \vdots & \ddots & \vdots \\ a_{0,m-1} & a_{1,m-1} & \cdots & a_{k-1,m-1} & 0 & 0 & \cdots & 1 \end{pmatrix} = \begin{pmatrix} h_0 \\ h_1 \\ \vdots \\ h_{m-1} \end{pmatrix}. \quad (5.33)$$

systematisch **Definition 5.8** *Ein Code $\mathcal{C}(n,k)$ wird SYSTEMATISCH genannt, wenn die k Informationszeichen einen Teil des gesamten Codewortes darstellen. Die k Informationszeichen und die $m = n - k$ Prüfzeichen sind also trennbar. Die Prüfmatrix H eines systematischen Codes ist eine $(m \times n)$-Matrix der Form:*

$$H = (A \mid I_m). \quad (5.34)$$

5.1.10 Der Duale Code

Wird die Prüfmatrix H eines Codes $\mathcal{C}$ als Generatormatrix verwendet, so kann damit ein zu $\mathcal{C}$ dualer $(n, n-k)$ Code $\mathcal{C}_d$ erzeugt werden.

5.1 Lineare Codes

Definition 5.9 *Ist die $(k \times n)$-Matrix G die Generatormatrix und die $(n-k \times n)$-Matrix H die Prüfmatrix eines linearen (n,k) Codes C, so erzeugt $G_d = H$ einen linearen $(n, n-k)$ Code C_d. Die Matrix $H_d = G$ ist die Prüfmatrix des Codes C_d. Der Code C_d wird als* DUALER CODE *zu C bezeichnet.*   dualer Code

Satz 5.6 *Für den dualen Code $C_d = C^\perp$ gilt:*

$$C^\perp = \{c_j \in GF(2^n) | c_i \perp c_j \; \forall \; c_i \in C\}. \tag{5.35}$$

Beispiel 5.5 Der duale Code zu dem $(7,3)$ Code aus Beispiel 1.1 ist ein $(7,4)$ Code.

$$G_{(7,3)} = \begin{pmatrix} 1 & 0 & 0 & 1 & 0 & 0 & 1 \\ 0 & 1 & 0 & 0 & 1 & 0 & 1 \\ 0 & 0 & 1 & 0 & 0 & 1 & 1 \end{pmatrix},$$

$$\Longrightarrow H_{(7,3)} = \begin{pmatrix} 1 & 0 & 0 & 1 & 0 & 0 & 0 \\ 0 & 1 & 0 & 0 & 1 & 0 & 0 \\ 0 & 0 & 1 & 0 & 0 & 1 & 0 \\ 1 & 1 & 1 & 0 & 0 & 0 & 1 \end{pmatrix} = G_{(7,4)}.$$

Im Unterschied zu $G_{(7,3)}$ trägt die Matrix $G_{(7,4)}$ die Systematik in den oberen Stellen. □

Definition 5.10 *Bildet ein (n,k) Code C eine Teilmenge des dualen Codes $C^\perp \supseteq C$, so heißt C* SELBSTORTHOGONAL. *Gilt die* selbstorthogonal
Gleichheit $C^\perp = C$, so heißt C SELBSTDUAL.   selbstdual

5.1.11 Längenänderungen linearer Codes

In der Praxis kann die Codewortlänge durch die technischen Anforderungen in einem System vorgegeben sein, so daß – aufgrund seiner festgelegten Länge – kein bekannter linearer Code verwendbar ist.

Definition 5.11 *Ein linearer (n,k) Code mit der Mindestdistanz d wird durch Längenänderung in einen linearen $(\tilde{n}, \tilde{k})$ Code mit der Mindestdistanz $\tilde{d}$ überführt:*

Kürzen: *Informationsbits werden verringert*
$\tilde{n} < n$, $\tilde{k} < k$, $\tilde{m} = m$, $\tilde{d} \geq d$

Punktieren: *Prüfbits werden verringert*
$\tilde{n} < n$, $\tilde{k} = k$, $\tilde{m} < m$, $\tilde{d} \leq d$

Verlängern: *Informationsbits werden angehängt*
$\tilde{n} > n$, $\tilde{k} > k$, $\tilde{m} = m$, $\tilde{d} \leq d$

Expandieren: Prüfbits werden angehängt
$$\tilde{n} > n,\ \tilde{k} = k,\ \tilde{m} > m,\ \tilde{d} \geq d$$

Der nachfolgende Satz zeigt, daß durch Anfügen eines Paritätsbits (Expandieren) die Mindestdistanz erhöht werden kann.

Satz 5.7 *Besitzt ein binärer (n,k) Code eine ungerade Mindestdistanz d, so kann er zu einem $\tilde{n} = n+1, \tilde{k} = k$ Code mit der Mindestdistanz $\tilde{d} = d + 1$ expandiert werden. Jedes Codewort mit geradem Gewicht erhält als zusätzliches Prüfbit eine Null, und jedes Codewort mit ungeradem Gewicht erhält als zusätzliches Prüfbit eine Eins angehängt.*

Nach Gleichung (5.30) besteht die Generatormatrix aus k Zeilen linear unabhängiger Codevektoren: $\boldsymbol{G}^{(T)} = (\boldsymbol{g}_0, \boldsymbol{g}_1, \ldots, \boldsymbol{g}_{k-1})$. Jeder der Zeilenvektoren $\boldsymbol{g}_i = (g_0^{(i)}, g_1^{(i)}, \ldots, g_{n-1}^{(i)})$ wird durch ein Bit p_i expandiert: $p_i = g_0^{(i)} \oplus g_1^{(i)} \oplus \cdots \oplus g_{n-1}^{(i)}$ für $0 \leq i \leq k-1$. Besitzt die Matrix $\tilde{\boldsymbol{G}}$ des expandierten Codes die Form $\tilde{\boldsymbol{G}} = (\boldsymbol{I}_k | \tilde{\boldsymbol{A}})$, so kann die Prüfmatrix $\tilde{\boldsymbol{H}}$ des expandierten Codes in der Form $\tilde{\boldsymbol{H}} = (\tilde{\boldsymbol{A}}^{(T)} | \boldsymbol{I}_{m+1})$ angegeben werden:

$$\tilde{\boldsymbol{G}} = \left(\boldsymbol{G} \left| \begin{array}{c} p_0 \\ \vdots \\ p_{k-2} \\ p_{k-1} \end{array} \right. \right), \quad \tilde{\boldsymbol{H}} = \left(\begin{array}{c|c} \boldsymbol{H} & \begin{array}{c} 0 \\ \vdots \\ 0 \end{array} \\ \hline 1\ 1\ \cdots\ 1 \end{array} \right). \quad (5.36)$$

5.1.12 Syndrom und Fehlerkorrektur

In diesem Abschnitt wollen wir von dem Problem ausgehen, daß beim Empfänger ein verfälschter Vektor $\boldsymbol{r}$ detektiert wird: $\boldsymbol{r} = \boldsymbol{c} + \boldsymbol{f}$. Aus $\boldsymbol{r}$ muß das Codewort zurückgewonnen werden.

Definition 5.12 *Der vom Codewort unabhängige, nur vom Fehlervektor abhängige Teil der Multiplikation*

$$\boldsymbol{H} \cdot \boldsymbol{r}^{(T)} = \boldsymbol{H} \cdot (\boldsymbol{c}^{(T)} + \boldsymbol{f}^{(T)}) = \boldsymbol{H} \cdot \boldsymbol{f}^{(T)} = \boldsymbol{s}^{(T)} \quad (5.37)$$

Syndrom *wird* SYNDROM *$\boldsymbol{s}$ genannt.*

Da das Syndrom gemäß der Definition 5.12 nur vom Fehler $\boldsymbol{f}$ abhängig ist, kann (5.37) auch in der folgenden Form geschrieben

5.1 Lineare Codes

werden:

$$s_0 = f_0 a_{00} + f_1 a_{10} + \cdots + f_{k-1} a_{k-1,0} + f_k,$$
$$s_1 = f_0 a_{01} + f_1 a_{11} + \cdots + f_{k-1} a_{k-1,1} + f_{k+1},$$
$$\vdots$$
$$s_{m-1} = f_0 a_{0,m-1} + f_1 a_{1,m-1} + \cdots + f_{k-1} a_{k-1,m-1} + f_{n-1}.$$
(5.38)

Es könnte nun der Eindruck entstehen, als würde das Decodierproblem darin bestehen, das Gleichungssystem (5.38) mit seinen $m = n - k$ Gleichungen zu lösen. Leider ist dieses Gleichungssystem nicht eindeutig lösbar, da n Koeffizienten aus $n - k$ Gleichungen zu bestimmen sind. Um die Wahrscheinlichkeit eines Decodierfehlers möglichst klein zu halten, muß das Fehlermuster ausgewählt werden, das am wahrscheinlichsten aufgetreten ist. Dieses Fehlermuster ist für den BSC das Fehlermuster vom kleinsten Gewicht.

5.1.13 Hamming-Codes

Definition 5.13 *Die Spalten der Prüfmatrix H eines* BINÄREN HAMMING-CODES *enthalten alle $2^m - 1$ Vektoren aus $GF(2^m)$ (ohne den Nullvektor).*

binäre Hamming-Codes

Satz 5.8 *Für jede Zahl $m > 2$, $m \in I\!N$ existiert ein einfehlerkorrigierender, binärer (n,k) Hamming-Code, mit den Parametern:*

$$Länge: \quad n = 2^m - 1,$$
$$Dimension: \quad k = n - m,$$
$$Mindestdistanz: d = 3.$$

Für einige Parameter sind in der nachstehenden Tabelle Hamming-Codes angegeben.

Hamming-Codes			
m	n	k	R
2	3	1	0,33
3	7	4	0,57
4	15	11	0,73
5	31	26	0,84
6	63	57	0,90

Hamming-Codes			
m	n	k	R
7	127	120	0,945
8	255	247	0,969
9	511	502	0,982
10	1023	1013	0,990
11	2047	2036	0,994

Satz 5.9 *Alle E=1 fehlerkorrigierenden Hamming-Codes ungerader Länge sind perfekt.*

Die Prüfmatrix H eines Hamming-Codes ist eine $(m \times n)$-Matrix und es gibt genau 2^m Kombinationen, m Bits in einer Spalte anzuordnen. Ohne den Nullvektor ergeben sich somit $n = 2^m - 1$ verschiedene Spaltenvektoren für die Prüfmatrix.

Die Generatormatrix G mit der Eigenschaft $c = i \cdot G$ eines Hamming-Codes erhält man aus der systematisierten Prüfmatrix gemäß der Gleichung (5.32) durch:

$$G = (\ I_k\ |-A^{(T)}\ ).$$

Beispiel 5.6 Für einen binären $(7,4)$ Hamming-Code muß $m = 3$ gewählt werden. Mit $m = 3$ ergibt sich $n = 7$ und $k = 4$.

$$H = (A|I_3) = \begin{pmatrix} 0 & 1 & 1 & 1 & 1 & 0 & 0 \\ 1 & 0 & 1 & 1 & 0 & 1 & 0 \\ 1 & 1 & 0 & 1 & 0 & 0 & 1 \end{pmatrix}, -A^{(T)} = \begin{pmatrix} 0 & 1 & 1 \\ 1 & 0 & 1 \\ 1 & 1 & 0 \\ 1 & 1 & 1 \end{pmatrix}.$$

Für die systematische Generatormatrix ergibt sich:

$$G = (I_4\ |-A^{(T)}\ ) = \begin{pmatrix} 1 & 0 & 0 & 0 & 0 & 1 & 1 \\ 0 & 1 & 0 & 0 & 1 & 0 & 1 \\ 0 & 0 & 1 & 0 & 1 & 1 & 0 \\ 0 & 0 & 0 & 1 & 1 & 1 & 1 \end{pmatrix}.$$

Mit Hilfe der Generatormatrix lassen sich die 16 Codewörter des $(7,4)$ Hamming-Codes angeben. □

Nach Definition 5.5 lautet die Gewichtsfunktion des $(7,4)$ Hamming-Codes:

$$W_{\mathcal{C}_{(7,4)}}(x,y) = x^7 + 7x^4 y^3 + 7x^3 y^4 + y^7.$$

Die Gewichtsverteilung eines beliebigen (n,k) Hamming-Codes $\mathcal{C}_\mathcal{H}$ kann durch die MacWilliams-Identität (siehe Abschnitt 5.1.14) besonders einfach angegeben werden:

$$W_{\mathcal{C}_\mathcal{H}}(y) = \frac{1}{n+1}\left[(1+y)^n + n \cdot (1-y)(1-y^2)^{(n-1)/2}\right]. \quad (5.39)$$

Zu dieser einfachen Berechnung ist jedoch die Kenntnis des dualen Codes $\mathcal{C}_\mathcal{H}^\perp$ notwendig.

Simplex-Code

Definition 5.14 *Der duale Code $C^\perp$ zu einem binären $(2^m - 1, 2^m - 1 - m)$ Hamming-Code $\mathcal{C}_\mathcal{H}$ wird als* SIMPLEX-CODE *bezeichnet. Der duale Code $C^\perp$ hat die Parameter $(n = 2^m - 1, k = m)$.*

5.1 Lineare Codes

Für den (15,11) Code kann die Prüfmatrix, die die Generatormatrix des dualen (15,4) Codes darstellt, wie folgt gebildet werden:

$$G_{(15,4)} = H_{(15,11)} = \begin{pmatrix} 1 & 0 & 0 & 0 & 0 & 0 & 1 & 0 & 1 & 1 & 0 & 1 & 1 & 1 & 1 \\ 0 & 1 & 0 & 0 & 0 & 1 & 0 & 1 & 0 & 1 & 1 & 0 & 1 & 1 & 1 \\ 0 & 0 & 1 & 0 & 1 & 0 & 0 & 1 & 1 & 0 & 1 & 1 & 0 & 1 & 1 \\ 0 & 0 & 0 & 1 & 1 & 1 & 1 & 0 & 0 & 0 & 1 & 1 & 1 & 0 & 1 \end{pmatrix}.$$

Die Mindestdistanz des Simplex-Codes beträgt $d = 2^{m-1}$. Eine Folgerung hieraus ist, daß alle Codewörter des Codes den gleichen Abstand besitzen. In der Geometrie wird ein solches Gebilde mit gleichen Abständen Simplex genannt. Für die Gewichtsfunktion eines Simplex-Codes $\mathcal{C}_S$ muß gelten:

$$W_{\mathcal{C}_S}(x,y) = x^n + (2^m - 1)x^{(n-1)/2}y^{(n+1)/2}. \tag{5.40}$$

Die Simplex-Codes erfüllen die Plotkin-Schranke mit Gleichheit. Für $(q = 2)$ nit $n = 2^m - 1$ folgt aus Gleichung (5.27):

$$d = \frac{n \cdot (q-1)q^{k-1}}{q^k - 1} = \frac{n \cdot 2^{m-1}}{2^m - 1} = 2^{m-1}.$$

5.1.14 MacWilliams-Identität

Der Zusammenhang zwischen der Gewichtsverteilung eines Codes $\mathcal{C}$ und der Gewichtsverteilung des dualen Codes $\mathcal{C}^\perp$ (s. 5.1.10) wird als MacWilliams-Identität bezeichnet. Das von Frau F.J. MacWilliams 1969 veröffentlichte Theorem [5.11] wurde von einigen Autoren (z.B. 1980 v. Chang [5.3] und 1994 v. Honold [5.5]) auf unterschiedlichen Wegen bewiesen.

Satz 5.10 MacWilliams-Identität binärer Codes
Ist $W_\mathcal{C}(x,y)$ die Gewichtsfunktion (siehe Def. 5.5) des (n,k) Codes $\mathcal{C}$, so ist die Gewichtsfunktion des dualen $(n, n-k)$ Codes $\mathcal{C}^\perp$ wie folgt festgelegt:

$$W_{\mathcal{C}^\perp}(x,y) = \frac{1}{2^k} \cdot W_\mathcal{C}(x+y, x-y), \tag{5.41}$$

$$W_{\mathcal{C}^\perp}(y) = \frac{(1+y)^n}{2^k} \cdot W_\mathcal{C}\left(\frac{1-y}{1+y}\right). \tag{5.42}$$

Für die Umkehrung gilt:

$$W_\mathcal{C}(x,y) = \frac{1}{2^{n-k}} \cdot W_{\mathcal{C}^\perp}(x+y, x-y), \tag{5.43}$$

$$W_\mathcal{C}(y) = \frac{(1+y)^n}{2^{n-k}} \cdot W_{\mathcal{C}^\perp}\left(\frac{1-y}{1+y}\right). \tag{5.44}$$

Beispiel 5.7 Gewichtsverteilung des $(4,3)$ Parity-Check-Codes
Im Beispiel 5.2 auf Seite 207 wurde bereits die Gewichtsverteilung des $(4,3)$ Parity-Check-Codes angegeben: $W_C(x,y) = x^4 + 6x^2y^2 + y^4$. Der zu C duale Code $C^\perp$ ist der $(4,1)$ Wiederholcode $\{0000, 1111\}$ mit der Gewichtsfunktion $W_{C^\perp}(x,y) = x^4 + y^4$:

$$W_C(x,y) = \frac{1}{2}[(x+y)^4 + (x-y)^4],$$
$$= x^4 + 6x^2y^2 + y^4. \qquad \square$$

Das Beispiel 5.7 läßt sich verallgemeinern. Jeder $(n,1)$ Wiederholcode besitzt die Gewichtsfunktion $W_{C_W}(x,y) = x^n + y^n$. Die Gewichtsfunktion $W_{C_P}(x,y)$ des Parity-Check-Code C_P lautet:

$$W_{C_P}(x,y) = \frac{1}{2}[(x+y)^n + (x-y)^n] = \sum_{i\ gerade} \binom{n}{i} x^{n-i} y^i.$$

Aus der Gewichtsfunktion des Simplex-Codes:
$W_{C_S}(y) = 1 + n \cdot y^{(n+1)/2}$ kann die Gewichtsfunktion der binären (n,k) Hamming-Codes $C_\mathcal{H} = C_S^\perp$ berechnet werden:

$$W_{C_\mathcal{H}}(y) = \frac{(1+y^n)}{2^m}\left[1 + n \cdot \left(\frac{1-y}{1+y}\right)^{(n+1)/2}\right].$$

5.2 Zyklische Codes

Durch Schieberegisterschaltungen sind Codierung und Syndromberechnung für Zyklische Codes einfach zu implementieren. Wird ein Codewort als n-Tupel $\boldsymbol{a} = (a_0, a_1, \ldots, a_{n-2}, a_{n-1})$ betrachtet, dann soll der zyklisch verschobene n-Tupel $\boldsymbol{a}^{(1)}$ durch eine Verschiebung aller Komponenten von $\boldsymbol{a}$ um eine Stelle nach rechts gebildet werden:

$$\boldsymbol{a} = (a_0, a_1, \ldots, a_{n-2}, a_{n-1}) \iff \boldsymbol{a}^{(1)} = (a_{n-1}, a_0, a_1, \ldots, a_{n-2}). \tag{5.45}$$

Entsprechend Gleichung (5.45) lautet ein i-fach zyklisch verschobenes n-Tupel: $\boldsymbol{a}^{(i)} = (a_{n-i}, a_{n-i+1}, \ldots, a_{n-1}, a_0, a_1, \ldots, a_{n-i-1})$.
In Polynomschreibweise gilt:

$$a(x) = a_0 + a_1 x + \cdots + a_{n-1} x^{n-1}. \tag{5.46}$$

Die Koeffizienten a_i von $a(x)$ entsprechen hierbei den Komponenten a_i des n-Tupels $\boldsymbol{a}$. Das zu $\boldsymbol{a}^{(i)}$ gehörige Polynom $a^{(i)}(x)$ lautet:

$$a^{(i)}(x) = a_0 x^i + \cdots + a_{n-i-1} x^{n-1} + a_{n-i} + \cdots + a_{n-1} x^{i-1},$$
$$= x^i \cdot a(x) \bmod (x^n - 1). \tag{5.47}$$

5.2 Zyklische Codes

Definition 5.15 *Ein linearer (n,k) Code C wird* ZYKLISCH *genannt, wenn jede Verschiebung (Shift) eines Codewortes $c \in C$:*

$$x^j \cdot c(x) = \tilde{c}(x) \bmod (x^n - 1) \text{ mit } \tilde{c} \in C$$

wieder ein Codewort in C ist.

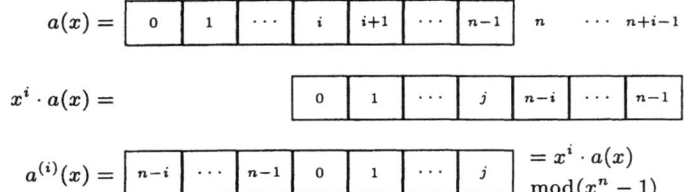

Abbildung 5.2
Zyklisches
Verschieben eines
Polynoms, mit
$j = n - i - 1$

5.2.1 Generator- und Prüfpolynom

Ein zyklischer Code ist vollständig durch sein Generatorpolynom $g(x)$ bestimmt.

Satz 5.11 *In einem zyklischen (n,k) Code C gibt es genau ein Codewortpolynom $g(x)$ vom kleinsten Grad $m = n - k$ der Form:*

$$g(x) = 1 + g_1 x + g_2 x^2 + \cdots + g_{m-1} x^{m-1} + x^m. \quad (5.48)$$

Das Polynom $g(x) wird GENERATORPOLYNOM *des Codes C genannt. Jedes zum Code gehörende Polynom $c(x)$ ist ein Vielfaches von $g(x)$, und jedes Polynom $c(x)$ mit $\text{Grad}\, c(x) \leq n - 1$, ist ein Codewortpolynom, wenn es ein Vielfaches vom Generatorpolynom $g(x)$ ist.*

Generatorpolynom

Satz 5.12 *Das Generatorpolynom $g(x)$ vom Grad $m = n - k$ eines zyklischen (n,k) Codes C ist ein Faktor von $x^n + 1$.*

Beispiel 5.8 Für die Konstruktion eines binären zyklischen Codes der Länge $n = 7$ zerlegen wir das Polynom $x^7 + 1$ in seine Faktoren mit Koeffizienten aus $GF(2)$:

$$x^7 + 1 = (1 + x) \cdot (1 + x + x^3) \cdot (1 + x^2 + x^3).$$

Die beiden Polynome vom Grad drei generieren einen zyklischen $(7,4)$ Code. □

In Satz 5.12 wurde gezeigt, daß $g(x)$ ein Faktor von $x^n + 1$ ist. Hieraus folgt:

$$g(x) \cdot h(x) = x^n + 1, \quad (5.49)$$

wobei $h(x)$ das Prüfpolynom vom Grad k ist:

$$h(x) = 1 + h_1 x + h_2 x^2 + \cdots + h_{k-1} x^{k-1} + x^k. \qquad (5.50)$$

Nach (5.49) folgt: $c(x) \cdot h(x) = 0 \bmod (x^n + 1)$. Es gilt also:

$$\sum_{i=0}^{k} h_i \cdot c_{n-i-j} = 0 \quad \text{für } 1 \leq j \leq n - k. \qquad (5.51)$$

Nach Satz 5.11 gilt für jedes Codewortpolynom $c(x)$ des Codes:

$$\begin{align}
c(x) &= i(x) \cdot g(x), & (5.52) \\
c(x) &= (i_0 + i_1 x + i_2 x^2 + \cdots + i_{k-1} x^{k-1}) \cdot g(x). & (5.53)
\end{align}$$

unsystematisch Diese Art der Codierung wird *unsystematisch* genannt, weil die Informationsbits nach erfolgter Codierung nicht mehr direkt aus systematische dem Codewort ablesbar sind. Die *systematische Codierung*, die Codierung diesen Nachteil vermeidet, erfolgt in drei Schritten:

1. **Schritt** Das Informationspolynom wird mit $x^m = x^{n-k}$ multipliziert:

$$i(x) \cdot x^{n-k} = i_0 x^{n-k} + i_1 x^{n-k+1} + \cdots + i_{k-1} x^{n-1}. \qquad (5.54)$$

Dies bewirkt lediglich eine Verschiebung der Information in die höchsten Koeffizienten des Polynoms $c(x)$.

2. **Schritt** Das Polynom $i(x) x^{n-k}$ wird durch $g(x)$ dividiert:

$$\begin{align}
\frac{i(x) \cdot x^{n-k}}{g(x)} &= q(x) + \frac{r(x)}{g(x)}, & (5.55) \\
i(x) \cdot x^{n-k} &= q(x)g(x) + r(x), & (5.56)
\end{align}$$

wobei $q(x)$ das Vielfache der Division und $r(x) = r_0 + r_1 x + \cdots + r_{n-k-1} x^{n-k-1}$ den Rest der Division darstellt.

3. **Schritt** Umstellen der Divisionsgleichung (5.56) ergibt:

$$c(x) = -r(x) + i(x) \cdot x^{n-k} = q(x)g(x), \qquad (5.57)$$

so daß das folgende systematische Codewort gefunden wird:

$$c = (-r_0, -r_1, \ldots, -r_{n-k-1}, i_0, i_1, \ldots, i_{k-1}).$$

Die Informationsbits bleiben unverändert.

5.2 Zyklische Codes

Beispiel 5.9 Für den $(7,4)$ Code mit $g(x) = 1 + x + x^3$ soll die Information $i = (1,1,0,0)$ systematisch codiert werden. $i(x) = 1 + x$, so daß gilt: $i(x)x^{n-k} = x^4 + x^3$. Die Division durch $g(x)$ ergibt:

$$\frac{x^4 + x^3}{x^3 + x + 1} = x + 1 + \frac{x^2 + 1}{x^3 + x + 1},$$
$$x^4 + x^3 = (x+1) \cdot (1 + x + x^3) + x^2 + 1,$$

Das Codewort lautet: $c = (1,0,1,1,1,0,0)$. □

5.2.2 Generatormatrix und Prüfmatrix

Die Generatormatrix kann mit Hilfe des Generatorpolynoms $g(x) = 1 + g_1 x + g_2 x^2 + \cdots + x^m$ gebildet werden:

$$G = \begin{pmatrix} g_0 & g_1 & g_2 & \cdots & g_{n-k} & 0 & 0 & \cdots & 0 \\ 0 & g_0 & g_1 & g_2 & \cdots & g_{n-k} & 0 & \cdots & 0 \\ \vdots & & \ddots & & & \ddots & & & \vdots \\ 0 & 0 & \cdots & 0 & g_0 & g_1 & g_2 & \cdots & g_{n-k} \end{pmatrix} = \begin{pmatrix} g^{(0)} \\ g^{(1)} \\ \vdots \\ g^{(k-1)} \end{pmatrix}.$$
(5.58)

In Gleichung (5.58) bezeichnet $g^{(j)}$ den j-fach verschobenen Koeffizientenvektor des Generatorpolynoms $g(x)$. Es gilt: $g^{(0)} = g = (g_0, g_1, \ldots, g_{n-k})$. Für das Beispiel des $(7,4)$ Codes mit dem Generatorpolynom $g(x) = x^3 + x + 1$ lautet die Generatormatrix:

$$G = \begin{pmatrix} 1 & 1 & 0 & 1 & 0 & 0 & 0 \\ 0 & 1 & 1 & 0 & 1 & 0 & 0 \\ 0 & 0 & 1 & 1 & 0 & 1 & 0 \\ 0 & 0 & 0 & 1 & 1 & 0 & 1 \end{pmatrix} = \begin{pmatrix} g^{(0)} \\ g^{(1)} \\ g^{(2)} \\ g^{(3)} \end{pmatrix}.$$

Diese Matrix kann durch elementare Zeilenumformungen in die systematische Form gebracht werden:

$$G^{(u)} = \begin{pmatrix} 1 & 0 & 0 & 0 & 1 & 1 & 0 \\ 0 & 1 & 0 & 0 & 0 & 1 & 1 \\ 0 & 0 & 1 & 0 & 1 & 1 & 1 \\ 0 & 0 & 0 & 1 & 1 & 0 & 1 \end{pmatrix} = \begin{pmatrix} g_0 \\ g_1 \\ g_2 \\ g_3 \end{pmatrix}.$$

Die Prüfmatrix H ($H \cdot c^{(T)} = 0$), läßt sich von dem Prüfpolynom $h(x)$ ableiten:

$$H = \begin{pmatrix} h_k & h_{k-1} & h_{k-2} & \cdots & h_0 & 0 & 0 & \cdots & 0 \\ 0 & h_k & h_{k-1} & h_{k-2} & \cdots & h_0 & 0 & \cdots & 0 \\ \vdots & & \ddots & & & & \ddots & & \vdots \\ 0 & 0 & \cdots & 0 & h_k & h_{k-1} & h_{k-2} & \cdots & h_0 \end{pmatrix}.$$
(5.59)

Es gilt: $H \cdot G^{(T)} = 0$. Interpretiert man die erste Zeile von H als Generatorpolynom $g^{(d)}(x)$ des dualen Codes, so gilt:

$$\begin{aligned} g^{(d)}(x) &= h_k + h_{k-1}x + h_{k-2}x^2 + \cdots + h_0 x^k, \quad (5.60) \\ &= x^k \cdot h(x^{-1}), \quad \text{wobei} \ h(x) = \frac{x^n + 1}{g(x)}. \end{aligned}$$

Das Polynom $g^{(d)}(x) = x^k \cdot h(x^{-1})$ wird auch als Spiegelpolynom oder reziprokes Polynom von $h(x)$ bezeichnet.

Satz 5.13 *Die Mindestdistanz d eines linearen Codes entspricht der kleinstmöglichen Anzahl von Spalten der Prüfmatrix H, die eine Linearkombination bilden:*

$$\underbrace{h_x + h_y + \cdots + h_z}_{d-Spaltenvektoren} = 0.$$

Ist in einem System die Codewortlänge durch die technischen Anforderungen vorgegeben, so kann häufig – aufgrund seiner festgelegten Länge – kein zyklischer Code verwendet werden. Es kann jedoch ausgehend von einem zyklischen (n,k) Code durch Kürzen von l Informationsstellen, ein linearer nichtzyklischer $(n-l, k-l)$ Code vorgegebener Länge erzeugt werden. Die Generatormatrix G eines um l Informationsstellen verkürzten $(n-l, k-l)$ Codes kann aus der Generatormatrix des zyklischen (n,k) Codes gebildet werden. Von der Generatormatrix des zyklischen Codes werden nur die letzten $(k-l)$ Zeilen und die letzten $(n-l)$ Spalten verwendet:

$$G = \begin{pmatrix} g_0 & g_1 & g_2 & \cdots & g_{n-k} & 0 & 0 & \cdots & 0 \\ 0 & g_0 & g_1 & g_2 & \cdots & g_{n-k} & 0 & \cdots & 0 \\ \vdots & \ddots & & & \ddots & & & & \vdots \\ 0 & 0 & \cdots & 0 & g_0 & g_1 & g_2 & \cdots & g_{n-k} \end{pmatrix} = \begin{pmatrix} g^{(0)} \\ g^{(1)} \\ \vdots \\ g^{(k-l-1)} \end{pmatrix}.$$
(5.61)

5.2 Zyklische Codes

Die Prüfmatrix des verkürzten Codes kann ganz entsprechend der Generatormatrix gebildet werden. Es entsteht eine $(n-k) \times (n-l)$-Matrix:

$$H = \begin{pmatrix} h_k\, h_{k-1}\, h_{k-2}\, \cdots\, h_0 & 0 & 0 & \cdots & 0 \\ 0 & h_k\, h_{k-1}\, h_{k-2}\, \cdots\, h_0 & 0 & \cdots & 0 \\ \vdots & \ddots & \ddots & & \vdots \\ 0 & 0 & \cdots & 0 & h_k\, h_{k-1}\, h_{k-2}\, \cdots\, h_0 \end{pmatrix} = \begin{pmatrix} h^{(0)} \\ h^{(1)} \\ \vdots \\ h^{(n-k-1)} \end{pmatrix}.$$

(5.62)

Zur Decodierung verkürzter Codes siehe z.B. [5.10].

5.2.3 Codierung und Decodierung von zyklischen Codes

In Abbildung 5.3 ist eine Schieberegisterschaltung dargestellt, die die drei notwendigen Operationen der systematischen Codierung durchführt.

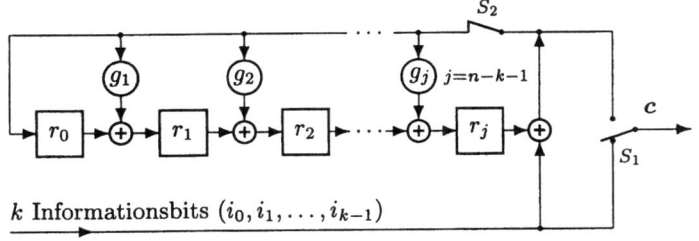

Abbildung 5.3 Systematische Codierung eines zyklischen (n,k) Codes

Die Funktionsweise der Schaltung kann in drei Schritten beschrieben werden:

1. **Schritt** Die k Informationsbits $i_0, i_1, \ldots, i_{k-1}$ werden zunächst in das Schieberegister eingelesen: i_{k-1} ist hierbei das erste Bit. Der Schalter S_2 ist zunächst geschlossen – das Schieberegister somit rückgekoppelt.
Durch das Einlesen von "Rechts" wird $i(x)$ automatisch mit x^{n-k} vormultipliziert.
Sobald die k Informationsbits vollständig in das Schieberegister eingelesen sind, befindet sich der Rest $r(x)$ der Division von (5.55) – der ja die zu berechnende Redundanz darstellt – in den $n-k$ Registern.

2. Schritt Im zweiten Schritt muß nun der Rückkoppelungspfad durch das Gatter S_2 unterbrochen werden. S_1 wird nach oben umgelegt.

3. Schritt Die $n - k$ Prüfbits $r_0, r_1, \ldots, r_{n-k-1}$ können jetzt ausgelesen werden und stellen zusammen mit den Informationsbits das vollständige Codewort $c = (r_0, r_1, \ldots, r_{n-k-1}, i_0, i_1, \ldots, i_{k-1})$ dar.

Beispiel 5.10 In der nachstehenden Abbildung 5.4 ist die Schieberegisterschaltung für die Codierung des zyklischen (7,4) Codes dargestellt. Die zu codierende Information sei $i = (i_0, i_1, i_2, i_3) = (1, 1, 0, 1)$.

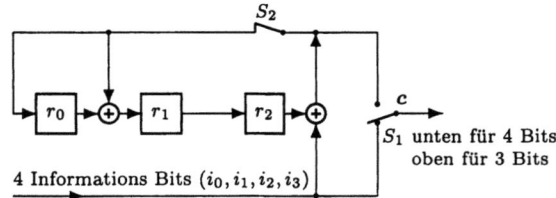

Abbildung 5.4 Systematische Codierung eines zyklischen (7,4) Codes

□

Für zyklische Codes kann auch die Berechnung des Syndroms durch die Division von $r(x)$ durch $g(x)$ erfolgen:

$$\frac{r(x)}{g(x)} = q(x) + \frac{s(x)}{g(x)} \iff r(x) = q(x) \cdot g(x) + s(x), \quad (5.63)$$

denn gemäß der Codiervorschrift ergibt sich $s(x) = 0$ nur dann, wenn $r(x)$ ein Codewort und somit ein Vielfaches von $g(x)$ ist. Die Berechnung des Syndroms kann wieder mit Hilfe eines linearen rückgekoppelten Schieberegisters gemäß der Abbildung 5.3 erfolgen.

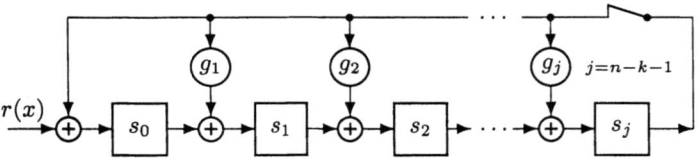

Abbildung 5.5 Syndromberechnung bei zyklischen (n,k) Codes

Beispiel 5.11 In der nachstehenden Abbildung ist die Schieberegisterschaltung für die Syndromberechnung des zyklischen (7,4) Codes mit $g(x) = x^3 + x + 1$ dargestellt.

5.2 Zyklische Codes

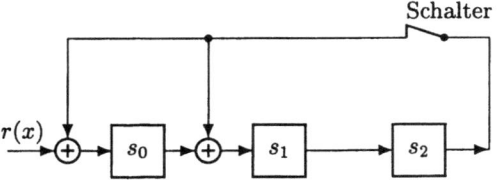

Abbildung 5.6
Syndromberechnung eines zyklischen (7,4) Codes

Die Decodierung von zyklischen Codes erfolgt - ganz analog der Decodierung linearer Codes - durch drei notwendige arithmetische Operationen.

1. **Schritt** Syndrombrechnung $s(x)$:

$$r(x) = q(x) \cdot g(x) + s(x). \qquad (5.64)$$

$r(x) = c(x) + f(x)$ ist hierbei der fehlerbehaftete Empfangsvektor, $f(x)$ der Fehlervektor und das Syndrom $s(x)$ der Rest der Division von $r(x)$ durch das Generatorpolynom $g(x)$.

2. **Schritt** Die Bestimmung des Fehlermusters $f(x)$ aus $s(x)$ kann durch Tabellen (Standard Array) oder durch eine Logikschaltung erfolgen, die das Syndrom weiterverarbeitet.

3. **Schritt** Korrektur des Fehlers. Für binäre Codes kann dies durch einfache Exorverknüpfung des Empfangsvektors mit dem Fehlervektor erfolgen.

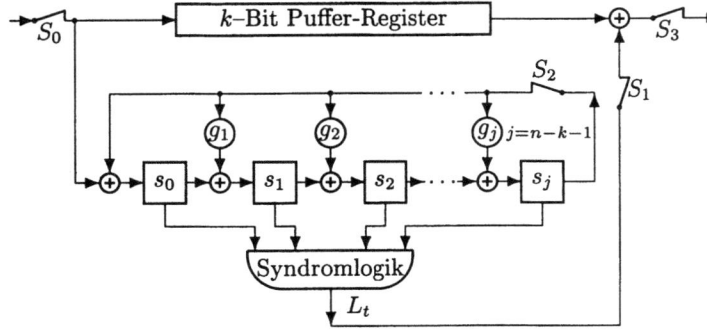

Abbildung 5.7
Decoder für einen zyklischen (n,k) Code

Der Decoder nach Abb. 5.7 besteht aus einem Speicherregister, in dem der Informationsteil von $r(x)$ während der Berechnung des Syndroms gespeichert wird. Die Berechnung des Syndroms erfolgt in dem bereits bekannten rückgekoppelten Schieberegister. Aufgabe der Syndromlogik ist es, aus dem Syndrom die Fehlerstelle

Meggitt-Decoder zu bestimmen und durch Steuerung des Schalters S_1, die Fehler durch eine Exorverknüpfung zu beseitigen. Die prinzipielle Funktion, dieser auch als *Meggitt-Decoder* bekannten Schaltung, wird im folgenden beschrieben und anschließend anhand eines einfachen Beispiels verdeutlicht.

1. **Schritt** Zuerst gelangt $r(x)$ - mit dem höchsten Koeffizienten zuerst - vollständig in das rückgekoppelte Schieberegister, so daß anschließend das Syndrom berechnet ist. Die k Informationsbits gelangen gleichzeitig in das Puffer-Register und werden dort gespeichert.

2. **Schritt** Durch eine einfache Logik kann nun die Korrekturbedingung abgefragt werden. Diese Abfrage erfolgt nach jedem weiteren Takt des Schieberegisters solange bis die Korrekturbedingung erfüllt ist, bzw. die Anzahl der Shifts die Codewortlänge n erreicht hat. Die gesuchte Korrekturbedingung des Meggitt-Decoders ist dann erfüllt, wenn ein korrigierbares Fehlermuster derart gefunden wird, daß sich eines der Fehlerbits dieses Fehlermusters in der höchsten Position r_{n-1} des verschobenen Empfangsvektors $r^{(i)}$ befindet.

3. **Schritt** Wird z.B. die Korrekturbedingung für das erste berechnete Syndrom nicht erreicht, so bedeutet dies, daß das höchste Informationsbit $i_{k-1} = r_{n-1}$ fehlerfrei übertragen wurde und aus dem Puffer-Register ausgelesen werden kann. Die anderen Bits werden beginnend mit $r_{n-2} \rightarrow r_{n-1}^{(1)}$ nach rechts verschoben. Wird die Korrekturbedingung für ein verschobenes Syndrom erreicht, so bedeutet dies, daß das im Puffer-Register rechts stehende Informationsbit fehlerhaft übertragen wurde. Über eine Steuerung des Schalters S_1, erfolgt die Korrektur des Fehlermusters durch einfache Exorverknüpfung. Wenn die Bedingung innerhalb von n Takten nachdem $r(x)$ vollständig in das rückgekoppelte Schieberegister gelangt ist, nie erfüllt wird, sind unkorrigierbar viele Fehler aufgetreten.

Beispiel 5.12 In der nachstehenden Abbildung 5.8 ist die Schieberegisterschaltung für die Decodierung des zyklischen $(7, 4)$ Codes mit $g(x) = x^3 + x + 1$ dargestellt.

5.2 Zyklische Codes

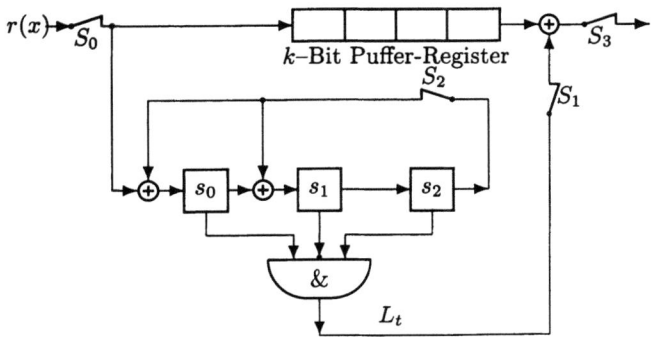

Abbildung 5.8
Decodierung eines zyklischen (7,4) Codes

Zunächst bestimmen wir die Syndrome aller korrigierbaren Fehlermuster. Hierzu ist es nicht notwendig, diese Fehlermuster verschiedenen Codewörtern aufzuprägen, denn die Wahl des Codewortes hat keinen Einfluß auf das Syndrom. Gehen wir von $c = 0$ aus, so gilt: $r = f$. Der Empfangsvektor ist identisch mit dem Fehlervektor.

f	$s(x)$	s
$f_0 = (1,0,0,0,0,0,0)$	$s(x) = 1$	$(1,0,0)$
$f_1 = (0,1,0,0,0,0,0)$	$s(x) = x$	$(0,1,0)$
$f_2 = (0,0,1,0,0,0,0)$	$s(x) = x^2$	$(0,0,1)$
$f_3 = (0,0,0,1,0,0,0)$	$s(x) = 1 + x$	$(1,1,0)$
$f_4 = (0,0,0,0,1,0,0)$	$s(x) = x + x^2$	$(0,1,1)$
$f_5 = (0,0,0,0,0,1,0)$	$s(x) = 1 + x + x^2$	$(1,1,1)$
$f_6 = (0,0,0,0,0,0,1)$	$s(x) = 1 + x^2$	$(1,0,1)$

Für die Bestimmung der Logik-Schaltung des Meggitt-Decoders wird das Syndrom ausgesucht, dessen korrespondierender Fehlervektor in der $(n-1)$-ten Stelle eine Eins besitzt. Der Fehlervektor ist f_6, und das zugehörige Syndrom ist $s(x) = 1 + x^2$.

Ist z.B. durch die Übertragung eines Codewortes die Stelle c_4 fehlerbehaftet, so hat das Syndrom-Register nach vollständigem Einlesen des Empfangsvektors das Syndrom $(0, 1, 1)$ berechnet. Die Korrekturbedingung ist nicht erfüllt, somit r_{n-1} nicht die gesuchte Fehlerstelle. $r_6 = i_3$ kann ausgelesen werden und $r_{n-2} = i_2$ rückt an die höchste Stelle. Das Syndromregister wird beim nächsten Takt $(1, 1, 1)$ enthalten. Also kann auch i_2 ausgelesen werden.

Mit dem nun folgenden Takt enthält das Syndrom-Register das gesuchte Syndrom $(1, 0, 1)$. Jetzt schaltet die Syndromlogik den Schalter S_1 und korrigiert den Fehler in der richtigen Position. □

Eine Spezialisierung des Meggitt-Decoders ist der Error Trapping Decoder (s. [5.7 S. 85 ff], [5.10 S. 149 ff], der auf einem allgemeinen Decodierprinzip für zyklische Codes beruht.

5.2.4 Die Golay Codes

Der $(n = 23, k = 12)$ Golay Code ist der einzige bisher bekannte binäre Code, der mehrere Fehler korrigieren kann und perfekt (siehe Def. 5.7) ist. Dieser Golay Code kann eine beliebige Kombination von $e \leq 3$ Fehlern innerhalb von 23 Bits korrigieren. Der Golay Code wurde bereits 1949 von Golay [5.4] entdeckt und aufgrund seiner besonderen algebraischen Strukturen zum Studienobjekt vieler Mathematiker und theoretisch interessierter Codierer.

Zu den Golay-Codes gehören die zwei binären Codes $\mathcal{G}_{23} = \mathcal{C}(n = 23, k = 12, d = 7)$ und $\mathcal{G}_{24} = \mathcal{C}(n = 24, k = 12, d = 8)$ sowie die ternären Codes $\mathcal{G}_{11} = \mathcal{C}(n = 11, k = 6, d = 5)$ und $\mathcal{G}_{12} = \mathcal{C}(n = 12, k = 6, d = 6)$. Die binären Golay-Codes weisen symmetrische Gewichtsverteilungen auf.

Tabelle 5.3 Gewichtsverteilungen binärer Golay-Codes

Code	$w(c) = i$	0	7	8	11	12	15	16	23	24
$\mathcal{G}_{23}$	A_i	1	253	506	1288	1288	506	253	1	–
$\mathcal{G}_{24}$	A_i	1	–	759	–	2576	–	759	–	1

Die Golay-Codes sind zyklische Codes. Nach Satz 5.12 bedeutet dies, daß das Generatorpolynom $g(x)$ ein Faktor von $x^n - 1$ ist. Es gilt:

$$x^{23} - 1 = (1 + x) \cdot g_1(x) \cdot g_2(x), \qquad (5.65)$$
$$g_1(x) = 1 + x^2 + x^4 + x^5 + x^6 + x^{10} + x^{11}, \qquad (5.66)$$
$$g_2(x) = 1 + x + x^5 + x^6 + x^7 + x^9 + x^{11}. \qquad (5.67)$$

Die beiden Polynome $g_1(x)$ und $g_2(x)$ sind Faktoren von $x^{23} - 1$ und generieren einen binären zyklischen $(n = 23, k = 23 - 11 = 12)$ Code.

Zur Decodierung wird häufig eine von Kasami [5.6] stammende modifizierte Variante des Error Trapping Decoding verwendet.

5.2.5 Bündelfehler korrigierende Codes

Einige Codes, wie z.B. *Zyklische Codes, RS-Codes, BCH-Codes, Fire-Codes* und *Produkt-Codes*, sind geeignet Bündelfehler zu korrigieren.

Bündelfehler **Definition 5.16** *Ein* BÜNDELFEHLER (BURST ERROR) *der Länge $l \geq 1$ ist durch l aufeinanderfolgende Stellen eines Fehlervektors f bestimmt, dessen erste und letzte Stelle ungleich Null sind. Die Werte der Stellen, die zwischen der ersten und*

5.2 Zyklische Codes

letzten Stelle des Fehlerbündels liegen, sind beliebig. Enthält ein Fehlervektor f nur einen Bündelfehler b, so gilt für das entsprechende Fehlerpolynom:

$$f(x) = x^i b(x) \quad \text{mit} \quad \operatorname{grad} b(x) = l - 1, \ 0 \leq i \leq n - l. \quad (5.68)$$

Für zyklische Codes wird ein zyklischer Bündelfehler der Länge l so erklärt, daß gilt:

$$f(x) = x^i b(x) \bmod (x^n - 1) \text{ mit } \operatorname{grad} b(x) = l-1, \ 0 \leq i \leq n-1. \quad (5.69)$$

Ein zyklischer Bündelfehler - ein END ARROUND BURST *- kann demnach auch am Ende eines Fehlervektors beginnen und sich am Anfang fortsetzen.*

end arround burst

Aus der Berechnung der Restfehlerwahrscheinlichkeit (5.20) und der Hamming-Schranke (5.26) ist bereits die Anzahl L_l korrigierbarer Einzelfehler bekannt. Für die Anzahl der Fehlermuster eines Fehlervektors f vom Gewicht $w(f) \leq l$, bzw. eines zyklischen Bündelfehlers der Länge $\leq l$ gilt:

$$L_l = \begin{cases} \sum_{e=0}^{l} \binom{n}{e} \cdot (q-1)^e & \text{Einzelfehler mit } w(f) \leq l, \\ 1 + n \cdot (q-1)^1 \cdot q^{l-1} & \text{Bündelfehler der Länge} \leq l. \end{cases} \quad (5.70)$$

Satz 5.14 *Jeder lineare zyklische (n, k) Code $\mathcal{C}$ über $GF(q)$ erkennt alle Bündelfehler der Länge $l' \leq n - k = \operatorname{grad} g(x)$. Ist $l' > n - k$ so gilt für das Verhältnis L_u von nicht erkannten Fehlerbündeln zur Anzahl aller Fehlerbündel:*

$$L_u = \begin{cases} \dfrac{q^{-(n-k-1)}}{q-1} & \text{für } l' = n-k+1, \\ q^{-(n-k)} & \text{für } l' \geq n-k+2. \end{cases} \quad (5.71)$$

Für die Praxis wichtig und oft verwendet zur Fehlererkennung sind die Cyclic Redundancy Check Codes (CRC-Codes). Im einfachsten Fall kann ein Hamming Code mit $n = 2^m - 1$ und $d = 3$ verwendet werden. In Datenübertragungsverfahren mit 32-Bit Redundanz (wie z.B. im Ethernet) wird ein Code durch sein Generatorpolynom:

$$\begin{aligned} g(x) =\ & x^{32} + x^{26} + x^{23} + x^{22} + x^{16} + x^{12} + x^{11} + x^{10} + x^8 + \\ & + x^7 + x^5 + x^4 + x^2 + x + 1 \end{aligned}$$

spezifiziert. Hierbei ist nicht entscheidend, daß der Code innerhalb der $2^{32} - 1 \approx 4$ Milliarden Bits ein Bit korrigieren kann, sondern alle Fehlerbündel der Länge $l' \leq 32$ und darüberhinaus auch noch sehr viele Fehlerbündel größerer Länge erkennen kann. Eine weitere Möglichkeit bieten die Hamming-Codes (siehe Abschnitt 5.1.13), die um ein Prüfbit (siehe Abschnitt 5.1.11) expandiert werden. Das Generatorpolynom $g(x)$ hat dann die Form:

$$g(x) = (1 + x) \cdot g_m(x). \qquad (5.72)$$

Das Polynom $g_m(x)$ ist das Generatorpolynom eines zyklischen Hamming-Codes vom Grad m. Es wird so ein binärer ($n = 2^m, k = n - m$) Code mit der Mindestdistanz $d = 4$ gebildet. Dieser Code ist jedoch im allgemeinen nicht zyklisch. Nach Satz 5.12 muß das Generatorpolynom $g(x)$ eines zyklischen (n, k) Codes $\mathcal{C}$ ein Faktor von $x^n + 1$ sein. Ist das Generatorpolynom $g_m(x)$ des Hamming-Codes ein Faktor von $x^n + 1$ mit $n = 2^m - 1$, so ist auch $g(x) = (1 + x) \cdot g_m(x)$ ein Faktor von $x^n + 1$, denn $(x + 1)$ teilt $x^n + 1$ ohne Rest. Es gilt:

$$x^n + 1 = (x + 1) \cdot (x^{n-1} + x^{n-2} + x^{n-3} + \cdots + 1). \qquad (5.73)$$

Das Generatorpolynom $g_m(x)$ des Hamming-Codes ist im allgemeinen kein Faktor von $x^n + 1$ mit $n = 2^m$ und somit ist der von $g(x)$ gebildete Code nicht mehr zyklisch. Durch Kürzen um eine Informationsstelle: $n \longrightarrow 2^m - 1$ wird erreicht, daß der Code wieder zyklisch wird, ohne an Distanz einzubüßen.

CRC-Code **Definition 5.17** *Ein binärer zyklischer ($n = 2^m - 1, k = n - m - 1$) Code mit der Mindestdistanz $d = 4$ wird als* CRC-CODE *bezeichnet, wenn das Generatorpolynom $g(x)$ die Form:*

$$g(x) = (1 + x) \cdot g_m(x) \qquad (5.74)$$

besitzt. Das Polynom $g_m(x)$ ist ein primitives Polynom vom Grad m.

Aus (5.74) können einige Eigenschaften der CRC-Codes abgeleitet werden:

5.2 Zyklische Codes

Länge: $n = 2^m - 1$,
Dimension: $k = n - m - 1$,
Mindestdistanz: $d = 4$,
Fehlermuster: werden erkannt für $w(f) \leq 3$,
Fehlermuster: werden erkannt für $w(f)$ = ungerade,
Fehlerbündel: der Länge $l' \leq m + 1$ werden erkannt,
Fehlerbündel: $l' = m + 2$ nicht erkannt $L_u = 2^{-m}$,
Fehlerbündel: $l' > m + 2$ nicht erkannt $L_u = 2^{-(m+1)}$.

Beispiel 5.13 Das bereits bekannte Generatorpolynom $g_3(x) = 1 + x + x^3$ generiert einen zyklischen $(7,4)$ Hamming-Code. Die Erweiterung mit $(1 + x)$ liefert:

$$g(x) = (1 + x + x^3) \cdot (1 + x) = 1 + x^2 + x^3 + x^4.$$

i	Codewort c_i
0	0 0 0 0 0 0 0
1	1 0 1 1 1 0 0
2	0 1 0 1 1 1 0
3	0 0 1 0 1 1 1
4	1 0 0 1 0 1 1
5	1 1 0 0 1 0 1
6	1 1 1 0 0 1 0
7	0 1 1 1 0 0 1

Mit $g(x)$ kann nun ein zyklischer $(7,3)$ Code generiert werden. Jedes Codewort c_i, $2 \leq i \leq 7$ ergibt sich durch einen zyklischen Shift aus seinem Vorgänger:

$$c_i = c_{i-1}^{(1)}.$$

Die Linearität kann ebenfalls überprüft werden, beispielsweise ergibt $c_1 + c_2 = c_6$. □

Einige der CRC-Codes wurden vom Comité Consultatif International de Télégraphique et Téléphonique (CCITT) zum Standard erhoben. Bei Datenübertragungen mit 16 Bit Redundanz (z.B. ISDN D-Kanal, X.25-Protokoll) werden folgende CRC-Codes verwendet:

$$g_1(x) = x^{16} + x^{12} + x^5 + 1, \tag{5.75}$$
$$= (x^{15} + x^{14} + x^{13} + x^{12} + x^4 + x^3 + x^2 + x + 1)(x + 1),$$
$$g_2(x) = x^{16} + x^{15} + x^2 + 1 = (x^{15} + x + 1)(x + 1). \tag{5.76}$$

Bei diesen Codes werden 100% der Bündelfehler bis zur Länge ≤ 16 erkannt. Für $l' = 17$ ergibt sich für die unerkannten Fehlerbündel ein Verhältnis $L_u(17) = 2^{-16}$ und für $l' \geq 18$ ein Verhältnis $L_u = 2^{-17}$. Es werden demnach mehr als 99,99% der Bündelfehler mit $l' \geq 17$ erkannt.

Definition 5.18 *Ein Code wird als l Bündelfehler korrigierender Code bezeichnet, wenn er jeden Bündelfehler bis zur Länge l, aber nicht jeden Bündelfehler der Länge l + 1, korrigieren kann.*

Satz 5.15 *(Rieger-Schranke)*
Die Anzahl der Prüfbits $n - k$ eines Codes der Bündelfehler der Länge $\leq l$ als Codewort korrigiert, ist mindestens $2l$. Es gilt: $n - k \geq 2l$. Werden die Parameter n und k vorgegeben, so bedeutet dies, daß der Code maximal Bündelfehler der Länge:

$$l \leq \left\lfloor \frac{n-k}{2} \right\rfloor \tag{5.77}$$

korrigieren kann.

Diese obere Schranke wird Rieger-Schranke [5.8] genannt. Codes, die die Rieger-Schranke mit Gleichheit erfüllen, werden als optimal bezeichnet. Das Verhältnis:

$$R_e \leq \frac{2l}{n-k} \tag{5.78}$$

wird als Maß für die Effizienz der Bündelfehlerkorrektur eines Codes benutzt. Anwendungsbeispiele zur Bündelfehlerkorrektur von zyklischen Codes, Fire-Codes, BCH-Codes und Produkt-Codes finden sich z.B. in [5.10].

5.3 Reed-Solomon-Codes

Die RS-Codes und auch die BCH-Codes bilden zwei Klassen von sehr leistungsfähigen Codes, die 1960 entwickelt wurden und auch heute noch von großer praktischer und theoretischer Wichtigkeit sind. Beispielsweise basiert das bei der *Compact Disc* verwendete Fehlerkorrekturverfahren auf Verschachtelung zweier verkürzter Reed-Solomon-Codes des Zahlenkörpers $GF\{2^8 = 256\}$. Die RS-Codes weisen eine sehr gute Fehlerkorrekturfähigkeit auf, besonders auch von Bündelfehlern, bei nahezu frei wählbarer Codewortlänge. Die RS-Codes sind MDS-Codes (siehe Def. 5.6), so daß die Gewichtsverteilung bei gewählter Mindestdistanz analytisch berechenbar ist.

5.3.1 Definition der RS-Codes

Die RS-Codes werden durch eine Polynomtransformation erklärt, die der diskreten Fouriertransformation auf endlichen Zahlenkörpern (DFT) entspricht. Für die DFT wird ein Galoisfeld

5.3 Reed-Solomon-Codes

$GF(q = p^s)$ (p ist Primzahl) mit einem primitiven Element z der Ordnung $n = q - 1 = p^s - 1$ vorausgesetzt.

Definition 5.19 *Es sei* $\mathbf{A} = (A_0, A_1, \ldots, A_{n-1})$ *der Koeffizientenvektor eines Polynoms* $A(x) = A_0 + A_1 x + \ldots + A_{n-1}x^{n-1}$ *und* $z \in GF(q = p^s)$ *ein Element der Ordnung* n, *d.h.* $z^n = 1$, *aber* $z^i \neq 1$ *für* $0 < i < n$. *Der Vektor* $\mathbf{a} = (a_0, a_1, \ldots, a_{n-1})$ *ist dann durch die mit* DFT *bezeichnete* POLYNOMTRANSFORMATION *bestimmt:*

Polynomtransformation

$$a_i = A(x = z^i) \quad \text{für } i = 0, 1, \ldots, n-1, \quad (5.79)$$

wobei $\mathbf{a}$ *als Koeffizientenvektor eines Polynoms* $a(x) = a_0 + a_1 x + \cdots + a_{n-1}x^{n-1}$ *betrachtet wird. Umgekehrt erhält man* $\mathbf{A} = (A_0, A_1, \ldots, A_{n-1})$ *aus* $a(x)$ *durch die* RÜCKTRANSFORMATION:

Rücktransformation

$$A_j = n^{-1} \cdot a(x = z^{-j}) \quad \text{für } j = 0, 1, \ldots, n-1. \quad (5.80)$$

Für die DFT[1] wird folgende Schreibweise verwendet:

Originalbereich $\quad a(x) \quad \circ\!\!-\!\!\bullet \quad A(x) \quad$ Transformationsbereich,

Zeitbereich $\quad a(x) \quad \circ\!\!-\!\!\bullet \quad A(x) \quad$ Frequenzbereich,

$\mathbf{a} = (a_0, a_1, \ldots, a_{n-1}) \quad \circ\!\!-\!\!\bullet \quad \mathbf{A} = (A_0, A_1, \ldots, A_{n-1}). \quad (5.81)$

Da in Galoisfeldern $GF(q = p^s)$ $n = p^s - 1 = -1 \mod p$ gilt, folgt für den Faktor n^{-1}: $n^{-1} = -1 \mod p$. Insbesondere gilt für $p = 2$: $n^{-1} = 1 \mod 2$. Hieraus folgt mit den Gleichungen (5.79) und (5.80) für $i = 0, 1, \ldots, n-1$:

$$a_i = A(x = z^i) = \sum_{j=0}^{n-1} A_j z^{i \cdot j}, \quad A_i = -a(x = z^{-i}) = -\sum_{j=0}^{n-1} a_j z^{-i \cdot j}. \quad (5.82)$$

Die Codesymbole a_i eines RS–Codes sind Elemente aus dem Galoisfeld $GF(p^s)$. Die maximale Codewortlänge n (ohne Erweiterungen) ist gleich der Anzahl der von Null verschiedenen Elemente $n = p^s - 1$.

Definition 5.20 *Sei* z *ein Element der Ordnung* n *aus* $GF(p^s)$, *so ist* $\mathbf{a} = (a_0, a_1, \ldots, a_{n-1})$ *ein Codewort des RS–Codes* $\mathcal{C}$ *der Länge* $n = p^s - 1$, *Dimension* $k = p^s - d$ *und Distanz* $d = n - k + 1$, *wenn gilt:*

$$\mathcal{C} = \left\{ \mathbf{a} \mid a_i = A(z^i), \text{ grad } A(x) \leq k - 1 = n - d \right\}. \quad (5.83)$$

---
[1] In einigen Lehrbüchern zur Codierungstheorie wird die DFT auf endlichen Zahlenkörpern so definiert, daß sich eine Vertauschung von Frequenz- und Zeitbereich ergibt: $A_i = a(x = z^i)$ und $a_j = n^{-1} \cdot A(x = z^{-j})$. Einen prinzipiellen Unterschied bedeutet dies aber nicht.

In dieser Definition wird das Polynom $A(x)$ als Transformierte im Sinne der oben definierten Polynomtransformation (siehe Def. 5.19) aufgefaßt. Durch die Gradbeschränkung des Polynoms $A(x)$ gilt: $A_k = A_{k+1} = \ldots = A_{n-1} = 0$. Ein Codewort a kann demnach mit Hilfe der DFT wie folgt dargestellt werden:

Abbildung 5.9
Darstellung der RS-Codes

$$a = \boxed{a_0 | a_1 | \ldots | a_{n-1}} \circ\!\!-\!\!\bullet\ A = \boxed{A_0 | A_1 | \ldots | A_{k-1} | 0, 0, \ldots, 0}$$

Die $d-1$ Stellen, die im Frequenzvektor identisch Null sind, werden auch als Prüfsymbole oder Prüffrequenzen bezeichnet. Wird berücksichtigt, daß für die maximal korrigierbare Anzahl von Fehlern $E \leq \lfloor \frac{d-1}{2} \rfloor$ gilt, so zeigt sich, daß zur Korrektur eines Fehlers zwei Prüffrequenzen erforderlich sind: $d - 1 = 2 \cdot E$.

Für die Coderate R, als Verhältnis der Anzahl von Informationssymbolen eines Codewortes zur Codewortlänge, gilt:

$$R = \frac{k}{n} = \frac{n - (d-1)}{n} = 1 - \frac{d}{n} + \frac{1}{n}. \tag{5.84}$$

Wird für einen RS-Code über $GF(2^s)$ die Mindestdistanz $d = 2^{s-1}$ gewählt, so folgt für die Coderate:

$$R = 1 - \frac{2^{s-1}}{2^s - 1} + \frac{1}{2^s - 1} \approx 1 - \frac{1}{2} = \frac{1}{2}. \tag{5.85}$$

Für $s = 8$ und $d = 128$ ergibt sich ein $(n = 255, k = 128)$ RS-Code. Jedes der 255 Symbole eines Codewortes besteht aus acht Bits. Dieser Code kann deshalb auch als binärer $(2040, 1024)$ Code mit $d = 128$ aufgefaßt werden. Der Code besitzt $q^k = 256^{128} = 2^{1024}$ Codewörter. Mit der Näherung $2^{10} = 1024 > 10^3$ folgt: $2^{1024} = 2^4 \cdot 2^{20} \cdot 2^{1000} > 16 \cdot 10^{306}$.

Die Definition der RS-Codes läßt sich dahingehend erweitern, daß die in Abbildung 5.9 dargestellten Prüfsymbole nicht unbedingt in den höchstwertigen Stellen stehen müssen. Es ist lediglich notwendig, sie zusammenhängend in einem Teil des Codewortes im Frequenzbereich anzuordnen. Aus der Definition 5.20 kann das Generatorpolynom:

$$g(x) = \prod_{i=k}^{n-1}(x - z^{-i}) = \prod_{i=1}^{n-k}(x - z^i), \quad \Rightarrow \operatorname{grad} g(x) = n - k, \tag{5.86}$$

und das Prüfpolynom:

$$h(x) = \prod_{i=0}^{k-1}(x - z^{-i}) = \prod_{i=n-k+1}^{n}(x - z^i) \tag{5.87}$$

5.3 Reed-Solomon-Codes

hergeleitet werden. Für den (6,2) RS-Code über $GF(7)$, mit $z = 5$ sollen das Generatorpolynom $g(x)$ und das Prüfpolynom $h(x)$ bestimmt werden. Nach Gleichung (5.86) gilt:

$$g(x) = \prod_{i=2}^{5}(x - 5^{-i}) = \prod_{i=1}^{4}(x - 5^i), \qquad (5.88)$$
$$= (x-5)(x-4) \cdot (x-6)(x-2),$$
$$= (6 + 5x + x^2) \cdot (5 + 6x + x^2) = 2 + 5x + 6x^2 + 4x^3 + x^4.$$

Die Division von $x^n - 1$ durch $g(x)$ ergibt das Prüfpolynom:

$$h(x) = \frac{x^6 - 1}{2 + 5x + 6x^2 + 4x^3 + x^4} = x^2 + 3x + 3 = (x-1)(x-3). \qquad (5.89)$$

Zur Generatormatrix und Prüfmatrix siehe z.B. [5.10 S. 167ff].

5.3.2 Die Verfahren zur Codierung

Vier verschiedene Zuordnungen von Informationen und Codewörtern werden nachfolgend aufgezeigt. Sie werden je nach Problemstellung verwendet.

1. **Methode** CODIERUNG IM FREQUENZBEREICH: Die k Informationsstellen werden in das Polynom $A(x) = A_0 + A_1 x + \cdots + A_{k-1} x^{k-1}$ gelegt. Das Codewort a ergibt sich durch die Rücktransformation nach Gleichung (5.79).

2. **Methode** UNSYSTEMATISCHE CODIERUNG IM ZEITBEREICH: Die k Informationsstellen werden in das Polynom $i(x) = i_0 + i_1 x + \cdots + i_{k-1} x^{k-1}$ gelegt. Das Codewort a ergibt sich durch Multiplikation mit dem Generatorpolynom: $a(x) = i(x) \cdot g(x)$.

3. **Methode** SYSTEMATISCHE CODIERUNG IM ZEITBEREICH: Die k Informationsstellen $i(x) = i_0 + i_1 x + \cdots + i_{k-1} x^{k-1}$ werden in die höchsten Codewortstellen $a_{n-k}, a_{n-k+1}, \ldots, a_{n-1}$ gelegt. Die $n - k$ Prüfstellen werden durch die Division von $x^{n-k} i(x)$ durch $g(x)$ berechnet:

$$a_{n-1} x^{n-1} + \cdots + a_{n-k} x^{n-k} = q(x) \cdot g(x) + r(x),$$
$$a(x) = a_{n-1} x^{n-1} + \cdots + a_{n-k} x^{n-k} - r(x) = q(x) \cdot g(x).$$

Das Codewortpolynom $a(x)$ ist wieder ein Vielfaches von $g(x)$.

4. Methode CODIERUNG MIT DEM PRÜFPOLYNOM: Die k Informationsstellen sind $a_{n-k}, a_{n-k+1}, \ldots, a_{n-1}$; die $n-k$ Prüfstellen werden wie folgt berechnet:

$$a_j = -\frac{1}{h_0} \cdot \prod_{i=1}^{k} a_{n-i+j} \cdot h_i, \quad j = 0, 1, \ldots, n-k-1.$$

Der Index $n - i + j$ ist dabei modulo-n zu berechnen, und h_i sind die Koeffizienten des Prüfpolynoms $h(x)$.

Da die zur Codierung verwendete Methode keinen Einfluß auf die Fehlerkorrektureigenschaft besitzt, erscheint es nicht notwendig, alle vier Methoden ausführlich zu erläutern.

5.3.3 Gewichtsverteilung von RS-Codes

Die Gewichtsverteilung kann nur für wenige Codes in geschlossener Form berechnet werden. Zu diesen Codes gehören der Hamming- und Simplex-Code (siehe Abschnitt 5.1.13) sowie die MDS-Codes (siehe Definition 5.6). RS-Codes sind MDS-Codes.

Satz 5.16 *Die Gewichtsfunktion $W_C(y)$ nach Gleichung* (5.12) *kann für einen (n,k) MDS-Code ($d = n - k + 1$) über $GF(q)$ wie folgt berechnet werden:*

$$W_C(1,y) = W_C(y) = \sum_{i=0}^{n} A_i \cdot y^i = \sum_{c \in C} y^{w(c)}, \quad (5.90)$$

$$\text{mit} \quad A_i = \begin{cases} 1 & i = 0, \\ 0 & 1 \leq i < d, \\ \binom{n}{i}(q-1)\sum_{j=0}^{i-d}(-1)^j \binom{i-1}{j} q^{i-d-j} & d \leq i. \end{cases}$$

(5.91)

Der Beweis dieses Satzes (siehe z.B. [5.2] Abschnitt 14.1 oder [5.12] Kap. 10) erfolgt mit Hilfe von kombinatorischen Überlegungen, die im wesentlichen auf der MDS-Eigenschaft der RS-Codes beruhen. Beispiele finden sich z. B. in [5.10].

5.3.4 Das Syndrom

Treten während der Übertragung eines Codewortes a Fehler auf, so wird ein Vektor: $r = a + f$ empfangen. Durch die Transformation erhält man den entsprechenden Vektor im Frequenzbereich:

$$R = A + F. \quad (5.92)$$

5.3 Reed-Solomon-Codes

Da das Polynom A(x) gemäß Definition 5.20 gradbeschränkt ist, erhält man in den höchsten Stellen von $\boldsymbol{R}$ einen bekannten Fehleranteil, der Syndrom S(x) genannt wird:

$$A(x) = A_0 x^0 + A_1 x^1 + \cdots + A_{k-1} x^{k-1},$$
$$F(x) = F_0 x^0 + F_1 x^1 + \cdots + F_{k-1} x^{k-1} + F_k x^k + \cdots + F_{n-1} x^{n-1},$$
$$R(x) = R_0 x^0 + R_1 x^1 + \cdots + R_{k-1} x^{k-1} + \underbrace{F_k x^k + \ldots + F_{n-1} x^{n-1}}_{S(x) = S_0 + \cdots + S_{2E-1} x^{2E-1}}.$$
(5.93)

Es gilt: $R_i = A_i + F_i$ für $i = 0, 1, \ldots, k - 1$. Aus S(x) lassen sich mittels der bekannten Decodieralgorithmen (vgl. [5.2], [5.12]) die Fehlerstellen und Fehlerwerte ermitteln, sofern für die Anzahl der Fehler gilt:

$$e \leq \left\lfloor \frac{d-1}{2} \right\rfloor = \left\lfloor \frac{n-k}{2} \right\rfloor = E. \tag{5.94}$$

Es gilt $S(x) = 0$ genau dann, wenn $r(x) = \tilde{a}(x)$, d.h. der Empfangsvektor ein Codewort ist. In diesem Fall ist der Fehlervektor Null ($\boldsymbol{f} = 0$), oder der Fehlervektor ist selbst ein Codewort.

Eine weitere Möglichkeit das Syndrom mittels Prüfmatrix zu berechnen, liefert die Transformation nach (5.82):

$$\begin{aligned} R_i &= -r(x = z^{-i}) = 0 \quad \forall\, i = k, k+1, \ldots, n-1, \tag{5.95} \\ &= -\sum_{j=0}^{n-1} r_j \cdot z^{-ij} \quad \forall\, i = k, k+1, \ldots, n-1. \end{aligned}$$

In Matrixform lautet die Gleichung (5.95), wenn für $R_k = S_0$, für $R_{k+1} = S_1$ usw. geschrieben wird:

$$-\underbrace{\begin{pmatrix} 1 & z^{-k} & z^{-2k} & \ldots & z^{-(n-1)k} \\ 1 & z^{-(k+1)} & z^{-2(k+1)} & \ldots & z^{-(n-1)(k+1)} \\ 1 & z^{-(k+2)} & z^{-2(k+2)} & \ldots & z^{-(n-1)(k+2)} \\ \vdots & \vdots & \vdots & \ldots & \vdots \\ 1 & z^{-(n-1)} & z^{-2(n-1)} & \ldots & z^{-(n-1)^2} \end{pmatrix}}_{\boldsymbol{H}} \cdot \begin{pmatrix} r_0 \\ r_1 \\ r_2 \\ \vdots \\ r_{n-1} \end{pmatrix} = \begin{pmatrix} S_0 \\ S_1 \\ S_2 \\ \vdots \\ S_{2E-1} \end{pmatrix}.$$
(5.96)

Die Matrix in (5.96) ist die Prüfmatrix $\boldsymbol{H}$ des Codes, deshalb gilt:

$$\boldsymbol{H} \cdot \boldsymbol{r}^{(T)} = \boldsymbol{s}^{(T)}. \tag{5.97}$$

5.4 BCH-Codes

Bose-Chaudhuri-Hocquenghem (BCH) Codes gehören wie die RS-Codes zur Klasse der zyklischen Codes. Sie sind besonders für die Korrektur von mehreren statistisch unabhängigen Fehlern, aber in bestimmtem Umfang auch zur Korrektur von Bündelfehlern, geeignet. Die BCH-Codes wurden von Hocquenghem 1959, und unabhängig davon 1960 von Bose und Chaudhuri, entdeckt. Ein algebraisches Decodierverfahren ist 1960 von W. W. Peterson für binäre BCH-Codes entwickelt worden, das von D. C. Gorenstein und N. Zierler 1961 für nichtbinäre BCH-Codes verallgemeinert werden konnte.

5.4.1 Binäre BCH-Codes

In diesem Abschitt werden die binären BCH-Codes ganz analog zu den RS-Codes beschrieben. Ein wesentlicher Unterschied ist jedoch, daß Zeit- und Frequenzbereich, die über die DFT verbunden sind, nicht auf demselben Zahlenkörper erklärt werden. Ein BCH-Codewort wird im Zeitbereich als ein Vektor:

$$a = (a_0, a_1, a_2, \ldots, a_{n-1}) \quad \text{mit} \quad a_i \in GF(2), \tag{5.98}$$

dargestellt. Im Frequenzbereich gilt:

$$a \circ\!\!-\!\!\bullet A = (A_0, A_1, A_2, \ldots, A_{n-1}), \quad A_i \in GF(2^m). \tag{5.99}$$

Für die Transformation wird ein Element der Ordnung n benötigt, das aus dem Erweiterungskörper $GF(2^n)$ stammt. Primitive BCH-Codes $\mathcal{C}(n,k)$ können mit folgenden Parametern konstruiert werden:

Blocklänge: $\quad n = 2^m - 1$, für $m = 2, 3, 4, \ldots$

Prüfsymbole: $\quad n - k \leq mE,$

Minimaldistanz: $\quad d \geq 2E + 1.$

Ein solcher Code, der jedes Fehlermuster vom Gewicht E oder kleiner innerhalb der Codewortlänge $n = 2^m - 1$ korrigieren kann, wird ein E-Fehler korrigierender BCH-Code genannt. Die Beschreibung der BCH-Codes kann im Frequenzbereich über eine vorgegebene Anzahl von verschwindenden benachbarten Frequenzen erfolgen, aber auch im Zeitbereich mit Hilfe des Generatorpolynoms.

5.4.2 Definition der BCH-Codes

Das Verständnis der BCH-Codes setzt Kenntnisse der Galois-Felder und *Erweiterungskörper* (s. z.B. [5.10]) voraus.

5.4 BCH-Codes

Definition 5.21 *K_j sind die Kreisteilungsklassen bezüglich einer Zahl $n = 2^m - 1$, α ein primitives Element der Ordnung n in $GF(2^m)$, und $\mathcal{M}$ die Vereinigungsmenge der Kreisklassen: $\mathcal{M} = \{K_{j_1}, K_{j_2}, \ldots\}$. Ein* PRIMITIVER BCH-CODE *der Länge $n = 2^m - 1$ ist bestimmt durch das Generatorpolynom:*

primitiver BCH-Code

$$g(x) = \prod_{i \in \mathcal{M}} (x - \alpha^i) = m_{j_1}(x) \cdot m_{j_2}(x) \cdots, \quad g_i, m_i \in GF(2).$$

Gibt es $d - 1$ aufeinanderfolgende Zahlen in $\mathcal{M}$, so ist die konstruierte Mindestdistanz (designed distance) d. Die tatsächlich erreichte Mindestdistanz kann größer sein.

Zusätzlich zur Def. 5.20 müssen auch die konjugierten Frequenzen Null gesetzt werden, damit die Vektoren im Zeitbereich binär werden. In Definition 5.21 entsprechen die $d - 1$ aufeinanderfolgenden Zahlen im Frequenzbereich $d - 1$ aufeinanderfolgenden Frequenzen, die Null werden. In Tabelle 5.4 sind alle konjugierten Wurzeln aus $GF(2^4)$ sowie die zugehörigen Minimalpolynome eingetragen. Der Erweiterungskörper $GF(2^4)$ wird durch das primitive Polynom $p(x) = 1 + x + x^4$ erzeugt.

Konjugierte Wurzeln	Minimalpolynome $m_i(x)$
0	x
$\alpha^0 = 1$	$m_0(x) = x + 1$
$\alpha^1, \alpha^2, \alpha^4, \alpha^8$	$m_1(x) = x^4 + x + 1$
$\alpha^3, \alpha^6, \alpha^9, \alpha^{12}$	$m_3(x) = x^4 + x^3 + x^2 + x + 1$
α^5, α^{10}	$m_5(x) = x^2 + x + 1$
$\alpha^7, \alpha^{11}, \alpha^{13}, \alpha^{14}$	$m_7(x) = x^4 + x^3 + 1$

Tabelle 5.4 Konjugierte Wurzeln und Minimalpolynome aus $GF(2^4)$

Beispiel 5.14 In $GF(2^4)$, mit $E = 1$, bestimmt sich das Generatorpolynom des 1-Fehler korrigierenden BCH-Codes der Länge 15 durch:

$$g(x) = \prod_{i \in K_1} (x - \alpha^i) = m_1(x) = x^4 + x + 1.$$

Die konstruierte Mindesdistanz ist $d = 3$, da es in

$$\mathcal{M} = K_1 = \{1, 2, 4, 8\}$$

zwei aufeinanderfolgende Zahlen gibt. Der durch $g(x)$ gegebene BCH-Code besitzt die Dimension $k = 15 - 4 = 11$ und somit 2048

Codewörter. Für $E = 3$ bestimmt sich das Generatorpolynom des 3-Fehler korrigierenden BCH-Codes der Länge 15 durch:

$$\begin{aligned} g(x) &= \prod_{i \in K_1 \cup K_3 \cup K_5} (x - \alpha^i) = m_1(x) \cdot m_3(x) \cdot m_5(x), \\ &= (x^4 + x + 1) \cdot (x^4 + x^3 + x^2 + x + 1) \cdot (x^2 + x + 1), \\ &= x^{10} + x^8 + x^5 + x^4 + x^2 + x + 1. \end{aligned}$$

Die konstruierte Mindesdistanz ist $d = 7$, da es in

$$\mathcal{M} = K_1 \cup K_3 \cup K_5 = \{1, 2, 3, 4, 5, 6, 8, 9, 10, 12\}$$

sechs aufeinanderfolgende Zahlen gibt. Der durch $g(x)$ gegebene BCH-Code besitzt die Dimension $k = 15 - 10 = 5$ und somit 32 Codewörter. □

Es ist einsichtig, daß jeder 1-fehlerkorrigierende BCH-Code über $GF(2^m)$ das Generatorpolynom:

$$g(x) = m_1(x) \qquad (5.100)$$

besitzt, da in K_1 die Zahlen 1 und 2 immer aufeinanderfolgend sind. Jeder 1-fehlerkorrigierende BCH-Code der Länge $2^m - 1$ ist ein Hamming-Code, denn α ist in $GF(2^m)$ ein primitives Element und $m_1(x)$ ein primitives Polynom mit $\text{grad}\{m_1(x)\} = m$.

Die Transformation (vgl. [5.10]) kann für BCH-Codes vereinfacht werden:

$$A_i = a(x = \alpha^{-i}), \qquad a_j = A(x = \alpha^j). \qquad (5.101)$$

Gilt: $A_i = 0$, so besitzt das Polynom $a(x)$ im Zeitbereich eine Wurzel α^{-i} d.h., $a(x)$ enthält den Faktor $(x - \alpha^{-i})$:

$$A_i = 0 = a(x = \alpha^{-i}). \qquad (5.102)$$

Für Polynome über $GF(2)$ gilt:

$$A_{(2^k i)} = (A_i)^{2^k}, \qquad k = 0, 1, 2, \ldots \qquad (5.103)$$

Wenn mit der Transformationsbeziehung Codewortelemente $a_i \in GF(2)$ entstehen sollen, dann muß Beziehung (5.103) erfüllt sein. Hierdurch erhält ein Codewort zusätzlich die zu α^{-i} konjugierten Elemente als Wurzeln. Ein solches Codewort besitzt (siehe Abschnitt 5.4.2) im Zeitbereich nur Elemente aus $GF(2)$.

5.4 BCH-Codes

Definition 5.22 *Der* PRIMITIVE BCH-CODE $\mathcal{C}$ *mit der Länge* $n = 2^m - 1$ *und der konstruierten Mindestdistanz d ist bestimmt durch:*

$$\mathcal{C} = \left\{ a \mid a_i = A(x = \alpha^i),\ A_{n-1} = \cdots = A_{n-(d-1)} = 0, \right.$$
$$\left. \forall_i\ A_{(2^k i)} = (A_i)^{2^k} \right\}.$$

Vergleiche hierzu auch die Definition 5.20 der RS-Codes.

Beispiel 5.15 Es soll der BCH-Code $\mathcal{C}(15,7)$ in $GF(2^4)$ untersucht werden, der $E = 2$ Fehler korrigieren kann. Folgende Komponenten des Frequenzvektors A sind jeweils konjugiert zueinander:

A_0 $(A_{2\cdot 0} = A_0)$,
A_1, A_2, A_4, A_8 $(A_{16 \bmod 15} = A_1)$,
A_3, A_6, A_{12}, A_9 $(A_{18 \bmod 15} = A_3)$,
$A_7, A_{14}, A_{13}, A_{11}$ $(A_{22 \bmod 15} = A_7)$,
A_5, A_{10} $(A_{20 \bmod 15} = A_5)$.

Ein Codewort A im Frequenzbereich hat folgenden Aufbau:

A_0	A_1	A_1^2	0	A_1^4	A_5	0	0	A_1^8	0	A_5^2	0	0	0	0
0	1	2	3	4	5	6	7	8	9	10	11	12	13	14

Als Information soll gewählt werden: $A_0 = 0, A_1 = \alpha^2, A_5 = \alpha^5$

$$A = (0,\ \alpha^2,\ \alpha^4,\ 0,\ \alpha^8,\ \alpha^5,\ 0,\ 0,\ \alpha^1,\ 0,\ \alpha^{10},\ 0,\ 0,\ 0,\ 0).$$

Das Codewort im Zeitbereich berechnet sich durch Transformation $a_i = A(x = \alpha^i)$:

$$a = (1, 0, 0, 1, 0, 1, 1, 0, 0, 0, 0, 1, 0, 1, 0).$$

Wie erwartet gilt für das Codewort: $w(a) \geq d = 5$.   □

Die Codierung von BCH-Codes im Zeitbereich erfolgt mit Hilfe des Generatorpolynoms in gleicher Weise wie die Codierung für lineare Codes in Abschnitt 5.2.3. Die Syndromberechnung bei BCH-Codes durch Transformation entspricht der Syndromberechnung bei RS-Codes (vgl. Absch. 5.3.4). Zur Syndromberechnung mittels Prüfmatrix siehe z.B. [5.10].

5.5 Literatur

[5.1] Berlekamp, E. R.: *Algebraic Coding Theory*, McGraw-Hill. London u.a., 1968.

[5.2] Blahut, R. E.: *Theory and Practice of Error Control Codes*. Addison–Wesley, Reading u.a., 1984.

[5.3] Chang, S. C., Wolf, J. K.: *A simple proof of the MacWilliams identity for linear Codes*. IEEE Transactions on Information Theory, 1980.

[5.4] Golay, M. J. E.: *Notes on Digital Coding*. Proceedings IRE, 1949.

[5.5] Heise, W. Quattrocchi, P.: *Informations- und Codierungstheorie*. Springer-Verlag, Berlin 1995.

[5.6] Kasami, T.: *A Decoding Procedure For Multiple-Error-Correktion Cyclic Codes*. IEEE Transactions on Information Theory, 1964.

[5.7] Lin, S. ,Costello J.: *Error Control Coding*. Prentice-Hall, New York, 1983.

[5.8] Rieger, S. H.: *Codes for the Correction of Clusterd Errors*. IRE Transactions on Information Theory, 1960.

[5.9] Schneider, H.: *Adaptive Datensicherung mit algebraischer Blockcodierung für digitale Mobilfunkkanäle*. Dissertation TH Darmstadt, VDI-Verlag, 1989.

[5.10] Schneider-Obermann, H.: *Kanalcodierung, Theorie und Praxis fehlerkorrigierender Codes*. Vieweg-Verlag, Braunschweig/Wiesbaden, 1998.

[5.11] MacWilliams, F. J.: *A theorem on the distribution of weights in a systematic code*. Bell Systems Technical Journal, 1969.

[5.12] MacWilliams, F. J., Sloane, N. J. A.: *The Theory of Error-Correcting Codes*. North–Holland, Amsterdam, 1977.

Kapitel 6

Basisbandübertragung

von Martin Werner

6.1 Einführung

Eine zentrale Aufgabe der Nachrichtentechnik ist die Übertragung von Information. Die Nachrichtentechnik stellt hierzu auf die jeweilige Anwendung zugeschnittene Lösungen bereit.

Gilt es kurze Entfernungen kostengünstig zu überbrücken, wie beispielsweise die Übertragung des analogen Telefonsignals von der Sprechkapsel zur Ortsvermittlungstelle, der Daten zwischen PCs in einem lokalen Rechnernetz oder der Daten zwischen Sensoren, Aktoren und einem Prozeßsteuerrechner in einem Fahrzeug, so kommt in der Regel die *Basisbandübertragung* zur Anwendung. Typisch für sie ist, daß die informationstragenden Signale ohne zusätzliche Frequenzverschiebung über Kabel übertragen werden.

Basisbandübertragung

Dabei spielt die digitale Übertragung eine zunehmend wichtigere Rolle. Nicht nur weil sie von Natur aus für den stark wachsenden Kommunikationsbedarf zwischen Digitalrechnern geschaffen ist, sondern auch weil ursprünglich analoge Signale, wie beispielsweise Sprach-, Audio- und Videosignale, heute vermehrt in digitaler Form vorliegen. Der Übergang vom analogen Telefonnetz zum ISDN-Netz (integrated services digital network - diensteintegrierendes digitales Netz) macht dies für jedermann deutlich. Darüber hinaus werden heute auf gewöhnlichen Teilnehmeranschlußleitungen bereits Basisbandübertragungssysteme kommerziell eingesetzt, die mit Hilfe der digitalen Übertragungstechniken xDSL (digital subscriber line) Bitraten von $1,5 \cdots 8$ Mbit/s und darüber ermöglichen [6.2], [6.3].

Ihrer heutigen Bedeutung angemessen, wird im folgenden die digitale Basisbandübertragung in den Mittelpunkt gestellt.

6.2 Datenkommunikation: Protokolle und Schnittstellen

Ist bei der analogen Übertragung vor allem darauf zu achten, daß Signalverzerrungen und Rauschen in zulässigen Grenzen bleiben, so ist bei der digitalen Übertragung eine Reihe von zusätzlichen Aspekten zu beachten. Die Kommunikation kann nur gelingen, wenn der Nachrichtenaustausch nach vorher vereinbarten Regeln abläuft. Hierfür sorgt die Definition der Schnittstelle mit ihrem Protokoll [6.11].

Schnittstelle Die *Schnittstelle* für eine Datenkommunikation definiert die

- physikalischen Eigenschaften (z.B. Spannungspegel, Pulsform, Frequenzlage, Modulation,···) der ausgetauschten Signale, sowie ihre

- Bedeutung und zeitlichen Ablauf und

- die Orte, an denen die Schnittstellenleitungen auf einfache Art mechanisch oder elektrisch unterbrochen werden können (z.B. Steckverbindung).

Protokoll Die Regeln für den Datenaustausch an einer Schnittstelle werden durch das *Protokoll* festgelegt. Es definiert die Datenformate (Syntax), die möglichen Kommandos (Semantik) und Reaktionen und die zugehörigen Zeitvorgaben.

Durch die Schnittstelle und ihr Protokoll wird der verfügbare Leistungsumfang der Kommunikationsanwendung festgelegt. Dazu gehört nicht nur die Qualität der Verbindung (Datenrate, Datendurchsatz, Bitfehlerwahrscheinlichkeit, Blockierwahrscheinlichkeit, Wartezeiten, usw.) sondern auch Fragen nach dem wirtschaftlichen Nutzen (Kompatibilität mit bestehenden Einrichtungen, Erweiterbarkeit, offener Standard mit funktionierendem Wettbewerb der Hard- und Softwareanbieter).

OSI-Referenzmodell Um die Entwicklung offener Telekommunikationssysteme voranzutreiben hat die Internationale Standardisierungs-Organisation (ISO) 1983 das *OSI-Referenzmodell* für offene Systeme (open system interconnection, ISO 7498) eingeführt. Der Erfolg des OSI-Modells beruht auf seiner klaren hierarchischen Architektur. Die Kommunikationsfunktionen werden in 7 abgegrenzte Funktionseinheiten geschichtet. Benachbarte Schichten werden über wohldefinierte Aufrufe und Antworten miteinander verknüpft.

6.2 Datenkommunikation: Protokolle und Schnittstellen

In Abbildung 6.1 ist das OSI-Modell für eine Nachrichtenübertragung vom Endsystem A zum Endsystem B gezeigt. Die Kommunikation läuft beim sendenden Endsystem von oben nach unten und beim empfangenden Endsystem von unten nach oben. Gleiche Schichten verschiedener Systeme sind über *logische Kanäle* verbunden. Das sind Kanäle, die in der Regel physikalisch so nicht vorhanden sind, aber vom Benutzer wie solche behandelt werden dürfen. Sie werden durch geeignete Hard- und Software-Einrichtungen unterstützt.

logischer Kanal

Die Datenübertragung zwischen den Systemen erfolgt über die physikalischen Übertragungseinrichtungen, die jeweils aus der Bitübertragungsschicht gesteuert werden. Nicht eingezeichnet sind eventuell zusätzliche Transitsysteme, die für die Nachrichtenübertragung benutzt werden.

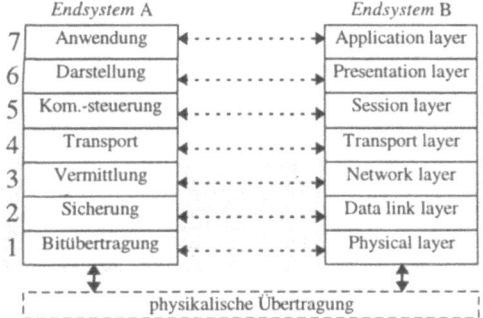

Abbildung 6.1 OSI-Referenzmodell für Telekommunikations-Protokolle

Entsprechend ihren Aufgaben lassen sich die Protokollschichten in zwei Gruppen einteilen:

- Die oberen vier Schichten stellen primär den Bezug zur Anwendung der Transportdienste her. Sie werden meist im Endgerät implementiert.

- Die Vermittlungsschicht, Datensicherungsschicht und Bitübertragungsschicht entsprechen den üblichen Funktionen eines Telekommunikationsnetzes.

Mit Blick auf die Punkt-zu-Punkt Verbindung durch die physikalische Basisbandübertragung sind die beiden untersten Schichten wichtig.

Die *Datensicherungsschicht* ist für die Integrität der empfangenen Bits auf den Teilstrecken zuständig. Bei der Datenübertragung werden in der Regel mehrere Bits zu einem Rahmen zusammengefaßt und es wird ein bekanntes Synchronisationswort eingefügt, um im Empfänger den Anfang und das Ende

Datensicherungsschicht

der Rahmen sicher zu detektieren. Durch gezieltes Hinzufügen von Prüfbits im Sender kann im Empfänger eine Fehlererkennung und/oder Fehlerkorrektur durchgeführt werden. Wird ein nicht korrigierbarer Übertragungsfehler erkannt, so wird in der Regel die Wiederholung des Rahmens angefordert. Ein häufig verwendetes Übertragungsprotokoll ist das HDCL-Protokoll (high-level data link control). Es wird auch im ISDN D-Kanal eingesetzt.

Bitübertragungsschicht Die *Bitübertragungsschicht* stellt alle logischen Funktionen für die Steuerung der physikalischen Übertragung zur Verfügung. Sie paßt den zu übertragenden Bitstrom an das physikalische Übertragungsmedium an und erzeugt aus den ankommenden Signalen einen Bitstrom.

Der Nachrichtenaustausch zwischen den Schichten des sendenden Sytems A und denen des empfangenden Systems B geschieht in der in Abbildung 6.2 dargestellten Weise. Die Vermittlungsschicht des sendenden Systems packt die zu übertragende Information in ein Datenpaket, stellt die der Anwendungsschicht im empfangenden System zugedachte Nachricht als Kopf (H, header) voran und reicht das Datenpaket an die Datensicherungsschicht weiter. Die höheren Schichten 7 bis 4 verfahren im Prinzip ebenso. Die Datensicherungsschicht stellt die Daten in einer für die Bitübertragung geeigneten Form zusammen. Im Falle des *HDCL-*

HDCL-Protokoll *Protokolls* wird das Datenpaket zu einem Rahmen wie in Abbildung 6.2 zusammengestellt. Der Paketanfang und das Paketende werden jeweils mit 8 Flagbits (F) "01111110" angezeigt. Es schließen sich 16 Bits für die Adresse (A) und 8 oder 16 Bits für die Signalisierung (C, control) an. Hinter dem Datenfeld werden 16 Paritätbits (FCS, frame check sequence) angehängt, die eine Fehlerüberwachung im Empfangssystem erlauben.

Das empfangende System nimmt das Datenpaket in der untersten Schicht entgegen. Das Datenpaket wird von der untersten zur obersten Schicht hin aufgeschnürt. Jede Schicht entnimmt den jeweils für sie bestimmten Anteil und reicht den Rest nach oben weiter.

Abbildung 6.2
Nachrichtenaustausch zwischen den Protokollschichten des Sende- und Empfangssystems

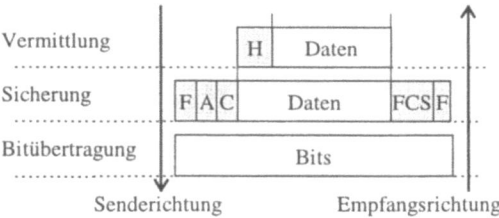

Das OSI-Referenzmodell hat dank der klaren hierarchischen Gliederung heute eine weite Verbreitung gefunden. Anwendungsbeispiele sind im ISDN-Netz die S_0- und die U_{K0}-Schnittstelle für den Endgeräteanschluß bzw. den Teilnehmeranschluß zur Vermittlungsstelle hin [6.9].

6.3 Digitale Basisbandübertragung

Im vorhergehenden Abschnitt wurde die Organisation der Datenübertragung vorgestellt. In den sendenden Systemen werden in der Regel serielle Rahmen von Binärzeichen gebildet, die als elektrische Signale übertragen werden. In den Empfängern werden im einfachsten Fall die ankommenden Signale abschnittsweise als logische "0" oder "1" interpretiert und die rekonstruierten Bitströme an die Bitübertragungsschicht weitergereicht. Je nachdem, ob die Übertragung mehr oder weniger gestört wurde, stimmen gesendete und empfangene Bits überein oder es treten Bitfehler auf. Wesentliche Störeinflüsse bei der Übertragung sind die Bandbegrenzung und das unvermeidliche additive Rauschen. Wir machen uns im folgenden die Zusammenhänge anhand einfacher Modellüberlegungen Schritt für Schritt deutlich.

Ganz allgemein wird die technische Kommunikation durch das *Shannonsche Übertragungsmodell* von Quelle, Kanal und Sinke gegliedert. Die einzelnen Blöcke können je nach Anwendung weiter unterteilt werden, so daß die in den vorangehenden Kapiteln vorgestellten Komponenten (Quellencodierer, Kanalcodierer, Filter, usw.) sichtbar werden.

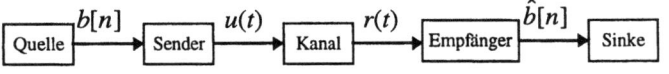

Abbildung 6.3 Übertragungsmodell

Quelle. Die *Binärquelle* gibt unabhängige gleichwahrscheinliche Binärzeichen, den Bitstrom $b[n] \in \{0, 1\}$, an den Sender ab. Unabhängigkeit und die Gleichverteilung der zu übertragenden Zeichen wird im weiteren vorausgesetzt. Gegebenenfalls werden diese Eigenschaften durch zusätzliche Maßnahmen, wie Verwürfelung (Scrambling) der Bits und Leitungscodierung, näherungsweise eingestellt.

Binärquelle

Sender. Zur Übertragung werden die Bits im Sender in ein binäres Signal mit zwei entgegengesetzten Amplituden, ein *bipolares Signal*, umgesetzt. Das Sendesignal $u(t)$ ist für die Bitfolge $\{b[n]\} = \{1, 0, 1, 1, 0, 1, \cdots\}$ in Abbildung 6.4 veranschaulicht.

bipolares Signal

Sendegrundimpuls	Jedem Bit wird ein Rechteckimpuls als *Sendegrundimpuls* zugeordnet. Seine Amplitude ist positiv falls eine "1" gesendet wird, andernfalls negativ. Damit sind bereits zwei wichtige Parameter der Datenübertragung festgelegt: die *Bitdauer* T_b und die *Bitrate* $R = 1\text{bit}/T_b$.
Bitdauer, Bitrate	

Abbildung 6.4
Bipolares Signal für die Bitfolge $\{b[n]\} = \{1,0,1,1,0,1,\cdots\}$

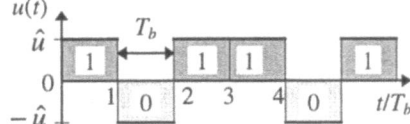

Die Annahme idealer Rechteckimpulse ist für die weiteren prinzipiellen Überlegungen ausreichend. In der Übertragungstechnik werden die tatsächlichen Impulsformen durch die Angabe von Toleranzbereichen, den *Sendeimpulsmasken*, vorgegeben. Die Sendeimpulsmaske für die ISDN S_0-Schnittstelle ist in Abbildung 6.5 zu sehen. Aus der zu übertragenden Datenrate von $R = 192\,\text{kbit/s}$ resultiert die Bitdauer $T_b = 5,21\,\mu s$.

Anmerkung: Die Datenrate auf der S_0-Schnittstelle bestimmt sich aus den Anteilen für die beiden B-Kanäle (2x64 kbit/s), dem D-Kanal (16 kbit/s) und weiteren Bits für die Organisation der Übertragung (48kbit/s).

Abbildung 6.5
Sendeimpulsmaske (positiver Impuls) für die ISDN S_0-Schnittstelle

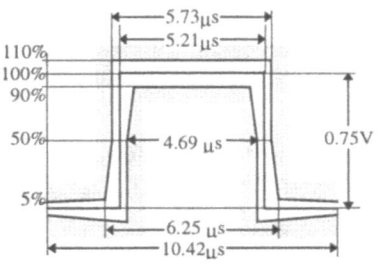

AWGN-Kanal mit Bandbegrenzung. Bei der Übertragung in realen Kanälen, wie z.B. Kabelstrecken mit Verstärkern, weist das Empfangssignal in der Regel lineare Verzerrungen und eine zusätzliche Rauschkomponente auf. Beide Effekte lassen sich gut durch das Modell des *AWGN-Kanals mit Bandbegrenzung* in Abbildung 6.6 beschreiben. Hierbei wird der Frequenzgang der Übertragungsstrecke durch $H_K(j\omega)$ bzw. äquivalent durch die Impulsantwort $h_K(t)$ nachgebildet.

AWGN-Kanal mit Bandbegrenzung

Die Rauschkomponente wird durch *additives weißes Gaußsches Rauschen* (AWGN, additive white gaussian noise) model-

6.4 Matched-Filter-Empfänger

liert. Das AWGN wird durch die Angabe der zweiseitigen Rauschleistungsdichte $N_0/2$ vollständig charakterisiert. Zu jedem beliebigen festen Zeitpunkt liegt dann eine mittelwertfreie normalverteilte stochastische Variable (Rauschamplitude) mit der Varianz $\sigma_n^2 = N_0/2$ vor.

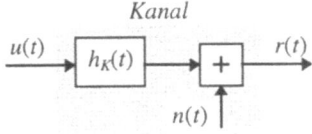

Abbildung 6.6 Basisbandübertragung im AWGN-Kanal mit Bandbegrenzung

Empfänger. Die Aufgabe des Empfänger ist es, aus dem *Empfangssignal* $r(t)$ die Bitfolge der Quelle zu rekonstruieren. Er führt dazu die folgenden vier Schritte in Abbildung 6.7 durch:

(1) Das Filter am Empfängereingang unterdrückt mögliche Störsignale außerhalb des Übertragungsbandes. Durch geeignete Dimensionierung, insbesondere als Matched-Filter, erhöht es die Zuverlässigkeit der Detektion. — Empfangsfilter

(2) Rückgewinnung der Zeitlage der Sendeimpulse durch die Synchronisationseinrichtung. — Sychnronisation

(3) Durch Abtasten des Detektionssignal $y(t)$ erhält man die *Detektionsvariablen* $y[n]$. — Abtastung

(4) Der Detektion liegt eine *Schwellwertentscheidung* zugrunde: Ist $y[n]$ größer oder gleich null, so entscheidet der Empfänger auf das Zeichen "1", andernfalls wird das Zeichen zu "0" gesetzt. — Detektion

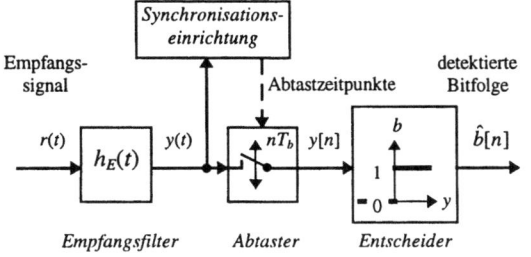

Abbildung 6.7 Vereinfachtes Blockschaltbild des Empfängers

6.4 Matched-Filter-Empfänger

Wird die Datenübertragung durch additives Rauschen stark gestört, so bietet sich der Einsatz eines Matched-Filter- (MF-) Empfängers an. Dessen Empfangsfilter ist speziell an den Sendegrundimpuls angepaßt, so daß in den Detektionszeitpunkten ein größtmögliches Signal-Rauschverhältnis (SNR, signal-to-noise ratio) erreicht wird. Die Abbildung 6.8 stellt das zugrundeliegende Übertragungsmodell vor.

Abbildung 6.8
Basisbandübertragung im AWGN-Kanal

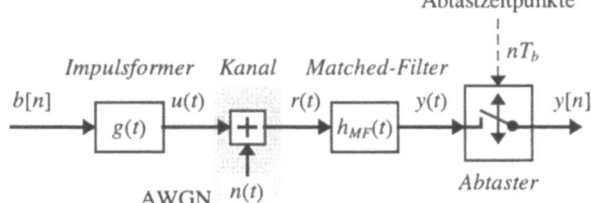

Impulsformer

Die linearen Verzerrungen werden in diesem Abschnitt als vernachlässigbar vorausgesetzt. Der zu übertragende Bitstrom $b[n]$ wird im *Impulsformer* in das bipolare analoge Sendesignal umgesetzt

$$u(t) = \sum_n A[n] \cdot g(t - nT_b) \quad (6.1)$$

mit den Amplituden $A[n] = 2b[n] - 1$ ($= \pm 1$) und dem auf das Bitintervall $[0, T_b[$ zeitbegrenzten *Sendegrundimpuls* $g(t)$.

Matched-Filter

Das Empfangsfilter wird als *Matched-Filter* an den Sendegrundimpuls angepaßt. Die Impulsantwort des Matched-Filters wird gleich dem zeitlich gespiegelten und um eine Bitdauer verschobenen Sendegrundimpuls gesetzt:

$$h_{MF}(t) = g(T_b - t). \quad (6.2)$$

Die Vorteile des Matched-Filters erschließen sich am besten an einem konkreten Beispiel. Hierfür wählen wir als Sendegrundimpuls einen Rechteckimpuls wie in Abbildung 6.4. Die Impulsantwort des Matched-Filters ist hier wegen der Symmetrie des Sendegrundimpulses dazu identisch, $h_{MF}(t) = g(T_b - t) = g(t)$.

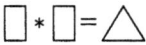

Die Faltung von $g(t)$ mit $h_{MF}(t)$ liefert dann als *Detektionsgrundimpuls* einen Dreieckimpuls der Breite $2T_b$ und der Höhe gleich der Energie des Sendegrundimpulses E_g. Demgemäß ergibt sich der Nutzanteil am Abtastereingang als Überlagerung von um ganzzahlig Vielfache der Bitdauer verzögerten und mit entsprechend dem jeweilig korrespondierenden Bit mit +1 bzw. −1 gewichteten Dreieckimpulsen der Höhe E_g.

Zum gewählten Beispiel sind in Abbildung 6.9 das Empfangssignal (oben) und das Detektionssignal (unten) gezeigt. Die Übertragung wurde am PC simuliert. Um den Effekt der Störung deutlich zu machen, wurde bei der Simulation ein relativ großer Rauschanteil vorgegeben. Man erkennt im Empfangssignal ein typisches regelloses Rauschsignal, dem in den Bitintervallen die Sendesignalamplituden $\hat{u}$ bzw. $-\hat{u}$ als Mittelwerte aufgeprägt sind.

6.4 Matched-Filter-Empfänger

Das Detektionssignal ist darunter gezeigt. Zusätzlich ist der Detektionsgrundimpuls als grau schattiertes Dreieck angedeutet. Man kann erkennen, wie sich das Detektionssignal im ungestörten Fall (Nutzsignal) aus der Überlagerung der Empfangsimpulse zusammensetzt. Deutlich zeigt sich, wie die Rauschstörung durch die Filterung reduziert (herausgemittelt) wird.

Anhand des Bildes lassen sich bereits zwei wichtige Eigenschaften des MF-Empfangs erkennen:

- Die zu den Abtastzeitpunkten $t = nT_b$ gewonnenen Detektionsvariablen $y[n]$ liefern nach der Schwellwertdetektion die gesendeten Bits.

- Zu den Abtastzeitpunkten ist jeweils nur ein Empfangsimpuls wirksam, so daß in den Detektionsvariablen keine Interferenzen benachbarter Zeichen auftreten.

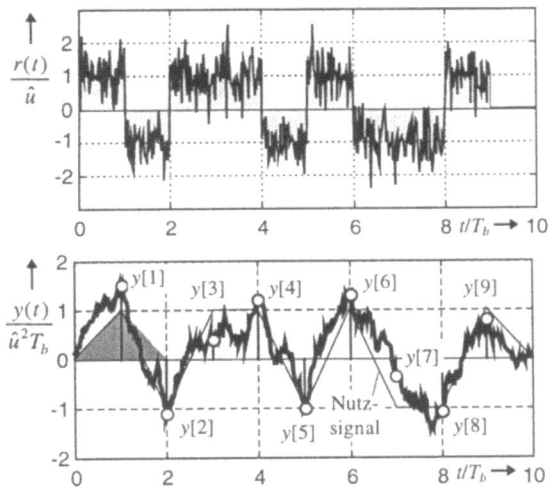

Abbildung 6.9 Durch AWGN gestörtes Empfangssignal $r(t)$ und Detektionssignal $y(t)$ mit Detektionsvariablen $y[n]$

Eine kurze Überlegung zeigt die Robustheit des MF-Empfängers gegen Rauschstörungen auf. Hierzu betrachten wir das SNR für die Detektionsvariablen. Im gewählten Beispiel resultiert für den Nutzsignalanteil der Detektionsvariablen

$$y[1] = y(T_b) = A[0] \cdot g(t) * h_{MF}(t)\big|_{t=T_b} =$$
$$= A[0] \int_0^{T_b} g(\tau) h_{MF}(T_b - \tau) \, d\tau = A[0] \cdot E_g \,, \quad (6.3)$$

wobei sich ganz rechts die Energie des Sendeimpulses E_g für das

Matched-Filter (6.2) einstellt. Für alle anderen Detektionsvariablen gilt Entsprechendes.

Die Rauschamplitude des Störsignalanteils ist normalverteilt, mittelwertfrei und besitzt mit der Leistungsübertragungsfunktion des Matched-Filters $|H_{MF}(j\omega)|^2$ die Varianz:

$$\sigma_d^2 = \sigma_n^2 \frac{1}{2\pi} \int_{-\infty}^{\infty} |H(j\omega)|^2 \, d\omega = \sigma_n^2 E_g = \frac{N_0 E_g}{2}. \qquad (6.4)$$

Der rechte Ausdruck in dieser Gleichung gilt wiederum für den Fall des Matched-Filters.

Mit (6.3) und (6.4) folgt für das gesuchte SNR der Detektionsvariablen

$$SNR_d = \frac{(y[n])^2}{\sigma_d^2} = \frac{E_g}{N_0/2}. \qquad (6.5)$$

Die am Beispiel vorgestellten Überlegungen zeigen, daß das Matched-Filter (6.2) auf einen Sendegrundimpuls stets mit dessen Zeitkorrelationsfunktion reagiert. Arbeitet die Synchronisationseinrichtung fehlerfrei, so kann das Maximum der Zeitkorrelationsfunktion, die Energie des Sendegrundimpulses E_g, abgetastet werden und es ergibt sich bei der Übertragung in AWGN-Kanälen für die Detektionsvariablen das Signal-Rauschverhältnis (6.5) .

Man beachte auch, daß durch den MF-Empfänger die Detektion nicht von der speziellen Form des Sendegrundimpulses sondern nur von seiner Energie abhängt.

Überlegungen zur praktischen Realisierung zeigen, daß bei einem rechteckförmigen Sendegrundimpuls bereits bei einer Approximation des Matched-Filters durch ein einfaches RC-Glied (Tiefpaß) ein SNR-Verlust von weniger als 1 dB erzielt werden kann, siehe z.B. [6.13].

Beispiel 6.1

Ein Zahlenwertbeispiel für die ISDN S_0-Schnittstelle zeigt eine Anwendung der Ergebnisse auf: Im Falle der Rechteckimpulse in Abbildung 6.5 erhält man näherungsweise $E_g = 0,75^2$ $V^2 \times 5,21\,10^{-6}$ s $= 2,93\,10^{-6}$ V^2s. Die Rauschleistungsdichte kann über die Beziehung $N_0/2 = 2kTR$ mit der Bolzmann-Konstanten k, der Temperatur T und dem Widerstand R berechnet werden. Mit dem Abschlußwiderstand 100 Ω und bei Raumtemperatur 300 K erhält man $N_0/2 = 2 \times 1,382\,10^{-23}$ $WsK^{-1} \times 300$ K $\times 100\,\Omega = 82,8\,10^{-18}$ V^2s, so daß sich ein SNR von $3,54\,10^{10} \cong 105$ dB ergibt. Berücksichtigt man noch eine zulässige Leitungsdämpfung von 6 dB, so reduziert sich das SNR noch etwas. Wie nachfolgend gezeigt wird, können hier Bitfehler

6.4 Matched-Filter-Empfänger

alleine aufgrund des AWGN vernachlässigt werden. □

Für die Übertragung in AWGN-Kanälen und MF-Empfang kann die Wahrscheinlichkeit für falsch detektierte Bits wie folgt berechnet werden.

Wegen der additiven Rauschstörung sind die kontinuierlich verteilten Detektionsvariablen $y[n] = \pm E_g + n[n]$ auszuwerten. Wichtig dabei ist, daß hier wegen der Beschränkung der MF-Impulsantwort auf ein Bitintervall die Rauschkomponenten in den Detektionszeitpunkten unkorreliert sind. Wegen ihrer Normalverteilung sind sie sogar unabhängig. Deshalb darf jede einzelne Detektionsvariable unabhängig von den anderen ausgewertet werden.

Bei der Detektion liegt die in Abbildung 6.10 dargestellte Situation vor. Wird das Zeichen "1" übertragen ($b = 1$), resultiert als bedingte Wahrscheinlichkeitsdichtefunktion (WDF) die rechte Kurve, andernfalls die linke ($b = 0$). Für die bedingte WDF zum Zeichen "1" ergibt sich aus dem AWGN-Modell eine Gaußsche WDF mit dem Mittelwert E_g und der Varianz σ_d^2:

$$f_{Y/1}(y) = \frac{1}{\sigma_d \sqrt{2\pi}} \exp\left(-\frac{(y - E_g)^2}{2\sigma_d^2}\right). \qquad (6.6)$$

Da die Zeichen "1" und "0" gleichwahrscheinlich auftreten und sich die bedingten WDFen für $y = 0$ schneiden, wird die Entscheidungsschwelle auf den Wert 0 gelegt. Der Schwellwertdetektor entscheidet auf das Bit "1", wenn die Detektionsvariable nichtnegativ ist. Dadurch wird die Fehlerwahrscheinlichkeit minimiert. Der Wert $y = 0$ kann ohne Einfluß auf die Fehlerwahrscheinlichkeit als "1" oder "0" entschieden werden. Wird für ein Bit eine "1" übertragen und nimmt die Rauschamplitude einen Wert kleiner $-E_g$ an, so ist die Detektionsvariable negativ und der Detektor trifft eine Fehlentscheidung, d.h. es tritt ein Bitfehler auf.

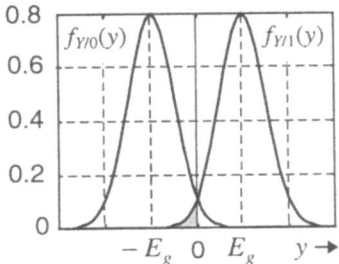

Abbildung 6.10 Bedingte Wahrscheinlichkeitsdichtefunktionen der Detektionsvariablen

Die Wahrscheinlichkeit mit der ein Bitfehler auftritt, die *Bitfehlerwahrscheinlichkeit* P_b (BER, bit error rate), kann mit Hilfe von Abbildung 6.10 und der WDF (6.6) bestimmt werden. Die

Wahrscheinlichkeit für den eben geschilderten Übertragungsfehler entspricht der grau unterlegten Fläche in Abbildung 6.10:

$$P(Y < 0|b = 1) = \int_{-\infty}^{0} f_{Y/1}(y) \, dy. \tag{6.7}$$

Die Symmetrie der als WDF vorliegenden Gaußschen Glockenkurve führt auf eine Form, die mit Hilfe einer Variablensubstitution und wenigen Zwischenschritten in die *komplementäre Fehlerfunktion*[1] erfc(·) (complementary error function) überführt werden kann:

$$P(Y < 0|b = 1) = \frac{1}{2}\int_{E_g}^{\infty} \frac{1}{\sigma_d\sqrt{2\pi}} e^{-y^2/(2\sigma_d^2)} \, dy =$$
$$= \frac{1}{2} - \frac{1}{\sqrt{\pi}} \int_{0}^{E_g/(\sigma_d\sqrt{2})} e^{-x^2} \, dx = \frac{1}{2}\mathrm{erfc}\Big(\frac{E_g}{\sigma_d\sqrt{2}}\Big). \tag{6.8}$$

Um die BER insgesamt zu bestimmen, muß auch die Übertragung des Bits "0" berücksichtigt werden. Da beide Zeichen nach Voraussetzung gleichwahrscheinlich auftreten und die bedingten WDFen bzgl. der Entscheidungsschwelle symmetrisch liegen, erhält man schließlich wieder das Ergebnis in (6.8).

Bitenergie

Um verschiedene Übertragungsverfahren vergleichen zu können, ist es üblich, die BER auf das Verhältnis der Energie pro Bit (*Bitenergie*) E_b und der Rauschleistungsdichte $N_0/2$ am Empfangsfiltereingang zu beziehen. Da hier für jedes Bit ein Sendegrundimpuls übertragen wird, gilt $E_b = E_g$. Mit der Varianz aus (6.4) erhält man schließlich die für die bipolare Übertragung in AWGN-Kanälen übliche Darstellung[2] für die BER.

$$P_b = \frac{1}{2}\mathrm{erfc}\sqrt{\frac{E_b}{N_0}}. \tag{6.9}$$

Die Abhängigkeit der BER vom E_b/N_0-Verhältnis zeigt Abbildung 6.11. Im Beispiel eines E_b/N_0-Verhältnisses von 6 dB erhält man eine BER von $2,4\,10^{-3}$. Mit wachsendem Signal-Rauschverhältnis nimmt die Bitfehlerwahrscheinlichkeit rasch ab. Ein in realen Datenübertragungssystemen typischer Wert für die Bitfehlerwahrscheinlichkeit ist 10^{-6}. Durch geeignete Kanalcodierverfahren läßt sich dieser, wie z.B. im Datex-P Netz, weiter senken. Dort wird durch eine Kanalcodierung mit Fehler-

---
[1] erfc$(x) = 1 - erf(x)$: s.a. Gaußsches Fehlerintegral o. Fehlerfunktion [6.1].
[2] Man beachte, daß in manchen Büchern die zweiseitige Rauschleistungsdichte mit N_0 definiert wird, so daß sich zur Abbildung 6.11 ein Versatz um 3 dB ergeben kann.

6.4 Matched-Filter-Empfänger

erkennung mit Blockwiederholung eine Bitfehlerwahrscheinlichkeit von 10^{-9} erreicht. Ausgehend von den skizzierten Zusammenhängen kann gezeigt werden, daß von allen möglichen Impulsantworten für das Empfangsfilter, das Matched-Filter das SNR im optimalen Detektionszeitpunkt maximiert, z.B. [6.13]. Der MF-Empfänger ist deshalb unter den gemachten Voraussetzungen ein *Optimalempfänger*, da er die Bitfehlerwahrscheinlichkeit minimiert. Matched-Filter werden beispielsweise auch in der Radartechnik als *optimale Suchfilter* benutzt, um die Anwesenheit bekannter Signalformen (Radarechos) in stark verrauschten Empfangssignalen zu erkennen. Eine ähnliche Anwendung ist die Detektion der Rahmenkennung bei der Basisbandübertragung über die ISDN U_{K0}-Schnittstelle der Teilnehmeranschlußleitung.

Optimalempfänger

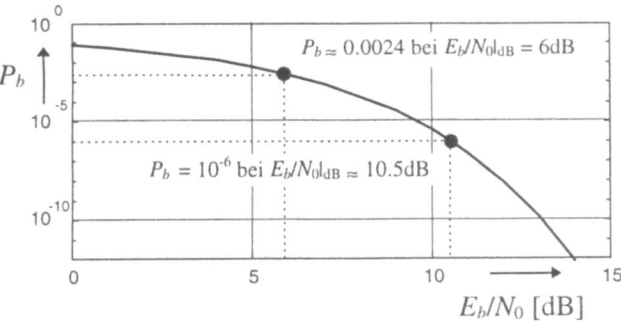

Abbildung 6.11
Bitfehlerwahrscheinlichkeit P_b bei bipolarer Basisbandübertragung in AWGN-Kanälen

Beispiel 6.2
Im Beispiel 6.1 wurde gezeigt, daß sich dort ein SNR von ca. 100 dB ergibt. Damit kann die BER aufgrund der AWGN-Störung durch thermisches Rauschen vernachlässigt werden.

Da die Bitenergie von der Bitdauer abhängt, kann die Fragestellung auch umgedreht werden. Fordert man eine in der Datenübertragungstechnik übliche BER von höchstens 10^{-6}, so ist im Beispiel mindestens ein SNR von etwa 10,5 dB am Empfängereingang notwendig. Mit den Zahlenwerten aus dem Beispiel 6.1 und einer Leitungsdämpfung von 6 dB erhält man eine zulässige Bitdauer von $T_b \approx 10^{(10,5+6)/10} \times 2 \times 82,8 \, 10^{-18}$ $V^2 s / (0,75 \, V)^2 \approx 1,3 \, 10^{-14}$ s. Diese extrem kleine Bitdauer - und damit hohe Bitrate und entsprechend hohe Signalbandbreite - ist hier nur ein Rechenbeispiel. Tatsächlich würde sich bei der Basisbandübertragung bereits bei einer wesentlich kleineren Bitrate der Tiefpaßcharakter des Kanals (2-Draht-Leitung) begrenzend bemerkbar machen. □

6.5 Übertragung im Tiefpaß-Kanal

Bei der realen Basisbandübertragung treten beispielsweise durch die mit steigender Frequenz anwachsende Leitungsdämpfung oder durch Filter in Zwischenverstärkern lineare Verzerrungen im Empfangssignal auf. Im Falle eines *tiefpaßbegrenzten Kanals* entsteht das Empfangssignal nach Abbildung 6.6:

$$r(t) = u(t) * h_K(t) + n(t). \qquad (6.10)$$

Nachbarzeichen-
interferenzen

Der Kanal schneidet die Spektralkomponenten bei hohen Frequenzen ab. Da diese für die schnellen Änderungen im Zeitsignal verantwortlich sind, tritt eine Glättung des Signals ein. Für das bipolare Signal bedeutet das: die senkrechten Flanken der Rechteckimpulse werden verschliffen und benachbarte Impulse überlagern sich. Man spricht von der *Impulsverbreiterung* und der sich daraus ergebenden *Nachbarzeicheninterferenz* (ISI, intersymbol interference).

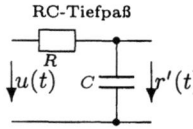

RC-Tiefpaß

Die grundsätzlichen Effekte werden an dem Beispiel eines einfachen RC-Tiefpasses als Kanalmodell deutlich. Es werden die Rechteckimpulse wie in Abbildung 6.12 verzerrt. Aus der Bitfolge $\{b_n\} = \{1, 0, 1, 1, 0, 1, 0, 0, 1, 0\}$ resultiert als Sendesignal zunächst die grau hinterlegte Folge von Rechteckimpulsen. Am Ausgang des RC-Tiefpasses sind die Lade- und Entladevorgänge an der Kapazität sichtbar.

Abbildung 6.12
Rechteckimpulsfolge vor (grau) und Signal nach der Tiefpaßfilterung mit dem RC-Glied

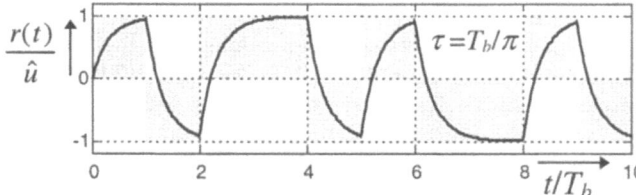

Für die Darstellung wurde ein Verhältnis der Zeitkonstanten $\tau = RC$ zur Bitdauer T_b von $\tau = T_b/\pi$ gewählt. Man erkennt, daß die Kapazität bei jedem Vorzeichenwechsel des Signals fast vollständig umgeladen wird.

Die Nachbarzeicheninterferenzen im Detektionssignal lassen sich am Oszilloskop sichtbar machen. Dazu zeichnet man durch geeignete Triggerung die empfangenen Impulse übereinander. Das *Augendiagramm* entsteht. Im Beispiel resultiert das Augendiagramm in Abbildung 6.13.

Augendiagramm

Je nachdem welche Vorzeichen benachbarte Impulse tragen, ergeben sich aufgrund der Impulsverbreiterungen verschiedene Signalübergänge. In Abbildung 6.13 sind 8 Bereiche für die De-

6.5 Übertragung im Tiefpaß-Kanal

tektionsvariablen zu erkennen, die auf die Überlagerung von je 3 Detektionsgrundimpulsen zurückzuführen sind. Der ungünstigste Fall ergibt sich bei wechselnden Vorzeichen, d.h. den Bitkombinationen "010" und "101". Dann löschen sich die benachbarten Impulse teilweise gegenseitig aus. Die zugehörigen Übergänge begrenzen die Augenöffnung.

Anmerkung: Das Augendiagramm wurde durch Simulation am PC aus einer zufälligen Bitfolge der Länge 100 bestimmt.

Entscheidend für die Robustheit der Übertragung gegenüber additivem Rauschen ist die *Augenöffnung*. Der minimale Abstand zur Entscheidungsschwelle im Detektionszeitpunkt gibt die Rauschreserve an, d.h. um wieviel der Abtastwert durch die additive Rauschkomponente entgegen seinem Vorzeichen verfälscht werden darf, ohne daß eine Fehlentscheidung eintritt. In Abbildung 6.13 ist dabei eine ideale Synchronisation vorausgesetzt. Dann wird das Detektionssignal in der maximalen Augenöffnung abgetastet. Im Bild sind die möglichen Abtastwerte im optimalen Detektionszeitpunkt durch weiße Kreise markiert.

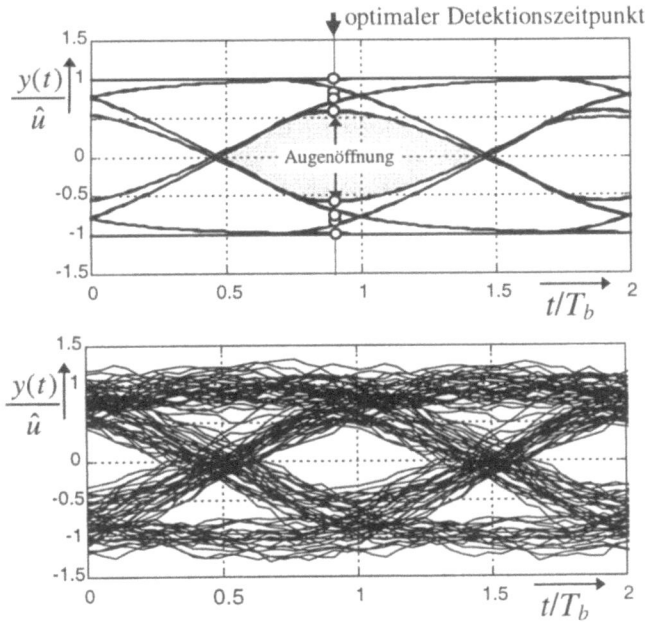

Abbildung 6.13 Augendiagramm zu Abbildung 6.12 mit MF-Empfang ohne AWGN (oben) und mit AWGN (unten) mit einem E_b/N_0 von 12 dB

Synchronisations-fehler Tritt jedoch ein *Synchronisationsfehler* auf, so kann die Rauschreserve merklich abnehmen. Die BER ist um so robuster gegen kleine Synchronisationsfehler desto flacher das Auge in seinem Maximum verläuft.

Mit Hilfe des Augendiagramms kann die BER wie im folgenden Beispiel abgeschätzt werden.

Beispiel 6.3
Zunächst wird die Augenöffnung bestimmt. Aus Abbildung 6.13 ergibt sich eine relative Augenöffnung von ca. 58%. Da bei hinreichend großem SNR die Fehler vor allem dann auftreten, wenn die Nachbarzeicheninterferenzen die Abtastwerte nahe an die Entscheidungsschwelle heranführen, legen wir der Rechnung den ungünstigsten Fall zugrunde. Die Augenöffnung von 58% entspricht einem um 4,7 dB reduzierten effektiven SNR. Im Beispiel eines geplanten E_b/N_0 von 12 dB erhält man - z.B. aus Abbildung 6.11 - statt der vorgesehenen BER von $9\,10^{-9}$ durch die Nachbarzeicheninterferenzen nur mehr etwa $5\,10^{-4}$. Man beachte, daß diese Abschätzung nur die Größenordnung der BER wiedergeben kann, da ihr stark vereinfachte Modellannahmen zugrunde liegen. □

Die relativ geringe BER zeigt auch das simulierte Augendiagramm in Abbildung 6.13 unten. Durch die Rauschstörung verschmieren sich die Signalübergänge zwar zu breiten Bändern, aber das Auge bleibt in der Simulation deutlich geöffnet. Keines der 100 übertragenen Bits wurde falsch detektiert.

6.6 Nyquistbandbreite und Impulsformung

Im vorangehenden Beispiel wird deutlich, daß die Bandbegrenzung des Kanals wegen der Nachbarzeichenstörungen die Bitfehlerwahrscheinlichkeit stark erhöhen kann. Es stellt sich die wichtige Frage: Wie viele Bits lassen sich in einem Kanal mit vorgegebener Bandbreite übertragen?

Man beachte, daß hier anders wie bei der analogen Übertragung die Verzerrung des Signals solange keine Rolle spielt, solange die digitale Information fehlerfrei zurückgewonnen werden kann.

Eine anschaulichere Antwort liefert die folgende Überlegung. Man betrachte ein bipolares Signal bei dem abwechselnd "0" und "1" gesendet wird, s. Abbildung 6.14. Dann ergibt sich ein bipo-

6.6 Nyquistbandbreite und Impulsformung

lares Signal mit größter Variation und damit größter Bandbreite.
Es ist offensichtlich, daß der in Abbildung 6.7 beschriebene Empfänger aus der Grundschwingung die zum bipolaren Signal identischen Abtastwerte entnimmt. Man folgert, daß der Kanal mindestens die Grundschwingung übertragen muß und schätzt die notwendige Bandbreite mit der *Nyquistbandbreite*

Nyquistbandbreite

$$f_N = \frac{1}{2T_b} \qquad (6.11)$$

ab. Demzufolge wird bei einer binären Übertragung mit der Bitrate $R_b = 1\text{ bit}/T_b$ eine Kanalbandbreite benötigt, die mindestens gleich der *Nyquistbandbreite* ist.

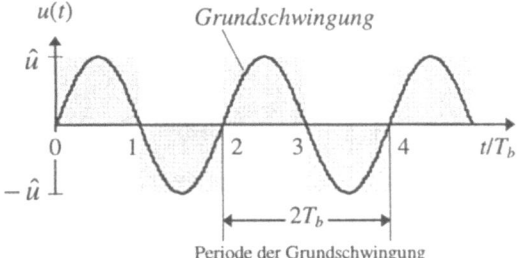

Abbildung 6.14
Bipolares Signal zur alternierenden Bitfolge
$\{1,0,1,0,1,0,\cdots\}$

Die bisherigen Überlegungen gingen von einem bipolaren Signal aus. Die verwendeten Rechteckimpulse führen zu Sprungstellen im Signal und damit zu einem relativ langsam abklingenden Spektrum. Es stellt sich hier die Frage: Würde eine andere Impulsform eine bandbreiteneffizientere Übertragung ermöglichen?

Zur Beantwortung der Frage gehen wir von einem idealen Tiefpaßspektrum für den Sendegrundimpuls aus. Die Grenzfrequenz sei gleich der Nyquistbandbreite. Mit Hilfe der inversen Fouriertransformation kann das Zeitsignal bestimmt werden. Aufgrund der Symmetrie zwischen der Fouriertransformation und ihrer Inversen erhält man zu einem Rechteckimpuls im Frequenzbereich (idealer Tiefpaß) einen si-Impuls im Zeitbereich:

$$\text{si}\left(\pi \frac{t}{T_b}\right) \leftrightarrow \begin{cases} 2T_b & \text{für } |\omega| \leq \omega_N = 2\pi \cdot 1/(2T_b) \\ 0 & \text{sonst} \end{cases}. \qquad (6.12)$$

Man beachte die Nullstellen des si-Impulses. Sie liegen äquidistant im Abstand T_b. Benützt man si-Impulse zur Datenübertragung, so überlagern sich zwar die Impulse, sie liefern aber in den optimalen Abtastzeitpunkten keine Interferenzen, s. Abbildung 6.15. Impulse die diese Eigenschaft aufweisen erfüllen

1. Nyquistkriterium das 1. Nyquistkriterium. Damit ist gezeigt, daß eine interferenzfreie Basisbandübertragung bei der Nyquistbandbreite prinzipiell möglich ist.

Bei der praktischen Durchführung ist jedoch weder ein ideales Tiefpaßspektrum gegeben noch liegt exakte Synchronität vor. Letzteres führt dazu, daß der optimale Abtastzeitpunkt nicht genau getroffen wird. In der Nachrichtentechnik werden deshalb je nach Anwendung verschiedene Impulsformen eingesetzt, wobei ein guter Kompromiß zwischen Realisierungsaufwand, Bandbreite und Robustheit gegen Störungen angestrebt wird.

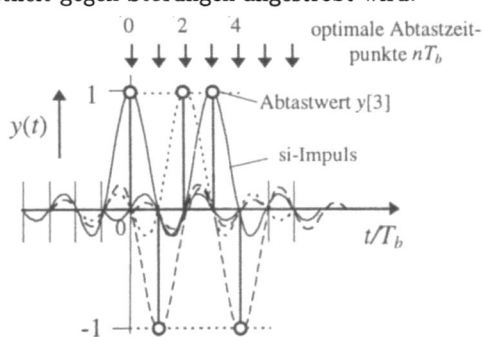

Abbildung 6.15
Digitale Übertragung mit interferenzfreien si-Impulsen

Raised-cosine-spektrum

Eine häufig verwendete Familie von Detektionsgrundimpulsen sind die Impulse mit *Raised-cosine-Spektrum* (RC-Spektrum), z.B. [6.12]:

$$X_{RC}(j\omega) = \begin{cases} A & \text{für } |\omega|/\omega_N \leq 1-\alpha \\ \frac{A}{2}\left[1+\cos\left(\frac{\pi}{2\alpha}\left(\frac{|\omega|}{\omega_N}-(1-\alpha)\right)\right)\right] & \text{für } 1-\alpha<\frac{|\omega|}{\omega_N}<1+\alpha \\ 0 & \text{sonst} \end{cases}$$

(6.13)

Ein Beispiele für ein RC-Spektrum ist in Abbildung 6.16 rechts zu sehen. Es ist strikt bandbegrenzt mit der Grenzfrequenz $f_g = (1+\alpha)f_N$. Der Parameter α, mit $0 \leq \alpha \leq 1$, bestimmt die Flankenbreite und damit das Abrollen der Flanke. Er wird deshalb *Roll-off-Faktor* genannt. Ist α gleich null, so liegt ein ideales Tiefpaßspektrum vor. Ist α gleich eins, so erhält man eine nach oben verschobene Kosinus-Welle. Ein in den Anwendungen üblicher Wert ist $\alpha = 1/2$. Die tatsächlich benötigte Bandbreite ist dann $1,5 f_N$.

Die zu den RC-Spektren gehörenden Detektionsgrundimpulse haben die Form:

$$x(t) = A\operatorname{si}\left(\pi\frac{t}{T_b}\right) \cdot \frac{\cos(\pi\alpha t/T_b)}{1-(2\alpha t/T_b)^2}.$$

(6.14)

6.6 Nyquistbandbreite und Impulsformung

Es lassen sich zwei wichtige Eigenschaften ablesen. Zum ersten sorgt die si-Funktion für äquidistante Nullstellen, so daß wieder theoretisch ohne Nachbarzeicheninterferenzen abgetastet werden kann. Zum zweiten bewirkt der Nenner einen zusätzlichen quadratischen Abfall mit wachsender Zeit t. Links in Abbildung 6.16 ist der Impuls für den Roll-off-Faktor $\alpha = 0,5$ zu sehen. Es bestätigen sich die gemachten Aussagen.

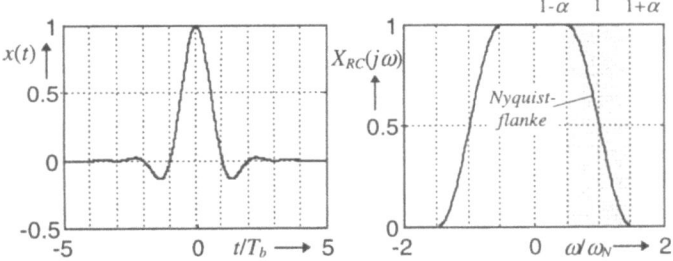

Abbildung 6.16
Raised-cosine-Spektrum $X_{RC}(j\omega)$ und zugehöriger Impuls $x(t)$ für den Roll-off-Faktor $\alpha = 0,5$

In der Anwendung wird die Übertragungsfunktion $X_{RC}(j\omega)$ gleichmäßig auf den Impulsformer, mit $H(j\omega) = \sqrt{X_{RC}(j\omega)}$, und das Empfangsfilter aufgeteilt. Man bezeichnet den Sendegrundimpuls deshalb auch als Root-RC-Impuls. Bei dieser Wahl ist die Autokorrelationsfunktion des Rauschanteils des Detektionssignals gleich dem Detektionsgrundimpuls. Die abgetasteten Detektionsvariablen sind dann unkorreliert bzw. im Gaußschen Fall sogar unabhängig, so daß wieder ein optimaler MF-Empfänger vorliegt. In Abbildung 6.17 ist das zugehörige simulierte Augendiagramm für die Übertragung mit Root-RC-Impulsen gezeigt. Ohne Bandbegrenzung ergibt sich die maximale Augenöffnung. Bei einer Bandbegrenzung durch einen RC-Tiefpaß mit $\tau = T_b/\pi$ erhält man das rechte Teilbild. Im Vergleich zur Übertragung mit Rechteckimpulsen in Abbildung 6.13 erhält man mit 0,69 eine deutlich größere Augenöffnung. Die SNR-Degradation beträgt 3,2 dB, also 1,5 dB weniger als bei der Übertragung mit Rechteckimpulsen.

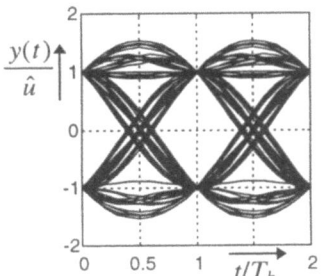
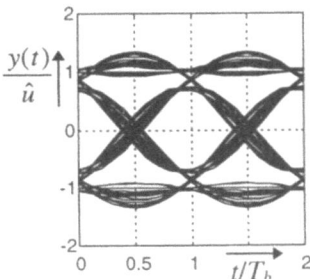

Abbildung 6.17
Augendiagramm für die Übertragung mit Root-RC-Impulsen in Kanälen ohne (links) und mit Bandbegrenzung durch einen RC-Tiefpaß (rechts)

6.7 Mehrstufige Pulsamplitudenmodulation

Die bisherigen Überlegungen zeigen, wie die Kanalbandbreite die maximale Bitrate beschränkt. Für die Datenübertragung in Telefoniekanälen mit der Bandbreite von 4 kHz liefert die Nyquistbandbreite eine maximale Bitrate von 8 kbit/s. Heute werden Modems für analoge Telefonanschlüsse mit Bitraten - ohne Datenkompression - typischerweise um 32,6 kbit/s angeboten. Die Steigerung der Bitrate wird durch die Verwendung mehrstufiger Modulationsverfahren erreicht.

Pulsamplituden-modulation

Das nachfolgende Beispiel der 4-stufigen *Pulsamplitudenmodulation* (PAM) zeigt das Prinzip und die Grenzen mehrstufiger Modulationsverfahren für die Basisbandübertragung auf: Faßt man 2 Bits zu einem Symbol zusammen, so ergeben sich vier mögliche Symbole, die mit vier unterschiedlichen Amplitudenwerten dargestellt werden. Verwenden wir wieder rechteckförmige Sendegrundimpulse und wählen die Amplituden so, daß die mittlere Sendeleistung mit dem früheren Beispiel der bipolaren Übertragung (2-stufige PAM) übereinstimmt, so ergeben sich die Zuordnungen in der Tabelle 6.1. Der Faktor $1/\sqrt{5}$ sorgt für die Leistungsnormierung.

Tabelle 6.1:

Zuordnung zwischen den Bits und Sendesignalamplituden für die 4-PAM				
Bitmuster	0 0	0 1	1 1	1 0
Amplitude	$-3/\sqrt{5}$	$-1/\sqrt{5}$	$1/\sqrt{5}$	$3/\sqrt{5}$

Aus dem AWGN-Modell ergeben sich zwei weitere wichtige Gesichtspunkte. Zum ersten wird die Differenz benachbarter Amplitudenwerte jeweils gleich gewählt. Dadurch wird erreicht, daß die Wahrscheinlichkeit für eine Fehlentscheidung zwischen zwei beliebigen benachbarten Symbolen jeweils identisch ist. Zum zweiten werden die Bitmuster den Amplituden (Symbolen) so zugeordnet, daß sich die Bitmuster zu benachbarten Amplituden möglichst wenig unterscheiden. Man spricht dann von einer *Gray-Codierung*. Damit wird erreicht, daß die Zahl der Bitfehler bei Symbolfehlern im Mittel möglichst klein bleiben, da im Fehlerfall bei nicht allzugroßer Rauschstörung meist ein Nachbarsymbol detektiert wird.

Gray-Codierung

Die Robustheit des Übertragungsverfahrens läßt sich wieder anhand des Augendiagramms beurteilen, s. Abbildung 6.18. Die Randbedingungen entsprechen denen in Abbildung 6.13, so daß ein direkter Vergleich durchgeführt werden kann.

6.7 Mehrstufige Pulsamplitudenmodulation

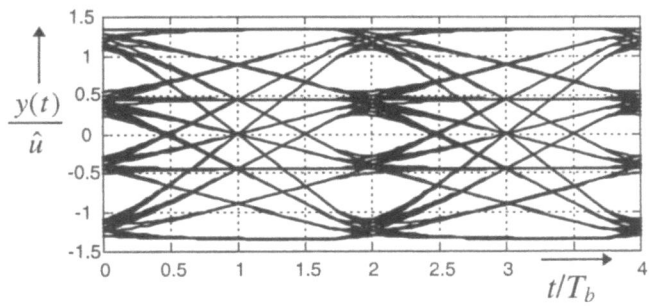

Abbildung 6.18
Augendiagramm zur 4-stufigen PAM mit Übertragung über den RC-Tiefpaßkanal und MF-Empfang (ohne AWGN)

Anmerkung: Das Augendiagramm wurde durch Simulation am PC aus einer zufälligen Bitfolge der Länge 200 bestimmt.

Man erkennt in Abbildung 6.18 zunächst die 4 möglichen Amplitudenbereiche für die Detektionsvariablen, die durch 3 Augen getrennt werden. Die relative Augenöffnung von 25% im Vergleich zur idealen bipolaren Übertragung zeigt eine erhöhte Empfindlichkeit gegen AWGN an. Eine Abschätzung der resultierenden BER wird im nachfolgenden Beispiel vorgenommen.

Beispiel 6.4
Die Berechnung der *Symbolfehlerwahrscheinlichkeit* P_s der M-stufigen PAM-Übertragung in AWGN-Kanälen mit MF-Empfang geschieht ähnlich wie in Abschnitt 6.4, z.B. [6.12]:

$$P_s = \frac{M-1}{M} \text{erfc}\sqrt{\frac{E_g}{N_0}}. \tag{6.15}$$

Für E_g ist hier die Energie des Sendegrundimpulses bei der kleinsten Amplitude einzusetzen, da die Leistungsnormierung bereits in den Amplituden in Tabelle 6.1 berücksichtigt wurde. Im Beispiel ist

$$E_g = \frac{1}{5} \cdot \hat{u}^2 T_s = \frac{1}{5} \cdot \hat{u}^2 2T_b = \frac{2}{5} E_{bm}, \tag{6.16}$$

wobei die Energie des Sendegrundimpulses durch die mittlere Bitenergie E_{bm} ersetzt wurde. Für die 4-stufige PAM ergibt sich speziell:

$$P_{s,4-PAM} = \frac{3}{4} \text{erfc}\sqrt{\frac{2}{5} \cdot \frac{E_{bm}}{N_0}}. \tag{6.17}$$

Weiter wird angenommen, daß ein Symbolfehler nur einen Bitfehler verursacht, d.h. $P_{b,4-PAM} \approx P_{s,4-PAM}/2$. Ein direkter Vergleich von (6.17) mit (6.9) ist damit möglich. Er zeigt im wesentlichen eine Degradation im effektiven E_b/N_0 bzgl. der bipolaren Übertragung durch den Faktor 2/5 bzw. ≈ -4 dB bei reiner AWGN-Störung.

Hinzu addiert sich die jetzt höhere Empfindlichkeit wegen der ISI. Die Augenöffnungen in Abbildung 6.18 ergeben einen tatsächlichen Wert von ca. 1/2, der dem theoretischen Wert gegenüber zu stellen ist. Damit ist nochmals ein Verlust von 5 dB zu berücksichtigen. Insgesamt stellt sich eine Degradation von ca. 9 dB bzgl. der bipolaren Übertragung ohne ISI ein. Bei einem eingestellten E_{bm}/N_0 von 12 dB ist deshalb mit einer BER in der Größenordnung von $8\,10^{-3}$ zu rechnen, vgl. Beispiel 6.3. □

6.8 Kanalkapazität

Kanalkapazität

Das Beispiel der 4-stufigen PAM zeigt die prinzipiellen Effekte bei der Anwendung mehrstufiger Modulationsverfahren in der Basisbandübertragung auf. Bei fester Bandbreite und bei begrenzter Sendeleistung limitiert das Signal-Rauschverhältnis die detektierbare Stufenzahl und damit die maximale Bitrate. Diese grundsätzlichen Überlegungen finden in der Informationstheorie als Kanalkapazität ihre mathematische Formulierung. Claude Shannon hat 1948 gezeigt, z.B. [6.12], daß die - theoretisch fehlerfrei - übertragbare Bitrate in AWGN-Kanälen durch die *Kanalkapazität* begrenzt wird

$$C = B \cdot \mathrm{ld}\left(1 + \frac{S}{N}\right) \qquad (6.18)$$

mit $[C]$ = bit/s und dem Logarithmus Dualis $\mathrm{ld}(x) = \log_2(x)$. Als wichtigstes Ergebnis darf festgehalten werden: Die maximale Bitrate wird durch die Bandbreite und das Signal-Rauschverhältnis begrenzt. Bandbreite und Signal-Rauschverhältnis sind (in gewissen Grenzen) gegeneinander austauschbar. Ein Zahlenwertbeispiel erläutert die Anwendung von (6.18). Für den Telefoniekanal mit einer Bandbreite von 300 bis 3400 Hz und einem SNR von 30 dB ergibt sich eine Kanalkapazität von etwa 31 kbit/s. Tatsächlich kommen heute Modems mit einer Datenrate von 56 kbit/s zum Einsatz. Dabei wird jedoch vorausgesetzt, daß im Telekommunikationsnetz ein ISDN-B-Kanal mit der Bitrate von 64 kbit/s zur Verfügung steht und die Teilnehmeranschlußleitung für eine fehlerarme Basisbandübertragung von 56 kbit/s zum Teilnehmer hin geeignet ist. D.h. tatsächlich steht eine größere nutzbare Bandbreite zur Verfügung, wie sie auch bei der ISDN U_{K0}-Schnittstelle oder für die xDSL-Techniken benötigt wird. Die Modems messen deshalb vor Beginn der Datenübertragung die Übertragungsqualität und reduzieren gegebenenfalls die Bitrate. Darüber hinaus wenden sie Kanalcodierverfahren (Abschnitt 5) an und verfügen über fehlertolerante Übertragungsprotokolle.

6.9 Entzerrer

Das Beispiel des RC-Tiefpaß-Kanals macht deutlich, daß die ISI die Übertragungskapazität wesentlich beschränken kann. Eine alleinige Erhöhung der Sendeleistung liefert wegen der gegenseitigen Auslöschung der Symbole keine wesentliche Verbesserung. Besonders bei der Übertragung mit hohen Datenraten, d.h. kurzen Sendegrundimpulsen, kann es notwendig werden, die ISI im Empfänger zu bekämpfen. Je nach Problemstellung kann dies auf unterschiedliche Weise geschehen [6.12], [6.15]. Es kommen dabei meist Lösungen zur Anwendung, die als Kompromiß zwischen benötigtem Aufwand und erreichbarer Verringerung der BER anzusehen sind. Das wachsende Preisleistungsverhältnis der Digitaltechnik macht den praktischen Einsatz komplexer Verfahren der digitalen Signalverarbeitung zunehmend attraktiver. Aus diesem Grund betrachten wir im folgenden ein Fallbeispiel, das deren Möglichkeiten aufzeigt.

Den Ausgangspunkt bildet die Zusammenfassung der bisherigen Überlegungen im Übertragungsmodell in Abbildung 6.19.

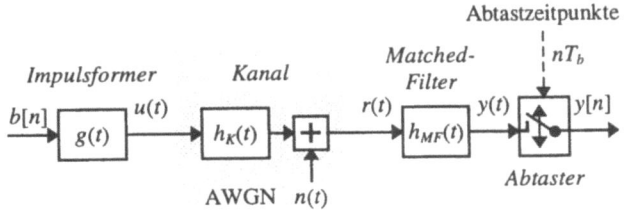

Abbildung 6.19 Basisbandübertragung im AWGN-Kanal mit Bandbegrenzung

Als Sendegrundimpuls für die binären Daten wird der Root-RC-Impuls mit $\alpha = 0,5$ verwendet, so daß sich ohne Kanalverzerrungen ein Detektionsgrundimpuls wie in Abbildung 6.16 (links) einstellt. Für den Kanal wird der Einfachheit halber der Frequenzgang eines RC-Tiefpasses mit der 3dB-Grenzfrequenz gleich der halben Nyquistfrequenz, $f_{3dB} = f_N/2$, angenommen. Das Matched-Filter sei auf den Sendegrundimpuls angepaßt, $h_{MF}(t) = g(t)$. Im Beispiel ergibt sich der Detektionsgrundimpuls in Abbildung 6.20. Seine zeitliche Dauer erstreckt sich im wesentlichen über 9 Bitintervalle, wobei hier alle Abtastwerte von Null verschieden sind. Demzufolge treten relevante ISI-Störungen auf.

Abbildung 6.20
Detektionsgrundimpuls der Basisbandübertragung mit Bandbegrenzung

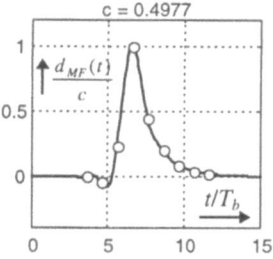

Bild 6.21 stellt für eine Übertragung von 50 Bits das Sendesignal oben und darunter das Signal am MF-Ausgang ohne Rauschen dar. Die markierten Detektionsvariablen $y[n]$ zeigen deutlich die gegenseitige Auslöschung der Impulse. Insbesondere bei wechselnden Vorzeichen benachbarter Sendegrundimpulse liegen die Detektionsvariablen nahe an der Entscheidungsschwelle, so daß bei realer Übertragung mit Rauschen eine hohe BER zu erwarten ist.

Anmerkung: Die im Beispiel auftretenden Signale wurden mit Hilfe einer digitalen Simulation am PC erzeugt.

Abbildung 6.21
Sendesignal und Signal am MF-Ausgang (ohne Rauschen)

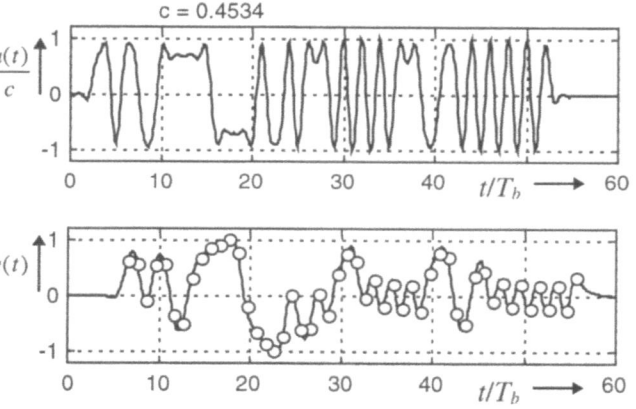

äquivalentes zeitdiskretes Übertragungsmodell

Da die gesamte Übertragungsstrecke aus linearen Systemen aufgebaut ist, läßt sich ein einfaches *äquivalentes zeitdiskretes Übertragungsmodell* ableiten. Ausgehend von dem Bitstrom kann die gesamte Übertragungsstrecke einschließlich der Abtastung als zeitdiskretes nichtrekursives Filter endlicher Länge (FIR-Filter, finite impulse response) mit der Impulsantwort $\{h[n]\} = \{h_0, h_1, \cdots, h_{N-1}\}$ modelliert werden, s. Abbildung 6.22. Die Koeffizienten der Impulsantwort entsprechen hier den 9 relevanten Abtastwerten des Detektionsgrundimpulses in Abbildung 6.20. Als Rauschstörung liegt wieder AWGN vor, da bei der Abtastung des Signals im Bittakt hinter dem (Root-RC-) MF nur unkorrelierte Rauschamplituden erfaßt werden.

6.9 Entzerrer

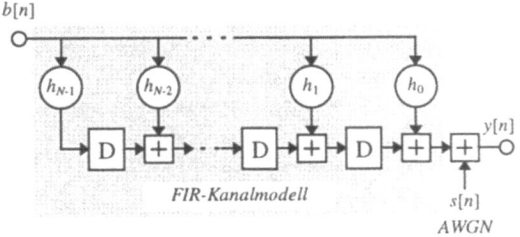

Abbildung 6.22
Äquivalentes zeitdiskretes Kanalmodell

Bei bekanntem feststehenden Kanal ist vor der Übertragung eine Anpassung des Sende- und Empfangsfilters mit dem Ziel die ISI und die Rauschstörung klein zu halten möglich. In vielen praktischen Anwendungsfällen sind die Kanaleigenschaften jedoch vorab unbekannt bzw. verändern sich während der Übertragung. Eine Verbesserung der Übertragungsqualität läßt sich dann nur durch *adaptive Kanalentzerrung* erzielen.

adaptiver Entzerrer

In diesem Fall müssen die Kanaleigenschaften zu Beginn der Übertragung geschätzt und während der Übertragung laufend aktualisiert werden. Zur Schätzung der Kanalparameter werden dem Empfänger bekannte Bitsequenzen (Trainingsfolgen) gesendet. Auch eine Kanalschätzung ohne Trainingsfolgen ist bei bekanntem Übertragungsverfahren u.U. möglich (blind equalizer) [6.5].

Zur Aktualisierung der Kanalparameter während des Betriebes, stehen verschiedene Verfahren zur Verfügung. Sie sind in der angegebenen Literatur ausführlich beschrieben. Wir betrachten im weiteren exemplarisch ein Verfahren, das sich durch algorithmische Einfachheit, Robustheit gegen Störung und deutliche Reduktion der BER auszeichnet: der *least-mean-square decision-feedback equalizer* (LMS-DFE) in Abbildung 6.23.

Der LMS-DFE besteht im wesentlichen aus 4 Teilen: den Vorwärtszweigen (oben), dem Detektor (rechts), der Adaptionseinrichtung (grau unterlegt) und den Rückwärtszweigen (unten).

LMS-DFE

Die Funktion der Vorwärts- und Rückwärtszweige erschließt sich aus dem Detektionsgrundimpuls in Abbildung 6.20. Da der optimale Detektionszeitpunkt im Maximum des Detektionsgrundimpulses liegt, teilt man seine zeitdiskreten Werte in *Vorläufer* und *Nachläufer* ein. Geht man von einer zunächst fehlerfreien Detektion und bekanntem Kanalmodell aus, bietet es sich an, die Nachläufer mit Hilfe der Rückwärtszweige zu kompensieren. Man spricht dann von einer Entzerrung durch *Entscheidungsrückführung* (DFE). Die quantisierte Rückführung der Detektionsva-

Vorläufer und Nachläufer

Entscheidungsrückführung

riablen führt auf einen nichtlinearen Entzerrer. Im Beispiel in Abbildung 6.20 treten nach dem Maximum 5 Nachläufer auf. Zur vollständigen Kompensation werden 5 Rückwärtszweige benötigt. Das aus den Vorwärtszweigen gebildete FIR-Filter hat die Aufgabe, die durch die Vorläufer verursachten ISI zu entzerren.

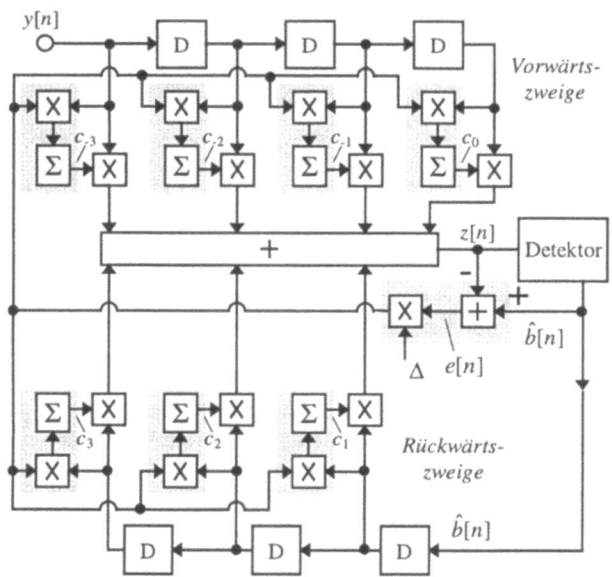

Abbildung 6.23
LMS-adaptiver
Entzerrer mit
Entscheidungs-
rückführung
(DFE)

Die Detektionsvariablen $z[n]$ werden durch die mit den Entzerrerkoeffizienten c_k gewichteten Werte der Abtastfolge am MF-Ausgang $y[n]$ und des geschätzten bipolaren Bitstromes $\hat{b}[n]$ bestimmt

$$z[n] = \underbrace{\sum_{k=-N}^{-1} c_k y[n-k]}_{\text{Kompensation der Vorläufer}} + c_0 y[n] + \underbrace{\sum_{k=1}^{N} c_k y[n-k]}_{\text{Entscheidungs-rückführung}}. \quad (6.19)$$

Trainingsphase

Entscheidend für das Detektionsergebnis ist die geeignete Wahl der Anzahl der Vorwärts- und Rückwärtspfade und ihrer Gewichte. Hierzu dient der Adaptionsalgorithmus. Bei unbekannten Kanalparametern werden zunächst in einer *Trainingsphase* bei bekannter (Trainings-) Bitfolge die Koeffizienten adaptiert. Beginnend mit Startwerten für die Koeffizienten (z.B. $c_0 = 1$ und $c_k = 0$ für $k \neq 0$) wird das Fehlersignal $e[n] = \hat{b}[n] - z[n]$ gebildet, mit

6.9 Entzerrer

der Schrittweite Δ gewichtet und die Koeffizienten aktualisiert:

$$c_k[n+1] = c_k[n] + \Delta e[n] \cdot \begin{cases} y[n-k] \text{ für } k = -N \cdots 0 \\ \hat{b}[n-k] \text{ für } k = 1 \cdots N \end{cases} \quad (6.20)$$

Dabei werden die Koeffizienten von Pfaden die zur Vergrößerung des Fehlers beitragen abgeschwächt und/oder im Vorzeichen gedreht. Koeffizienten von Pfaden die zur Verrigenerung des Fehlers führen werden verstärkt.

Für die benötigte Zahl der Takte bis für die Koeffizienten geeignete Werte bestimmt sind (Konvergenzgeschwindigkeit) ist die Schrittweite mitentscheidend. Wird sie relativ groß gewählt, können sich die Koeffizienten schneller adaptieren. Spätere Fehlentscheidungen aufgrund der Rauschstörungen führen dann allerdings zu größeren Verstimmungen. Aus diesem Grund werden auch unterschiedliche Werte für die Schrittweite in der Trainingsphase und der nachfolgenden *entscheidungsgetriebenen Adaptionsphase* verwendet. Eine für langsam variierende Kanäle vorgeschlagene Schrittweite ist

Schrittweite

$$\Delta = \frac{1}{5(2N+1)/P_r} \quad (6.21)$$

mit P_r, der Empfangsleistung aus Nutzsignal und Rauschen [6.12].

Der vorgestellte Adaptionsalgorithmus wird Least-mean square (LMS-) Algorithmus oder stochastischer Gradientenalgorithmus genannt. Interpretiert man nämlich die Fehlerfolge als stochastischen Prozeß, dessen quadratischer Mittelwert in Abhängigkeit von den Entzerrerkoeffizienten minimiert werden soll, so resultiert nach Ersetzen der auftretenden, in der Regel unbekannten Korrelationsfunktionen durch entsprechende Zeitmittelwerte der LMS-Algorithmus.

Im Beispiel ergeben sich für den LMS-DFE nach einer Trainingsphase von 500 Bits im rauschfreien Fall die in Abbildung 6.24 gezeigten Entzerrerkoeffizienten. Der Vergleich mit dem Detektionsgrundimpuls in Abbildung 6.20 zeigt insbesondere, wie die Koeffzienten der Rückwärtszweige ($k = 1 \cdots 5$) zur Kompensation der Nachläufer beitragen.

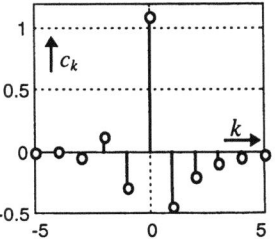

Abbildung 6.24 Koeffizienten des LMS-DFE

Die damit erreichbare fast vollständige Unterdrückung der ISI belegen die letzten 50 Werte der Detektionsvariablen der Trainingsphase in Abbildung 6.25, vgl. Abbildung 6.21.

In der praktischen Anwendung führt die additive Rauschkomponente zu fehlangepaßten Entzerrerkoeffizienten. Insbesondere ist mit einem Schwellenverhalten zu rechnen. D.h., ist die Rauschstörung so stark, daß Fehlentscheidungen zurückgekoppelt werden, tritt eine Fehlanpassung auf, die zu einer starken Zunahme der BER führen kann.

Abbildung 6.25
Detektionsvariablen nach LMS-DFE

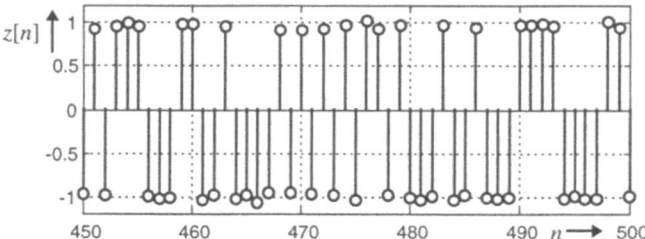

Über die Leistungsfähigkeit des LMS-DFE geben die Simulationsergebnisse für das Fallbeispiel in der Tabelle 6.2 Auskunft. Darin eingetragen sind für verschiedene Werte des Signal-Rauschverhältnis (SNR) am Empfängereingang, die theoretischen BER bei reiner AWGN-Störung ohne ISI, die BER bei der Übertragung ohne Entzerrung und bei Verwendung des LMS-DFE mit 11 Koeffizienten und 500 Trainingsbits. Es wurden jeweils 10^6 Bits übertragen. Die Simulationsergebnisse zeigen deutlich die durch die Entzerrung erzielbare Verminderung der BER. Während ohne Entzerrung eine BER von etwa 0,015 auch ohne Rauschen wegen der ISI nicht unterschritten werden kann (rechte Spalte), macht der LMS-DFE eine nahezu fehlerfreie Übertragung bei moderatem SNR möglich.

Tabelle 6.2:

Simulationsergebnisse für die BER					
SNR in dB	10	12	14	16	∞
AWGN-Kanal	$3,8\,10^{-6}$	$9,0\,10^{-9}$	$6,8\,10^{-13}$	$2,3\,10^{-19}$	0
ohne Entzerrer	0,057	0,047	0,038	0,032	0,015
mit LMS-DFE	$6,8\,10^{-3}$	$8,1\,10^{-4}$	$2,2\,10^{-5}$	0	0

Maximum-Likelihood-Sequenzdetektion

Der vorgestellte Entzerrer stellt einen Kompromiß zwischen Realisierungsaufwand und erreichbarer Fehlerreduzierung dar. Eine weitere Verbesserung läßt sich durch die *Maximum-Likelihood-Sequenzdetektion* (MLSD) erzielen. Sie wählt im Empfänger von allen möglichen Sendefolgen diejenige aus, die aufgrund des Empfangssignals als am wahrscheinlichsten gesendet anzusehen ist, z.B. [6.12]. Eine aufwandsgünstige Realisierung der MLSD liefert die dynamische Programmierung in Form des "Viterbi-Entzerrers". Sie wird bei stark gestörten Übertragungskanälen, wie beispielsweise im digitalen Mobilfunk, eingesetzt.

6.10 Leitungscodierung

Die *Leitungscodierung* setzt den Bitstrom in ein für die Basisbandübertragung geeignetes Signal um. Sie schließt die im Abschnitt 6.6 behandelte Impulsformung ein und beinhaltet häufig auch eine digitale Vorcodierung. Wegen der unterschiedlichen praktischen Anforderungen existieren viele unterschiedliche Verfahren [6.6]. Für die Auswahl der Leitungscodierung sind neben den selbstverständlichen Forderungen nach geringem Implementierungsaufwand, Robustheit gegen Störungen, hohem Datendurchsatz und transparenter Übertragung (d.h. keine Einschränkungen bzgl. der statistischen Eigenschaften des Bitstroms) häufig die *Gleichstromfreiheit* und ein hoher *Taktgehalt* wichtig.

Als Beispiel wird der ISDN-Endgeräteanschluß (S_0-Schnittstelle) betrachtet. Um einen Notbetrieb mit Fernspeisung zu ermöglichen, werden die Leitungen mit Übertragern abgeschlossen, was eine Nachrichtenübertragung bei tiefen Frequenzen ausschließt. Für die S_0-Schnittstelle wird deshalb ein Leitungscode verwendet, der in Verbindung mit den in den Übertragungsrahmen vorgesehenen Ausgleichbits die gewünschte spektrale Formung mit einer Nullstelle bei der Frequenz null liefert, s. Abbildung 6.26.

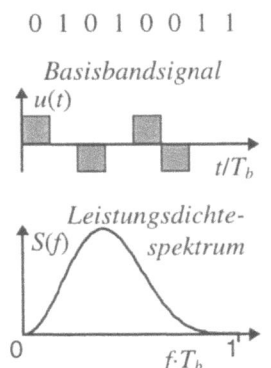

Abbildung 6.26 Invertierter AMI-Code und sein Leistungsdichtespektrum (Ausschnitt in normierter Darstellung)

Der verwendete invertierte *AMI-Code* (alternate mark inversion) weist den Bits mit Werten "0" Rechteckimpulse mit abwechselnd positiven bzw. negativen Vorzeichen zu, s.a. Abbildung 6.5. Die Werte "1" werden ausgetastet, so daß ein ternärer Code entsteht. Durch das Alternieren liegt insbesondere eine Codierung mit Gedächtnis vor, da das Vorzeichen des letzten Impulses gemerkt werden muß. Codierungen mit Gedächtnis korrelieren die Sendesymbole und haben so einen unmittelbaren Einfluß auf das Leistungsdichtespektrum des Basisbandsignals [6.12].

Für die Synchronisation im Empfänger ist es wichtig, daß genügend oft Symbolwechsel auftreten. Man spricht von einem ausreichend hohen Taktgehalt. Im Beispiel des invertierten AMI-Codes führen längere Einsfolgen zu einer Pause, in der die Synchronsiationseinrichtung des Empfängers, z.B. ein PLL (phase-locked loop), keinen Symboltakt ableiten kann. Das Problem kann durch den Einsatz eines *Scrambler* verringert werden, der den Bitstrom mit Hilfe einer speziellen durch Exor-Verknüpfung rückgekoppelten Schieberegisterschaltung so abbildet, daß längere Einsfolgen unwahrscheinlich sind. Im Empfänger kann die ursprüngliche Folge durch eine inverse Schaltung (*Descrambler*) wiedergewonnen werden, s. Abbildung 6.27.

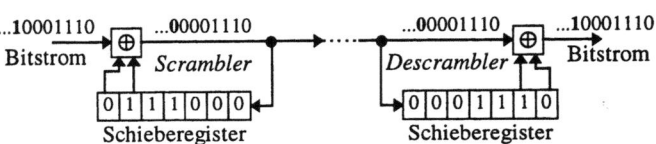

Abbildung 6.27 Scrambler (ITU V.27/V.29)

Alternativ oder auch nur ergänzend zum AMI-Code kann beispielsweise ein *HDBn-Code* (high density bipolar n-code) eingesetzt werden. HDBn-Codes basieren auf dem AMI-Code, wobei jedoch bei einer Nullfolge der Länge $n+1$, an der Stelle der $(n+1)$-ten Null ein Impuls unter Verletzung der Alternierungsregel eingefügt wird. Durch die Coderegelverletzung kann der Empfänger den eingefügten Impuls erkennen und korrigieren.

Da durch die Coderegelverletzung die Gleichstromfreiheit verloren gehen kann, wird sie unter Beachtung der *laufenden digitalen Summe* (RDS, running digital sum), d.h. der Summe der aufgetretenen Werte $(-1, 0, +1)$ realisiert. Die HDBn-Codierung geschieht stets so, daß der Betrag der RDS nicht größer als 1 wird. Gegebenenfalls wird die erste Null der überlangen Nullfolge als Ausgleichbit verwendet.

Abbildung 6.28 zeigt die prinzipiellen Fälle. Die vier Basisbandsignale sollen sich in ihren Vorgeschichten so unterscheiden, daß die RDS zu Beginn der überlangen Nullfolge den Werte 0, 1 bzw. -1 annimmt. Ist die RDS gleich 0 ($u_1(t)$, $u_2(t)$), so wird die Coderegelverletzung entsprechend dem letzen Impuls vorgenommen.

Die RDS erhöht sich dadurch um 1, so daß die nächste Eins als negativer Impuls codiert wird. Ist die RDS gleich 1 ($u_3(t)$) würde ein weiterer positiver Impuls sie auf 2 erhöhen. Um das zu vermeiden, wird die Coderegelverletzung zwischen der ersten Null, dem Ausgleichbit (A), und der $(n+1)$-ten Null mit zwei negativen Impulsen durchgeführt. Die RDS nimmt danach den Wert -1 an. Ist die RDS -1 ($u_4(t)$), d.h. der letzte Impuls war negativ, werden zwei positive Impulse gesetzt.

Anmerkung: Der gezielte Einsatz von Coderegelverletzungen setzt eine nahezu fehlerfreie Übertragung voraus, da sonst Übertragungsfehler falsch gedeutet werden könnten. Aufgrund der elektrischen Parameter (Vierdrahtleitung mit kurzer Anschlußlänge von 10 bis 100 m und niedriger Datenrate von 196 kbit/s) des ISDN-Endgeräteanschlusses spielen Rauschen und Nachbarzeichenstörungen in der Regel dort keine Rolle, so daß Detektionsfehler nahezu ausgeschlossen werden können. Für die S_0-Schnittstelle scheiden HDBn-Codes jedoch aus, da gezielte Coderegelverletzungen am Ende und zu Beginn eines jeden Rahmens zur Rahmensynchronisation verwendet werden.

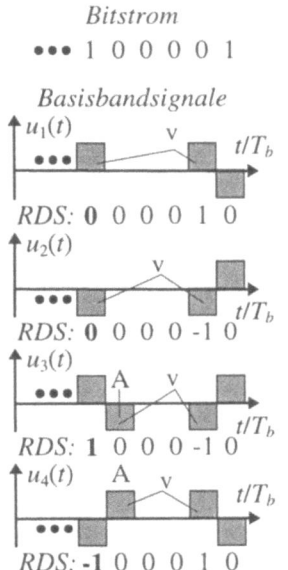

Abbildung 6.28
HDB3-Code mit Coderegelverletzung (V) ohne und mit Ausgleichbit (A)

6.11 Zusammenfassung

Die digitale Basisbandübertragung spielt eine zentrale Rolle in der modernen Informationstechnik. Sie findet ihre Anwendung, wo es gilt, Information über kurze Strecken kabelgebunden zu übertragen. Der wachsende Bedarf nach preiswerter breitbandiger Kommunikation, wie beispielsweise der Internetzugang über einen Teilnehmeranschluß in herkömmlicher Zweidrahttechnik, kann nur durch den Einsatz moderner digitaler Übertragungstechnik gestillt werden. Mit der Erhöhung der Datenrate wird die Übertragung zunehmend anfälliger gegen Nachbarzeichenstörungen und Rauschen. Die moderne Nachrichtentechnik stellt Übertragungsverfahren zur Verfügung, die die Kapazität der Übertragungskanäle nahezu ausschöpfen. Die Leitungscodierung mit Impulsformung, der Matched-Filterempfänger und die adaptiven Entzerrer sind hierzu wichtige Beiträge.

6.12 Literatur

[6.1] Bronstein, I. N., Semendjajew, K.A., Musiol, G., Mühlig, H.: *Taschenbuch der Mathematik*. Verlag Harri Deutsch, Frankfurt, 1997

[6.2] Fischbach, R., Neugebauer, R.: *"Megabits für alle?: Breitbandvernetzung in der Fläche"*. IX Magazin für professionelle Informationstechnik Heft 5:109-114, 1998

[6.3] Freeman, R. L.:*Reference Manual for Telecommunication Engeneering*. John Wiley &Sons, New York, 1996.

[6.4] Haaß, W. D.: *Handbuch der Kommunikationsnetze: Einführung in die Grundlagen und Methoden der Kommunikationsnetze*. Springer-Verlag, Berlin 1997

[6.5] Haykin, S.: *Adaptive Filter Theory*. NJ: Prentice-Hall, Englewood Cliffs, 1991

[6.6] Kaderali, F.: *Digitale Kommunikationstechnik I: Netze Dienste - Informationstheorie - Codierung*. Vieweg-Verlag, Braunschweig/Wiesbaden, 1991

[6.7] Kaderali, F.: *Digitale Kommunikationstechnik II: Übertragungstechnik - Vermittlungstechnik - Datenkommunikation - ISDN*. Vieweg-Verlag, Braunschweig/Wiesbaden, 1995

[6.8] Kahl, P. (Hrsg.): *ISDN: Das neue Fernmeldenetz der Deutschen Bundespost TELEKOM*. R. v. Decker's Verlag, Heidelberg, 1990

[6.9] Lochmann, D.: *Digitale Nachrichtentechnik*. Verlag Technik, Berlin, 1997

[6.10] Mildenberger, O.: *Übertragungstechnik: Grundlagen analog und digital*. Vieweg-Verlag, Braunschweig/Wiesbaden, 1997

[6.11] Müller, P., Löbel, G., Schmid, H.: *Lexikon der Datenverarbeitung*. Verlag Moderne Industrie, Landsberg a. Lech, 1989

[6.12] Proakis, J. G., Salehi, M.: *Communication Systems Engeneering*. NJ: Prentice-Hall, Englewood Cliffs, 1994

[6.13] Schwartz, M.: *Information Transmission, Modulation, and Noise*. McGraw-Hill, New York, 1990

[6.14] Stalling, W.: *ISDN and Broadband ISDN with Frame Relay and ATM*. NJ: Prentice-Hall, Englewood Cliffs, 1995

[6.15] Widrow, B., Stearns, S. D.: *Adaptive Signal Processing*. NJ: Prentice-Hall, Englewood Cliffs, 1985

Kapitel 7

Modulation

*von Joachim Habermann
unter Mitarbeit von Sven Hischke**

7.1 Digitale Modulation

7.1.1 Beschreibung digitaler Modulationssignale

Alle physikalischen Übertragungsmedien wie z.B. Funkkanäle, drahtgebundene Leitungen oder auch optische Fasern sind ihrer Natur nach zeitkontinuierlich. Zur Übertragung digitaler Informationen über ein Übertragungsmedium wird ein Signalverarbeitungselement benötigt, das die digitalen Informationen in analoge Signalformen (Signalverläufe) umsetzt. Man bezeichnet dieses Element als Modulator, wenn die Signalformen die zu übertragende Signalleistung in einen Bandpaßbereich um eine Trägerfrequenz konzentrieren. Meistens ist die Kommunikationsbeziehung bidirektional, so daß in einem Gerät nicht nur der Modulations-, sondern auch der Demodulationsprozeß vorgenommen wird. Modulation und Demodulation werden gerne zum Kunstwort *Modem* zusammengefaßt. Im Gegensatz zur optischen Datenübertragung, wo häufig eine Basisbandübertragung gewählt wird, ist bei der drahtlosen Funkübertragung in Mobilfunksystemen (z.B. GSM-System und DECT-System, siehe [7.3]), die sich aufgrund ihrer flexiblen Realisierung immer weiter verbreiten, eine Modulation erforderlich. Eine Funkübertragung mittels Antennen ist nicht im Basisband realisierbar (siehe Abschnitt 3).

Modem

Das Funkmedium darf aus frequenzökonomischen Gründen nicht nur von einer einzigen Kommunikationsbeziehung genutzt

---

*Dipl.-Ing. Sven Hischke ist wissensch. Mitarbeiter im DFG Projekt Mobilkommunikation an der Fachhochschule Gießen-Friedberg

werden. Eine Unterteilung des verfügbaren Frequenzbereichs in verschiedene Frequenzbänder (siehe [7.7]) ermöglicht die zeitlich nichtsynchronisierte Realisierung der unterschiedlichsten Kommunikationsbeziehungen mittels Frequenzmultiplex (frequency division multiplex: *FDM*). Die Nutzung eines ausgewählten Frequenzbandes für die Datenübertragung wird erst durch die Modulation ermöglicht. Zusätzlich können durch Verwendung unterschiedlicher Trägerfrequenzen für die Hin- und Rückrichtung die beiden Richtungen im Frequenzbereich getrennt werden. Man spricht dann von Frequenzduplex (frequency division duplex: *FDD*).

FDM

FDD

Die Abbildung der Datensequenz als Träger der digitalen Informationen auf das modulierte Signal erfolgt i.a. durch Zuordnung von k binären Zeichen (Bits) auf eine determinierte Signalform $x_m(t)$ endlicher Energie. k binäre Zeichen können eine spezielle Signalform (hier mit dem Index m gekennzeichnet) der $M = 2^k$ möglichen Signalformen selektieren. Hat die binäre Eingangssequenz $a(n \cdot T_b) = a[n]$ eine Bitrate von R bit/s mit einer Bitdauer von $T_b = 1/R$, so werden k Bits zunächst zu einem Symbol der Dauer T zusammengefaßt. Es ergibt sich eine Symbolrate von R/k und eine Symboldauer von $T = k/R = k \cdot T_b$. Ein Symbol wird wiederum einer Signalform $x_m(t)$ zugeordnet. Die Bildung eines Symbols aus k Bits wird in der Regel deshalb vorgenommen, um z.B. über einen Übertragungskanal mit vorgegebener Bandbreite B bei konstanter Symbolrate eine um den Wert k höhere Bitrate übertragen zu können. Die Bandbreiteneffizienz, das Verhältnis von übertragbarer Bitrate pro verfügbarer Bandbreite, wird dadurch erhöht.

Bitdauer: T_b
Bitrate: $R = 1/T_b$

Symboldauer: $T = k \cdot T_b$
Symbolrate: R/k

k Bits $\rightarrow M = 2^k$
Signalformen

Meistens ist eine Signalform innerhalb eines Symbolintervalls auch von Signalformen abhängig, die in anderen Symbolintervallen übertragen werden; der Modulator verfügt über Gedächtnis. Dieses Gedächtnis wird fast immer durch die Filter (z.B. Nyquist-1 Filter, siehe Abschnitt 6.6) im Modulator eingeführt und kann zusätzlich durch eine Codierung der Symbole vergrößert werden.

Modulationssignale lassen sich generell in lineare und nichtlineare Verfahren klassifizieren. Ein lineares Modulationsverfahren erfüllt das Überlagerungsprinzip bei der Abbildung der Datensequenz auf die determinierten Signalformen und eignet sich prinzipiell für alle linearen Übertragungsmedien. Die nichtlinearen Verfahren werden bevorzugt zur Übertragung über nichtlineare Systeme, wie z.B. nichtlineare Verstärker eingesetzt. Ein gegenseitiges Abwägen der Vor- und Nachteile der verschiedenen Modulations-

7.1 Digitale Modulation

verfahren läßt sich nur im Zusammenhang mit der Darstellung im Spektralbereich durchführen. Die spektralen Leistungsdichten (Leistungsdichtespektren) der Modulationssignale zeigen die benötigte Übertragungsbandbreite auf. Mit ihnen läßt sich eine Aussage über die Bandbreiteneffizienz der Modulationsverfahren treffen. Ein weiteres wichtiges Merkmal eines Modulationssignals ist seine Leistungseffizienz. Die Leistungseffizienz ist jedoch nicht nur eine Funktion des Modulationsverfahrens, sondern wird auch durch den Demodulationsprozeß im Empfänger bestimmt. Zur Demodulation lassen sich zwei prinzipiell unterschiedliche Strukturen benennen, der kohärente und der inkohärente Empfänger.

7.1.1.1 Lineare Modulation

Ein Modulator bildet Sequenzen von binären Zeichen in eine vorgegebene Menge von Signalformen $x_m(t)$ ab. Die Überlagerung der Signalformen $x_m(t)$ ergibt das Zeitsignal $x(t)$. Die Signalformen können bezüglich ihrer Parameter Amplitude, Phase, Frequenz, oder deren Kombinationen variieren. Es wird zunächst nur eine lineare Abbildung, d.h. eine lineare Modulation betrachtet. Im folgenden werden die bekanntesten Modulationsverfahren mit ihren spezifischen Signalformen einzeln definiert, obwohl es z.T. Überschneidungen zwischen den Verfahren gibt.

Pulsamplitudenmodulierte (PAM) Bandpaßsignale

Digitale *Bandpaß PAM Signale* entstehen durch die Zuordnung von k Bits auf die Amplitude eines Trägersignals. Das Prinzip des M-PAM Modulators zeigt das Blockdiagramm nach Abb. 7.1.

Bandpaß PAM

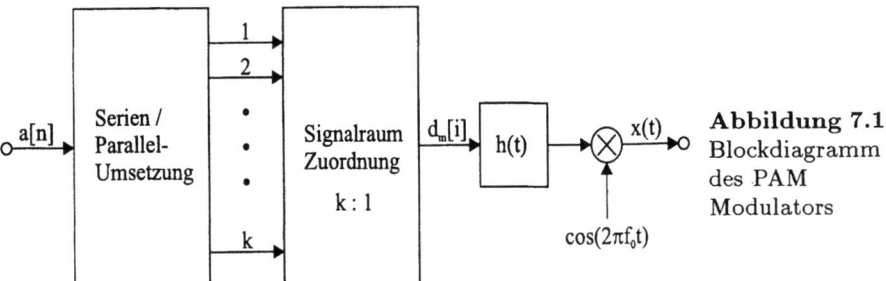

Abbildung 7.1 Blockdiagramm des PAM Modulators

Die binären Daten $a(n \cdot T_b) \equiv a[n]$ werden zu k Bits auf ein Symbol von 2^k möglichen Symbolen umgesetzt. Ein Symbol wird dann auf einen Impuls zum Zeitpunkt $i \cdot T$ mit der Amplitude $d_m[i]$ und der Impulsform $h(t)$ abgebildet und mit dem Trägersignal multipliziert. $h(t)$ kann auch als normierte, d.h. dimensionslose Impulsantwort eines Impulsformfilters interpretiert werden. Dann müssen die Amplituden allerdings als δ -Impulse mit der Gewichtung $d_m[i]$ definiert werden.

Anmerkung: Eine systemtheoretisch korrekte Darstellung des Impulsformfilters bei rechteckförmigen Amplituden ist die Entzerrung der Amplituden durch eine $1/si(x)$ -Funktion im Frequenzbereich und eine Filterung mit einem Filter der Impulsantwort $h(t)/T$.

ASK Da bei der PAM die Amplitude des Trägersignals moduliert wird, bezeichnet man diese Modulation häufig auch als Amplitudenumtastung (amplitude shift keying: *ASK*). Ein PAM Signal wird

Komponentenanzahl eines Modulationsverfahrens: N

PAM: $N = 1$

durch eine einzige ($N = 1$) Trägersignalkomponente $\cos(2\pi f_0 t)$ gebildet. PAM Signale lassen sich analytisch wie folgt darstellen

$$x(t) = \left[\sum_{i=-\infty}^{+\infty} d_m[i] \cdot h(t - iT)\right] \cdot \cos(2\pi f_0 t), \quad (7.1)$$

$$x(t) = \Re\left\{\left[\sum_{i=-\infty}^{+\infty} d_m[i] \cdot h(t - iT)\right] \cdot e^{j2\pi f_0 t}\right\}, \quad (7.2)$$

wobei d_m (mit $1 \leq m \leq M = 2^k$) die M möglichen, reellen Amplituden eines Signalsegments der Dauer $T = k \cdot T_b$ bezeichnet. $h(t)$, die Zeitfunktion eines Impulses, bestimmt maßgeblich die spektrale Formung und damit die benötigte Bandbreite des Modulationssignals (siehe Abschnitt 7.1.3). Der erste Produkt-

komplexe Einhüllende

term in (7.2) ist die *komplexe Einhüllende* $\bar{x}(t)$ des modulierten Signals, die bis auf die Trägerfrequenz f_0 sämtliche Informationen des Modulationssignals enthält. Es gilt generell der folgende Zusammenhang zwischen $x(t)$ und $\bar{x}(t)$::

$$x(t) = \Re\left\{\bar{x}(t) \cdot e^{j2\pi f_0 t}\right\}. \quad (7.3)$$

Bei PAM Signalen reduziert sich $\bar{x}(t)$ auf eine reelle Funktion (7.1).

Beispiele von Signalverläufen $d_m[i] \cdot \text{rect}(\frac{t-iT}{T})$ am Filterausgang und den dazugehörigen PAM Signalen zeigt die Abb. 7.2. Zur übersichtlicheren Darstellung wurden in Abb. 7.2 Rechtecksignale mit $h(t) = \text{rect}(t/T)$ verwendet, d.h. ein Impuls ist auf ein Symbolintervall beschränkt. Wechselt das Signal am Ausgang des Impulsformfilters das Vorzeichen, wird die Trägerfrequenz um π geschaltet. Die in Abb. 7.2 dargestellte Synchronisation zwischen Symboltakt und Trägerfrequenz ist nicht erforderlich; bei

7.1 Digitale Modulation

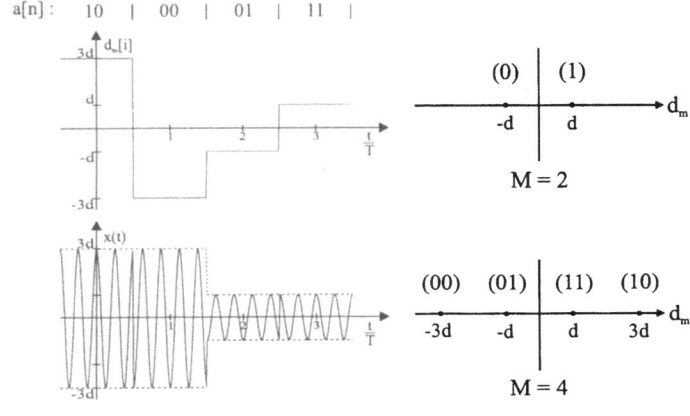

Abbildung 7.2 (links): Signalverläufe der Amplitude d_m und des PAM Signals

Abbildung 7.3 (rechts): Signalraumdarstellung von PAM Signalen

der Realisierung werden jedoch oft alle Taktsignale von einem Mutteroszillator abgeleitet. Vereinfachend wurde eine Symboldauer als ganzzahliges Vielfaches einer Periode der Trägerfrequenz angenommen. Wird das Signal am Ausgang des Impulsformfilters direkt verwendet und nicht mit dem Trägersignal der Frequenz f_0 multipliziert, so erhält man ein *Basisband PAM Signal* (siehe Abschnitt 6.7).

Basisband PAM Signal: Signal ohne Umsetzung auf eine Trägerfrequenz

Zur Interpretation und zum Vergleich linearer Modulationssignale verwendet man die Signalraumdarstellung. Dazu werden alle möglichen reellen Amplituden d_m als Signalpunkte über der Trägersignalkomponente $\cos(2\pi f_0 t)$ des PAM Signals aufgetragen. Diese Komponente wird als Abszisse dargestellt. Haben alle benachbarten Amplituden den gleichen, hier willkürlich vorgegebenen Abstand $2d$, so ergibt sich für die Amplituden der Zusammenhang:

$$d_m = (2m - 1 - M) \cdot d; \quad m = 1, 2, \ldots, M. \quad (7.4)$$

Die Abb. 7.3 zeigt die Signalraumdarstellung eines PAM Signals mit $M = 2$ und $M = 4$ Amplituden. Die k Bits wurden bei der Zuordnung auf die Amplituden so gewählt, daß sich zwei benachbarte Amplituden nur in einem Bit unterscheiden. Diese Abbildungsvorschrift bezeichnet man als *Gray Codierung*. Entscheidet sich der Empfänger aufgrund eines Störsignals fehlerhaft für die benachbarte Amplitude, so resultiert dies nur in einen einzigen Bitfehler von k möglichen Bits.

Gray Codierung

Die positiven und negativen Amplituden müssen nicht symmetrisch gewählt werden. Wird z.B. bei einer zweiwertigen PAM, d.h. 2-ASK, eine Amplitude zu Null gesetzt, so spricht man auch von *On/Off-Keying*.

Signalverlauf von binärem On/Off-Keying

Eine wichtige Größe zur Berechnung des Einflusses von Störungen auf Modulationssignale ist der geometrische Abstand (siehe auch Abb. 7.3) zwischen den Signalpunkten; von besonderer Bedeutung ist der minimale Abstand, da er i.a. die Leistungseffizienz eines Verfahrens maßgeblich bestimmt. Ein größerer Wert des minimalen Abstands erhöht die Störsicherheit bei der Demodulation und der anschließenden Decodierung. Er führt auf eine kleinere Bitfehlerwahrscheinlichkeit. Für eine optimale Demodulation ist aber nicht nur der Abstand der Amplituden sondern auch die Energie eines Symbols, die Symbolenergie, von Bedeutung. Für die weiteren Betrachtungen wird deshalb eine Amplitude $\tilde{d}_m = \sqrt{E_s}$ eingeführt, die der Wurzel aus der Energie entspricht und damit auch die Amplitude d_m enthält. Den geometrischen Abstand zwischen zwei Signalpunkten $\tilde{d}_m$ und $\tilde{d}_n$ bezeichnen wir als *Euklidische Distanz* d_{ED}.

normierte Amplitude: $\tilde{d}_m \sim d_m$

Euklidische Distanz: d_{ED}

Anmerkung zur exakten Definition von $\tilde{d}_m$ und d_{ED}:
Ein PAM Signal mit einer auf eine Symboldauer zeitlich limitierten Impulsform $h(t)$ läßt sich durch eine eindimensionale orthonormale Signalform der Amplitude $\tilde{d}_m$ darstellen. Der Abstand zwischen zwei Amplituden definiert die Euklidische Distanz (siehe z.B. [7.12]).

Die Symbolenergie E_s eines PAM Signals, das durch ein einziges Symbol der Amplitude d_m erzeugt wird, ist

$$\begin{aligned} E_s &= \int_{-\infty}^{\infty} x_m^2(t)dt = \int_{-\infty}^{\infty} d_m^2 \cdot h^2(t) \cdot \cos^2(2\pi f_0 t)\, dt = \\ &= \frac{d_m^2}{2} \cdot \int_{-\infty}^{\infty} h^2(t)\, dt = \frac{d_m^2}{2} \cdot E_h = \quad (7.5) \\ &= \frac{d_m^2}{2} \cdot T \text{ für } h(t) = \text{rect}(t/T)\,. \quad (7.6) \end{aligned}$$

E_h bezeichnet die Energie des Impulses $h(t)$. Ist $h(t)$ die normierte Impulsantwort eines *Wurzel* Nyquist-1 Filters, so ergibt sich die gleiche Energie wie bei Aussendung rechteckförmiger, ungefilterter Symbole nach (7.6). Man erhält schließlich für die Euklidische Distanz

$$\begin{aligned} d_{ED} &= \sqrt{(\tilde{d}_m - \tilde{d}_n)^2} = \sqrt{\frac{E_h}{2}} \cdot \mid d_m - d_n \mid \\ &= \sqrt{2E_h} \cdot \mid m - n \mid \cdot d \text{ mit } 1 \leq m, n \leq M\,. \quad (7.7) \end{aligned}$$

Für die minimale Distanz zwischen zwei benachbarten Signalpunkten $\mid m - n \mid\, = 1$, d.h. die minimale Euklidische Distanz,

7.1 Digitale Modulation

ergibt sich dann
$$d_{ED}^{min} = d \cdot \sqrt{2E_h} \ .$$

Das PAM Signal nach (7.2) ist ein Zweiseitenbandsignal (double sideband: DSB, siehe Abschnitt 7.1.3) und benötigt deshalb die doppelte Bandbreite einer Basisbandübertragung. Wird nur ein Seitenband (single sideband: SSB) übertragen, so läßt sich das PAM Signal scheiben als

DSB, SSB

$$\begin{aligned} x(t) &= \sum_{i=-\infty}^{+\infty} d_m[i] \cdot [h(t-iT) \cdot \cos(2\pi f_0 t) \\ &\mp \hat{h}(t-iT) \cdot \sin(2\pi f_0 t)] \ . \end{aligned} \quad (7.8)$$

Man beachte, daß ein Einseitenbandsignal zwei Trägersignalkomponenten ($N = 2$), nämlich $\cos(2\pi f_0 t)$ und $\sin(2\pi f_0 t)$ zur Übertragung derselben Informationen $a[n]$ benötigt. Die zweite Komponente enthält keine zusätzlichen Daten $a[n]$, sie verwendet als Impulsform die Hilberttransformierte $\hat{h}(t)$ von $h(t)$. Der Vorteil gegenüber der Zweiseitenband PAM geht damit wieder verloren, so daß die Einseitenband PAM keine Anwendung findet. Digitale Einseitenbandsignale werden deshalb nicht weiter betrachtet. Es ist sinnvoller, unabhängige Daten den beiden Komponenten zuzuordnen und ein Zweiseitenbandsignal mit halbierter Symboldauer und damit halbierter Bandbreite zu erzeugen. Dies führt auf die folgenden Modulationsverfahren.

Signale mit Phasenumtastung (PSK)

Digital phasenmodulierte Signale werden durch Umsetzung von k Bits auf eines von M möglichen Symbolen und Abbildung eines Symbols zum Zeitpunkt $i \cdot T$ auf einen Phasenwert $\varphi_m[i]$ des Trägersignals realisiert. Die Amplitude des Trägersignals wird nicht moduliert. Das Prinzip des M-PSK Modulators für $M \geq 4$ zeigt das Blockdiagramm nach Abb. 7.4.
Der Modulator verwendet zwei orthogonale Trägersignalkomponenten ($N = 2$). Die Amplituden d_{mI} und d_{mQ} werden so gewählt, daß sich nur ein Umschalten der Phase des Trägersignals ergibt und die Amplitude nicht verändert wird. Ein Vergleich mit der PAM (Abb. 7.1) zeigt, daß sich ein digital phasenmoduliertes Signal aus der Addition von zwei linearen PAM Signalen ergibt. Das Signal ist trotz Phasenmodulation linear, weil nur eine endliche Anzahl Phasenwerte durch die Datensequenz ausgewählt wird. Ist $h(t)$ ein Rechteckimpuls der Dauer T, so erfolgt ein hartes Umschalten (Tasten) der Phasenwerte, der Begriff Phasenumtastung

Phase des Trägersignals:
$\varphi_m = \frac{2\pi(m-1)}{M}$
$1 \leq m \leq M$;
$M = 4:$
$\varphi_m = 0, \pm\frac{\pi}{2}, \pi$

konst. Amplitude:
$d = |d_m| = \sqrt{d_{mI}^2 + d_{mQ}^2}$

Abbildung 7.4
Blockdiagramm
des PSK
Modulators

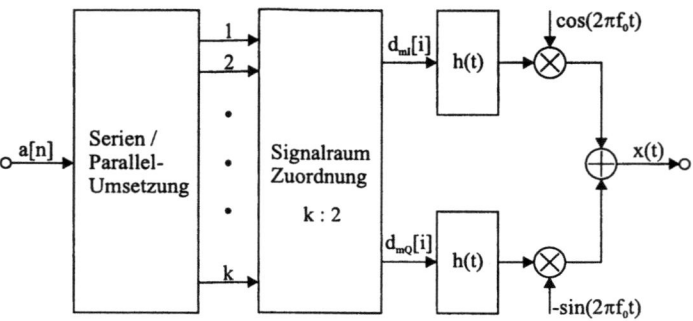

(phase shift keying: *PSK*) wird verständlich. Die 2-PSK ($M = 2$)
PSK ist ein Spezialfall; es tritt nur eine Komponente ($N = 1$) auf. Die
2-PSK ist identisch mit einer bipolaren 2-PAM.

Analytisch lassen sich PSK Signale wie folgt beschreiben

$$x(t) = \Re\left\{\left[\sum_{i=-\infty}^{+\infty} d \cdot e^{j\frac{2\pi(m[i]-1)}{M}} \cdot h(t-iT)\right] \cdot e^{j2\pi f_0 t}\right\} \quad (7.9)$$

$$= \sum_{i=-\infty}^{+\infty} d \cdot \cos\left(2\pi f_0 t + \frac{2\pi(m[i]-1)}{M}\right) \cdot h(t-iT).$$

(7.9) verwendet die Phasendarstellung des Trägersignals, die zu einer Darstellung mittels beider Trägersignalkomponenten nach Abb. 7.4 äquivalent ist

$$\begin{aligned}x(t) &= \cos(2\pi f_0 t) \cdot \sum_{i=-\infty}^{+\infty} d \cdot \cos\left(\frac{2\pi(m[i]-1)}{M}\right) \cdot h(t-iT) \\ &\quad - \sin(2\pi f_0 t) \cdot \sum_{i=-\infty}^{+\infty} d \cdot \sin\left(\frac{2\pi(m[i]-1)}{M}\right) \cdot h(t-iT) \\ &= \cos(2\pi f_0 t) \cdot \sum_{i=-\infty}^{+\infty} d_{mI}[i] \cdot h(t-iT) \\ &\quad - \sin(2\pi f_0 t) \cdot \sum_{i=-\infty}^{+\infty} d_{mQ}[i] \cdot h(t-iT). \end{aligned} \quad (7.10)$$

weiche Tastung: Das Datensignal $a[n]$ und das modulierte Signal einer 4-PSK
$h(t) \neq \text{rect}(\frac{t}{T})$ ($M = 4$) mit harter und weicher Tastung zeigt Abb. 7.5. Das Trägersignal kann vier Phasenwerte annehmen. Die Einhüllende (Betrag) des Trägersignals ist bei weicher Tastung nicht mehr

7.1 Digitale Modulation

über ein volles Symbolintervall konstant, es entstehen weiche Übergänge. Zur Signalraumdarstellung von PSK Signalen werden die reellen Amplituden d_{mI} und d_{mQ} der orthogonalen Trägersignalkomponenten nach (7.10) für alle M Möglichkeiten als Signalpunkte einer komplexen Amplitude $d_m = d_{mI} + jd_{mQ}$ dargestellt. Die Signalraumdarstellung eines PSK Signals für $M = 2, 4$ und 8 zeigt die Abb. 7.6. Die Signalpunkte liegen nun auf einem Kreis. In Abb. 7.6 wurde wiederum eine Gray Codierung der binären Daten gewählt.

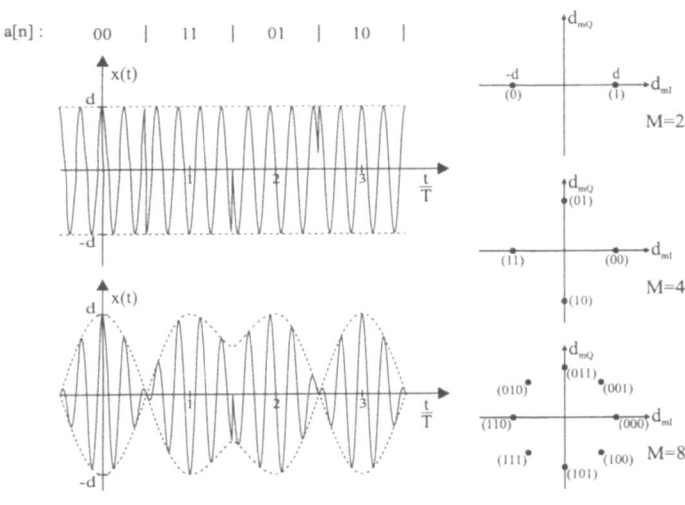

Abbildung 7.5 (links): Signalverläufe eines 4-PSK Signals mit harter und weicher Tastung

Abbildung 7.6 (rechts): Signalraumdarstellung von PSK Signalen

Eine häufig verwendete Darstellung des Modulationssignals mit Hilfe der komplexen Einhüllenden $\bar{x}(t)$

$$\begin{aligned} x(t) &= \Re\{\bar{x}(t) \cdot e^{j2\pi f_0 t}\} \\ &= \cos(2\pi f_0 t) \cdot \Re\{\bar{x}(t)\} - \sin(2\pi f_0 t) \cdot \Im\{\bar{x}(t)\} \end{aligned} \quad (7.11)$$

ist der *Scatterplot*. Im Scatterplot werden nicht nur die Amplituden d_m eines Symbolintervalls wie in die Signalraumdarstellung berücksichtigt, sondern auch die Übergänge zwischen den Signalpunkten als Folge der Filterung mit $h(t)$ dargestellt. Dazu werden die beiden Signale $\Re\{\bar{x}(t)\}$ und $\Im\{\bar{x}(t)\}$ aus (7.10) (siehe auch (7.11)) am Ausgang des Impulsformfilter, die auf die orthogonalen Trägersignalkomponenten abgebildet werden, im karthesischen Koordinatensystem gegeneinander aufgetragen. Die nebenstehende Abbildung (nächste Seite) zeigt den mittels einer Computersimulation erzeugten Scatterplot im Sender für eine zufällige Daten-

Scatterplot: $\Im\{\bar{x}(t)\} \perp \Re\{\bar{x}(t)\}$

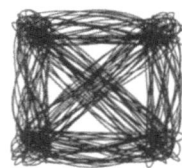

Scatterplots von 4-PSK Signalen, Wurzel Nyquist-1 (oben) und Nyquist-1 (unten) Filter, $r = 0,35$

sequenz. Es wurde ein *Wurzel* Nyquist-1 Filter mit einer Kosinus-roll-off Flanke und einem roll-off Faktor von $r = 0.35$ verwendet. Die untere Abbildung stellt den Scatterplot für den gleichen roll-off Faktor für ein Nyquist-1 Filter dar. Dieses Signal wäre im Empfänger am Ausgang des Empfangsfilters ohne Störsignale zu beobachten. Nach dem Nyquist-1 Theorem ergeben sich dann im optimalen Entscheidungszeitpunkt M (hier $M = 4$) Punkte. Die vier Signalpunkte des Senders wurden um $\pi/4$ gegenüber der Konstellation nach Abb. 7.6 gedreht, d.h. es ergeben sich die Phasenwerte $\pm\pi/4$ und $\pm 3\pi/4$.

Ein besonderes Merkmal der PSK ist, daß alle Amplituden d_m im Signalraum den gleichen Betrag haben, d.h. alle Signalformen haben die gleiche Energie. Entsprechend (7.5) gilt

$$E_s = \int_{-\infty}^{\infty} x_m^2(t)dt = \frac{d^2}{2} \cdot E_h = \left[\frac{d_{mI}^2}{2} + \frac{d_{mQ}^2}{2}\right] \cdot E_h . \quad (7.12)$$

Zur Berechnung der Euklidischen Distanzen der Signalpunkte einer PSK definiert man einen Vektor, der die Wurzeln der Energien der beiden orthogonalen Komponenten enthält

$$\tilde{\mathbf{d}}_\mathbf{m} = [\tilde{d}_{mI}, \tilde{d}_{mQ}] = \left[d_{mI} \cdot \sqrt{\frac{E_h}{2}}, \quad d_{mQ} \cdot \sqrt{\frac{E_h}{2}}\right] . \quad (7.13)$$

Die Euklidische Distanz zwischen zwei Signalpunkten m und n ist dann

$$d_{ED} = |\tilde{\mathbf{d}}_\mathbf{m} - \tilde{\mathbf{d}}_\mathbf{n}| = d \cdot \sqrt{2E_h} \cdot \left|\sin\left(\frac{\pi(m-n)}{M}\right)\right| . \quad (7.14)$$

Die minimale Euklidische Distanz ergibt sich bei zwei benachbarten Signalpunkten mit $|m - n| = 1$ zu

$$d_{ED}^{min} = d \cdot \sqrt{2E_h} \cdot \sin\left(\frac{\pi}{M}\right) .$$

Die minimale ED einer Signalraumkonstellation ist dann maximal, wenn alle benachbarten Signalpunkte den gleichen Abstand haben. Andere Konstellationen werden deshalb nicht verwendet.

Quadraturamplitudenmodulierte (QAM) Signale

Die PSK verwendet zwei orthogonale Komponenten zur Modulation. Alle komplexen Amplituden und damit die ihnen entsprechenden Signalpunkte in der Signalraumdarstellung liegen aber auf einem Kreis. Wird die Anzahl M der Amplituden erhöht, so reduziert sich entsprechend die minimale ED, und die Wahrscheinlichkeit einer korrekten Entscheidung im Empfänger bei Störungen wird reduziert (siehe Abschnitt 7.1.5). Bei einer unabhängigen Modulation beider orthogonaler Trägersignalkomponenten (quadrature amplitude modulation: *QAM*) können die Amplituden im Signalraum so verteilt werden, daß die minimale ED gegenüber einem PSK Signal ansteigt, wenn die mittlere Energie der Modulationssignale gleich groß ist.

QAM unabhängige Komponenten:
$|d_m| = |d_{mI} + jd_{mQ}| \neq$ konstant

Man erhält den allgemeinen Ausdruck für ein QAM Signal

$$\begin{aligned}
x(t) &= \Re\left\{\left[\sum_{i=-\infty}^{+\infty} (d_{mI}[i] + jd_{mQ}[i]) \cdot h(t-iT)\right] \cdot e^{j2\pi f_0 t}\right\} \\
&= \cos(2\pi f_0 t) \cdot \sum_{i=-\infty}^{+\infty} d_{mI}[i] \cdot h(t-iT) \\
&\quad - \sin(2\pi f_0 t) \cdot \sum_{i=-\infty}^{+\infty} d_{mQ}[i] \cdot h(t-iT) \,. \quad (7.15)
\end{aligned}$$

Im Gegensatz zu (7.10) sind in (7.15) die Amplituden d_{mI} und d_{mQ} gegenseitig unabhängig. Das Prinzip des QAM Modulators ist identisch mit dem allgemeinen Blockdiagramm eines PSK Modulators nach Abb. 7.4. Drei unterschiedliche Signalraumkonstellationen einer 16-QAM ($M = 16$) zeigt die Abb. 7.7. Die qua-

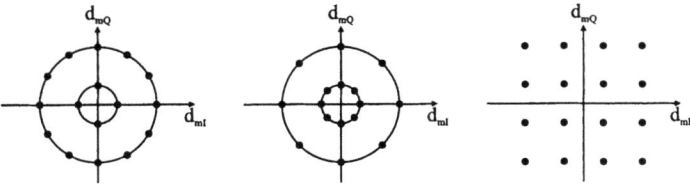

Abbildung 7.7 Signalraumkonstellationen für 16-QAM Signale

dratische Konstellation hat bei gegebener mittlerer Energie des Modulationssignals für alle Werte von M eine große (jedoch nicht immer die größte) minimale ED. Sie wird deshalb bevorzugt im AWGN-Kanal verwendet. Bei der Festlegung von Signalraumkonstellationen sind aber je nach Anwendung neben der minimalen ED noch andere Kriterien (siehe [7.17]) von Bedeutung:

Kriterien zur Auswahl von QAM Signalen

- Das Verhältnis von Spitzenenergie zu mittlerer Energie der Signalpunkte (Amplituden). Ein kleineres Verhältnis begünstigt das QAM Signal bei der Übertragung über nichtlineare Verstärker.

- Die minimale Phasendifferenz zwischen zwei Signalpunkten. Große Differenzen vergrößern die Wahrscheinlichkeit für eine korrekte Entscheidung im Empfänger bei Phasenjitter infolge einer nicht idealen Taktrückgewinnung.

Unter Anwendung von (7.13) ergibt sich für die ED zwischen zwei Signalpunkten eines QAM Signals der Ausdruck

$$d_{ED} = \mid \tilde{d}_m - \tilde{d}_n \mid = \sqrt{\frac{E_h}{2}} \cdot \sqrt{(d_{mI} - d_{nI})^2 + (d_{mQ} - d_{nQ})^2}.$$
(7.16)

Die Euklidischen Distanzen sind abhängig von der gewählten Signalraumkonstellation; die geometrischen Abstände lassen sich aber sehr einfach bestimmen. Die 4-QAM und die 4-PSK mit gleicher Symbolenergie sind bis auf eine Phasendrehung um 45°, die nicht die Distanzen beeinflußt, identisch. Aus der Sicht eines Empfängers sind daher beide Konstellationen äquivalent. Ab $M \geq 8$ Signalpunkten ist eine M-QAM leistungseffizienter als eine M-PSK, d.h. die minimale ED einer optimierten M-QAM ist größer als jene der M-PSK, wenn die mittlere Energie der Verfahren gleich groß ist.

Offset Modulationssignale

OQAM Offset Modulationssignale, die in der allgemeinsten Form als Offset QAM (staggered QAM, *OQAM*) definiert sind, werden durch eine Verzögerung der einen Komponente, z.B. der Q-Komponente, um ein halbes Symbolintervall $\frac{T}{2}$ gegenüber der anderen Komponente, z.B. der I-Komponente, erzeugt

$$x(t) = \Re\left\{\left[\sum_{i=-\infty}^{+\infty} d_{mI}[i] \cdot h(t - iT) + j d_{mQ}[i] \cdot h\left(t - \frac{T}{2} - iT\right)\right] \cdot e^{j2\pi f_0 t}\right\}. \quad (7.17)$$

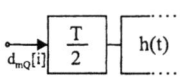

Verzögerungselement für OQAM

Das Blockdiagramm nach Abb. 7.4 muß nur durch ein *Verzögerungselement* erweitert werden, das in der nebenstehenden Abbildung dargestellt ist. Ziel der zeitlichen Verschiebung einer Komponente ist die Reduktion der Schwankungen der Einhüllenden

7.1 Digitale Modulation

des Trägersignals (Betrag der komplexen Einhüllenden) und im besonderen die Vermeidung von Nulldurchgängen.

QAM Signale *ohne* Offset weisen große Schwankungen der Einhüllenden des Trägersignals auf. Die Übertragung über leistungseffiziente, nichtlineare Verstärker führt deshalb zu nichtlinearen Verzerrungen des Signals. Zusätzlich werden auch Spektralanteile in Nachbarkanälen erzeugt. Es entstehen Nachbarkanalstörungen (adjacent channel interference: *ACI*). Lineare Modulationssignale benötigen deshalb lineare, verzerrungsfreie Verstärker. Durchläuft hingegen die Einhüllende nur einen kleinen Bereich der Verstärkerkennlinie, so muß nur in diesem Bereich die Linearitätsanforderung erfüllt werden.

ACI

Eine häufige Anwendung finden Offset Verfahren in der OQPSK (Offset 4-PSK). Die Signalraumdarstellung der Amplituden d_{mI} und d_{mQ} der OQPSK unterscheidet sich nicht von jener der QPSK; sie ist in Abb. 7.6 ($M = 4$) gegeben. Die Euklidischen Distanzen sind identisch. Zu beachten ist allerdings, daß während einer Symboldauer, infolge der zeitlichen Verzögerung einer Komponente um $\frac{T}{2}$, zwei Übergänge stattfinden, d.h. z.B. ein Übergang von 00 → 11 wird durch zwei Übergänge von 00 → 10 → 11 ersetzt. Da sich die beiden Komponenten nicht gleichzeitig ändern, wird ein Übergang durch den Nullpunkt vermieden. Die Einhüllende ist nie gleich Null. Dies wird besonders deutlich durch einen Scatterplot, der die Übergänge darstellt. Die nebenstehenden Abbildungen zeigen die Scatterplots im Sender und im Empfänger. Die Einhüllende hat im Vergleich zur QPSK einen reduzierten Dynamikbereich. Nur in diesem Amplitudenbereich bleiben die hohen Anforderungen an die Linearität der Übertragungselemente (Verstärker) bestehen.

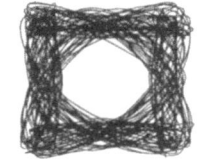

Scatterplots von OQPSK Signalen, Wurzel Nyquist-1 (oben) und Nyquist-1 (unten) Filter, $r = 0,35$

Ein Nachteil der Offset Signale ist, daß durch die zeitliche Verzögerung einer Signalkomponente die Symboltaktsynchronisation im Empfänger erschwert wird. Auch benötigt der Empfänger eine Information, welche Signalkomponente verzögert ist. Die Auflösung dieser zeitlichen Mehrdeutigkeit wird z.B. durch eine differentielle Codierung erreicht.

Codierte Modulation

Im Abschnitt 5 wird die Kanalcodierung behandelt. Die Kanalcodierung wird i.a. nur auf die Daten $a[n]$ angewendet, d.h. ohne Kenntnis der Modulation realisiert. Bei der codierten Modulation bilden Codierung und Modulation eine funktionelle Einheit. Das Blockdiagramm des QAM Modulators mit Codierung zeigt Abb. 7.8. Dieser Modulator unterscheidet sich vom bis-

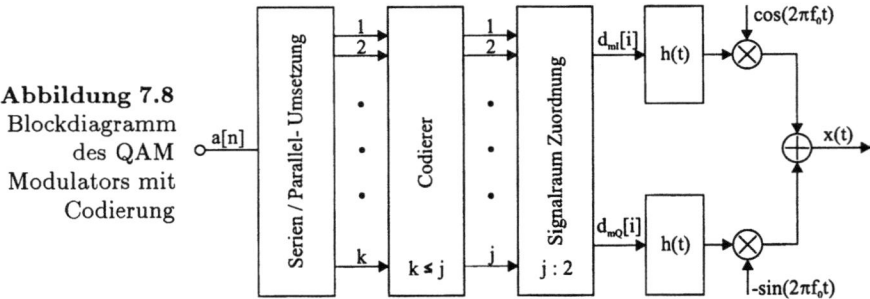

Abbildung 7.8
Blockdiagramm
des QAM
Modulators mit
Codierung

her betrachteten QAM Modulator nur durch einen zusätzlichen Block, den Codierer. Der Codierer führt Gedächtnis ein, indem er Abhängigkeiten zwischen dem aktuellen Symbol und einem oder mehreren zurückliegenden Symbolen einführt. Prinzipiell kann der Codierer die Anzahl Bits pro Symbol auf $j > k$ vergrößern. Er führt dann zusätzlich Redundanz ein. Die Codierung kann unterschiedliche Funktionen erfüllen, wovon zwei besondere Bedeutung haben:

Aufgaben der
Codierung

- Die differentielle Phasencodierung ($j = k$) ermöglicht sowohl die Auflösung von Mehrdeutigkeiten bei der Trägerphasensynchronisation und Kanalschätzung im Empfänger als auch die Verwendung einer einfach realisierbaren, differentiellen Demodulation.

- Die Trellis Codierte Modulation ($j > k$) vegrößert die Leistungseffizienz eines Modulationsverfahrens über bandbegrenzte Kanäle.

Differentielle Codierung, $j = k$

Bei der differentiellen Codierung wählt ein Symbol nicht direkt eine Signalform aus, sondern aus der Veränderung gegenüber dem letzten Symbol wird ein neues Symbol berechnet, das dann die zu übertragende Signalform selektiert. Der Codierer in Abb. 7.8 kann als endlicher Automat aufgefaßt werden, d.h. als Automat mit einer endlichen Anzahl von Zuständen. Eine Beschreibungsmöglichkeit für einen endlichen Automaten ist das *Trellis Diagramm*. Das Trellis Diagramm stellt die Zustände (*states*) S_i des Codierers auf der Ordinate gegenüber der diskreten Zeit (in Vielfachen eines Symbolintervalls) auf der Abszisse dar. Es berücksichtigt *alle möglichen Übergänge* von den Zuständen zum

Trellis Diagramm:
Zustände des
Codierers als
Funktion der Zeit

7.1 Digitale Modulation

Zeitpunkt $i \cdot T$ zu den Zuständen zum Zeitpunkt $(i+1) \cdot T$, da es das Gedächtnis des Codierers vollständig beschreibt. Das Trellis Diagramm wiederholt sich deshalb periodisch mit T. Dieser Zusammenhang wird im folgenden für die 2-PSK und 4-PSK mit differentieller Phasencodierung, d.h. für die 2-DPSK und die 4-DPSK (DQPSK), betrachtet.

Im Falle der 2-DPSK ist $k = 1$ und in Abb. 7.8 tritt nur die Kosinuskomponente ($N = 1$) auf. Die Abb. 7.9 zeigt die Trellis Diagramme der 2-DPSK und der 4-DPSK. Der Codierer nach

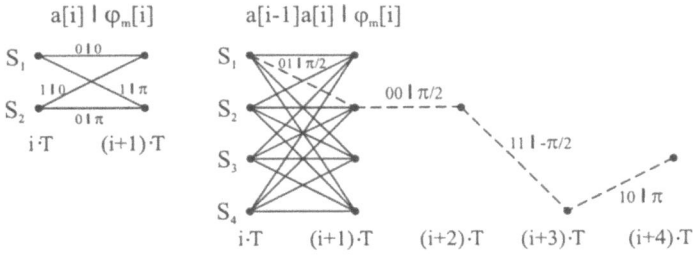

Abbildung 7.9
Trellisdiagramme für 2- und 4-DPSK Signale

Abb. 7.8 für eine 2-DPSK hat zwei Zustände S_1 und S_2. Die Übergänge $a[i] \mid \varphi_m[i]$ (mit $i = n$ und $T = T_b$) geben den Zusammenhang zwischen Eingangsbit und gesendeter Trägerphase des Modulationssignals nach (7.9) an. Im Zustand S_1 des Codierers führt das Bit $a[i] = 0$ auf die Phase $\varphi_m[i] = 0$ und der Codierer bleibt im Zustand S_1; das Bit $a[i] = 1$ ergibt die Phase $\varphi_m[i] = \pi$, der Codierer wechselt in den Zustand S_2. Im Zustand S_2 selektieren die invertierten Daten die entsprechenden Phasen des Zustands S_1. $a[i] = 0$ bewirkt somit, daß sich die Trägerphase nicht verändert; $a[i] = 1$ läßt die Phase um π drehen. Die Phase des Trägersignals wird nicht mehr absolut, sondern differentiell in Bezug auf die zuletzt übertragene Phase codiert. Dieser Zusammenhang läßt sich alternativ zum Trellis Diagramm durch die nebenstehende Tabelle beschreiben, in der die Phasenveränderung $\Delta\varphi_m[i]$ als Funktion der Daten $a[i]$ angegeben ist.

$a[i]$	$\Delta\varphi_m[i]$
0	0
1	π

Codierung bei 2-DPSK

Die Beschreibung mit dem Trellis Diagramm hat den Vorteil, daß sie direkt auf eine Realisierung des Codierers führt. Die Daten adressieren z.B. einen rückgekoppelten Speicherbaustein, in dem die Übergangstabelle des Trellis gespeichert ist. Die Ausgänge dieses Speicherbausteins wiederum selektieren zusammen mit den Eingangsbits die aktuelle Trägerphase. Bei der 2-DPSK ergibt sich eine besonders einfache Realisierung des Codierers. Ist $b[i]$ die unipolare Ausgangssequenz des Codierers, so gilt: $b[i] = b[i-1] \oplus a[i]$. $\oplus$ bezeichnet die modulo 2 Funktion (EXOR

Dibit	$\Delta\varphi_m[i]$
0 0	0
0 1	$\pi/2$
1 1	π
1 0	$-\pi/2$

Codierung bei
4-DPSK

Dibit	$\Delta\varphi_m[i]$
0 0	$\pi/4$
0 1	$3\pi/4$
1 1	$-3\pi/4$
1 0	$-\pi/4$

Codierung bei
$\pi/4$-DQPSK

in der TTL-Logik).

Der Codierer für die 4-DPSK läßt sich durch ein Trellis Diagramm mit 4 Zuständen beschreiben. Die Zustände S_1 bis S_4 sind so definiert, daß für ein Symbol (Dibit) bestehend aus den Eingangsdaten $a[i-1]a[i] = 00$ jeweils die absolute Trägerphase $\varphi_m[i] = 0, \pi/2, \pi, -\pi/2$ gesendet wird. Vom Zeitpunkt $i \cdot T$ zum Zeitpunkt $(i+1) \cdot T$ sind alle Übergänge eingezeichnet. Exemplarisch ist zusätzlich ein Weg durch den Trellis für eine spezielle Sequenz angegeben. Beginnend im Zustand S_1 ergibt ein Symbol bestehend aus den Daten 01 die absolute Phase $\varphi_m[i] = \pi/2$, die in diesem Fall auch der Differenzphase entspricht. Die Daten 00 verändern im Zustand S_2 die Trägerphase nicht. Ist der Codierer im Zustand S_2, so läßt das Symbol 11 den Modulator die Trägerphase $\varphi_m[i+2] = -\pi/2$ aussenden, was mit einer Phasendrehung von π korrespondiert. Der Codierer geht in den Zustand S_4 über. Die alternative Darstellung mittels Differenzphase $\Delta\varphi_m[i]$ als Funktion eines Eingangsdibits $a[i-1]a[i]$ zeigt die nebenstehende Abbildung.

Ein weiteres Modulationsverfahren, das in verschiedenen Mobilfunksystemen (z.B. TETRA und JDC, siehe [7.3]) eingesetzt wird, ist $\pi/4$-DQPSK. Es basiert ebenfalls auf PSK und differentieller Codierung. Wie bei der 4-DPSK bewirkt ein Dibit $a[i-1]a[i]$ eine differentielle Phasenänderung, wobei sich zwei Phasenwerte um mindestens $\pi/2$ unterscheiden. Im Gegensatz zur 4-DPSK wird eine Phasenänderung um π vermieden, so daß die Einhüllende des Trägersignals nie durch Null geht. Es ergeben sich ähnliche Vorteile wie bei der OQPSK.

Nach dem Prinzip der Trellis Diagramme für 2-DPSK und 4-DPSK lassen sich differentielle Codierer für beliebige QAM Signale angeben.

TCM *Trellis Codierte Modulation* (TCM), $j > k$

TCM wird für bandbegrenzte Übertragungskanäle eingesetzt und findet Anwendung bei höherwertigen Modulationsverfahren ($M > 2$), d.h. Verfahren mit einer größeren Bandbreiteneffizienz. Mit M-PAM, M-PSK oder M-QAM Verfahren läßt sich auf Kosten einer reduzierten minimalen Euklidischen Distanz eine höhere Bitrate übertragen. Durch die Codierung soll der damit verbundene Leistungsverlust reduziert werden. Wird die Anzahl Bit pro Symbol durch die Codierung von k auf j erhöht, so muß bei konstanter Übertragungsbandbreite die Anzahl der Zustände des Modulationsverfahrens erhöht werden. Das Prinzip der gemeinsa-

7.1 Digitale Modulation

men Codierung und Modulation wird im folgenden exemplarisch anhand einer 8-PSK TCM ([7.15]) aufgezeigt.

Die Abb. 7.10 zeigt den Codierer mit einer Coderate von 2/3; aus zwei Eingangsbits werden drei Bits erzeugt. Wird ein PSK

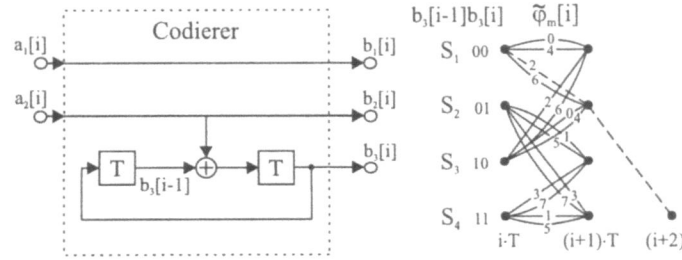

Abbildung 7.10 Codierer und Trellis Diagramm für 8-PSK TCM

Trellis Diagramm, $\tilde{\varphi}_m = \dfrac{\varphi_m}{\pi/4} = m-1$

Modulator verwendet, würde sich ohne Codierung ein 4-PSK Signal ergeben. Die codierte PSK mit $j = 3$ Bits erzeugt eine 8-PSK TCM mit unveränderter Bandbreite. Der sich aus der Vergrößerung von $M = 4$ auf $M = 8$ ergebende Leistungsverlust, ausgedrückt durch das Quadrat des Verhältnisses von minimaler Euklidischer Distanz von 8-PSK zu 4-PSK beträgt etwa 4 dB. Mit Hilfe der Codierung läßt sich ein Leistungsgewinn im Empfänger von 7 dB erzielen, so daß ein asymptotischer ($E_s/N_0 \to \infty$) Gewinn von $(7-4)$ dB = 3 dB der 8-PSK TCM gegenüber der 4-PSK resultiert.

Die Signalraumzuordnung des Modulators ergibt sich aus dem Trellis Diagramm nach Abb. 7.10, wobei die zu übertragende *Trägerphase der 8-PSK TCM* über die nebenstehende Tabelle ausgewählt wird. $\tilde{\varphi}_m[i]$ ist die auf $\pi/4$ normierte Trägerphase, die zur übersichtlicheren Darstellung des Trellis eingeführt wurde. Im Codierer wird nur das zweite Bit a_2 eines uncodierten Eingangssymbols zur Codierung herangezogen und erzeugt über ein rückgekoppeltes Schieberegister das dritte, codierte Bit b_3 des Ausgangssymbols des Codierers. Das Gedächtnis des Codierers wird durch das Schieberegister bestimmt. Die Ausgangsbits der Laufzeitglieder definieren die Zustände des Codierers. Zwei Bits ergeben $2^2 = 4$ Zustände. Die vier Zustände S_1 bis S_4 findet man im Trellis Diagramm wieder. Von jedem Zustand gehen 4 Pfade aus, da in jedem Symbol zwei Eingangsbits übertragen werden. Die Bits $b_1 = a_1$ und $b_2 = a_2$ wählen pro Zustand die möglichen Phasenwerte aus.

$b_1[i]b_2[i]$	$\tilde{\varphi}_m[i]$
0 0	0 , 1
0 1	2 , 3
1 0	4 , 5
1 1	6 , 7

Trägerphasen für 8-PSK TCM
$\tilde{\varphi}_m = \varphi_m/(\pi/4)$
$= m - 1$
mit $m = 1 \ldots 4$

In Abb. 7.10 ist ein Weg durch das Trellis Diagramm eingezeichnet:

- Unter der Annahme, daß das Register mit 00 geladen ist, beginnt der zeitliche Ablauf im Zustand $S_1 \equiv 00$.

- Ein Eingangssymbol $a_1[i]a_2[i] = 01$ läßt den Trellis in den Zustand S_2 übergehen, denn die Eingangsdaten bewirken, daß aus $b_3[i-1]b_3[i] = 00$ im darauf folgenden Symboltakt $b_3[i]b_3[i+1] = 01$ wird. Aus der Tabelle ergibt sich, daß dann die normierten Trägerphasen 2 oder 3 möglich sind. Für den Übergang vom Zustand S_1 zum Zustand S_2 darf aber von beiden Phasen nur die normierte Trägerphase $\tilde{\varphi}_3 = 3-1 = 2$ gesendet werden; man erhält dann die Phase $\varphi_3 = \tilde{\varphi}_3 \cdot \pi/4 = 2 \cdot \pi/4 = \pi/2$

- Ein weiteres Eingangssymbol $a_1[i+1]a_2[i+1] = 11$ läßt den Trellis in den Zustand S_4 übergehen. Für dieses Symbol sind nach der Tabelle die normierten Trägerphasen 6 oder 7 möglich. Im Trellis Diagramm geht aber nur die Phase 7 vom aktuellen Zustand S_2 aus. Es wird somit die Trägerphase $\varphi_8 = (8-1) \cdot \pi/4 = -\pi/4$ gesendet.

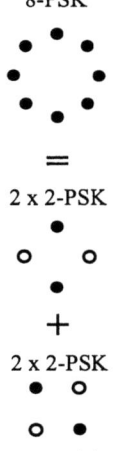

8-PSK

= 2 x 2-PSK

+ 2 x 2-PSK

set partitioning einer 8-PSK in vier 2-PSK Untermengen

Ein Kernpunkt der codierten Modulation ist neben der Auswahl der Codierer die Methode, wie die codierten Bits auf die Signalpunkte des Modulationsverfahrens abgebildet werden. Die bekannteste Methode *mapping by set partitioning* wurde von Ungerboeck ([7.6], [7.15]) abgeleitet. Nach dieser Methode werden die Signalpunkte in Untermengen aufgeteilt, die sich aus Signalpunkten mit großer Euklidischer Distanz zusammensetzen. Diese Unterteilung kann mehrfach erfolgen. Parallele Übergänge im Trellis Diagramm beschreiben die Signalpunkte innerhalb einer Untermenge. Ein *mapping by set partitioning* bewirkt deshalb, daß zwei Pfade im Trellis Diagramm, die vom gleichen Zustand ausgehen und dann wieder zusammenlaufen, eine große Distanz d_{free} aufweisen. $(d_{free})^2$ ist die Summe der Quadrate der minimalen Euklidischen Distanzen von Signalpunkten beider Pfade im selben Zeitintervall. Im Trellis Diagramm der 8-PSK TCM liegen deshalb parallele Übergänge um π auseinander. Ein TCM Signal erfordert einen Empfänger, der sich auch ein Trellis Diagramm aufbaut und sich für den wahrscheinlichsten Pfad durch den Trellis entscheidet.

7.1 Digitale Modulation

Bandbreiteneffizienz linearer Modulationsverfahren

Ein Vergleich digitaler Modulationsverfahren wird häufig in Bezug auf die erreichbare Bitfehlerrate (BER) bei Störungen, d.h. die Leistungseffizienz durchgeführt. Ein Vergleich ist jedoch nur unter Berücksichtigung von Randbedingungen sinnvoll. Eine wichtige Randbedingung ist die Bandbreiteeffizienz, die angibt, welche Bitrate R pro Bandbreite B übertragen werden kann. Die Bandbreite eines linearen Modulationsverfahrens wird durch die Impulsform $h(t)$ bestimmt. Unter den vereinfachenden Annahmen, daß die Dauer eines Impulses gleich der Symboldauer T ist, und die benötigte Bandbreite (siehe auch Abschnitt 7.1.3) über das Zeitgesetz der Nachrichtentechnik $B = 1/T$ bestimmt wird, erhält man für die *Bandbreiteeffizienz* der linearen Modulationsverfahren PAM, PSK und QAM den folgenden Ausdruck

Bandbreiteeffizienz

$$\frac{R}{B} = \mathrm{ld}(M) = k \quad \left[\frac{\mathrm{bit/s}}{\mathrm{Hz}}\right]. \qquad (7.18)$$

Die in einer konstanten Bandbreite übertragbare Bitrate steigt linear mit k, der Anzahl Bits pro Symbol an. Als Beispiel kann ein 4-QAM Signal somit 2 bit/s pro 1 Hertz Bandbreite übertragen. Eine Einseitenband PAM hat die doppelte Bandbreiteeffizienz der Zweiseitenbandverfahren. Für einen korrekten Vergleich muß sie aber mit einer QAM verglichen werden, die aus zwei unabhängigen M-wertigen PAM Signalen besteht. Man erhält dann die gleiche Effizienz.

7.1.1.2 Nichtlineare Modulation

Linear modulierte Signale haben keine konstante Einhüllende des Trägersignals. Auch die Einhüllende eines PSK Signals ist nicht konstant, da zur bandbreiteeffizienten Übertragung die Zeitfunktion $h(t)$ eines Impulses nicht rechteckförmig gewählt werden kann. Mit einer nichtlinearen Modulation lassen sich Signale erzeugen, deren Einhüllende konstant ist; sie eignen sich damit besonders zur Übertragung über nichtlineare Vierpole, wie z.B. nichtlineare Verstärker. Eine bedeutende Klasse von Modulationssignalen mit einer konstanten Einhüllenden sind Signale mit kontinuierlicher Phasenänderung, die durch eine Continuous Phase Modulation *(CPM)* erzeugt werden.

CPM

Continuous Phase Modulation

CPM Signale entstehen durch Modulation der Frequenz des Trägersignals mit einer Datensequenz. Die Frequenz wird dabei so verändert, daß die Phase zu allen Zeitpunkten stetig ist. Das konzeptuelle Blockdiagramm eines CPM Modulators zeigt Abb. 7.11. Die binären Daten $a[n]$ werden zu k Bits auf die 2^k möglichen

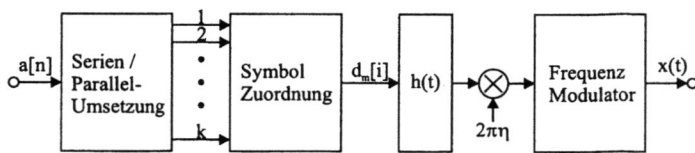

Abbildung 7.11 Blockdiagramm des CPM Modulators

Symbole (Amplituden) d_m abgebildet. Jedes Symbol erzeugt einen Impuls der Amplitude d_m und der Impulsform $h(t)$. Die mit der Symbolperiode erzeugten und sich zeitlich überlagernden Impulse werden mit einer Konstanten multipliziert, die als *Modulationsindex* η bezeichnet wird. Das resultierende Signal wird einem Frequenzmodulator zugeführt, der eine Amplitudenänderung am Eingang in eine direkt proportionale Frequenzänderung am Ausgang umsetzt. Diese Abbildung ist nichtlinear. Es ergibt sich eine nichtlineare Modulation.

Modulationsindex: η

Analytisch lassen sich CPM Signale wie folgt beschreiben

$$x(t) = \sqrt{\frac{2E_s}{T}} \cdot \cos(2\pi f_0 t + \Phi(t, \underline{d_m})), \quad (7.19)$$

wobei die Information, die durch die Amplitudensequenz $\underline{d_m}$ dargestellt und aus den Daten $a[n]$ gewonnen wird, in der Phase enthalten ist

$$\Phi(t, \underline{d_m}) = 2\pi\eta \cdot \sum_{i=-\infty}^{\infty} d_m[i] \cdot q(t - iT). \quad (7.20)$$

Phasenfunktion und Frequenzimpuls:

$$q(t) = \int_{-\infty}^{t} h(\tau)d\tau$$

Der zeitliche Verlauf der stetigen Phasenfunktion wird durch die Signalform $q(t)$ bestimmt, die sich wiederum aus dem Frequenzimpuls $h(t)$ ergibt. $h(t)$ nimmt in der Regel nur in einem endlichen Zeitintervall von L Symbolen Werte ungleich Null an. η ist der Modulationsindex. Die normierten Amplituden (Symbole) d_m in (7.20) haben die Werte $\pm 1, \pm 3, \ldots, \pm(M-1)$; man erhält:

$$d_m = 2m - 1 - M; \quad m = 1, 2, \ldots, M. \quad (7.21)$$

Die Phase $\Phi(t, \underline{d_m})$ ist zu allen Zeitpunkten stetig und führt im CPM Signal Gedächtnis ein. Durch eine Vergrößerung der

7.1 Digitale Modulation

Länge L des Frequenzimpulses $h(t)$ läßt sich das Gedächtnis im Signal $x(t)$ erweitern. Ein größeres L führt auf weichere Phasenübergänge und auf ein kompakteres Spektrum, aber im allgemeinen auf eine Vergrößerung der Komplexität des Empfängers. Wird die Anzahl Bit pro Symbol $k = \text{ld}(M)$ erhöht, so steigt die übertragbare Bitrate an, jedoch erhöht sich auch die erforderliche Bandbreite. Eine Vergrößerung des Modulationsindex η verbessert in der Regel die Leistungseffizienz, steigert aber auch den Bandbreitebedarf des CPM Signals.

Länge des Frequenzimpulses:
$L \cdot T$; $h(t) \neq 0$ für $0 \leq t \leq LT$

Aufgrund des Zusammenhangs zwischen $h(t)$ und $q(t)$ läßt sich ein CPM Signal sowohl als phasenmoduliertes als auch als frequenzmoduliertes Signal interpretieren. Da aber die Datenimpulse mit der Zeitfunktion $h(t)$ nicht direkt die Phase verändern, sondern zuerst integriert werden, läßt sich die CPM am besten als Frequenzmodulation mit stetiger Phasenänderung erklären.

Ein CPM Signal ist ein Leistungssignal, das nicht über die Energie eines Einzelimpulses wie bei linearen Modulationssignalen definiert werden kann. Die Amplitude des CPM Signals in (7.19) wird deshalb über die Energie E_s pro Symbolintervall festgelegt.

Symbolenergie:
$E_s = \int\limits_0^T x^2(t)dt$

Prinzipiell lassen sich CPM Signale für beliebige Modulationsindizes η definieren. Unter Berücksichtigung des Realisierungsaufwands sind CPM Signale von besonderer Bedeutung, bei denen η rationale Werte annimmt, d.h. $\eta = 2k/p$, wobei k und p beliebige natürliche Zahlen sind, die aber keine gemeinsamen Faktoren haben. Man erhält dann für die Phase in einem Zeitintervall $nT \leq t \leq (n+1)T$ den Ausdruck:

$$\Phi(t, \underline{\mathbf{d_m}}) = 2\pi\eta \cdot \sum_{i=n-L+1}^{n} d_m[i] \cdot q(t - iT) + \Theta_n = \Theta(t, \underline{\mathbf{d_m}}) + \Theta_n \,,$$

$$\Theta_n = \left[\pi\eta \cdot \sum_{i=-\infty}^{n-L} d_m[i] \right]_{\text{modulo } 2\pi} . \quad (7.22)$$

Θ_n nimmt dann nur p unterschiedliche Phasenwerte an.

Das Gedächtnis eines CPM Signals läßt sich mit einem Trellis Diagramm darstellen. Die Anzahl der Zustände ist maximal $p \cdot M^{(L-1)}$, wobei ein Zustand durch den Vektor $(\Theta_n, d_m[n-1], d_m[n-2], \ldots, d_m[n-L+1])$ beschrieben werden kann. Ein Zustand läßt sich demnach aus der akkumulierten Phase Θ_n, die eine von p möglichen Phasenwerten annehmen kann, und einer von $M^{(L-1)}$ Symbolsequenzen darstellen. Für $L = 1$ ergeben sich nur p Zustände im Trellis Diagramm. Die Zustandsbeschreibung mit dem Trellis Diagramm führt auf eine Realisierung des CPM Empfängers (siehe [7.1]).

Normierter Frequenzimpuls:
$$\int_{-\infty}^{\infty} h(t)dt = \tfrac{1}{2}$$

Für die folgenden Betrachtungen wird der Frequenzimpuls $h(t)$ normiert. Die maximale Drehung der Trägerphase innerhalb eines Symbolintervalls T ist dann $\pi\eta[M-1]$. Durch die Wahl der Impulsform $h(t)$ und der Parameter η und M kann eine Vielzahl von CPM Signalen generiert werden, wovon im folgenden einige exemplarisch betrachtet werden sollen. Häufiger verwendete Impulsformen sind:

$$\text{LREC:} \quad h(t) = \begin{cases} \frac{1}{2LT} : 0 \leq t \leq LT \\ 0 : \text{sonst} \end{cases} \quad (7.23)$$

$$\text{LRC:} \quad h(t) = \begin{cases} \frac{1}{2LT} \cdot [1 - \cos(\frac{2\pi t}{LT})] : 0 \leq t \leq LT \\ 0 : \text{sonst} \end{cases} \quad (7.24)$$

$$\text{GMSK:} \quad h(t) = \frac{1}{2T} \cdot \left[Q\left(2\pi B_{3\text{dB}} \frac{t - T/2}{\sqrt{\ln 2}}\right) \right.$$
$$\left. - Q\left(2\pi B_{3\text{dB}} \frac{t + T/2}{\sqrt{\ln 2}}\right) \right] \quad (7.25)$$

Die *Q-Funktion*:

$$Q(x) = \int_{x}^{\infty} \frac{1}{\sqrt{2\pi}} e^{-\frac{y^2}{2}} dy = \frac{1}{2} - \frac{\text{erf}(x/\sqrt{2})}{2} = \frac{\text{erfc}(x/\sqrt{2})}{2}$$

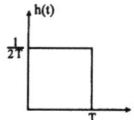

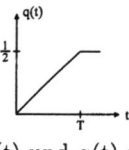

h(t) und q(t) für 1REC CPM

ist ein nicht elementares Integral, das auch über die Fehlerfunktion $\text{erf}(x)$ oder deren komplementäre Funktion $\text{erfc}(x)$ definiert werden kann. $B_{3\text{dB}}$ ist die 3 dB Bandbreite des Filters.

Modulationssignale mit einer Länge des Frequenzimpulses von einem Symbolintervall ($L = 1$) werden als *full response* Formate bezeichnet, jene mit $L \geq 2$ als *partial response* Formate. Die Frequenzimpulse $h(t)$ und die zugehörigen *Phasenfunktionen* $q(t)$ zweier CPM Signale zeigen die nebenstehenden Abbildungen. Eine CPM mit einem 1REC Frequenzimpuls wird in der Literatur auch als CPFSK (continuous phase frequency modulation) bezeichnet. Werden zusätzlich binäre Symbole ($M = 2$) und ein Modulationsindex $\eta = 1/2$ verwendet, so spricht man von MSK (minimum shift keying). Ein MSK Signal läßt sich im Gegensatz zu den anderen CPM Signalen auch mit einem QAM Modulator erzeugen und ist damit ein lineares Verfahren. Den Zeitverlauf eines MSK Zeitsignals zeigt die Abb. 7.12. Zur einfacheren Darstellung wurde eine Trägerfrequenz von $f_0 = \frac{5}{4T}$ gewählt.

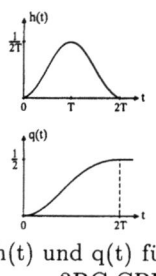

h(t) und q(t) für 2RC CPM

Ein positives Symbol bewirkt eine lineare Phasenänderung mit positiver Steigung, ein negatives Symbol resultiert in einer negativen Steigung. Die Interpretation eines MSK Signals mit Hilfe

7.1 Digitale Modulation

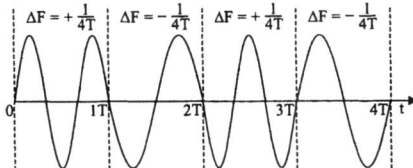

Abbildung 7.12
MSK Zeitsignal

des Rechteckfrequenzimpulses $h(t)$ führt auf ein Signal mit zwei unterschiedlichen Trägerfrequenzen $f_{1,2} = f_0 \pm \frac{1}{4T}$. Das Umschalten zwischen zwei Trägerfrequenzen folgt aus der linearen Phasenänderung. Die maximale Phasendrehung in einem Symbolintervall ist $\pm\eta\pi(M-1) = \pm\pi/2$. Dies entspricht einer Frequenzänderung (Frequenzhub) von

$$\Delta F = \pm\frac{1}{4T} \quad \text{da } 2\pi T f_0 \pm \pi/2 = 2\pi T \cdot (f_0 \pm \frac{1}{4T}).$$

Es ergibt sich aus der Definition eines CPM Signals, daß bei einem Symbolübergang und Umschalten auf eine andere Trägerfrequenz keine Phasensprünge auftreten. Das Modulationsverfahren GMSK, das auch als MSK mit zusätzlicher Filterung mit einer gaußförmigen Übertragungsfunktion des Filters interpretiert werden kann, wird im GSM System verwendet ($B_{3dB} \cdot T = 0,3$).

Im allgemeinen lassen sich CPM Signale nicht wie lineare Modulationsverfahren mit Hilfe der Signalraumdarstellung interpretieren, da die Phase stetig ist und damit keine Phasenpunkte erzeugt; auch liegen alle Amplitudenwerte per Definition auf einem Kreis. Statt dessen werden CPM Signale durch Phasenübergangsdiagramme beschrieben. Die Abbn. 7.13 und 7.14 zeigen die Phasenübergangsdiagramme zweier CPM Signale. In den Phasenübergangsdiagrammen sind die Phasenverläufe für alle möglichen Symbolsequenzen aufgetragen. Die Diagramme beginnen bei $t = 0$ und $\Phi(t, \mathbf{d_m}) = 0$ unter der Annahme, daß für Zeitpunkte $t < 0$ die Symbolsequenz mit maximaler Amplitude $M-1$, d.h. hier $\ldots +1, +1$ bzw. $\ldots +3, +3$, gesendet wurden. Die Impulslänge $L = 2$ resultiert in weicheren Phasenübergängen, hat aber zur Folge, daß das Gedächtnis der Phasenfunktion vergrößert wird. Eine Verallgemeinerung der CPM Signale erhält man, wenn der Modulationsindex nicht konstant ist, sondern von Symbol zu Symbol geändert werden kann. Diese als *multi-η* bezeichneten multi-η CPM Modulationsformate haben eine erhöhte Leistungseffizienz.

Werden die Impulse mit der Zeitfunktion $h(t)$ direkt, d.h. ohne Integration zu einer Phasenfunktionen $q(t)$, im Argument des Trägersignals verwendet, so erhält man *digitally phase modula-*

Abbildung 7.13
(links):
Phasenübergänge
für binäre CPFSK
(1REC CPM)

Abbildung 7.14
(rechts):
Phasenübergänge
für vierstufige
2RC CPM

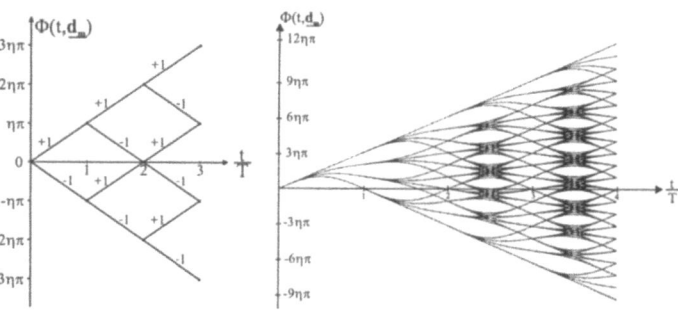

ted signals (DPM, [7.9]). DPM Signale führen auf einfachere Empfängerimplementierungen und sind nicht mit PSK Signalen identisch.

7.1.1.3 Multidimensionale Signale

Die bisher betrachteten Modulationsformate werden durch zwei Quadraturkomponenten eines Trägersignals erzeugt. Sie führen auf eine zweidimensionale Signalraumdarstellung. Eine Unterteilung des Symbolintervalls T in Zeitschlitze ΔT und des verfügbaren Frequenzbereichs B in Frequenzintervalle ΔB führt auf Modulationsformate mit mehreren Komponenten. Die nebenstehende Abbildung zeigt eine Unterteilung in drei Zeitschlitze und zwei Frequenzintervalle, so daß $N = 2 \cdot 3 \cdot 2 = 12$ Komponenten resultieren. Der dritte Faktor berücksichtigt die Quadraturkomponenten, die bei jeder Trägerfrequenz, hier f_0 und $f_1 = f_0 + \Delta B$, genutzt werden können. Im folgenden werden einige Beispiele betrachtet und Hinweise auf die Literatur gegeben.

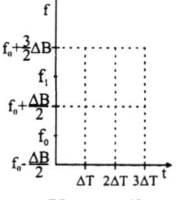

Unterteilung von Zeit- und Frequenzbereich in Intervalle

Ein Beispiel für eine Unterteilung des Frequenzbereichs in Frequenzintervalle ohne eine zusätzliche Unterteilung in Zeitschlitze ist die M-FSK (*frequency shift keying*: FSK). Der Modulator wählt dann z.B. für $M = 2^k = 2$ zwischen zwei möglichen Frequenzen aus, um ein binäres ($k = 1$) Signal zu übertragen. Pro Zeitintervall T wird aber immer nur eine Trägerfrequenz übertragen, wobei aber die Signale auf den Trägerfrequenzen orthogonal zueinander sein sollten. Im Gegensatz zu M-stufigen CPM Signalen ist bei FSK Signalen die Phasenkontinuität des Trägersignals nicht gegeben.

Wird hingegen der serielle Eingangsdatenstrom im Modulator in einen parallelen Datenstrom mit Symbolrate R/k umgesetzt und werden damit k verschiedene Trägerfrequenzen *gleichzeitig*

7.1 Digitale Modulation

moduliert, so spricht man von *Multicarrier* Signalen (siehe auch *Orthogonal Frequency Division Multiplex*: OFDM, [7.2]). OFDM ist z.b. attraktiv zur Datenübertragung über Kanäle mit Verzerrungen, die bei Einträgersignalen eine Intersymbolinterferenz erzeugen, die sich über einen Zeitbereich von vielen Symbolen erstreckt.

OFDM

Komplementär zur Unterteilung des verfügbaren Frequenzbereichs in Frequenzintervalle ist die Unterteilung eines Symbols in Zeitschlitze unter Verwendung einer einzigen Trägerfrequenz. Eine mögliche Systemvariante ist z.b. die Multiplikation eines bipolaren Symbols mit einer bipolaren Sequenz, deren Impulse die Zeitdauer $\Delta T = T/N$ haben. Wegen der damit verbundenen Spreizung des Leistungsdichtespektrums des Modulationssignals wird dieses Verfahren als Spreizbandcodierung (*Code Division Multiple Access: CDMA*, siehe z.B. [7.14], [7.16]) bezeichnet.

CDMA

7.1.2 Prinzipien zur Realisierung digitaler Modulationssignale

PSK und QAM Modulatoren nach Abb. 7.4 werden in neuen Kommunikationssystemen digital implementiert. Dies geschieht nicht nur wegen des mit einer analogen Realisierung verbundenen parasitären Phasen- und Amplitudenoffsets zwischen beiden Quadraturkomponenten, sondern gerade auch wegen der vielfältigen Vorteile einer Digitalisierung, wie z.B. Integrierbarkeit und Kostenvorteile. Prinzipiell bieten sich zwei Implementierungskonzepte an. Das erste Konzept zeigt die Abb. 7.15. Über ein

Implementierung von QAM Modulatoren

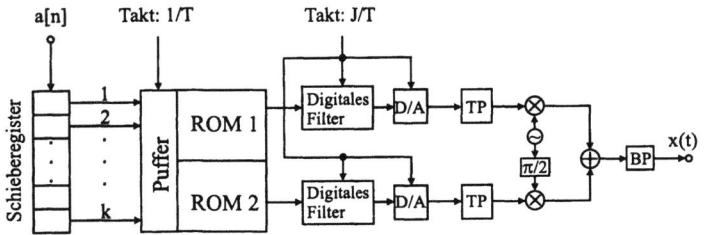

Abbildung 7.15
Digital/Analog Implementierung eines QAM Modulators

Schieberegister erfolgt die Umsetzung von k Bits auf ein Symbol. Die Signalraumzuordnung zur Erzeugung der komplexen Amplituden d_m läßt sich mittels Speicherbausteinen durchführen. Die digitalen Filter führen die Impulsformung mit $h(t)$ durch; die Taktfrequenz wird dabei um den Faktor J gegenüber der Symbolrate erhöht. Die Auflösung der D/A-Umsetzer (Quantisierungsgeräusch der PCM) muß auf die Anforderungen an die spektrale

Leistungsdichte des Modulationssignals angepaßt sein. Nach einer analogen Interpolationsfilterung erfolgt die Umsetzung auf die Trägerfrequenz (Zwischenfrequenz) mit analogen Multiplizierern. Eine vollständige Digitalisierung des Modulators in einem zweiten Implementierungskonzept würde auch die Multiplizierer, Synthesizer und Phasenschieber in Form getakteter ROM-Tabellen, sowie den Addierer berücksichtigen. Es ist dann nur noch ein D/A-Umsetzer auf einer Zwischenfrequenz erforderlich. Eine Alternative zur vollständigen Digitalisierung ist bei sehr hohen Bitraten und Trägerfrequenzen die Realisierung der Multiplizierer mittels monolithischer ICs (microwave monolithic integrated circuit: MMIC).

Implementierung von CPM Modulatoren

Die digitale Implementierung eines CPM Modulators ist infolge der nichtlinearen Abbildung der Daten auf das Modulationssignal mit größerem Realisierungsaufwand verbunden als diejenige eines QAM Signals. Digitale CPM Modulatoren mit vertretbarem Aufwand erhält man, wenn man (7.19) umformuliert zu:

$$x(t) = \sqrt{\frac{2E_s}{T}} \cdot [\cos(2\pi f_0 t) \cdot \cos(\Phi(t, \underline{d_m}))$$
$$- \sin(2\pi f_0 t) \cdot \sin(\Phi(t, \underline{d_m}))], \quad (7.26)$$

wobei $\cos(\cdot)$ und $\sin(\cdot)$ in (7.26) die zwei Quadraturkomponenten darstellen. Mit (7.22) für die Trägersignalphase $\Phi(t, \underline{d_m})$ in einem Symbolintervall T und dem Additionstheorem erhält man für die Kosinuskomponente in (7.26)

$$\cos(\Phi(t, \underline{d_m})) = \cos[\Theta(t, \underline{d_m})] \cdot \cos(\Theta_n)$$
$$- \sin[\Theta(t, \underline{d_m})] \cdot \sin(\Theta_n). \quad (7.27)$$

Ein entsprechender Ausdruck ergibt sich für die Sinuskomponente in (7.26). Die Abb. 7.16 zeigt die digitale Implementierung der beiden Kosinusterme in (7.27), die sich durch Umsetzung von (7.22) ergibt. Die Laufzeitglieder T berücksichtigen die Länge L des Frequenzimpulses in Symbolintervallen. Die Struktur in gestrichelten Klammern berechnet die akkumulierte Phase Θ_n, die nur Modulo 2π definiert ist. ROM 1 ist eine Kosinustabelle. Im ROM 2 sind die Kosinuswerte der Phase $\Theta(t, \underline{d_m})$ für die verschiedenen Eingangssymbolsequenzen mit Filterung nach (7.22) gespeichert. Beide Speicher arbeiten mit einer gegenüber der Symbolrate erhöhten Taktrate; die Ausgangswerte des ersten Speichers (ROM 1) sind aber während eines Symbolintervalls konstant. Die verwendeten Ausgangswortbreiten der beiden Speicher sind systembedingt.

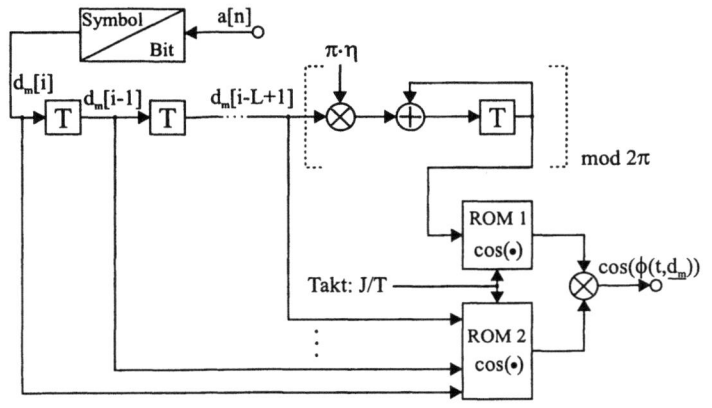

Abbildung 7.16
Digitale Implementierung einer Hälfte der Kosinuskomponente eines CPM Modulators

In einer parallelen, hier nicht dargestellten Struktur bestehend aus Sinustabellen anstatt Kosinustabellen kann der zweite Summand in (7.27) erzeugt werden. Nach dem Additionstheorem läßt sich dann die Sinuskomponente $\sin[\Phi(t, \underline{d_m})]$ in (7.26) ebenfalls aus den Ausgangssignalen der Kosinus- und Sinustabellen erzeugen.

Die Implementierung der Trägersignalkomponenten $\cos(2\pi f_0 t)$ und $\sin(2\pi f_0 t)$ schließlich kann entsprechend der Realisierung eines QAM Modulators vollständig digital oder auch analog geschehen.

7.1.3 Spektrale Eigenschaften digitaler Modulationssignale

Die exakte Bestimmung der benötigten Bandbreite eines Modulationsverfahrens ist nur mit Hilfe der spektralen Darstellung möglich. Die Abbildung der zufälligen, binären Datensequenz $a[n]$ auf das Modulationssignal $x(t)$ bewirkt, daß $x(t)$ ein stochastischer Prozeß ist. Die Berechnung des Leistungsdichtespektrums erfolgt deshalb über die Autokorrelationsfunktion des Modulationssignals. Für lineare Signale läßt sich eine geschlossene Lösung angeben; für nichtlineare Verfahren ist das Leistungsdichtespektrum in der Regel nur mittels numerischer Verfahren zu bestimmen.

Leistungsdichtespektren linearer Modulationssignale

Gegeben sei das Modulationssignal eines QAM Signals

$$x(t) = \Re\left\{\tilde{x}(t) \cdot e^{j2\pi f_0 t}\right\}, \quad \tilde{x}(t) = \sum_{i=-\infty}^{+\infty} d_m[i] \cdot h(t - iT). \quad (7.28)$$

$\tilde{x}(t)$ ist die komplexe Einhüllende des Modulationssignals, die auch PAM und PSK Signale einschließt. Für QAM und PSK Signale ist die Amplitude $d_m[i]$ eines Symbols komplex, es gilt $d_m[i] = d_{mI}[i] + jd_{mQ}[i]$. Die Korrelationsfunktion (siehe Abschnitt 1) $R_{xx}(\tau)$ des Modulationssignals läßt sich mit (7.28) als Funktion der Korrelationsfunktion $R_{\tilde{x}\tilde{x}}(\tau)$ der komplexen Einhüllenden ausdrücken

$$R_{xx}(\tau) = \frac{1}{2}\Re\left\{R_{\tilde{x}\tilde{x}}(\tau) \cdot e^{j2\pi f_0 \tau}\right\}. \quad (7.29)$$

Mit Hilfe des Frequenzverschiebungssatzes der Fouriertransformation kann man zeigen, daß das Leistungsdichtespektrum des Modulationssignals $S_{xx}(jf)$ ⊷ $R_{xx}(\tau)$ aus einer Frequenzverschiebung des Leistungsdichtespektrums $S_{\tilde{x}\tilde{x}}(jf)$ ⊷ $R_{\tilde{x}\tilde{x}}(\tau)$ der komplexen Einhüllenden erhalten wird

$$S_{xx}(jf) = \frac{1}{4}\left\{S_{\tilde{x}\tilde{x}}[j(f - f_0)] + S_{\tilde{x}\tilde{x}}[j(-f - f_0)]\right\}. \quad (7.30)$$

Es genügt deshalb, das Leistungsdichtespektrum der komplexen Einhüllenden zu berechnen. Dazu wird zunächst mit Hilfe von (7.28) die Korrelationsfunktion $R_{\tilde{x}\tilde{x}}(\tau)$ bestimmt. Aufgrund der Periodizität der Daten mit der Symboldauer T ist $\tilde{x}(t)$ ein *zyklo-stationärer Prozeß*, d.h. die Korrelationsfunktion ist periodisch mit der Symboldauer T. Man berechnet deshalb den Zeitmittelwert der Korrelationsfunktion über ein Symbolintervall und erhält dann:

zyklostationärer Prozeß

$$\overline{R_{\tilde{x}\tilde{x}}(\tau)} = \frac{1}{T}\sum_{n=-\infty}^{+\infty} R_{dd}[n] \cdot R_{hh}(\tau - nT), \quad (7.31)$$

$$\text{mit} \quad R_{dd}[n] = E\{d_m^*[k] \cdot d_m[k + n]\}$$

$$\text{und} \quad R_{hh}(\tau) = \int_{-\infty}^{+\infty} h^*(t) \cdot h(t + \tau) dt.$$

Die Fouriertransformation der Korrelationsfunktion nach (7.31) führt auf das Leistungsdichtespektrum:

$$S_{\tilde{x}\tilde{x}}(jf) = \frac{1}{T} \mid H(jf) \mid^2 \cdot S_{dd}(jf), \quad (7.32)$$

7.1 Digitale Modulation

$$\text{mit} \quad S_{dd}(jf) = \sum_{n=-\infty}^{+\infty} R_{dd}[n] \cdot e^{-j2\pi fnT} . \quad (7.33)$$

Hierbei ist $H(jf)$ ●—○ $h(t)$ die Fouriertransformierte der Impulsform eines Symbols. (7.32) zeigt, daß die spektralen Eigenschaften des Signals $x(t)$ durch die Impulsform $h(t)$, die in der Regel reell ist und die Korrelationseigenschaften der Symbole bestimmt werden. Unter der Annahme, daß die Daten unkorreliert sind, d.h. daß keine Codierung vorliegt, läßt sich (7.32) vereinfachen. Ist m_d der komplexe Mittelwert der komplexen Symbole und deren Varianz $\sigma_d^2 = E\{|\, d_m - m_d\,|^2\}$, so ergibt sich ein einfacher Ausdruck für die Korrelationsfunktion der Symbole

$$R_{dd}[n] = |\, m_d\,|^2 + \sigma_d^2 \cdot \delta[n] , \quad (7.34)$$

und man erhält für das Leistungsdichtespektrum den folgenden Ausdruck

Einheitsimpuls:
$\delta[0] = 1,$
$\delta[n] = 0$ für $n \neq 0$

$$S_{\bar{x}\bar{x}}(jf) = \frac{\sigma_d^2}{T} \cdot |\, H(jf)\,|^2$$

$$+ \frac{|\, m_d\,|^2}{T^2} \sum_{n=-\infty}^{+\infty} |\, H(j\frac{n}{T})\,|^2 \cdot \delta(f - \frac{n}{T}) . \quad (7.35)$$

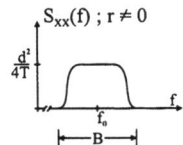

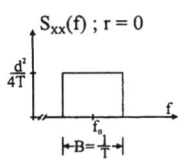

Das Leistungsdichtespektrum besteht aus zwei Summanden. Der erste, kontinuierliche Term wird durch die spektralen Eigenschaften der Impulsform h(t) bestimmt. Der zweite Term ist ein diskretes, periodisches Spektrum, das durch den Mittelwert der Symbole verursacht wird. In der Regel ist der Mittelwert unerwünscht, d.h. es wird eine Signalraumkonstellation gewählt, deren Mittelwert Null ist. Für ein M-PSK Signal der Amplitude d ist der Mittelwert $m_d = 0$ und die Varianz ist $\sigma_d^2 = d^2$. Wird als Impulsformfilter ein Wurzel Nyquist-1 Filter mit einem Kosinus roll-off Faktor von r verwendet, so entspricht das Leistungsdichtespektrum der Übertragungsfunktion eines Nyquist-1 Filters (siehe Abschnitt 6). Die nebenstehende Abbildung zeigt das entsprechende Leistungsdichtespektrum. Die Bandbreite ist demnach $B = \frac{1}{T} \cdot (1 + r)$. Für den Grenzfall $r = 0$ wird die Bandbreiteeffizienz von $k = \text{ld}(M)$ bit/s/Hz erreicht, die in Abschnitt 7.1.1.1 berechnet wird.

Leistungsdichtespektren für QAM Signale

Bei einer Implementierung des Modulators wird die benötigte Bandbreite auch durch die realen Filter mitbestimmt, da nur eine Approximierung der hier als ideal angenommenen Übertragungsfunktion möglich ist.

Leistungsdichtespektren nichtlinearer Modulationssignale

Die Leistungsdichtespektren nichtlinearer Modulationsverfahren lassen sich generell nicht analytisch berechnen. Mit Hilfe numerischer Verfahren werden z.B. in [7.8] Leistungsdichtespektren von CPM Signalen berechnet und einige davon beispielhaft dargestellt. Die Abb. 7.17 zeigt die Spektren ausgewählter CPM Signale relativ zur Trägerfrequenz f_0. Die Spektren wurden mit Computersimulationen erzeugt. Es wird die Auswirkung der Länge des Frequenzimpulses L auf das Leistungsdichtespektrum von CPM Signalen mit rechteckförmigem Frequenzimpuls untersucht. Im

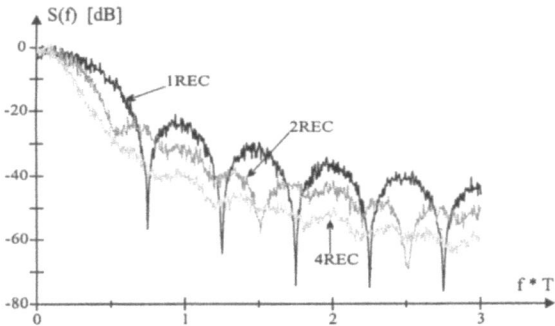

Abbildung 7.17
Leistungsdichtespektren ausgewählter CPM Signale, REC Impulsform

Vergleich zu einem linearen Modulationsverfahren, das bei idealer Wurzel Nyquist Filterung nur eine einseitige Bandbreite von $B = \frac{1}{2T} \cdot (1 + r)$ belegt, ist der Bandbreitebedarf nichtlinearer Verfahren größer.

7.1.4 Demodulationsverfahren

Aus der Sicht der Signalverarbeitung lassen sich Empfänger für digitale Modulationssignale in die Bereiche Signaldemodulation, Parameterschätzung und Datendetektion strukturieren (siehe Abb. 7.18). Der Übergang von der Signaldemodulation zur Parameterschätzung und Datendetektion wird in der Literatur nicht einheitlich gehandhabt. Eine systemtheoretisch korrekte Definition wird in [7.12] verwendet. Der Demodulator bildet das Empfangssignal auf orthonormale Basisfunktionen ab. Der Detektor entscheidet dann anhand dieser Basisfunktionen, welche Datensequenz gesendet wurde.

Im folgenden wird die Umsetzung des Modulationssignals in das komplexe Basisbandsignal mit anschließender Filterung als

7.1 Digitale Modulation

Signaldemodulation bezeichnet. Nach dem Demodulationsprozeß kann die Datendetektion systembedingt entweder eine einfache Symbolentscheidung oder eine aufwendigere Symbolsequenzentscheidung durchführen. Die Datendetektion liefert Schätzwerte $\hat{a}[n]$ für die gesendeten, binären Daten[2] $a[n]$. Die Parame-

Demodulation: Umsetzung in das Basisband und Filterung

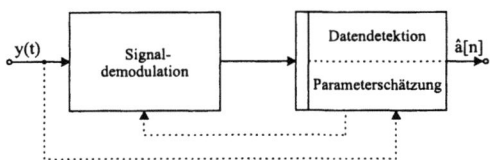

Abbildung 7.18 Strukturierung der Signalverarbeitung im Empfänger

terschätzung kann erforderlich sein, wenn z.B. zufällige Parameter des Übertragungskanals, die konstant aber auch zeitvariant sein können, das Modulationssignal verändern. Eine zufällige Drehung der Trägersignalphase durch den Übertragungskanal beeinflußt sowohl bei linearen als auch nichtlinearen Modulationsverfahren die Zuordnung der Symbolamplituden auf das Modulationssignal. Eine Amplitude eines PSK Signals, die im Sender auf die Kosinuskomponente abgebildet wird, kann z.B. bei einer durch den Kanal verursachten Phasendrehung um $\pi/2$ im Empfänger der Sinuskomponente zugeordnet werden.

Detektion und Schätzung können getrennt (jedoch mit Interaktionen), aber auch in einem gemeinsamen Prozeß erfolgen.

Der Demodulationsprozeß wiederum läßt sich prinzipiell in zwei Klassen unterteilen, die kohärente und die inkohärente Demodulation. Die *kohärente Demodulation* benötigt ein Synthesizersignal, das in Phase und Frequenz mit dem Trägersignal des Empfangssignals übereinstimmt. Die zum Teil sehr aufwendige Parameterschätung der Trägersignalphase kann direkt mit dem Empfangssignal $y(t)$ realisiert werden und dann dem Demodulator zugeführt werden. Es ist aber auch möglich, die Demodulation mit einem zwar möglichst frequenzgenauen, aber zum Empfangssignal $y(t)$ inkohärenten Synthesizer zu realisieren und dann die Phasenkorrektur im Basisbandsignal zu implementieren. Im Gegensatz zur kohärenten Demodulation verzichtet die *inkohärente Demodulation* auf die Schätzung der Trägersignalphase.

kohärente Demodulation

inkohärente Demodulation

Die konkrete Realisierung des Empfängers wird sowohl bei kohärenter als auch inkohärenter Demodulation von dem verwendeten Modulationsverfahren (linear oder nichtlinear), dem Übertragungskanal und den Qualitätsanforderungen an die de-

---

[2] Auf die hier nicht behandelten Aspekte der Hochfrequenztechnik eines Empfängers wird in Abschnitt 3 eingegangen.

tektierten Daten bestimmt. Ein mögliches Qualitätsmaß ist die Bitfehlerrate der empfangenen, d.h. geschätzen Daten $\hat{a}[n]$ in Bezug auf die gesendeten Daten $a[n]$.

Optimaler kohärenter Empfänger
Die optimale (in Bezug auf eine minimale Bitfehlerwahrscheinlichkeit) kohärente Empfängerstruktur für die in Abschnitt 7.1.1.1 und 7.1.1.2 betrachteten Modulationssignale und Übertragungskanäle mit Intersymbolinterferenz (Filterung) und additivem Gaußschem Rauschsignal (AWGN) liefert das ML (*maximum-likelihood*) Kriterium. Der ML Empfänger ist identisch mit jenem nach dem MAP (maximum a posteriori probability) Kriterium, wenn alle gesendeten Signalformen $x_m(t)$ die gleiche Auftrittswahrscheinlichkeit haben. Zur Ableitung der Empfängerstruktur nach dem ML Kriterium wird die komplexe Einhüllende $\bar{x}(t)$ des Modulationsignals verwendet. Die komplexe Einhüllende $\bar{y}(t)$ des Empfangssignals ist dann

$$\bar{y}(t) = \bar{h}_K(t) * \bar{x}(t) + \bar{n}(t). \qquad (7.36)$$

$\bar{h}_K(t)$ ist die komplexe Einhüllende der Impulsantwort des Übertragungskanals und $\bar{n}(t)$ bezeichnet die komplexe Einhüllende des additiven Rauschsignals bei der verwendeten Trägerfrequenz f_0. Der Empfänger entscheidet anhand des empfangenen Signals $\bar{y}(t)$, welches Modulationssignal $\bar{x}_i(t)$ gesendet wurde. Hierbei ist $\bar{x}_i(t)$ die komplexe Einhüllende des Modulationsignals, das durch die Datensequenz $\underline{a}_i$ erzeugt wird. Der Empfänger bildet deshalb Hypothesen H_i für alle möglichen gesendeten Datensequenzen

$$H_i \quad : \quad \bar{y}(t) = \bar{h}_K(t) * \bar{x}_i(t) + \bar{n}(t) \qquad (7.37)$$
$$\text{mit} \quad 0 \leq t \leq N_T T \quad \text{und} \quad i = 1 \ldots 2^{k \cdot N_T}.$$

likelihood Funktion Δ_i
$N_T T$ ist das Beobachtungsintervall des Empfängers in Symbolintervallen. Der Empfänger führt somit eine Sequenzentscheidung durch. Der optimale Sequenzschätzer (*maximum likelihood sequence estimation*: MLSE) selektiert diejenige Sequenz mit der größten *likelihood* Funktion Δ_i

$$\Delta_i = \exp\left\{ -\frac{1}{N_0} \int_0^{N_T T} |\bar{y}(t) - \bar{h}_K(t) * \bar{x}_i(t)|^2 \, dt \right\}. \qquad (7.38)$$

N_0 ist die spektrale Leistungsdichte des Rauschsignals $\bar{n}(t)$. Zur Bestimmung des MLSE Empfängers genügt es, eine von Δ_i abgeleitete monotone Funktion g_i zu berechnen. Man verwendet das Argument der Exponentialfunktion und normiert mit N_0.

7.1 Digitale Modulation

Die Ausführung der Betragsquadratsfunktion des Exponeneten in (7.38) ohne Berücksichtigung des Terms $|\bar{y}(t)|^2$, der für die Entscheidung keine Information enthält, ergibt die Entscheidungsvariablen g_i

$$g_i = \Re\left\{\int_0^{N_T T} \bar{y}(t) \cdot \left(\bar{h}_K(t) * \bar{x}_i(t)\right)^* dt\right\} - \frac{1}{2}\int_0^{N_T T} |\bar{h}_K(t) * \bar{x}_i(t)|^2 dt.$$
(7.39)

Die Entscheidungsvariable g_i nach (7.39) wird im wesentlichen durch einen Korrelator bestimmt, der das Empfangssignal mit der konjugiert komplexen Funktion des durch den Kanal gefilterten Modulationssignals $\bar{h}_K(t) * \bar{x}_i(t)$ korreliert. Eine äquivalente Realisierung des Empfängers unter Verwendung von Filtern, die mit einer Korrelation identisch ist, zeigt die Abb. 7.19. Die

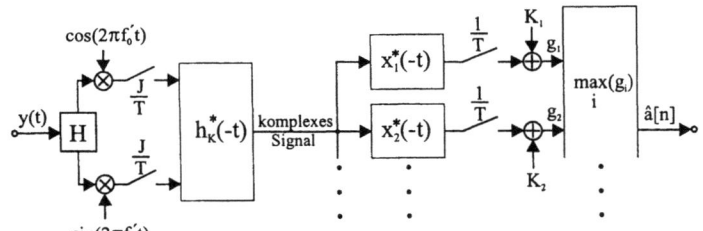

Abbildung 7.19 Optimaler kohärenter Empfänger

Multiplikation nach der Signalaufsplittung (H: Hybrid) mit den beiden Trägersignalen erzeugt zunächst das komplexe Basisbandsignal. Die dabei enstehenden Signalanteile mit der doppelten Trägerfrequenz werden durch die nachfolgenden Filter unterdrückt. Die Trägerfrequenz f_0' des Empfängers muß nicht kohärent mit der Frequenz f_0 des Senders sein. Wesentliches Merkmal des optimalen, kohärenten Empfängers ist die Filterung mit dem Kanal *matched* Filter, das auch die Phasenabweichung des Empfängeroszillators berücksichtigt. Führt der Kanal keine Amplitudenverzerrungen, sondern nur eine zufällige aber konstante Laufzeitverschiebung ein, so reduziert sich das Filter auf einen Phasenschieber. Dieses kompensiert alle entstandenen Phasendrehungen.

Für jedes durch eine spezielle Sequenz generiertes Modulationssignal $\bar{x}_i(t)$ stellt der Empfänger ein *matched* Filter bereit. Nach einer leistungsabhängigen Korrektur mit den Faktoren K_i werden diejenigen Datenschätzwerte $\hat{a}[n]$ ausgegeben, deren Entscheidungsvariable g_i maximal ist. Die Komplexität des

Empfängers nach Abb. 7.19 steigt exponentiell mit der Länge der
zu schätzenden Sequenz an. Der Empfänger ist in dieser Form
nicht implementierbar.

Realisierbare Empfänger wurden in [7.5] erstmalig ausführlicher untersucht. Wird zunächst das auf den Kanal angepaßte Filter erweitert, so daß es auf die Gesamtimpulsantwort des Senders und des Kanals angepaßt ist, so erhält man den hinsichtlich eines einzigen gesendeten Symbols optimalen Empfänger. Dieser Empfänger maximiert das Signal-zu-Geräuschverhältnis. Für QAM Signale wird dann nur noch ein einziges komplexes Filter benötigt. Für CPM Signale sind infolge der Abbildung des Phasensignals auf die Quadraturzweige Filterbänke erforderlich [7.1], deren Anzahl aber nicht von der Sequenzlänge abhängt. Die bei einer kontinuierlichen Datenübertragung enstehende Intersymbolinterferenz zwischen den Symbolen im Empfänger kann nun durch einen nachfolgenden Trellis Decoder aufgelöst werden. Die Anzahl der Zustände wird durch die Zeitdauer der Intersymbolinterferenz in Symbolen bestimmt und wiederum nicht mehr durch die Sequenzlänge. Die Sequenzdecodierung im Trellis Decoder erfolgt in der Regel mit dem *Viterbi Algorithmus* (siehe z.B. [7.12]). Das in der Literatur häufig erwähnte Dekorrelationsfilter (*whitening filter*), das dem Trellis Decoder vorgeschaltet wird, ermöglicht die Verwendung von Euklidischen Metriken im Viterbi Algorithmus.

Viterbi
Algorithmus

In Abb. 7.19 wurde die Kenntnis von $h(t)$ vorausgesetzt. Ein großes Problem der kohärenten Demodulation ist die Bestimmung der Kanalimpulsantwort $h(t)$, bzw. in Kanälen ohne Amplitudenverzerrungen die Schätzung der Trägersignalphase. Zur Schätzung der Kanalimpulsantwort im Empfänger gibt es die unterschiedlichsten Konzepte (siehe z.B. [7.10]). Prinzipiell lassen sich zwei Strategien unterscheiden.

In der ersten Strategie erfolgt eine getrennte Detektion und Parameterschätzung. Eine von mehreren Implementierungsmöglichkeiten ist die Remodulation der detektierten Daten, die dann zusammen mit dem Empfangssignal über eine Korrelation eine Schätzung der Kanalimpulsantwort ermöglichen und das auf den Kanal angepaßte Filter einstellen. Da die Schätzung von den dekodierten Daten gesteuert wird, bezeichnet man dieses Prinzip auch als *data aided*. Durch die Rückführung der decodierten Daten entsteht eine Fehlerfortpflanzung, die sich besonders bei kleineren Störabständen bemerkbar macht. Ein damit verwandtes Verfahren ist die Kompensation der Kanalverzerrungen durch einen vorgeschalteten Entzerrer. Prinzipien dazu

datengesteuerte
Schätzung:
data aided

7.1 Digitale Modulation

werden in Abschnit 6.9 behandelt. Eine sequentielle Entzerrung ist allerdings immer mit einem Qualitätsverlust bei der Detektion verbunden.

Die zweite Strategie zur Schätzung der Kanalimpulsantwort, die der optimalen Empfängerstruktur sehr nahe kommt, integriert die Kanalschätzung in die Trellis Decodierung einer Sequenzdecodierung (siehe [7.13]). Dieses Verfahren hat sich unter dem Namen *per survivor processing (PSP)* etabliert.

Im folgenden wird exemplarisch eine kohärente Empfängerstruktur betrachtet, die sich für den idealen AWGN Kanal (siehe Abschnitt 6) ohne Intersymbolinterferenz ergibt. Dieser Kanal wird z.B. durch den Satellitenkanal mit starker Dämpfung und additivem Eigenrauschen der Eingangsverstärker des Empfängers gut approximiert. Die Abb. 7.20 zeigt eine digitale Empfängerimplementierung. Das auf einer Zwischenfrequenz

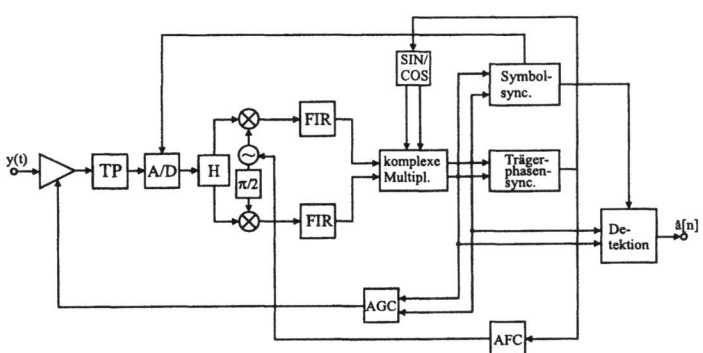

Abbildung 7.20 Digitale Implementierung eines QAM Empfängers

vorliegende Signal wird nach einer analogen Tiefpaßfilterung digitalisiert und in die zwei QAM Signalkomponenten aufgeteilt. Diese Signalaufspaltung symbolisiert der Hybrid H. Die beiden FIR (*finite impulse response*) Filter führen eine *matched* Filterung durch. Verwendet der Sender Wurzel Nyquist-1 Impulsformfilter mit reeller Impulsantwort $h(t)$, so sind die Empfangsfilter identisch mit den Sendefiltern. Das FIR Filter approximiert dann die Impulsantwort eines Wurzel Nyquist-1 Filters. In der komplexen Multiplikation wird die Phasendrehung des Kanals und des lokalen Oszillators, der wiederum durch den AFC (*automatic frequency control*) geregelt wird, beseitigt. Die Trägerphasensynchronisation realisiert die Schätzung der unbekannten Phase (siehe z.B. [7.10]). Die Symbolsynchronisation führt die Schätzung des optimalen Detektionszeitpunktes eines

Symbols durch, der in der Symboldetektion (mit Umwandlung in Bits) benötigt wird. Im Gegensatz zur Detektion arbeiten die anderen Elemente des Empfängers mit einem gegenüber der Symbolrate um den Faktor J erhöhten Takt. Auch hier gibt es unterschiedliche Implementierungskonzepte, um die Taktraten in den einzelnen Stufen zu reduzieren.

Ein einfacher jedoch nicht optimaler Algorithmus zur Trägerphasenschätzung und Demodulation ist die differentielle Demodulation. Hierbei wird ein komplexer Abtastwert mit einem Abtastwert des vergangenen Symbols verglichen (siehe z.B. [7.17]). Unter der Annahme, daß sich innerhalb eines Symbolintervalls die relative Trägerphase durch den Kanal nicht meßbar verschiebt, wird die absolute Trägerphasenverschiebung durch den Kanal eliminiert. Eine differentielle Demodulation benötigt eine differentielle Codierung im Sender.

Auf die nichtkohärenten Empfänger wird hier nicht näher eingegangen, da mit der Nichtberücksichtigung der Trägersignalphase immer ein Qualitätsverlust verbunden ist. Die meisten Empfänger realisieren deshalb eine kohärente Demodulation. Andererseits sind die Möglichkeiten der nichtkohärenten Implementierung sehr vielfältig [7.12] und damit systembedingt.

7.1.5 Einfluß von Störungen

Bitfehlerwahr-
scheinlichkeit: P_b

Zur Beurteilung der Qualität eines Übertragungssystems gibt es verschiedene Kriterien. Ein wichtiges Qualitätsmaß ist die *Bitfehlerwahrscheinlichkeit P_b*, die auch als Bitfehlerrate (*bit error rate*: BER) approximativ gemessen werden kann. In diesem Abschnitt wird nur der Einfluß des Modulationsverfahrens auf die Bitfehlerwahrscheinlichkeit betrachtet; weitere Komponenten des Übertragungssystems wie z.B. Codierer werden nicht berücksichtigt. Die Bitfehlerwahrscheinlichkeit wird dann durch das Modulationverfahren, den Übertragungskanal, die verwendete Empfängerstruktur und das additive Rauschen der Eingangsverstärker (AWGN) bestimmt.

P_b für lineare
Modulation;
AWGN Kanal

Zunächst wird ein verzerrungsfreier Übertragungskanal ohne zusätzliche Störungen durch andere Modulationssignale betrachtet, d.h. der AWGN Kanal. Wird ein *lineares* Modulationsverfahren verwendet und werden im Sender und Empfänger Wurzel Nyquist-1 Filter benutzt, so entsteht keine Intersymbolinterferenz (ISI). Der optimale Empfänger kann jedes Symbol einzeln entscheiden und muß keine Sequenzentscheidung durchführen. Mit ähnlichen Überlegungen wie in Abschnitt 6.4 kann dann P_b berechnet werden. Da in der Regel mehr als zwei Signalpunkte auftreten und diese auch unterschiedliche geometrische Abstände zueinander haben, ist die exakte Berechnung z.T. aufwendig (siehe [7.12]).

Eine *worst case* Approximation verwendet die exklusive Betrachtung der Signalpunkte mit der minimalen Euklidischen Distanz d_{ED}^{min}. Man erhält für die Bitfehlerwahrscheinlichkeit

$$P_b \approx Q\left(\sqrt{\frac{[d_{ED}^{min}]^2}{2N_0}}\right) = \frac{1}{2} \cdot \text{erfc}\left(\sqrt{\frac{[d_{ED}^{min}]^2}{4N_0}}\right). \qquad (7.40)$$

Die in Abschnitt 7.1.1.1 angegebenen minimalen Euklidischen Distanzen für lineare Modulationsverfahren können in (7.40) eingesetzt werden.

Wird eine 2-PSK als Modulationssignal betrachtet, so ist (7.40) exakt. Man erhält die gleiche Bitfehlerwahrscheinlichkeit wie bei einer bipolaren Basisbandübertragung nach Abschnitt 6.4, wenn man berücksichtigt, daß dann $[d_{ED}^{min}/2]^2 = E_b$ ist.

Wird ein höherwertiges ($M > 4$) Modulationsverfahren verwendet, so reduziert sich bei gleicher mittlerer Energie des Modulationssignals die minimale Euklidische Distanz. Die Kurven für die Bitfehlerwahrscheinlichkeit nach Abschnitt 6.4 verschieben sich zu größeren Werten von E_b/N_0. Es muß mehr Energie pro Bit aufgewendet werden, um bei gegebener Rauschleistungsdichte einen festgelegten Wert für P_b zu erreichen (siehe auch Abschnitt 6.8 zur Kanalkapazität). Vergleichskurven für unterschiedliche Modulationsverfahren und unterschiedliche Demodulationsverfahren sowie Empfängerstrukturen sind in [7.12] zu finden.

Eine zusätzliche Intersymbolinterferenz durch Filterung im Kanal vergrößert generell P_b (siehe z.B. [7.5]). Die Werte für P_b im AWGN Kanal bilden dann eine untere Schranke. P_b und ISI

Die Ableitung und Darstellung der Fehlerwahrscheinlichkeit für *nichtlineare* Modulationssignale als Funktion von Bitenergie und Rauschleistungsdichte findet man z.B. in [7.1].

7.2 Analoge Modulation

Im Laufe der letzten Jahrzehnte haben sich die digitalen aus den analogen Modulationsverfahren entwickelt. Die in diesem Buch verwendete, umgekehrte Reihenfolge und die stärkere Gewichtung der digitalen Verfahren berücksichtigt, daß inzwischen in fast allen

Kommunikationssystemen die analogen durch die digitalen Modulationsverfahren ersetzt wurden.[3] Zwei wichtige Kommunikationssysteme, das Fernsehen und der Rundfunk verwenden allerdings nach wie vor analoge Übertragungsverfahren. Aber auch hier wurden schon neue digitale Standards (Digital Video Broadcasting: DVB, Digital Audio Broadcasting: DAB) definiert. Bis auf Nischenbereiche, z.b. im *low cost* Bereich, werden die analogen Modulationsverfahren schon in der näheren Zukunft nicht mehr in Kommunikationssystemen verwendet werden.

Die analogen und digitalen Modulationsverfahren haben trotz vielfältiger Unterschiede im Detail prinzipielle Ähnlichkeiten, auf die im folgenden Abschnitt hingewiesen werden soll. Eine ausführlichere Behandlung der analogen Modulationsverfahren ist z.B. in [7.11] zu finden.

Beschreibung analoger Modulationssignale

Viele Überlegungen aus Abschnitt 7.1 lassen sich auf die Beschreibung analoger Modulationssignale übertragen, wenn man die digitalen Eingangsdaten $a(n \cdot T)$ durch ein analoges Zeitsignal $\tilde{a}(t)$ ersetzt. Entsprechend [7.11] wird im folgenden angenommen, daß das analoge Basisbansignal $\tilde{a}(t)$ einen Aussteuerungsbereich von $-A_0 \leq \tilde{a}(t) \leq A_0$ besitzt. Dann ist $a(t) = \tilde{a}(t)/A_0$ ein *normiertes, gleichspannungsfreies, analoges Basisbandsignal* im Bereich $-1 \leq a(t) \leq 1$. Das analoge Basisbandsignal kann wiederum in der Form $\tilde{a}(t) = A_0 \cdot a(t)$ dargestellt werden.

normiertes,
gleichspannungs-
freies, analoges
Basisbandsignal
$a(t) = \tilde{a}(t)/A_0$

Das Prinzip eines Modulationsverfahrens wird nicht durch die Form des Eingangssignals bestimmt. Deshalb lassen sich die Modulationsverfahren für analoge Basisbandsignale $a(t)$ ähnlich wie die digitalen Verfahren nach Abschnitt 7.1.1 strukturieren in:

- Amplitudenmodulation (Amplitude Modulation: AM)

- Quadraturmodulation (Quadrature Modulation: QM)

- Frequenzmodulation (Frequency Modulation: FM)

- Phasenmodulation (Phase Modulation: PM)

Die obigen Modulationssignale erzeugen Spektren, die zu beiden Seiten des Trägersignals liegen. Bis auf Quadraturmodulationssignale lassen sich unter Verwendung der Hilbert Transformierten von $a(t)$ auch Einseitenbandsignale (Single Sideband: SSB)

---
[3] Die Vorteile einer Digitalisierung sind hinreichend bekannt; auf sie wurde schon an anderen Stellen in diesem Buch hingewiesen.

7.2 Analoge Modulation

basierend auf einer AM, FM oder PM realisieren. Zur terrestrischen und zur Kabelübertragung eines Fernsehsignals wird die Amplitudenmodulation mit Restseitenband (RSB) verwendet. Die Einseitenband- und die Restseitenbandverfahren werden hier nicht betrachtet (siehe z.B. [7.4], [7.11]).   SSB und RSB

Zur Darstellung der verschiedenen Modulationssignale wird in diesem Abschnitt wie zur Beschreibung der digitalen Signale die komplexe Einhüllenden $\bar{x}(t)$ benutzt. Man erhält für das Modulationssignal $x(t)$

$$\begin{aligned}
x(t) &= \Re\left\{\bar{x}(t) \cdot e^{j2\pi f_0 t}\right\} \\
&= |\bar{x}(t)| \cdot \cos(2\pi f_0 t + \Phi(t)) \\
&= x_I(t) \cdot \cos(2\pi f_0 t) - x_Q(t) \cdot \sin(2\pi f_0 t) \quad , \quad (7.41)
\end{aligned}$$

mit $x_I(t) = \Re\{\bar{x}(t)\}$ und $x_Q(t) = \Im\{\bar{x}(t)\}$.

In (7.41) werden äquivalente Darstellungen des Modulationssignals mit Hilfe der komplexen Einhüllenden, von Betrag und Phase und der Quadraturkomponenten gegenübergestellt. Im folgenden wird untersucht, wie sich das analoge Basisbandsignal $a(t)$ auf die komplexe Einhüllende $\bar{x}(t)$ ($a(t) \rightarrow \bar{x}(t)$) und damit auf den Betrag, die Phase oder die beiden Komponenten des Modulationssignals $x(t)$ abbilden läßt.

Amplitudenmodulation (AM)

Amplitudenmodulierte Signale entstehen durch Modulation der Amplitude eines Trägersignals mit einem analogen Basisbandsignal $a(t)$. Das Basisbandsignal darf innerhalb des festgelegten Aussteuerungsbereichs prinzipiell beliebige Signalverläufe annehmen, die nur durch den vorgegebenen Frequenzbereich des Signals eingeschränkt werden. Die Amplitudenmodulation kann deshalb als Verallgemeinerung einer digitalen Bandpaß PAM angesehen werden, die nur die Signalverläufe der gefilterten, digitalen Datensignale verwendet.   Amplitudenmodulation: AM

Die AM ist ein lineares Modulationsverfahren. Eine Strukturierung der AM Verfahren führt auf eine Zweiseitenbandmodulation *mit* und *ohne* Trägersignal.

Zweiseitenbandmodulation mit Trägersignal

Die komplexe Einhüllende, die Quadraturkomponenten, Betrag und Phase eines AM Signals

$$x(t) = |\bar{x}(t)| \cdot \cos(2\pi f_0 t + \Phi(t)) = x_I(t) \cdot \cos(2\pi f_0 t) ,$$

(siehe auch Gl. 7.41) sind wie folgt definiert:

$$\bar{x}(t) = A_0 \cdot [1 + m \cdot a(t)] = x_I(t), \quad x_Q(t) = 0,$$
$$|\bar{x}(t)| = |A_0 \cdot [1 + m \cdot a(t)]|,$$
$$\Phi(t) = \begin{cases} 0 & : \quad m \cdot a(t) \leq 1 \\ \pi & : \quad m \cdot a(t) > 1 \end{cases} \tag{7.42}$$

Modulations-grad: m

Gleichanteil: A_0

m ist eine Konstante und wird als Modulationsgrad bezeichnet. Entsprechend Abb. 7.2 moduliert das analoge Signal $a(t)$ das Trägersignal. Die komplexe Einhüllende ist reell, da die zweite Quadraturkomponente Null ist. Ist der Modulationsgrad $m \leq 1$, so nimmt das analoge Signal $A_0 \cdot [1 + m \cdot a(t)]$, das einen additiven Gleichanteil $A_0 \cdot 1$ enthält, nur positive Werte von 0 bis $2A_0$ an. Die Trägersignalphase wird für $m \leq 1$ nicht verändert; das analoge Signal definiert die Einhüllende des Trägersignals. Für $m > 1$ kann das analoge Signal auch negativ werden. Wie in Abb. 7.2 ergeben sich nun beim Übergang von den positiven zu den negativen Werten (und umgekehrt) Phasensprünge von π im Trägersignal. Die Einhüllende des Trägersignals entspricht nicht mehr dem Basisbandsignal. AM Signale mit einem Modulationsgrad $m > 1$ können deshalb nur kohärent demoduliert werden.

Das nach (7.42) erzeugte AM Signal hat ein symmetrisches Spektrum zur Trägerfrequenz f_0 (siehe auch Abschnitt 7.1.3). Der Gleichanteil $A_0 \cdot 1$ in (7.42) erzeugt eine diskrete Spektrallinie bei der Trägerfrequenz, deren Leistung mit größer werdendem m relativ zur Gesamtleistung des Modulationssignals reduziert wird.

Zweiseitenbandmodulation ohne Trägersignal

Wird bei einer *Zweiseitenbandmodulation mit Trägersignal* die Gesamtleistung des Modulationssignals konstant gehalten und der Modulationsgrad stetig vergrößert, so ergibt sich im Grenzfall für $m \to \infty$ eine *Zweiseitenbandmodulation ohne Trägersignal*:

$$\bar{x}(t) = A_0 \cdot a(t) = x_I(t), \quad x_Q(t) = 0,$$
$$|\bar{x}(t)| = |A_0 \cdot a(t)|,$$
$$\Phi(t) = \begin{cases} 0 & : \quad a(t) \geq 0 \\ \pi & : \quad a(t) < 0 \end{cases}. \tag{7.43}$$

Im Modulationssignal nach (7.43) wird keine Leistung bei der Trägerfrequenz übertragen. Die Trägerfrequenz enthält auch kei-

7.2 Analoge Modulation

ne Information über das Basisbandsignal. Bei konstanter Gesamtleistung des Modulationssignals steht dem analogen Basisbandsignal im Vergleich zur *Zweiseitenbandmodulation mit Trägersignal* zusätzliche Sendeleistung zur Verfügung. Trotzdem wird in analogen Kommunikationssystemen fast immer eine *Zweiseitenbandmodulation mit Trägersignal* verwendet. Das Trägersignal wird bei analogen Modulationsverfahren zur Gewinnung des Referenzträgers bei einer kohärenten Demodulation benötigt.

Zur Optimierung der Leistungseffizienz wird in digitalen Modulationssignalen in der Regel keine Leistung bei der Trägerfrequenz übertragen. Ein Beispiel hierzu ist die bipolare 2-PAM (2-PSK), die als Spezialfall eines analogen Signals definiert werden kann. Aus digitalen Modulationssignalen kann die Trägerfrequenz mittels nichtlinearer Signalverarbeitung auch ohne Übertragung des Trägersignals zurückgewonnen werden.

Beispiel 2-PSK:
$$a(t) = \sum_{n=-\infty}^{+\infty} a[n] \, \text{rect}\left(\frac{t-nT}{T}\right)$$
mit $a[n] \subset [-1, 1]$

Quadraturmodulation (QM)

Quadraturmodulierte Signale ermöglichen die Übertragung zweier unabhängiger Basisbandsignale mit Hilfe der beiden Quadraturkomponenten $x_I(t)$ und $x_Q(t)$. QM Signale können nur kohärent demoduliert werden. Die QM wird z.B. zur Übertragung von zwei Farbartsignalen auf dem Farbhilfsträger des analogen Fernsehsignals (NTSC und PAL Norm) verwendet. QM Signale entsprechen den QAM Signalen der digitalen Modulation.

Quadraturmodulation: QM

Frequenzmodulation (FM)

Erzeugt die Amplitude des analogen Basisbandsignals $\tilde{a}(t)$ eine proportionale Frequenzänderung des Trägersignals, so erhält man *FM Signale*. Die FM ist wie die CPM nach Abschnitt 7.1.1.2 ein nichtlineares Modulationsverfahren. FM Signale sind wie folgt definiert:

Frequenzmodulation: FM

$$\begin{aligned}
\bar{x}(t) &= A_T \cdot e^{j2\pi K_{FM} \int_{-\infty}^{t} \tilde{a}(\tau)d\tau} \, , \\
x_I(t) &= A_T \cdot \cos\left(2\pi K_{FM} \int_{-\infty}^{t} \tilde{a}(\tau)d\tau\right) \, , \\
x_Q(t) &= A_T \cdot \sin\left(2\pi K_{FM} \int_{-\infty}^{t} \tilde{a}(\tau)d\tau\right) \, , \\
|\bar{x}(t)| &= A_T \, , \quad \Phi(t) = 2\pi K_{FM} \int_{-\infty}^{t} \tilde{a}(\tau)d\tau \, , \quad (7.44)
\end{aligned}$$

wobei für das Modulationssignal nach Gl. 7.41 u.a. gilt

$$x(t) = \mid \tilde{x}(t) \mid \cdot \cos(2\pi f_0 t + \Phi(t)) \ .$$

A_T ist die konstante Amplitude des Trägersignals. Wie bei der digitalen CPM (siehe auch Abb. 7.11) wird bei einer Frequenzmodulation zunächst das Eingangssignal $\tilde{a}(t)$ integriert und definiert die Phasenfunktion $\Phi(t)$. Die Frequenzänderung des Trägersignals $\Delta f(t) = \frac{1}{2\pi} \cdot \frac{d\Phi(t)}{dt}$ als Ableitung der Phasenfunktion nach der Zeit ist direkt proportional zur Spannungsänderung des Basisbandsignals. Der Proportionalitätsfaktor ist die Modulationskonstante K_{FM} (in *Hertz pro Volt*). Die maximale Frequenzabweichung von der Trägerfrequenz wird als Frequenzhub bezeichnet.

Momentanfrequenz:
$f(t) = f_0 + \Delta f(t)$

Modulationskonstante: K_{FM}

Da die Information in einem FM Signal nicht in der Amplitudenänderung sondern in der Frequenzänderung übertragen wird, ergeben sich Vorteile gegenüber der AM bei der Übertragung von FM Signalen über nichtlineare Verstärker. Durch eine Vergrößerung von K_{FM} und damit des Frequenzhubs wird das Spektrum eines FM Signals verbreitert, d.h. die benötigte Übertragungsbandbreite vergrößert. Diesem Nachteil steht der Vorteil einer erhöhten Rauschsignalunterdrückung entgegen. Die FM wird z.B. im terrestrischen UKW Rundfunk eingesetzt.

Phasenmodulation (PM)

Phasenmodulation: PM

Analog phasenmodulierte Signale erhält man, wenn in (7.44) auf die Integration des Basisbandsignals verzichtet wird. Eine Amplitudenänderung des analogen Basisbandsignals wird im *PM* Signal proportional in eine Phasenänderung des Trägersignals umgesetzt. Ein Nachteil eines Empfängers für PM Signale ist die um 3 dB reduzierte Rauschsignalunterdrückung gegenüber einem Empfänger für FM Signale, wenn zur Demodulation ein einfacher Frequenzdiskriminator verwendet wird.

Betrachtungen zu den spektralen Eigenschaften analoger Modulationssignale, die Darstellung von Sender- und Empfängerstrukturen, sowie die Untersuchung des Einflusses von Störungen auf analoge Modulationssignale sind z.B. in [7.11] zu finden.

7.3 Literatur

[7.1] Anderson, J. B., Aulin, Sundberg, C. E.: *Digital Phase Modulation*. Plenum Press, New York, 1986

[7.2] Bingham, J.: *Multicarrier modulation for data transmission: An idea whose time has come*. IEEE Communications Magazine, 28(5):5-14, 1990

[7.3] David, K., Benkner, T.: *Digitale Mobilfunksysteme*. Teubner-Verlag, Stuttgart, 1996

[7.4] Dorf, R. et al.: *The Electrical Engineering Handbook*. IEE Press, Boca Raton, 1993

[7.5] Forney, D. D.: *Maximum-likelihood sequence estimation of digital sequences in the presence of intersymbol interference*. IEEE Trans. on Inform. Theory, IT-18(5):363-378, 1972

[7.6] Huber, J.: *Trelliscodierung*. Springer-Verlag, Berlin, 1992

[7.7] ITU: *International telecommunication union*. http://www.itu.int/

[7.8] Kammeyer, K. D.: *Nachrichtenübertragung*. Teubner-Verlag, Stuttgart, 1996

[7.9] Maseng, T.: *Digitally phase modulated (dpm) signals*. IEEE Trans. on Commun., COM-33(9):911-918, 1985

[7.10] Meyr, H., Moeneclaey, M., Fechtel, S. A.: *Digital Communication Receivers*. Wiley, New York, 1997

[7.11] Mildenberger, O.: *Übertragungstechnik, Grundlagen analog und digital*. Vieweg-Verlag, Braunschweig/Wiesbaden, 1997

[7.12] Proakis, J. G.: *Digital Communications*. McGraw-Hill, New York, 1995

[7.13] Raheli, R., Polydoros, A., Tzou, C. K.: *Per-survivor processing: A general approach to mlse in uncertain environment*. IEEE Trans. on Commun., 43(2/3/4):354-364, 1995

[7.14] Simon, M. K., Omura, J. K., Scholtz, R. A., Levitt, B. A.: *Spread Spectrum Communications Handbook*. McGraw-Hill, New York, 1994

[7.15] Ungerboeck, G.: *Trellis-coded modulation with redundant signal sets part i and ii*. IEEE Communications Magazine, 25(2):5-22, 1987

[7.16] Viterbi, A. J.: *CDMA Principles of Spread Spectrum Communication*. Addison-Wesley, New York, 1995

[7.17] Webb, W. T., Hanzo, L.: *Modern Quadrature Amplitude Modulation*. Pentech Press, IEEE Press, London, 1995

Kapitel 8

Transformationen

von Martin Meyer

8.1 Einführung

Signale werden verarbeitet von Systemen. Diese bilden ein Eingangssignal $x(t)$ ab auf ein Ausgangssignal y(t). Sehr häufig benutzt man spezielle Systeme, nämlich lineare und zeitinvariante Systeme (LZI-Systeme). Bei allen linearen Systemen gilt das *Superpositionsgesetz*, welches die Berechnung der Reaktion $y(t)$ eines Systems auf ein Eingangssignal $x(t)$ stark vereinfacht: man zerlegt $x(t)$ in Summanden — Superposition

$$x(t) = \sum_k x_k(t) \Rightarrow y(t) = \sum_k y_k(t).$$

Im Zusammenhang mit LZI-Systemen ist es darum vorteilhaft, ein kompliziertes Signal darzustellen durch eine Summe von einfachen Signalen. Man nennt dies Reihenentwicklung, wovon es zahlreiche Varianten gibt: Potenzreihen, Fourier-Reihen, usw.

Für die Beschreibung von periodischen Signalen bewährt sich die *Fourier-Reihe*, also die Entwicklung in harmonische Komponenten: — Fourier-Reihe

$$x(t) = \frac{a_0}{2} + \sum_{k=1}^{\infty} \left(a_k \cos(k\omega_0 t) + b_k \sin(k\omega_0 t) \right).$$

Die Zahlen a_k und b_k heißen *Fourier-Koeffizienten*. — Fourier-Koeffizienten

Die Beliebtheit der Fourier-Reihe basiert auf mehreren Gründen:

- Ein stetiges periodisches Signal $x(t)$ wird durch die Fourier-Reihe beliebig genau approximiert, die Reihe kann aber unendlich lange sein.

Approximation	• Wird die Reihe vorzeitig abgebrochen (endliche Reihe), so ergibt sich wenigstens eine *Approximation* nach dem minimalen Fehlerquadrat.
	• Weist das Signal Sprungstellen auf, so tritt das sogenannte Gibbssche Phänomen auf: neben den Sprungstellen oszilliert die Reihensumme mit einem max. Überschwinger von ca. 9%, an den Sprungstellen ergibt sich das arithmtische Mittel zwischen linksseitigem und rechtsseitigem Grenzwert.
	• Die Koeffizienten a_k und b_k sind einfach zu berechnen.
Orthogonalalität	• Die Koeffizienten sind voneinander unabhängig. Möchte man eine Approximation verbessern, so kann man einfach weitere Glieder zur Reihe hinzufügen, ohne die bisherigen Koeffizienten neu berechnen zu müssen. Diese Eigenschaften haben ihre Ursache darin, daß die harmonischen Funktionen mit einem ganzzahligen Frequenzverhältnis ein *vollständiges Orthogonalitätssystem* bilden.
Eigenfunktionen	• Die harmonischen Funktionen sind Eigenfunktionen von linearen Differentialgleichungen mit konstanten Koeffizienten. Letztere beschreiben die bereits erwähnten LZI-Systeme. Die Abbildung einer harmonischen Funktion durch ein LZI-System ist deshalb besonders einfach: das Ausgangssignal ist ebenfalls harmonisch.
Spektrum	• Die Fourier-Koeffizienten beschreiben das Signal $x(t)$ vollständig, formal sieht das Signal nun aber ganz anders aus. Die neue Form ist aber oft sehr anschaulich interpretierbar, nämlich als *Spektrum*. Dieses stellt das Inventar der im Signal vorkommenden Frequenzen dar.
	• Rechnet man nur mit Spektren anstelle der Zeitsignale, so "verwandeln" sich die unangenehm zu lösenden Differentialgleichungen in einfach lösbare algebraische Gleichungen.
Arten von Transformationen	Die Fourier-Koeffizienten (FK) sind nur geeignet zur Beschreibung von periodischen Signalen. Für aperiodische Signale benutzt man die Fourier-Transformation (FT). Abgetastete Signale (darunter fallen auch die digitalen Signale) beschreibt man mit der Fourier-Transformation für Abtastsignale (FTA). In der Praxis wird die FTA angenähert durch die diskrete Fourier-Transformation (DFT), für die ein sehr effizienter Algorithmus in Form der schnellen Fourier-Transformation (FFT, fast fourier transform) zur Verfügung steht.

Die LZI-Systeme kann man auffassen als Untergruppe der Signale. Dies deshalb, weil LZI-Systeme durch eine charakteristische Funktion, die Stoßantwort $h(t)$, vollständig beschrieben werden. Diese Stoßantworten lassen sich demnach wie andere Signale transformieren mit der FT oder der FTA. Für Systeme benutzt man jedoch gerne analytische Erweiterungen dieser Transformationen, nämlich die Laplace-Transformation (LT) anstelle der FT und die z-Transformation (ZT) anstelle der FTA.

Wesentlich ist aber die Feststellung, daß alle sechs genannten Transformationen (FK, FT, LT, FTA, ZT und DFT/FFT) sehr eng verwandt sind, sie sind sogar alle auf die FT zurückführbar. Ebenso sind analoge und digitale Signale vom mathematischen Standpunkt her nahe verwandt. Schließlich besteht in der Theorie eine sehr enge Beziehung zwischen Signalen und Systemen. Achtet man auf diese Gemeinsamkeiten, so kann man die auf den ersten Blick umfangreiche Theorie stark reduzieren auf generelle Eigenschaften und Beziehungen.

Verwandtschaften

Ein grundlegendes Hilfsmittel für die Beschreibung analoger sowie digitaler Signale ist die Darstellung des Spektrums. Dieses zeigt die spektrale oder frequenzmäßige Zusammensetzung eines Signals. Das Spektrum ist eine Signaldarstellung im Frequenzbereich oder Bildbereich anstelle des ursprünglichen Zeitbereiches oder Originalbereichs. Die beiden Darstellungen sind durch eine eineindeutige (d.h. umkehrbare) mathematische Abbildung ineinander überführbar. Diese Umkehrbarkeit bedeutet, daß sich durch diese "Transformation in den Frequenzbereich" der Informationsgehalt des Signals nicht ändert, er wird nur anders dargestellt. Häufig ist ein Signal im Bildbereich bedeutend einfacher zu interpretieren als im Zeitbereich.

Frequenzbereich Bildbereich

8.2 Die Fourier-Reihe (FR)

Sinus/Cosinus-Darstellung:

$$x(t) = \frac{a_0}{2} + \sum_{k=1}^{\infty} \left(a_k \cos(k\omega_0 t) + b_k \sin(k\omega_0 t) \right)$$
$$a_k = \frac{2}{T} \int_0^T x(t) \cos(k\omega_0 t)\, dt, \quad b_k = \frac{2}{T} \int_0^T x(t) \sin(k\omega_0 t)\, dt$$
$$T = \frac{1}{f_0} = \frac{2\pi}{\omega_0} \text{ (Grundperiode von } x(t)\text{)}.$$
(8.1)

- Es sind nicht stets unendlich viele Koeffizienten notwendig, um ein Signal korrekt darzustellen. Dies hängt vielmehr von den Eigenschaften von $x(t)$ ab (nämlich davon, ob $x(t)$ bandbegrenzt ist oder nicht).

- Für die Berechnung der Koeffizienten muß über eine ganze Periode von $x(t)$ integriert werden. Es ist jedoch egal, wo der Startpunkt der Integration liegt.

- Die geraden Anteile von $x(t)$ bestimmen die Cosinus-Glieder, die ungeraden Anteile die Sinus-Glieder.

Gleichanteil
- Vor dem Summationszeichen der ersten Gleichung in (8.1) steht gerade das arithmetische Mittel von $x(t)$. Dieses entspricht dem Gleichanteil von $x(t)$.

Betrags/Phasen-Darstellung:

$$x(t) = \frac{A_0}{2} + \sum_{k=1}^{\infty} A_k \cos(k\omega_0 t + \varphi_k),$$
$$A_k = \sqrt{a_k^2 + b_k^2}, \; \varphi_k = -\arctan\frac{b_k}{a_k} + n\pi.$$

Betrags- und Phasenspektrum
Diese Form ist äquivalent zur Darstellung nach (8.1), sie ist aber meist anschaulicher interpretierbar. Man spricht von einem *Betragsspektrum* (Folge der A_k) und einem *Phasenspektrum* (Folge der φ_k).

Komplexe Darstellung:

$$x(t) = \sum_{k=-\infty}^{\infty} \underline{c}_k e^{jk\omega_0 t}, \; \underline{c}_k = \frac{1}{T}\int_0^T x(t)e^{-jk\omega_0 t}\,dt. \qquad (8.2)$$

- Das Integrationsintervall muß genau eine Periode überstreichen, der Startzeitpunkt ist egal.

- Diese Darstellung ist kompakter als die bisherigen, insbesondere entfällt die Spezialbehandlung des Gleichgliedes A_0. Der Hauptvorteil zeigt sich aber erst beim Übergang auf die Fourier-Transformation, indem sich dort eine fast gleichartige Schreibweise ergibt.

- Formal (nicht physikalisch!) treten nun negative Frequenzen auf, was für eine anschauliche Vorstellung Schwierigkeiten bereitet. Diese zweiseitigen Spektren eignen sich gut für theoretische Betrachtungen.

Falls $x(t)$ reell ist, gilt: $\underline{c}_{-k} = \underline{c}_k^*$.

Reelle Zeitsignale haben ein konjugiert komplexes Spektrum, d.h. der Amplitudengang ist gerade und der Phasengang ist ungerade.

Umrechnungsformeln:

$$a_k = A_k \cos(\varphi_k) = \underline{c}_k + \underline{c}_{-k} = 2\Re(\underline{c}_k),$$
$$b_k = -A_k \sin(\varphi_k) = j(\underline{c}_k - \underline{c}_{-k}) = -2\Im(\underline{c}_k),$$
$$A_k = 2\sqrt{\underline{c}_k \underline{c}_{-k}} = 2|\underline{c}_k| = 2|\underline{c}_{-k}| = \sqrt{a_k^2 + b_k^2},$$
$$\varphi_k = \arg(\underline{c}_k) = \arctan \frac{\Im(\underline{c}_k)}{\Re(\underline{c}_k)} = \arctan \frac{b_k}{a_k} + n\pi,$$
$$\underline{c}_k = \frac{A_k}{2} e^{j\varphi_k} = \frac{1}{2}(a_k - jb_k), \quad \underline{c}_{-k} = \frac{A_k}{2} e^{-j\varphi_k} = \frac{1}{2}(a_k + jb_k).$$

Allen Umrechnungsformeln ist gemeinsam, daß nur Koeffizienten der gleichen Frequenzen (in zweiseitiger Darstellung auch der entsprechenden negativen Frequenz) miteinander verrechnet werden.

Betrachtet man nur die Folge der Koeffizienten, so ergibt sich das Fourier-Reihen-Spektrum. Dieses ist in jedem Falle ein *Linienspektrum*, also ein diskretes Spektrum. Allgemein gilt: diskretes Spektrum

Periodische Signale haben ein diskretes Spektrum mit dem Linienabstand $\Delta f = 1/Periodendauer$.

8.3 Die Fourier-Transformation (FT)

8.3.1 Herleitung der Transformation

Auf aperiodische Signale kann man die Fourier-Reihentwicklung nicht direkt anwenden. Man kann jedoch die Periode T gegen ∞ streben lassen. Dieser Grenzübergang ist gestattet, falls $x(t)$ absolut integrierbar ist, d.h. falls gilt:

$$\int_{-\infty}^{\infty} |x(t)|\, dt < \infty. \qquad (8.3)$$

Für viele Signale sowie für die zur Systembeschreibung benutzten Impulsantworten stabiler LZI-Systeme trifft diese Voraussetzung zu.

Ein FR-Spektrum (d.h. das Sortiment der Koeffizienten) ist ein Linienspektrum. Der Abstand der Linien beträgt $f_0 = \frac{1}{T}$ auf der Frequenzachse (bzw. $\omega_0 = 2\pi f_0$ auf der Kreisfrequenzachse). Mit größer werdender Periodendauer rücken die Spektrallinien demnach näher zusammen. Im Grenzfall $T \to \infty$ verschmelzen sie zu einem kontinuierlichen Spektrum, dem Fourier-Spektrum.   kontinuierliches Spektrum

Ausgangspunkt ist die komplexe Darstellung der FR nach (8.2), wobei die Koeffizienten nach der rechten Gleichung in die Reihe eingesetzt werden (eckige Klammer). Dabei muß wegen der Eindeutigkeit die Integrationsvariable umbenannt werden. Zudem wurde das Integrationsintervall um die halbe Periodenlänge verschoben.

$$x(t) = \frac{1}{2\pi} \sum_{k=-\infty}^{\infty} \left[\int_{-T/2}^{T/2} x(\tau) e^{-jk\omega_0 \tau} \, d\tau \right] e^{jk\omega_0 t} \omega_0.$$

Der Grenzübergang $T \to \infty$ bewirkt die Übergänge $\omega_0 \to d\omega \to 0$, $k\omega_0 \to \omega$ und $\sum \to \int$:

$$x(t) = \frac{1}{2\pi} \int_{-\infty}^{\infty} \left\{ \int_{-\infty}^{\infty} x(\tau) e^{-j\omega\tau} \, d\tau \right\} e^{j\omega t} \, d\omega.$$

Der Ausdruck in der geschweiften Klammer wird als $X(j\omega)$ bezeichnet und separat geschrieben. Dadurch kann wiederum t statt τ verwendet werden. $X(j\omega)$ heißt *Fourier-Transformierte* (FT) von $x(t)$.

FT: $$X(j\omega) = \int_{-\infty}^{\infty} x(t) e^{-j\omega t} \, dt, \qquad (8.4)$$

IFT: $$x(t) = \frac{1}{2\pi} \int_{-\infty}^{\infty} X(j\omega) e^{j\omega t} \, d\omega. \qquad (8.5)$$

Die Beziehung 8.5 beschreibt die *Fourier-Rücktransformation* (IFT) von $X(j\omega)$.

Diese beiden Gleichungen gehören zu den grundlegendsten Beziehungen der Systemtheorie. $X(j\omega)$ entspricht den Fourier-Koeffizienten $\underline{c}_k$ und ist im allgemeinen komplexwertig.

Ist $x(t)$ dimensionslos, so hat $X(j\omega)$ gemäß (8.4) die Dimension "Amplitude mal Zeit" oder "Amplitude pro Frequenz". Es

Amplitudendichte handelt sich also um eine Amplitudendichte. Dies ist dadurch erklärbar, daß in (8.2) die Fourier-Koeffizienten $\underline{c}_k$ durch den Grenzübergang $T \to \infty$ zu Null werden. Man betrachtet deshalb nicht die verschwindende "Amplitude auf einer Frequenz" (also $\underline{c}_k$), sondern die endliche "Amplitude in einem Frequenzintervall $d\omega$" (also die Amplitudendichte $X(j\omega)$).

Die Gleichung (8.4) überführt ein Signal vom Zeitbereich in den Frequenzbereich. $x(t)$ und $X(j\omega)$ bilden eine *Korrespondenz*,

Korrespondenz wofür das Symbol

$$x(t) \circ\!\!-\!\!\bullet X(j\omega)$$

benutzt wird. Dieselbe Schreibweise wird auch für die Laplace- und z-Transformation gebraucht. Aufgrund der Argumente ($j\omega$, s oder z) sowie aus dem Zusammenhang ist stets klar, um welche Transformation es sich handelt.

8.3.2 Die Eigenschaften der Fourier-Transformation

Oft ist es mühsam, das Fourier-Integral (8.4) auszuwerten. Die meisten Überlegungen lassen sich aber durchführen mit der Kenntnis der Korrespondenzen einiger Elementarfunktionen, kombiniert mit den nachstehenden Eigenschaften der FT.

Die Betrachtung der Eigenschaften der FT führt direkt auf zahlreiche neue Korrespondenzen, darüberhinaus vertieft sich das Verständnis für die FT und schließlich können die Erkenntnisse bei der Fourier-Transformation für Abtastsignale (FTA, Abschnitt 8.5) und der diskreten Fourier-Transformation (DFT, Abschnitt 8.6) übernommen werden. Beweise und Herleitungen für die folgenden Eigenschaften finden sich u.a. in [8.4] und [8.7].

a) Linearität:

$$\sum_i k_i x_i(t) \circ\!\!-\!\!\bullet \sum_i k_i X_i(j\omega).$$

b) Dualität:

$$x(t) \circ\!\!-\!\!\bullet X(j\omega) \Leftrightarrow X(t) \circ\!\!-\!\!\bullet 2\pi \cdot x(-j\omega).$$

Stellen zwei Funktionen $x(t)$ und $X(j\omega)$ ein Fourier-Paar dar, so bilden $X(t)$ und $2\pi x(-j\omega)$ ebenfalls ein Fourier-Paar (duale Korrespondenz). Im allgemeinen ist aber $X(j\omega)$ komplex, d.h. die duale Korrespondenz bezieht sich auf ein komplexes Zeitsignal. Bei geradem $x(t)$ ergibt sich aber ein reelles $X(j\omega)$ und somit sofort eine neue Korrespondenz.

Diese Symmetrie hat noch andere weitreichende Konsequenzen. Da ein periodisches Signal ein diskretes (abgetastetes) Spektrum hat, hat umgekehrt ein abgetastetes (diskretes) Zeitsignal ein periodisches Spektrum. Dies ist genau der Fall der digitalen Signale.

c) Zeitskalierung (Ähnlichkeitssatz):

$$x(at) \circ\!\!-\!\!\bullet \frac{1}{|a|} \cdot X\left(j\frac{\omega}{a}\right).$$

d) Spiegelung:

$$x(t) \circ\!\!-\!\!\bullet X(j\omega) \Leftrightarrow x(-t) \circ\!\!-\!\!\bullet X(-j\omega) = X^*(j\omega).$$

Dies folgt aus dem Ähnlichkeitssatz mit $a = -1$. Die letzte Gleichung gilt nur für reellwertige Zeitsignale mit ihrem zwangsläufig konjugiert komplexen Spektrum.

e) Frequenzskalierung:
$$X(bj\omega) \circ\!\!-\!\!\bullet \frac{1}{|b|} x\left(\frac{t}{b}\right)$$

f) Zeit- Bandbreiteprodukt:
$$x\left(\frac{t}{t_n}\right) \circ\!\!-\!\!\bullet t_n X(j\omega t_n), \quad x(t\omega_n) \circ\!\!-\!\!\bullet \frac{1}{\omega_n} X\left(j\frac{\omega}{\omega_n}\right).$$

Zeit- und Frequenzskalierung sind voneinander abhängig. Normiert man die Zeitvariable auf t_n so wird automatisch die Frequenzvariable auf $\omega_n = 1/t_n$ normiert.

Zeit-Bandbreiteprodukt Bei Signalen definiert man oft eine Existenzdauer τ und eine Bandbreite W (es sind verschiedene Definitionen für W im Gebrauch). Streckt man nun beispielsweise die Zeitachse, so wird die Frequenzachse entsprechend gestaucht. Das Produkt aus τ und W ist unabhängig von der Streckung, es ist nur abhängig von der Signalform.

Kurz dauernde Signale haben breite Spektren. Ein schmales Spektrum bedeutet eine lange Signaldauer. Die Umkehrung gilt nicht, ein lange andauerndes Signal kann ein breites Spektrum haben (z.B. Rauschen). Hingegen kann obiger Merksatz etwas verallgemeinert werden: Schnell ändernde Signale haben ein breites Spektrum. Ein schmales Spektrum gehört zu einem sich nur langsam ändernden Signal.

Eine Konsequenz ergibt sich bei der Spektralanalyse, also der Messung eines Spektrums: möchte man eine feine Frequenzauflösung, so erfordert dies eine lange Meßzeit. "Das Zeit-Bandbreite-Produkt ist die Unschärferelation der Signalverarbeitung".

g) Zeitverschiebung:
$$x(t - \tau) \circ\!\!-\!\!\bullet X(j\omega) \cdot e^{-j\omega\tau}.$$

Es ändert sich nur das Phasenspektrum, nicht aber das Amplitudenspektrum!

h) Frequenzverschiebung (Modulationssatz):
$$X(j\omega - jW) \bullet\!\!-\!\!\circ x(t) \cdot e^{jWt}.$$

i) Differentiation im Zeitbereich:
$$\frac{d}{dt} x(t) \circ\!\!-\!\!\bullet j\omega \cdot X(j\omega).$$

Die Differentiation eines Signales verstärkt die hohen Frequenzanteile.

8.3 Die Fourier-Transformation (FT)

j) Integration im Zeitbereich:

$$\int_{-\infty}^{t} x(\tau)\,d\tau \circ\!\!-\!\!\bullet \frac{X(j\omega)}{j\omega} + \pi X(j0)\delta(\omega).$$

Wenn $x(t)$ nicht DC-frei ist, enthält das Spektrum des Integrals bei $\omega = 0$ einen Dirac–Stoß oder auch Ableitungen des Dirac–Stoßes.

k) Symmetrie:

$x(t)$	$X(j\omega)$
reell	konj. komplex
reell u. unger.	imag. u. unger.
reell u. gerade	reell u. gerade

$x(t)$	$X(j\omega)$
imag. u. gerade	imag. u. gerade
imag. u. unger.	reell u. unger.
konj. komplex	reell

Aufgrund der Verwandtschaft der verschiedenen Transformationen gelten diese Symmetrien auch für die komplexen Fourier-Koeffizienten, die Fourier-Transformation für Abtastsignale und die diskrete Fourier-Transformation.

l) Theorem von Parseval:

$$\int_{-\infty}^{\infty} |x(t)|^2\,dt = \frac{1}{2\pi} \int_{-\infty}^{\infty} |X(j\omega)|^2\,d\omega.$$

Die Signalenergie kann man im Zeit- oder Frequenzbereich berechnen.

m) Faltungssatz:

$$x_1(t) \cdot x_2(t) \quad \circ\!\!-\!\!\bullet \quad \frac{1}{2\pi} X_1(j\omega) * X_2(j\omega),$$

$$x_1(t) * x_2(t) \quad \circ\!\!-\!\!\bullet \quad X_1(j\omega) \cdot X_2(j\omega).$$

8.3.3 Die Fourier-Transformation von periodischen Signalen

Periodische Signale haben ein Linienspektrum, das durch die Koeffizienten der Fourier-Reihe beschrieben wird. Ein Fourier-Spektrum nach (8.4) ist hingegen kontinuierlich. Dank der Ausblendeigenschaft des Dirac–Stoßes können aber nun bestimmte Linien herausgefiltert werden. Somit lassen sich die Eigenschaften des periodischen Signals (diskretes Spektrum) mit den Eigenschaften der Beschreibungsart (kontinuierliches Spektrum) kombinieren.

Mit Hilfe des Modulationssatzes erhält man für $x(t) = 1$: $e^{j\omega_0 t} \circ\!\!-\!\!\bullet 2\pi\delta(\omega - \omega_0)$. Mit Hilfe der Eulerschen Formeln und

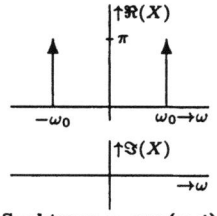

Spektrum v. cos $(\omega_0 t)$

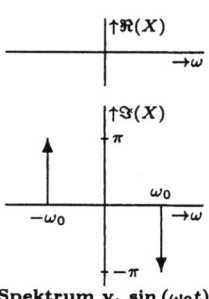

Spektrum v. sin $(\omega_0 t)$

durch Ausnutzen der Linearität der FT folgt:

$$\cos(\omega_0 t) = \frac{1}{2}\left(e^{j\omega_0 t} + e^{-j\omega_0 t}\right) \quad \circ\!\!-\!\!\bullet \quad \pi\left[\delta(\omega + \omega_0) + \delta(\omega - \omega_0)\right]$$

$$\sin(\omega_0 t) = \frac{1}{2j}\left(e^{j\omega_0 t} - e^{-j\omega_0 t}\right) \quad \circ\!\!-\!\!\bullet \quad j\pi\left[\delta(\omega + \omega_0) - \delta(\omega - \omega_0)\right]$$

Da das FT-Spektrum im allgemeinen komplexwertig ist, sind für die graphische Darstellung zwei Zeichnungen notwendig: Realteil von $X(j\omega)$/Imaginärteil von $X(j\omega)$ oder Betrag (Amplitude) von $X(j\omega)$/Argument (Phase) von $X(j\omega)$. Nebenstehende Bilder zeigen die Darstellung der Spektren der Cosinus- und der Sinus-Funktion.

Nun läßt sich die Fourier-Transformation eines beliebigen periodischen Signals $x_p(t)$ angeben. Sei $x(t)$ ein zeitbegrenztes Signal, das von $t = 0$ bis $t = T$ existiert. Durch periodische Fortsetzung mit T entsteht das Signal $x_p(t)$. Die Fourier-Koeffizienzen von $x_p(t)$ lauten nach (8.2):

$$\underline{c}_k = \frac{1}{T}\int_0^T x_p(t)e^{-jk\omega_0 t}\,dt = \frac{1}{T}\left[\int_0^T x(t)e^{-jk\omega_0 t}\,dt\right].$$

Die Integration überstreicht irgend eine Periode und kann darum über $x(t)$ oder $x_p(t)$ erfolgen. Betrachtet man nun die Fourier-Transformation des zeitlich beschränkten Signals $x(t)$:

$$X(j\omega) = \int_{-\infty}^{\infty} x(t)e^{-j\omega t}\,dt = \int_0^T x(t)e^{-j\omega t}\,dt$$

und vergleicht mit der eckigen Klammer weiter oben, so findet man die Beziehung zwischen der Fourier-Transformierten $X(j\omega)$ des zeitlich beschränkten Signals $x(t)$ und den Fourier-Koeffizienten seiner periodischen Fortsetzung $x_p(t)$:

$$\underline{c}_k = \frac{1}{T}X(jk\omega_0). \tag{8.6}$$

Damit ergibt sich eine Alternative zur Bestimmung der Fourier-Koeffizienten: man berechnet die FT von einer einzigen Periode bzw. benutzt Tabellen für die FT und wendet obige Gleichung an.

Ausgehend von der komplexen Fourier-Reihe und durch Ausnutzung der Linearität kann man schreiben:

$$\sum_{k=-\infty}^{\infty} \underline{c}_k e^{jk\omega_0 t} = x_p(t) \quad \circ\!\!-\!\!\bullet \quad X_p(j\omega) = 2\pi \sum_{k=-\infty}^{\infty} \underline{c}_k \delta(\omega - k\omega_0).$$

8.3 Die Fourier-Transformation (FT)

Wegen der Dirac–Stöße ergibt sich erwartungsgemäß ein Linienspektrum. Ersetzt man nun die Fourier-Koeffizienten durch die Fourier-Transformierte der 1. Periode, so ergibt sich:

$$X_p(j\omega) = 2\pi \sum_{k=-\infty}^{\infty} \underline{c}_k \delta(\omega - k\omega_0) = \frac{2\pi}{T} \sum_{k=-\infty}^{\infty} X(k\omega_0)\delta(\omega - k\omega_0).$$

Wegen der Ausblendeigenschaft kann genausogut geschrieben werden:

$$X_p(j\omega) = \frac{2\pi}{T} \sum_{k=-\infty}^{\infty} X(j\omega)\delta(\omega - k\omega_0) = \omega_0 X(j\omega) \sum_{k=-\infty}^{\infty} \delta(\omega - k\omega_0).$$

Wird ein Signal periodisch fortgesetzt, so wird sein Spektrum abgetastet.

Nun betrachten wir eine unendliche Folge von identischen Dirac–Stößen im Zeitbereich, der Abstand zwischen zwei Stößen sei T. Dirac-Stoßfolge Dieses Signal entsteht aus dem einzelnen Dirac–Stoß durch periodische Fortsetzung mit T und heißt darum δ_T. Das Spektrum kann nun sofort angegeben werden:

$$\delta_T(t) = \sum_{k=-\infty}^{\infty} \delta(t - kT) \;\circ\!\!-\!\!\bullet\; \omega_0 \sum_{k=-\infty}^{\infty} \delta(\omega - k\omega_0); \;\; \omega_0 = \frac{2\pi}{T}.$$

Eine Dirac–Stoßfolge hat als Spektrum eine Dirac–Stoßfolge!

Von $X(j\omega)$ gelangt man zu $X_p(j\omega)$ durch Abtasten, d.h. durch Multiplikation mit der Dirac–Stoßfolge. Im Zeitbereich bedeutet Dirac-Stoßfolge dies Falten der Zeitfunktionen, d.h. $x(t)$ wird wiederum mit einer Dirac–Stoßfolge gefaltet. Letztere Operation bedeutet periodisch Fortsetzen, also gelangt man im Zeitbereich von $x(t)$ zu $x_p(t)$.

Periodisch Fortsetzen heißt Abtasten des Spektrums. Wird ein Dirac–Stoß ($\delta(t) \;\circ\!\!-\!\!\bullet\; 1$) periodisch fortgesetzt, so werden aus der Konstanten im Spektrum periodisch Abtastwerte entnommen. Es ergibt sich darum auch im Bildbereich eine Dirac–Stoßfolge.

8.3.4 Tabelle einiger Fourier-Korrespondenzen

Zeitfunktion $x(t)$	Spektralfunktion $X(j\omega)$
$\delta(t)$	1
1	$2\pi\delta(\omega)$
$\text{sgn}(t)$	$\frac{2}{j\omega}$
$\varepsilon(t)$	$\pi\delta(\omega) + \frac{1}{j\omega}$
$\|t\|$	$-\frac{2}{\omega^2}$
t^n	$2\pi j^n \frac{d^n}{d\omega^n} \delta(\omega)$
$e^{-a\|t\|}$, $\Re(a) > 0$	$\frac{2a}{\omega^2 + a^2}$
$\varepsilon(t)e^{-at}$, $\Re(a) > 0$	$\frac{1}{j\omega + a}$
$\varepsilon(t)e^{-at}\frac{t^{n-1}}{(n-1)!}$, $\Re(a) > 0$	$\frac{1}{(j\omega + a)^n}$
$e^{j\omega_0 t}$	$2\pi\delta(\omega - \omega_0)$
$\cos(\omega_0 t)$	$\pi\left[\delta(\omega + \omega_0) + \delta(\omega - \omega_0)\right]$
$\sin(\omega_0 t)$	$j\pi\left[\delta(\omega + \omega_0) - \delta(\omega - \omega_0)\right]$
$\text{rect}\left(\frac{t}{T}\right)$	$T\frac{\sin(\omega T/2)}{\omega T/2} = T\text{si}\left(\frac{\omega T}{2}\right)$
$\text{tri}\left(\frac{t}{T}\right)$	$T\,\text{si}^2\left(\frac{\omega T}{2}\right)$
$\text{si}(\omega_0 t) = \frac{\sin(\omega_0 t)}{\omega_0 t}$	$\frac{\pi}{\omega_0}\text{rect}\left(\frac{\omega}{2\omega_0}\right)$
$\sum_{n=-\infty}^{\infty}\delta(t - nT)$	$\omega_0 \sum_{n=-\infty}^{\infty}\delta(\omega - n\omega_0)$, $\omega_0 = \frac{2\pi}{T}$

8.4 Die Laplace-Transformation (LT)

Die Fourier-Transformation hat die Einschränkung, daß das Integral (8.4) nicht für alle Funktionen konvergiert. Mit Hilfe des Dirac–Stoßes konnte wenigstens der Anwendungsbereich der FT auf die periodischen Signale ausgeweitet werden. Die Laplace-Transformation (LT) kann als analytische Fortsetzung der FT aufgefaßt werden, indem die Frequenzvariable nicht mehr eindimensional ($j\omega$) sondern zweidimensional (komplex: $s = \sigma + j\omega$) angesetzt wird. Der Gewinn ist derselbe wie beim Anwenden des Dirac–Stoßes: dank dem Dämpfungsfaktor $e^{-\sigma t}$ kann die Konvergenz des Integrals (8.4) erzwungen werden.

komplexe Frequenzvariable

Darüberhinaus bietet die LT weitere Vorteile, indem sie für die Beschreibung kausaler Systeme maßgeschneidert ist (PN-Schema). Schließlich ist die Rücktransformation einer

Laplace-Transformierten einfacher als diejenige einer Fourier-Transformierten, da bei ersterer die Residuenrechnung angewandt werden kann. In der Praxis umgeht man die Schwierigkeiten bei beiden Rücktransformationen meistens dadurch, daß man mit Tabellen arbeitet. Oft erspart man sich die Rücktransformation überhaupt und interpretiert alle Ergebnisse im Bildbereich.

Die Laplace-Transformation ist also besser geeignet für die Systembeschreibung, für die spektrale Darstellung eines Signals ist hingegen die Fourier-Transformation vorzuziehen. Für kausale und stabile Signale (d.h. Stoßantworten von LZI-Systemen) sind die beiden Beschreibungsarten gleichwertig und einfach ineinander überführbar.

8.4.1 Definition der Laplace-Transformation und Beziehung zur FT

In (8.4) wird $j\omega$ ersetzt durch $s = \sigma + j\omega$. Man erhält so die *zweiseitige Laplace-Transformation*: zweiseitige LT

$$x(t) \circ\!\!-\!\!\bullet X(s) = \int_{-\infty}^{\infty} x(t) e^{-st} \, dt. \qquad (8.7)$$

Der Zusammenhang zur FT wird besser sichtbar, wenn man in (8.7) die Frequenzvariable ausschreibt:

$$X(s) = \int_{-\infty}^{\infty} \left[x(t) e^{-\sigma t} \right] e^{-j\omega t} \, dt.$$

Die Laplace-Transformierte von $x(t)$ entspricht der Fourier-Transformierten von $x(t) \cdot e^{-\sigma t}$. Die Fourier-Transformierte eines Signals ist gleich dessen Laplace-Transformierten, ausgewertet auf der imaginären Achse. Der Faktor $e^{-\sigma t}$ wird zur Konvergenzbildung herangezogen. Damit kann man beispielsweise die Sprungfunktion $\epsilon(t)$ transformieren, ohne Distributionen benutzen zu müssen. Zusammenhang zur FT

Das Laplace-Spektrum $X(s)$ von $x(t)$ läßt sich in der komplexen s-Ebene so interpretieren, daß über jeder Parallelen σ=const. zur imaginären Achse das Fourier-Spektrum von $x(t) \cdot e^{\sigma t}$ aufgetragen ist. Bild 8.1 zeigt oben links den Betrag einer komplexwertigen Funktion, aufgetragen über der komplexen Ebene (es handelt sich um die Laplace-Transformierte $H(s)$ der Stoßantwort $h(t)$ eines zweipoligen Systems). Im Teilbild b) wurden alle Betragswerte im positiven Bereich der Dämpfungsachse (σ-Achse) auf Null gesetzt. Nun erscheint der Betrag der Fourier-Transformierten $H(j\omega)$ als Kontur über der $j\omega$-Achse ($\sigma = 0$). Diese Kontur ist nichts anderes als der Amplitudengang des Systems, der im Teilbild c) abgebildet ist.

Abbildung 8.1
Laplace-Transformierte über der s-Ebene und Kontur über $j\omega$-Achse

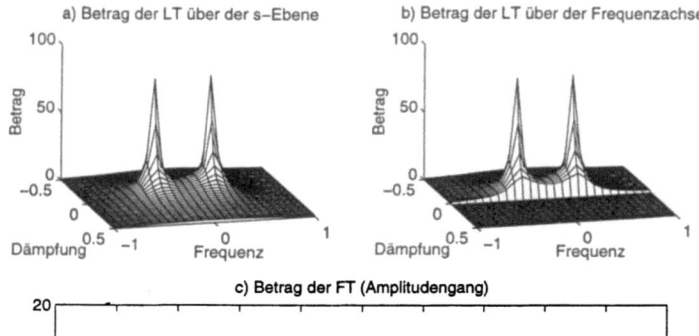

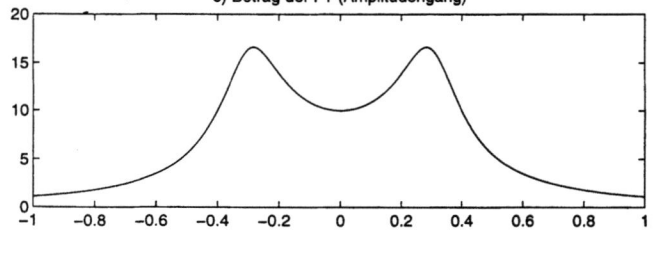

kausale Signale

einseitige LT

Häufig treten in der Technik *kausale Signale* auf (Stoßantworten, Einschwingvorgänge). Diese verschwinden für $t < 0$. Dadurch kann die untere Integrationsgrenze in (8.7) angepaßt werden und man gelangt zur *einseitigen Laplace-Transformation*:

$$x(t) \circ\!\!-\!\!\bullet\ X(s) = \int_{0^-}^{\infty} x(t) e^{-st}\, dt. \tag{8.8}$$

Durch die untere Integrationsgrenze 0^- lassen sich auch Dirac-Stöße bei $t = 0$ transformieren.

Auch Integrale nach (8.7) und (8.8) konvergieren nicht für alle Signale. Streng genommen muß daher für jede Transformierte der Konvergenzbereich mit angegeben werden. Im Falle der zweiseitigen LT gibt es unterschiedliche Signale mit gleichen Transformierten, jedoch unterschiedlichen Konvergenzbereichen. Die einseitige LT vermeidet dank der Beschränkung auf kausale Signale diese Mehrdeutigkeit.

Im Falle von kausalen Signalen sind die einseitige und die zweiseitige LT identisch.

Technisch realisierbare Systeme haben stets kausale Impulsantworten, ebenso sind Einschwingvorgänge kausale Signale. Aus diesen Gründen wird praktisch ausschließlich die einseitige LT verwendet und diese oft schlechthin als Laplace-Transformation bezeichnet.

Stabile Signale sind absolut integrierbar, sie gehorchen der Beziehung (8.3). Man kann zeigen, daß die Laplace-Transformierte (für ein- und zweiseitige LT) eines stabilen Signals auch für $\sigma = 0$ existiert. Folgerungen:

- Bei stabilen Signalen kann durch die Substitution $s \leftrightarrow j\omega$ zwischen FT und zweiseitiger LT gewechselt werden.   LT $\leftrightarrow$ FT Umrechnung

- Bei stabilen und kausalen Signalen kann durch die Substitution $s \leftrightarrow j\omega$ zwischen FT und einseitiger LT gewechselt werden.

Eigenschaften wie Kausalität und Stabilität sind nur auf Systeme anwendbar. LZI-Systeme werden jedoch durch Signale charakterisiert (Stoßantwort, Sprungantwort), weshalb man auch diesen Systemeigenschaften zuschreibt.

8.4.2 Die Eigenschaften der Laplace-Transformation

Da FT und LT in den technisch wichtigen Fällen durch eine formale Variablensubstitution ineinander übergehen, sind viele Eigenschaften identisch. Darüberhinaus hat die LT aber ihr alleine vorbehaltene Eigenschaften. Dank nachstehender Eigenschaften lassen sich wie bei der FT zahlreiche Korrespondenzen aufgrund von "Standard-Korrespondenzen" ableiten. Dies ist meist der bequemere Weg als die Auswertung des Integrals (8.8) [8.4].

a) Linearität:

$$\sum_i k_i x_i(t) \circ\!\!-\!\!\bullet \sum_i k_i X_i(s).$$

b) Verschiebung im Zeitbereich:

$$x(t-\tau) \circ\!\!-\!\!\bullet X(s)e^{-s\tau}.$$

Im Gegensatz zur FT ändert sich bei der LT bei einer Zeitverschiebung leider auch die Betragsfunktion!

c) Verschiebung im Frequenzbereich:

$$X(s-P) \bullet\!\!-\!\!\circ x(t)e^{Pt}.$$

d) Ähnlichkeitssatz:

$$x(at) \circ\!\!-\!\!\bullet \tfrac{1}{a} X\left(\tfrac{s}{a}\right), a > 0.$$

Zeit- und Frequenzskalierung sind auch hier nicht unabhängig voneinander und beide in obiger Gleichung enthalten. Für die einseitige LT muß a positiv sein, darum entfällt gegenüber dem Ähnlichkeitssatz der FT die Betragsbildung.

e) Differentiation im Zeitbereich:

$$\tfrac{d}{dt} x(t) \;\circ\!\!-\!\!\bullet\; sX(s) - x(0^-).$$

Bei kausalen Signalen verschwindet der linksseitige Grenzwert der Zeitfunktion. Es bleibt damit nur der erste Summand im Bildbereich. $x(0^-)$ beschreibt bei der Berechnung von Systemreaktionen die Anfangsbedingung. Dies begründet den Vorteil der Laplace-Transformation bei der Berechnung von Einschaltvorgängen. Für die zweite Ableitung gilt:

$$\tfrac{d^2}{dt^2} x(t) \;\circ\!\!-\!\!\bullet\; s^2 X(s) - s\, x(0^-) - \tfrac{d}{dt} x(0^-).$$

Höhere Ableitungen erhält man durch fortgesetztes Anwenden des Differentiationssatzes. Wiederum können die Anfangsbedingungen eingesetzt werden.

f) Differentiation im Frequenzbereich:

$$\tfrac{d^n}{ds^n} X(s) \;\bullet\!\!-\!\!\circ\; (-t)^n x(t).$$

g) Integration im Zeitbereich:

$$\int_{0^-}^{t} x(\tau)\, d\tau \;\circ\!\!-\!\!\bullet\; \tfrac{1}{s} X(s).$$

h) Erster Anfangswertsatz: Wert von $x(t)$ im Nullpunkt

$$x(0^+) = \lim_{s \to \infty} sX(s).$$

i) Zweiter Anfangswertsatz: Steigung im Nullpunkt

$$\frac{d}{dt} x(0^+) = \lim_{s \to \infty} \left(s^2 X(s) - sx(0^+) \right).$$

j) Endwertsatz:

$$\lim_{t \to \infty} x(t) = \lim_{s \to 0} sX(s).$$

Mit obigen Anfangswertsätzen und dem Endwertsatz können

Anfangswert, Anfangssteigung, Endwert

von $h(t)$ (Stoßantwort oder Impulsantwort) und von $a(t)$ (Schrittantwort oder Sprungantwort) eines LZI-Systems bestimmt werden, falls die jeweils links stehenden Grenzwerte existieren.

8.4 Die Laplace-Transformation (LT)

Bild 8.2 zeigt zur Veranschaulichung die Oszillogramme (Realteile!) der allgemeinen harmonischen Funktion $\underline{x}(t) = \varepsilon(t)e^{st}$ für verschiedene Punkte der s-Ebene. Punkte auf der $j\omega$-Achse entsprechen ungedämpften harmonischen Schwingungen, während Punkte in der linken Halbebene gedämpfte Schwingungen und Punkte in der rechten Halbebene anschwellende (instabile) Schwingungen darstellen. Monotone (d.h. nicht oszillierende) Signale liegen auf der reellen Achse.

harmonische Funktion

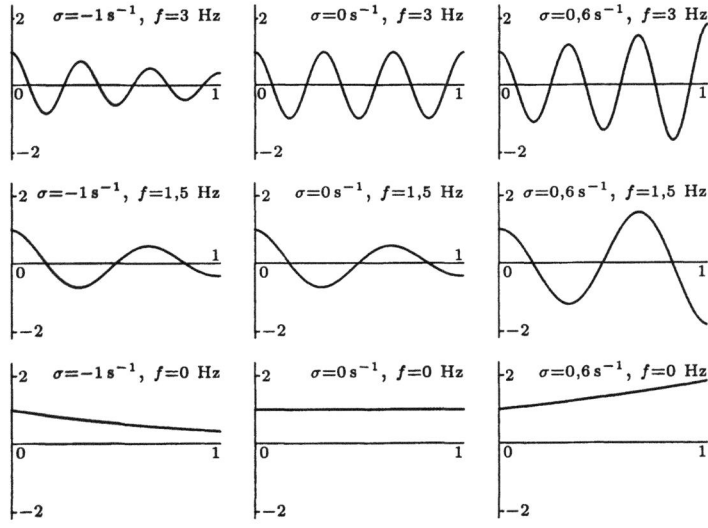

Abbildung 8.2
Realteile von $\underline{x}(t) = \varepsilon(t)e^{st}$ für verschiedene σ- und Frequenzwerte

8.4.3 Die inverse Laplace-Transformation

$$x(t) = \frac{1}{2\pi j} \int_{\sigma-j\infty}^{\sigma+j\infty} X(s)e^{st}\, ds. \qquad (8.9)$$

Der Integrationsweg muß im Konvergenzbereich von $X(s)$ verlaufen. Das Auflösen dieses Integrals ist mühsam und wird umgangen, indem man mit Tabellen arbeitet.

Die meisten technischen Systeme (nämlich die LZI-Systeme mit konzentrierten Parametern) lassen sich im Bildbereich beschreiben durch eine gebrochen rationale Funktion, also durch einen Quotienten von zwei Polynomen in s. Solch ein Quotient läßt sich aufspalten in Partialbrüche, die wegen der Linearität der LT einzeln zurücktransformiert werden dürfen.

Polynom-Quotient

8.4.4 Tabelle einiger Laplace-Korrespondenzen (einseitige Transformation)

Zeitfunktion $x(t)$	Bildfunktion $X(s)$	Konvergenzbereich
$\delta(t)$	1	alle s
$\varepsilon(t)$	$\frac{1}{s}$	$\Re(s) > 0$
$\varepsilon(t)t$	$\frac{1}{s^2}$	$\Re(s) > 0$
$\varepsilon(t)t^n$	$\frac{n!}{s^{n+1}}$	$\Re(s) > 0$
$\varepsilon(t)e^{-at}$	$\frac{1}{s+a}$	$\Re(s) > -\Re(a)$
$\varepsilon(t)te^{-at}$	$\frac{1}{(s+a)^2}$	$\Re(s) > -\Re(a)$
$\varepsilon(t)t^n e^{-at}$	$\frac{n!}{(s+a)^{n+1}}$	$\Re(s) > -\Re(a)$
$\varepsilon(t)\cos(\omega_0 t)$	$\frac{s}{s^2+\omega_0^2}$	$\Re(s) > 0$
$\varepsilon(t)\sin(\omega_0 t)$	$\frac{\omega_0}{s^2+\omega_0^2}$	$\Re(s) > 0$
$\varepsilon(t)\frac{\sin(\omega_0 t)}{t}$	$\arctan\left(\frac{\omega_0}{s}\right)$	$\Re(s) > 0$

8.5 Die Fourier-Transformation für Abtastsignale (FTA)

Nun werden zeitdiskrete Signale $x_a(t)$ betrachtet, die aus kontinuierlichen Signalen $x(t)$ durch Abtastung, d.h. Multiplikation mit einer Dirac-Stoßfolge, entstehen:

$$x_a(t) = x(t) \cdot \sum_{n=-\infty}^{\infty} \delta(t-nT) = \sum_{n=-\infty}^{\infty} x(t)\delta(t-nT). \qquad (8.10)$$

Nun wird die Ausblendeigenschaft des Dirac-Stoßes ausgenutzt:

$$x_a(t) = \sum_{n=-\infty}^{\infty} x(nT)\delta(t-nT) \stackrel{\triangle}{=} x(nT) = x[n]. \qquad (8.11)$$

Abtastwerte

T heißt Abtastintervall, $1/T = f_A$ ist die Abtastfrequenz. $x[n]$ ist eine Folge von Gewichten von Dirac-Stößen. Die Gewichte heißen auch Abtastwerte und entsprechen gerade den Signalwerten von $x(t)$ an den Stellen $t = nT$. Dank der Dirac-Funktion kann in

8.5 Die Fourier-Transformation für Abtastsignale (FTA)

(8.11) das abgetastete Signal sowohl als zeitkontinuierliche Funktion $x_a(t)$ als auch als zeitdiskrete Sequenz $x[n]$ beschrieben werden.

Digitale Signale sind zusätzlich zur Zeitquantisierung auch wertquantisiert. Als Folge davon entsteht ein *Quantisierungsrauschen*, das zum zeitdiskreten Signal addiert wird. In LZI-Systemen beeinflußt diese Addition die spektralen Eigenschaften nicht, weshalb hier das Quantisierungsrauschen nicht berücksichtigt wird.

Quantisierung

Das Spektrum von $x_a(t)$ wird berechnet, indem (8.11) der FT nach (8.4) unterworfen wird:

$$X_a(j\omega) = \int_{-\infty}^{\infty} \sum_{n=-\infty}^{\infty} x(nT)\delta(t-nT)e^{-j\omega t}\,dt.$$

Nun wird die Reihenfolge von Summation und Integration vertauscht. $x(nT)$ hängt nur noch implizit von t ab und kann darum vor das Integralzeichen geschrieben werden, wirkt also für die FT wie eine Konstante. Für die Lösung des verbleibenden Integrals wird die Definitionsgleichung des Dirac–Stoßes und die Ausblendeigenschaft benutzt:

$$\begin{aligned}X_a(j\omega) &= \sum_{n=-\infty}^{\infty} \int_{-\infty}^{\infty} x(nT)\delta(t-nT)e^{-j\omega t}\,dt = \\ &= \sum_{n=-\infty}^{\infty} x(nT)e^{-j\omega nT} \underbrace{\int_{-\infty}^{\infty} \delta(t-nT)\,dt}_{1}.\end{aligned}$$

Zur Unterscheidung gegenüber der "normalen" FT ändert man noch die Schreibweise. Da die Frequenzvariable $j\omega$ jetzt stets in der Form $e^{j\omega T}$ vorkommt, schreibt man $X(e^{j\Omega})$ statt $X_a(j\omega)$. Dabei ist Ω die auf die Abtastfrequenz normierte Kreisfrequenz. Dadurch gelangt man zur Fourier-Transformation für Abtastsignale (FTA):

FTA: $$X(e^{j\Omega}) = \sum_{n=-\infty}^{\infty} x[n]e^{-jn\Omega},\ \Omega = \omega T = \frac{\omega}{f_A}. \qquad (8.12)$$

Die inverse FTA ist nichts anderes als die Fourier-Reihenentwicklung einer (periodischen!) Spektralfunktion. Die Fourier-Koeffizienten liegen dann im Zeitbereich und entsprechen gerade den Abtastwerten:

IFTA: $$x[n] = \frac{T}{2\pi} \int_{-\pi/T}^{\pi/T} X(e^{j\Omega})e^{jn\Omega}\,d\omega. \qquad (8.13)$$

Das FTA-Spektrum ist periodisch und kontinuierlich, Ω kann

unterschiedliche Bezeichnungen

jeden Wert annehmen. Um es gleich klarzustellen: die FTA ist keine neue Transformation, es wurde ja lediglich die bekannte FT auf ein Abtastsignal angewendet. Demzufolge hat die FTA auch die gleichen Eigenschaften wie die FT.

Vorsicht ist geboten bei der Bezeichnung: manchmal wird die FTA als zeitdiskrete FT bezeichnet und mit FTD abgekürzt. Dies birgt die Gefahr der Verwechslung mit der diskreten FT (DFT), die einer Abtastung der FTA entspricht (vgl. Abschnitt 8.6). Zur besseren Unterscheidung verwenden wir die Abkürzung FTA, obwohl sie nicht verbreitet ist. In der amerikanischen Literatur wird manchmal auch die Bezeichnung DTFT (discrete time fourier transform) benutzt.

Nachstehend wird von (8.12) ausgehend gezeigt, daß das FTA-Spektrum periodisch in 2π ist:

$$X(e^{j(\Omega+k2\pi)}) = \sum_{n=-\infty}^{\infty} x[n]e^{-jn[\omega+k2\pi/T]T} =$$
$$= \sum_{n=-\infty}^{\infty} x[n]e^{-jn\omega T}\underbrace{e^{-jnk2\pi}}_{1} = X(e^{j\Omega}).$$

Das FTA-Spektrum läßt sich auch auf eine andere Art berechnen: Ausgehend von (8.10) und dem Faltungstheorem im Frequenzbereich sowie der Korrespondenz der Dirac–Stoßreihe wird:

$$X(e^{j\Omega}) = \frac{1}{2\pi} \cdot X(j\omega) * \omega_0 \sum_{n=-\infty}^{\infty} \delta(\omega-n\omega_0) = \frac{1}{T}X(j\omega) * \sum_{n=-\infty}^{\infty} \delta(\omega-n\omega_0).$$

In Worten: Abtasten heißt Multiplizieren mit einer δ-Folge, die Spektren werden also gefaltet. Falten mit einer δ-Folge heißt aber periodisch Fortsetzen:

$$X(e^{j\Omega}) = \frac{1}{T} \sum_{n=-\infty}^{\infty} X(j\omega - jn\omega_0) = \frac{1}{T} \sum_{n=-\infty}^{\infty} X\left(j\omega - j\frac{n2\pi}{T}\right).$$

Damit ist ein direkter Zusammenhang zwischen dem Spektrum $X(j\omega)$ des analogen Signals $x(t)$ und dem Spektrum $X(e^{j\Omega})$ des abgetasteten Signals $x_a(t)$ hergestellt:

Wird ein Signal abgetastet, so wird sein Spektrum periodisch fortgesetzt mit der Abtastfrequenz f_a bzw. ω_a und gewichtet mit dem Abtastintervall $T = 1/f_a$.

8.6 Die diskrete Fourier-Transformation (DFT)

8.6.1 Die Herleitung der DFT

Die FTA (8.12) hat dieselbe Beziehung zu den zeitdiskreten Signalen, wie sie die FT zu den analogen Signalen hat. Leider ist die FTA aber nicht praxistauglich, da über unendlich viele Abtastwerte summiert wird. Die diskrete Fourier-Transformation (DFT) stellt eine praxistaugliche Näherung an die FTA dar. Es wird sich zeigen, daß die DFT der Abtastung der FTA entspricht.

Beschränkt man sich bei der Auswertung der FTA (8.12) auf endlich viele, nämlich N Abtastwerte, so wird das ursprüngliche Signal nur während einer bestimmten Zeitdauer betrachtet. Dieses "Zeitfenster" heißt Window, N heißt Blocklänge. Das Zeitfenster hat eine Länge von NT Sekunden (T=Abtastintervall). Statt $X(e^{j\Omega})$ schreiben wir wieder $X_a(j\omega)$ und ersetzen ω durch $2\pi f$: Zeitfenster
Blocklänge

$$X_a(j\omega) = \sum_{n=0}^{N-1} x[n] e^{-jn\omega T} \Rightarrow X_a(j2\pi f) = \sum_{n=0}^{N-1} x[n] e^{-jn2\pi fT}.$$

Aus N komplexen (meistens aber reellen) Abtastwerten können höchstens N komplexe Amplituden (Spektralwerte) berechnet werden. Mehr ist aufgrund des Informationsgehaltes der N Abtastwerte gar nicht möglich. Die Frequenzachse wird darum diskret (endlich).

Das Spektrum eines abgetasteten Signals ist periodisch, die Periodendauer auf der Frequenzachse beträgt $\frac{1}{T}$. Es ist darum zweckmäßig, die N möglichen Frequenzen gleichmäßig im Bereich $-\frac{1}{2T} \cdots \frac{1}{2T}$ zu verteilen. Wegen dem periodischen Frequenzgang können die N Werte genauso gut über das gleich breite Frequenzintervall $0 \cdots \frac{1}{T}$ verteilt werden. Bei der DFT wählt man die zweite Variante. Der Abstand zwischen zwei möglichen Frequenzen beträgt damit auf der Frequenzachse $\frac{1}{NT}$, auf der ω-Achse $\frac{2\pi}{NT}$. Die Frequenzvariable kann somit diskret geschrieben werden: $j2\pi f \rightarrow j\frac{2\pi m}{NT}$, $m = 0, 1, \cdots, N-1$. Oben eingesetzt ergibt sich: diskrete
Frequenzachse

$$X_a\left(j\frac{2\pi m}{NT}\right) = \sum_{n=0}^{N-1} x[n] e^{-jn2\pi \frac{m}{NT} T}.$$

Der Faktor T kann gekürzt werden. Zudem vereinfacht man die Schreibweise, indem als Argument auf der linken Seite nur noch m (die einzige Variable) gesetzt wird. Die Spektralfunktion umfaßt jetzt nur noch diskrete Werte in gleichen Abständen, sie ist somit wie die Folge der Abtastwerte eine Sequenz. Deshalb schreibt man $X[m]$ anstelle von $X_a(m)$. Damit ist die DFT hergeleitet:

DFT: $$X[m] = \sum_{n=0}^{N-1} x[n] e^{-j2\pi \frac{m \cdot n}{N}}. \qquad (8.14)$$

IDFT: $$x[n] = \frac{1}{N} \sum_{n=0}^{N-1} X[m] e^{j2\pi \frac{m \cdot n}{N}}. \qquad (8.15)$$

$x[n]$ Folge der Abtastwerte (üblicherweise reell, darf aber auch komplexwertig sein)
$X[m]$ Folge der komplexen Amplituden
$n = 0, 1, \cdots, N-1$ Nummer der Abtastwerte
$m = 0, 1, \cdots, N-1$ Nummer der Spektrallinien, Ordnungszahl

Aufgrund der Herleitung der DFT ("Herauspicken" von äquidistanten Spektralwerten aus der FTA) ergibt sich der folgende Merksatz:

Das DFT-Spektrum ist die abgetastete Version des FTA-Spektrums. Es ist diskret und periodisch.

Das Abtastintervall T erscheint nicht mehr in der DFT-Gleichung. Die Frequenzachse ist nur noch in Ordnungszahlen skaliert. Der physikalische Bezug kann aber wieder hergestellt werden mit

$$f = \frac{m}{NT}, \quad \omega = \frac{2\pi m}{NT}.$$

8.6.2 Verwandtschaft mit der komplexen Fourier-Reihe

Das DFT-Spektrum ist ein Linienspektrum mit äquidistanten Linien (Linienabstand $= 1/NT$). Dies impliziert, daß die Zeitsequenz periodisch ist (Periode $= NT =$ Länge des Zeitfensters). Es muß deshalb ein Zusammenhang mit dem Linienspektrum der Fourier-Reihe bestehen.

Ein periodisches Signal $x(t)$ kann man in eine komplexe Fourier-Reihe nach (8.2) entwickeln. Um Verwechslungen mit dem Abtastintervall T zu vermeiden, wird jetzt die Periodendauer mit T_p bezeichnet. Ferner wird die Ordnungszahl mit m statt mit k bezeichnet. Die Folge der Koeffizienten lautet:

$$\underline{c}_m = \frac{1}{T_p} \int_0^{T_p} x(t) e^{-j2\pi \frac{1}{T_p} m t} \, dt.$$

8.6 Die diskrete Fourier-Transformation (DFT)

Im diskreten Fall wird das Integral ersetzt durch eine Riemannsche Summe gemäß den nachstehenden Korrespondenzen:

$x(t) \to x(nT) = x[n]$, $dt \to T$, $t \to nT$, $T_p \to NT$, $\int \to \sum$.

Aus obiger Gleichung wird dadurch:

$$\underline{c}_m = \frac{1}{NT} \sum_{n=0}^{N-1} x[n] e^{-j2\pi \frac{1}{NT} mnT} \cdot T = \frac{1}{N} \sum_{n=0}^{N-1} x[n] e^{-j2\pi \frac{nm}{N}}.$$

Ein Vergleich mit (8.14) ergibt den Zusammenhang zwischen den komplexen Fourier-Koeffizienten und der DFT:

$$\underline{c}_m = \frac{1}{N} \cdot X[m]. \qquad (8.16)$$

Bei (8.16) ist Voraussetzung, daß das Abtasttheorem eingehalten wird.

Den gleichen Zusammenhang haben wir mit (8.6) schon im kontinuierlichen Fall angetroffen. Da der konstante Faktor $1/N$ keinerlei Information enthält, ergibt sich der Merksatz:

Die Folge der komplexen Fourier-Koeffizienten und das DFT-Spektrum sind vom Informationsgehalt her gleichwertig!

Der Faktor $1/N$ bewirkt, daß die Fourier-Koeffizienten unabhängig von der Länge des Zeitfensters sind. Die DFT-Koeffizienten hingegen wachsen mit dem Zeitfenster an. Für die Praxis ist dies etwas gewöhnungsbedürftig, häufig wird darum das Resultat von DFT-Analysatoren vor der Darstellung durch N dividiert. Damit wird die physikalische Interpretation vereinfacht. — Skalierung

Das FR-Spektrum ist ein Linienspektrum, periodisch ist es aber im allgemeinen nicht (unendliche Reihe). Das DFT-Spektrum ist auch ein Linienspektrum, es ist aber zusätzlich auch periodisch, die Angabe der ersten Periode genügt somit (endliche Reihe, Länge N). Die Periode auf der Frequenzachse beträgt $1/T = f_A$ (Abtastfrequenz). Bezogen auf die Ordnungszahl bedeutet dies eine Periode in N. Das bedeutet, daß die Amplituden von $-N/2 \cdots 0$ sich wiederholen von $N/2 \cdots N$. Das DFT-Spektrum besteht aber nur aus den Linien einer einzigen Periode, numeriert von $0 \cdots N$. Die negativen Frequenzen kommen nicht (bzw. um N verschoben) vor, Bild 8.3. Diese Verschiebung ist nur dann fehlerfrei möglich, wenn das *Abtasttheorem* eingehalten — Abtasttheorem wurde, d.h. die FR-Koeffizienten über der halben Abtastfrequenz müssen verschwinden:

$$\underline{c}_m = 0 \text{ für } mf_0 \geq 0,5 f_A \; (f_0 = \text{Grundfrequenz}).$$

In welchem Bereich kann man nun die Ordnungszahl m variieren, ohne daß Frequenzen oberhalb der halben Abtastfrequenz auftreten? Mit $f_0 = 1/NT$ und $f_A = 1/T$ ergibt sich:

$$\frac{m}{NT} < \frac{1}{2T} \text{ d.h. } m < \frac{N}{2}.$$

Wenn also das Abtasttheorem eingehalten wurde, so bleibt die obere Hälfte des DFT-Spektralvektors leer, bzw. sie kann ohne Fehler zu verursachen mit der periodischen Fortsetzung der tieferen Spektrallinien aufgefüllt werden, Bild 8.3.

Aus einer reellen Zeitfolge mit N Abtastwerten können nicht N unabhängige komplexe Amplituden (das sind $2N$ reelle Zahlen!) berechnet werden. Es muß darum im Spektrum eine Abhängigkeit der einzelnen Amplitudenwerte bestehen: es ist konjugiert komplex. Dies entspricht der schon bei der normalen FT gefundenen Eigenschaft. Da die DFT der Abtastung der FTA entspricht und letztere direkt aus der FT abgeleitet wurde, gelten zahlreiche Eigenschaften der FT auch für die FTA und die DFT.

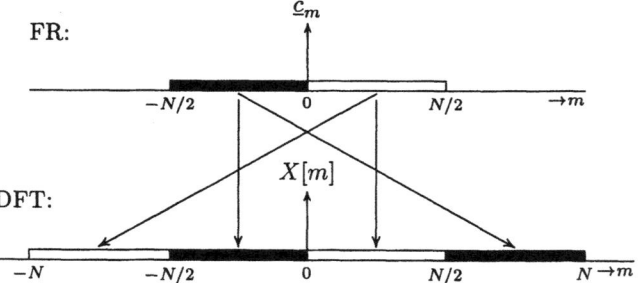

Abbildung 8.3
Enstehung der DFT durch periodische Fortsetzung

Es gibt theoretisch zwei Wege, um von einem beliebigen analogen aber bandbegrenzten Zeitsignal $x(t)$ zum DFT-Spektrum $X[m]$ zu gelangen, Bild 8.4. In der Praxis wird das Zeitsignal abgetastet, N Abtastwerte ausgewählt (Zeitfensterung) und die DFT-Formel angewandt. Dies entspricht dem Weg über die FTA, ohne daß die Zwischenschritte aber sichtbar sind. Bild 8.4 zeigt etwas sehr Schönes: die horizontalen Pfeile bezeichnen dieselbe Operation und zeigen vom kontinuierlichen Zeitbereich in den Frequenzbereich. Die vertikalen Pfeile hingegen bezeichnen auf den ersten Blick unterschiedliche Operationen. Der eine Pfeil ist jedoch im Zeitbereich, der andere im Frequenzbereich, und Abtasten in einem Bereich bedeutet periodisch Fortsetzen im anderen Bereich. Somit bezeichnen auch die vertikalen Pfeile dieselbe Operation und darum führen beide Wege zum selben Ziel.

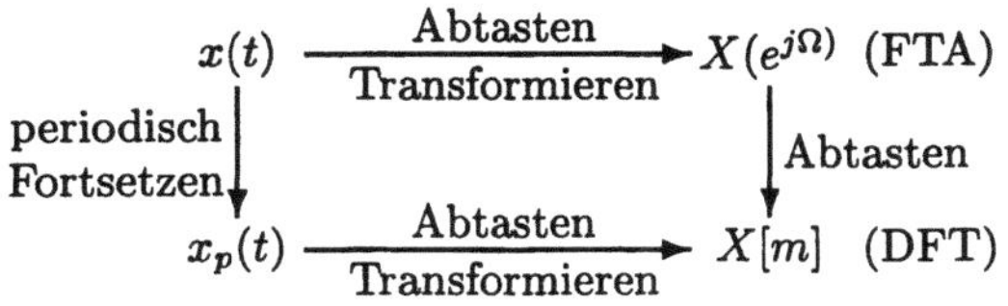

8.6 Die diskrete Fourier-Transformation (DFT)

$$x(t) \xrightarrow[\text{Transformieren}]{\text{Abtasten}} X(e^{j\Omega}) \text{ (FTA)}$$

periodisch Fortsetzen $\downarrow$ $\qquad\qquad\qquad\qquad$ $\downarrow$ Abtasten

$$x_p(t) \xrightarrow[\text{Transformieren}]{\text{Abtasten}} X[m] \text{ (DFT)}$$

Abbildung 8.4
Übergang von $x(t)$ zu $X[m]$

8.6.3 Die Eigenschaften der DFT

a) Die DFT ist periodisch in N: $X[m+N] = X[m]$. Beweis:

$$X[m+N] = \sum_{n=0}^{N-1} x[n] e^{-j2\pi \frac{(m+N)n}{N}} =$$
$$= \sum_{n=0}^{N-1} x[n] e^{-j2\pi \frac{mn}{N}} \underbrace{e^{-j2\pi n \frac{N}{N}}}_{1} = X[m].$$

b) Die DFT reeller Zeitsequenzen ist konjugiert komplex:
$X[N-m] = X[m]^*$. Beweis:

$$X[N-m] = \sum_{n=0}^{N-1} x[n] e^{-j2\pi \frac{(N-m)n}{N}}$$
$$= \sum_{n=0}^{N-1} x[n] e^{j2\pi \frac{mn}{N}} \underbrace{e^{-j2\pi \frac{N}{N}}}_{1} = X^*[m].$$

c) Die Symmetrieregeln der FR und der FT gelten unverändert (vgl. Abschnitt 8.3.2).

d) Verschiebungssatz

$$x[n-k] \circ\!\!-\!\!\bullet\ X[m] e^{-j2\pi \frac{k}{N}}.$$

e) Periodizität der Zeitsequenz:

Die DFT berechnet nicht das Spektrum des Signals im Zeitfenster, sondern das Spektrum von dessen periodischer Fortsetzung.

Die DFT transformiert eine beliebige Sequenz in ihr Spektrum. Falls die Sequenz aber nicht periodisch ist, ergeben sich Fehler, da durch die periodische Fortsetzung Sprungstellen entstehen, die im ursprünglichen Zeitsignal nicht vorhanden waren. Sowohl Bandbegrenzung als auch Zeitbegrenzung (Beschränkung auf N Abtastwerte) erfolgen mit dem Ziel, die zu verarbeitende Informationsmenge auf einen endlichen Wert zu beschränken. Die

erwähnten Fehler dürfen also nicht dem DFT-Algorithmus angelastet werden, sondern bilden eine prinzipielle Einschränkung.
f) Theorem von Parseval:

$$\sum_{n=0}^{N-1} |x[n]|^2 = \frac{1}{N} \sum_{n=0}^{N-1} |X[m]|^2.$$

Die IDFT nach (8.15) kann anders dargestellt werden:

$$x[n] = \frac{1}{N} \sum_{m=0}^{N-1} X[m] e^{j2\pi \frac{mn}{N}} = \frac{1}{N} \left[\sum_{m=0}^{N-1} X^*[m] e^{-j2\pi \frac{mn}{N}} \right]^*$$

Die rechte Seite sieht fast wie eine DFT aus, d.h. daß man sowohl die DFT als auch die IDFT mit praktisch demselben Algorithmus (der FFT!) durchführen kann.

8.6.4 Die schnelle Fourier-Transformation (FFT)

Rechenzeit

Für die Verarbeitungszeit in einem Rechner ist die Anzahl der Multiplikationen maßgebend, für die Abschätzung der Rechenzeit beschränkt man sich darum auf das Zählen dieser "wesentlichen" Operationen. Wertet man die DFT-Gleichung (8.14) für ein bestimmtes m aus, so sind dazu N komplexe Multiplikationen notwendig. Will man das ganze Spektrum berechnen (N DFTs), so sind dafür N^2 komplexe Multiplikationen notwendig. Bei reellen Zeitsequenzen genügt es allerdings, $N/2$ Spektralwerte zu berechnen, d.h. insgesamt $N^2/2$ komplexe Multiplikationen auszuführen, die restlichen Spektralwerte sind dann konjugiert komplex zu den berechneten. Trotzdem wird für großes N der Rechenaufwand rasch prohibitiv hoch.

Aufgrund der Periodizität der Winkelfunktionen sind aber zahlreiche Zwischenrechnungen für mehrere Spektralwerte identisch, die Berechnung von N DFTs ist also redundant. Cooley und Tukey haben 1965 den FFT-Algorithmus entwickelt (Fast Fourier Transform), der diese redundanten Berechnungen vermeidet. Das Resultat ist aber genau dasselbe wie bei der DFT.

Die FFT ist keine neue Transformation, sondern nur ein effizienter Algorithmus zur Berechnung von N DFTs.

Wenn also nur ein einziger Spektralwert interessiert, so wendet man besser die DFT an.

Die Idee des FFT-Algorithmus besteht darin, eine lange Zeitsequenz in zwei kurze aufzuteilen. Damit werden zwei DFTs mit halber Blocklänge berechnet, was wegen dem quadratischen Ansteigen des Rechenaufwandes eine Einsparung bringt. Die beiden halbierten Blöcke können weiter unterteilt werden. Im Prinzip ist jede Unterteilung von N in ganzzahlige Blöcke verwendbar (mathematisch entspricht dies einer Zerlegung in Primfaktoren). Sehr vorteilhaft ist es, wenn N eine Zweierpotenz ist, da dann einerseits eine Unterteilung bis auf lauter Teilblöcke der Länge 2 vorgenommen werden kann, anderseits aber auch noch die Symmetrieeigenschaften der trigonometrischen Funktionen ausgenutzt werden können. Zudem läßt sich der Algorithmus in diesem Falle sehr effizient programmieren. Die Zerlegung ist unmöglich, wenn N eine Primzahl ist [8.3], [8.10]. *Prinzip der FFT*

Der FFT-Algorithmus ist das "Arbeitspferd" der digitalen Signalverarbeitung, da damit auch Faltungen ausgerechnet werden können ("schnelle Faltung", trotz dem Umweg!). Bei der Blocklänge $N = 1024$ benötigen N DFTs etwa 1 Million wesentliche Operationen, die FFT dagegen kommt mit 5000 aus.

8.7 Die z-Transformation (ZT)

8.7.1 Definition der z-Transformation und Beziehung zur FTA

Die z-Transformation ist eine Erweiterung der FTA auf komplexe Frequenzen, so wie die Laplace-Transformation eine Erweiterung der FT auf komplexe Frequenzen darstellt. Genauso ist auch der Anwendungsbereich: grundsätzlich können alle Signale und somit auch die Systemfunktionen mit der FT oder LT (analoge Signale) bzw. FTA oder ZT (diskrete Signale) dargestellt werden. Die Vorteile der LT und ZT entfalten sich bei der Beschreibung von Systemfunktionen (der Transformation der Impulsantwort in die Übertragungsfunktion), da die Lage der Pole und Nullstellen anschauliche Rückschlüsse auf den Frequenzgang des Systems zuläßt. Wie bei der LT werden zweiseitige und einseitige ZT definiert, letztere für kausale Impulsantworten. Unentbehrlich wird die ZT bei der Beschreibung von rekursiven digitalen Systemen, da man mit der ZT eine unendlich lange Folge von Abtastwerten im z-Bereich geschlossen darstellen kann.

$$\begin{array}{ccc} \text{imaginäre Frequenzvariable} & \longrightarrow & \text{FT} \ / \ \text{FTA} \\ \downarrow & & \downarrow \quad \downarrow \\ \text{komplexe Frequenzvariable} & \longrightarrow & \text{LT} \ / \ \text{ZT} \end{array}$$

Ein diskretes Signal $x[n]$ wird mit der FTA (8.12) beschrieben. Nun wird diese Gleichung umgeschrieben, indem in $j\Omega = j\omega T$ die Frequenzvariable $j\omega$ ersetzt wird durch $s = \sigma + j\omega$:

$$x[n] \circ\!\!-\!\!\bullet X(e^{sT}) = \sum_{n=-\infty}^{\infty} x[n] e^{-nsT}.$$

Dies entspricht der Laplace-Transformation für Abtastsignale, die in dieser Form jedoch nicht benutzt wird. Nun führt man eine Abkürzung ein:

$$z = e^{sT}. \qquad (8.17)$$

Aus obiger Transformationsgleichung wird daraus die z-Transformation:

$$\text{zweiseitige ZT:} \quad x[n] \circ\!\!-\!\!\bullet X(z) = \sum_{n=-\infty}^{\infty} x[n] z^{-n},$$

$$\text{einseitige ZT:} \quad x[n] \circ\!\!-\!\!\bullet X(z) = \sum_{n=0}^{\infty} x[n] z^{-n}.$$

Die ZT ist eine Abbildung vom diskreten Zeitbereich in den kontinuierlichen und komplexen z-Bereich. Die Transformierte existiert nur in ihrem Konvergenzbereich, der nicht die ganze z-Ebene umfassen muß. Verschiedene Sequenzen mit unterschiedlichen Konvergenzbereichen können dieselbe Bildfunktion haben. Bei der einseitigen ZT tritt diese Mehrdeutigkeit aber nicht auf. Für kausale Signale sind die einseitige und die zweiseitige ZT identisch.

$X(z)$ scheint unabhängig vom Abtastintervall T zu sein. T ist aber in z versteckt.

Zusammenhang zur FTA:

$$X(z) = \sum_{n=-\infty}^{\infty} x[n] z^{-n} = \sum_{n=-\infty}^{\infty} x[n] e^{-(\sigma+j\omega)nT} =$$
$$= \sum_{n=-\infty}^{\infty} \underbrace{x[n] e^{-\sigma nT}}_{x[n]'} e^{-j\omega nT} = FTA\big(x[n]'\big).$$

Für $\sigma = 0$, d.h. $z = e^{j\omega T}$ wird $x[n]' = x[n]$.

Die FTA ist gleich der ZT, ausgewertet auf dem Einheitskreis.

Analogie: Die FT ist gleich der LT, ausgewertet auf der imaginären Achse.

Die Tabelle zeigt die Abbildung der s-Ebene auf die z-Ebene aufgrund Gleichung (8.17):

8.7 Die z-Transformation (ZT)

komplexe s-Ebene	komplexe z-Ebene
$j\omega$-Achse	Einheitskreis
linke Halbebene	Inneres des Einheitskreises
rechte Halbebene	Äußeres des Einheitskreises
$s = 0$	$z = +1$
$s = \pm j2\pi f_A/2 = \pm j\pi/T$ (Nyquistfrequenz)	$z = -1$
$s = \pm j2\pi f_A = \pm j2\pi/T$ (Abtastfrequenz)	$z = +1$

Alle Punkte der $j\omega$-Achse mit $\omega = k2\pi f_A$ werden auf $z = +1$ abgebildet. Alle Punkte der $j\omega$-Achse mit $\omega = (2k+1)\pi f_A$ werden auf $z = -1$ abgebildet. Der Trick der z-Transformation besteht also darin, daß die unendliche aber periodische Frequenzachse kompakt im Einheitskreis dargestellt wird. Die verschiedenen Perioden fallen dabei genau aufeinander. Die ZT ist darum maßgeschneidert für die Beschreibung von digitalen Systemen mit ihrem periodischen Frequenzgang.

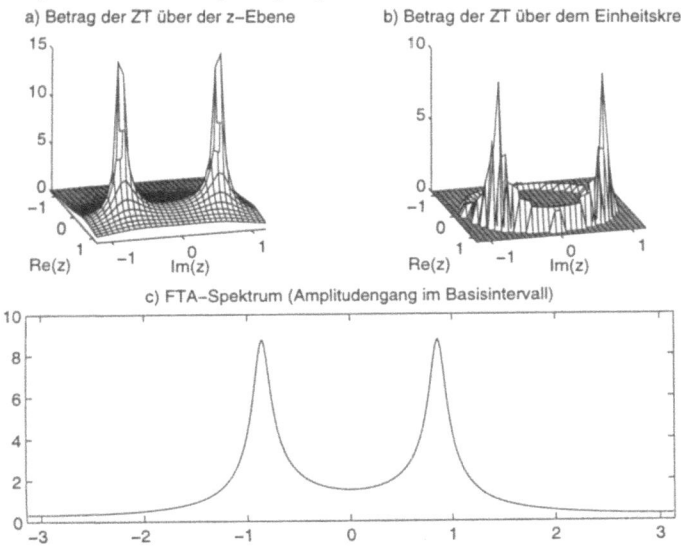

Abbildung 8.5 Beziehungen zwischen der ZT (oben) und der FTA (unten)

Das Spektrum eines Abtastsignales ist periodisch in $f_A = 1/T$, das sog. Basisintervall reicht von $-f_A/2$ bis $+f_A/2$. Auf der Kreisfrequenzachse reicht das Basisintervall von $-2\pi f_A/2$ bis $2\pi f_A/2$. Der Faktor 2 wird gekürzt und f_A durch $1/T$ ersetzt. Somit reicht das Basisintervall von $-\pi/T$ bis π/T. Mit (8.17) wird damit das Basisintervall auf $z = e^{-j\pi} = -1$ bis $z = e^{j\pi} = -1$ abgebildet. Der Einheitskreis wird also genau einmal durchlaufen, Bild 8.5 (vgl. auch mit Bild 8.1).

Gerne arbeitet man mit der auf $f_A = 1/T$ normierten Kreisfrequenz. Das Basisintervall (auch Nyquistintervall genannt) reicht dann von $\omega T = -\pi$ bis $\omega T = \pi$. Somit kann man die Frequenzachse unabhängig von der tatsächlichen Abtastfrequenz beschriften.

8.7.2 Eigenschaften der z-Transformation

a) Linearität:

$$\sum_i k_i x_i[n] \circ\!\!-\!\!\bullet \sum_i k_i X_i[z].$$

b) Zeitverschiebung:

$$x[n-k] \circ\!\!-\!\!\bullet z^{-k} X(z).$$

Bei der einseitigen ZT gilt dies nur für $k \geq 0$ (Verzögerung) und kausale Signale. Andernfalls ist eine Modifikation notwendig.

c) Faltung im Zeitbereich:

$$x_1[n] * x_2[n] \circ\!\!-\!\!\bullet X_1(z) X_2(z), \quad x[n] * \delta[n] = x[n].$$

Der Einheitsimpuls $\delta[n]$ ist das *Neutralelement* bei der Faltung.

d) Multiplikation mit einer Exponentialfolge:

$$a^n x[n] \circ\!\!-\!\!\bullet X\left(\frac{z}{a}\right).$$

Dies entspricht der Frequenzverschiebung bei der DFT.

e) Multiplikation mit der Zeit:

$$n \cdot x[n] \circ\!\!-\!\!\bullet -z \frac{d X(z)}{dz}.$$

f) Anfangswerttheorem (nur für einseitige ZT):

$$x[0] = \lim_{z \to \infty} X(z) \text{ falls } x[n] = 0 \text{ für } n < 0.$$

Voraussetzung: der Grenzwert existiert.

g) Endwerttheorem (nur für einseitige ZT):

$$\lim_{n \to \infty} x[n] = \lim_{z \to 1}[(z-1)X(z)].$$

Voraussetzung: der Grenzwert existiert.

Zum Schluß zeigt die folgende Tabelle den Zusammenhang der verschiedenen Transformationen und die Eigenschaften der dabei beteiligten Signale bzw. Spektren:

8.7 Die z-Transformation (ZT)

Zeitsignal		Transformation	Spektrum	
periodisch	diskret		periodisch	diskret
		FT/LT		
x		FK		x
	x	FTA/ZT	x	
x	x	DFT	x	x

Abkürzungen:
FT   Fourier-Transformation   LT Laplace-Transformation
FK   Fourier-Reihen-Koeffizienten
FTA Fourier-Transformation f. Abtastsignale   ZT z-Transformation
DFT Diskrete Fourier-Transformation

8.7.3 Die inverse z-Transformation

$$x[n] = \frac{1}{2\pi j} \oint X(z) z^{n-1} \, dz.$$

Für die Praxis ist diese formale Rücktransformation viel zu mühsam. Bequemere Methoden sind:

- Benutzung von Tabellen.

- Partialbruchzerlegung und gliedweise Rücktransformation (Ausnutzung der Linearität).

- Fortlaufende Division (Erzeugen eines Polynoms in z^{-k}). Dies ist wichtig, um eine Konstante abzuspalten, falls Zählergrad = Nennergrad. Mit dem Rest wird eine Partialbruchzerlegung durchgeführt.

Systemfunktionen von zeitdiskreten LZI-Systemen haben eine z-Transformierte in Form eines Polynomquotienten. Deshalb sind die beiden letztgenannten Methoden oft anwendbar.

8.7.4 Tabelle einiger z-Korrespondenzen

Zeitsequenz	Bildfunktion $X(z)$	Konvergenzbereich
$\delta[n]$	1	alle z
$\varepsilon[n]$	$\frac{z}{z-1} = \frac{1}{1-z^{-1}}$	$|z| > 1$
$\varepsilon[n] \cdot n$	$\frac{z}{(z-1)^2}$	$|z| > 1$
$\varepsilon[n] \cdot n^2$	$\frac{z(z+1)}{(z-1)^3}$	$|z| > 1$
$\varepsilon[n] \cdot e^{-an}$	$\frac{z}{z-e^{-a}}$	$|z| > e^{-a}$
$\varepsilon[n] \cdot n \cdot e^{-an}$	$\frac{ze^{-a}}{(z-e^{-a})^2}$	$|z| > e^{-a}$
$\varepsilon[n] \cdot n^2 \cdot e^{-an}$	$\frac{ze^{-a}(z+e^{-a})}{(z-e^{-a})^3}$	$|z| > e^{-a}$
$\varepsilon[n] \cdot a^n$	$\frac{z}{z-a} = \frac{1}{1-az^{-1}}$	$|z| > a$
$\varepsilon[n] \cdot n \cdot a^n$	$\frac{az}{(z-a)^2}$	$|z| > a$
$\varepsilon[n] \cdot n^2 \cdot a^n$	$\frac{az(a+z)}{(z-a)^3}$	$|z| > a$
$\varepsilon[n] \cdot n^3 \cdot a^n$	$\frac{az(a^2+4az+z^2)}{(z-a)^4}$	$|z| > a$
$\varepsilon[n] \cdot \cos(\omega_0 n)$	$\frac{1-z^{-1}\cos(\omega_0)}{1-2z^{-1}\cos(\omega_0)+z^{-2}}$	$|z| > 1$
$\varepsilon[n] \cdot \sin(\omega_0 n)$	$\frac{z^{-1}\sin(\omega_0)}{1-2z^{-1}\cos(\omega_0)+z^{-2}}$	$|z| > 1$
$\varepsilon[n] \cdot \frac{1}{n!}$	$e^{1/z}$	$|z| > 0$

8.8 Praktische Spektralanalyse mit der DFT/FFT

Die Grundlage bildet die DFT bzw. der FFT-Algorithmus, woraus sich ein Linienspektrum ergibt. Insgesamt verteilen sich N Linien gleichmäßig im Frequenzbereich $0 \cdots f_A$, wovon bei reellen Zeitsignalen nur die ersten $N/2$ Linien interessant sind. Die Frequenzauflösung beträgt somit $f_A/N = 1/NT$.

Frequenzauflösung = 1/Länge des Zeitfensters.

Möchte man die Frequenzauflösung verbessern, so muß die Abtastfrequenz verkleinert werden (unter Verlust der höherfrequenten

8.8 Praktische Spektralanalyse mit der DFT/FFT

Informationen) oder die Blocklänge vergrößert werden (was einen grösseren Speicherbedarf und eine längere Berechnungszeit für die FFT nach sich zieht). Mit der Zoom-FFT ist es aber möglich, einen wählbaren Auschnitt der Frequenzachse mit erhöhter Auflösung zu betrachten (Frequenzlupe) [8.1].

8.8.1 Periodische Signale

Die DFT impliziert ein periodisches Zeitsignal, indem sie die periodische Fortsetzung des Signals im Zeitfenster transformiert. Abtastfrequenz und Blocklänge müssen darum so auf das Signal abgestimmt sein, daß eine ganze Anzahl Perioden im Zeitfenster liegen. Die Abtastfrequenz soll deshalb, wenn immer möglich aus dem zu messenden Signal abgeleitet werden, Bild 8.6.

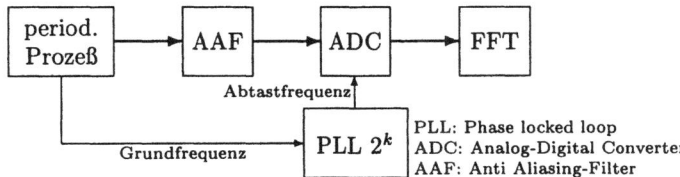

Abbildung 8.6
FFT-Analyse eines periodischen Signales

8.8.2 Quasiperiodische Signale

Die quasiperiodischen Signale haben ein kontinuierliches Spektrum mit dominanten Linien, für deren Größe man sich primär interessiert. Eine periodische Fortsetzung des Signalausschnittes im FFT-Fenster führt aber zu Sprungstellen, die im ursprünglichen Signal nicht vorhanden waren. Diese Sprungstellen erzeugen neue Frequenzen im FFT-Spektrum (→ leakage-effect). Die entstehenden Fehler lassen sich vermindern, wenn vor der FFT die Abtastwerte mit einer Fensterfunktion (window function, weighting function) gewichtet werden. Die Idee besteht darin, den ersten und den letzten Abtastwert verschwinden zu lassen und die dazwischen liegenden Abtastwerte sanfter zu behandeln. Damit wird eine periodische Fortsetzung ohne Sprungstelle erzwungen. Aus jeder dominanten Spektrallinie des quasiperiodischen Signals entsteht ein ganzes Bündel von Linien im FFT-Spektrum. Von diesen Bündeln interessiert lediglich die größte Linie, die gegenüber dem wahren Wert leicht versetzt und etwas abgeschwächt ist (→ picket fence effect). Die Abweichungen sind aber deterministisch und somit korrigierbar (→ picket fence correction).

leakage-effect

Fensterfunktion

Picked Fence Effect

Für die Spektralanalyse benutzt man zahlreiche Varianten von Windows. Die Tabelle zeigt die Gleichungen der gängigsten

Windows. Zu beachten ist, daß diese Windows für die FFT-Analyse quasiperiodischer Signale skaliert werden müssen mit den in der unteren Tabelle angegebenen Faktoren.

Gleichungen der FFT-Windows

Window	Funktion ($n = 0 \cdots N-1$)
Rechteck	$w[n] = 1$
Hanning	$w[n] = 0,5 - 0,5 \cos(2\pi n/N)$
Hamming	$w[n] = 0,54 - 0,46 \cos(2\pi n/N)$
Blackman	$w[n] = 0,42 - 0,5 \cos(2\pi n/N) + 0,08 \cos(4\pi n/N)$
Bartlett (Dreieck)	$w[n] = \begin{cases} 2n/N & \text{für } 0 \leq n \leq N/2 \\ 2 - n/N & \text{für } N/2 < n < N \end{cases}$
Kaiser-Bessel	$w[n] = 0,4021 - 0,4986 \cos(2\pi n/N) + 0,0981 \cos(4\pi n/N) - 0,0012 \cos(6\pi n/N)$
Flat-Top	$w[n] = 0,2155 - 0,4159 \cos(2\pi n/N) + 0,2780 \cos(4\pi n/N) - 0,0836 \cos(6\pi n/N) + 0,0070 \cos(8\pi n/N)$

Jedes Window ist ein Kompromiß zwischen Nahselektion (Anzahl Linien im Bündel) und Weitabselektion. Die folgende Tabelle zeigt die Eigenschaften der verschiedenen Windows [8.7].

Kennwerte der FFT-Windows

Window	Skalierung für quasiperiodische Signale	Dämpfung der max. Nebenkeule in dB	Linienanzahl pro Bündel	maximaler Amplitudenfehler in dB
Rechteck	1	-13	1-2	-3,8
Hanning	1/0,5	-31	3-4	-1,5
Hamming	1/0,54	-41	5-6	-1,6
Blackman	1/0,42	-58	5-6	-1,1
Bartlett (Δ)	1/0,5	-26	3-4	-1,9
Kaiser-Bessel	1/0,4021	-67	7-8	-1,0
Flat-Top	1/0,2155	-67	9-10	0

8.8.3 Nichtperiodische, stationäre Leistungssignale

Diese Signale haben ein kontinuierliches Leistungsdichtespektrum und können darum nur mit der kontinuierlichen Fourier-Transformation bzw. mit der FTA (Summation über unendlich

8.8 Praktische Spektralanalyse mit der DFT/FFT

viele Abtastwerte) korrekt beschrieben werden. Man verzichtet aber nicht gerne auf die praktischen Vorteile der FFT und begnügt sich somit mit einer Näherung an das wahre Spektrum. *Näherung durch DFT/FFT*

Bei der FFT nichtperiodischer Signale entsteht zwangsläufig der Leakage-Effekt, der mit einem geschickten Window etwas vermindert werden kann. Allerdings entstehen durch die breite Hauptkeule der Windows zusätzliche Frequenzen, deshalb stimmt das Parseval-Theorem nicht mehr. Man skaliert die Windows deshalb so, daß der Leakage-Effekt kompensiert wird. Dadurch ergeben sich gerade die in obiger Tabelle angegebenen Formeln für die Windows.

8.8.4 Nichtstationäre Leistungssignale

Diese Signale ändern ihre statistischen Eigenschaften im Laufe der Zeit, es interessieren die zeitabhängigen Änderungen des Spektrums. Man unterteilt wiederum das Signal in Blöcke und transformiert diese einzeln wie unter 8.8.3 beschrieben. Die Teilspektren werden einzeln dargestellt in einem Spektrogramm, z.B. in einem dreidimensionalen Bild. Das Verfahren wird Kurzzeit-FFT genannt und u.a. auf Sprachsignale angewandt. *Spektrogramm Kurzzeit-FFT*

Die Wahl der Fensterlänge orientiert sich an der Änderungsgeschwindigkeit des Signals. Man sucht also den für das jeweilige Signal optimalen Kompromiß zwischen zeitlicher und spektraler Auflösung. Bei der Sprachverarbeitung geht man davon aus, daß in einem Zeitintervall von etwa 20 ms das Sprachsignal als stationär betrachtet werden kann. Kürzere Intervalle sind wegen der Geschwindigkeit der Mundbewegungen nicht möglich. Da das menschliche Sprachorgan Frequenzen bis knapp 4 kHz erzeugen kann, genügt eine Abtastfrequenz von 8 kHz. Bei einer Fensterlänge $NT = N/f_A$ von 20 ms ergibt dies eine Blocklänge von $N = 160$. Bei 16 ms Fensterlänge ergibt sich für die Blocklänge die Zweierpotenz 128. *Sprachverarbeitung*

Bei nichtstationären Signalen stößt die Fourier-Transformation und damit auch die DFT an eine prinzipielle Grenze. Durch die Entwicklung nach harmonischen Funktionen wird ein Signal auf der Frequenzachse genau lokalisiert, wegen dem Zeit-Bandbreite-Produkt ist es auf der Zeitachse hingegen völlig unbestimmt. Die Fourier-Zerlegung sagt nur, welche Spektralanteile existieren, aber nicht, wann diese auftreten. Bei nichtstationären Signalen, die weder auf der Zeit- noch auf der Frequenzachse genau lokalisierbar sind, ergeben sich zwangsläufig Schwierigkeiten. Diesen Signalen besser angepaßt ist die Entwicklung nach "Schwingungspaketen", welche im Zeit- und Frequenzbereich ähnliches Aussehen haben.

Wavelet-Transformation Dies führt auf die Wavelet-Transformation, einen neuen, vielversprechenden Ansatz als Variante zur Kurzzeit-FFT [8.6], [8.11].

8.8.5 Transiente Signale

Bei transienten Signalen muß das Zeitfenster das gesamte Signal umfassen. Da Anfangs- und Endwert des Zeitsignals sonst verschwinden, soll das Rechteckwindow benutzt werden.

Beachten muß man, daß bei transienten Signalen die im Fenster liegende Energie konstant ist. Die DFT geht aber von diskreten Leistungsspektren periodischer Signale aus und nicht von einem kontinuierlichen Energiedichtespektrum. Mit (8.6) und (8.16) ist ein Zusammenhang gegeben. Die Ergebnisse der FFT müssen demnach noch mit dem Abtastintervall T multipliziert werden.

Das Bild zeigt das Blockschaltbild eines FFT-Analysators. Sehr empfehlenswert ist es, einen Analysator zunächst mit einem bekannten Signal zu testen und die Skalierung zu überprüfen.

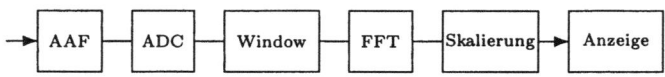

Abbildung 8.7 Blockschema eines FFT-Analysators

8.8.6 Messung von Frequenzgängen

Die Frequenzgangmessung besteht aus der Bestimmung der Spektren von Ein- und Ausgangssignal und darauffolgender Division. Allerdings interessieren nicht mehr die Eigenschaften der Signale, sondern die Eigenschaften des Systems, das für die Unterschiede zwischen den Signalen verantwortlich ist.

Zu beachten ist, daß sich die durch die Fenstergewichtungen ergebenden Signalverfälschungen bei der Division $H[m] = Y[m]/X[m]$ nicht wegkürzen. Wo immer möglich soll man darum das System periodisch anregen und mit dem Rechteckwindow arbeiten.

Systemanregung Damit alle Frequenzen im Eingangssignal vorkommen, muß das Signal Zufallscharakter haben. Der kurze Puls als Näherung des Dirac–Stoßes fällt wegen der möglichen Systemübersteuerung und aufgrund des kleinen Energieinhaltes oft außer Betracht. Die Kombination von periodischen und zufälligen Signalen führt auf die pseudozufälligen Signale (PRBN = pseudo random binary noise), die digital erzeugbar sind und deren Periode exakt der Blocklänge entspricht. Gepaart mit der FFT und einem störunterdrückenden Mittelungsprozeß ergibt sich ein äußerst starkes Gespann für die Systemanalyse, das Verfahren heißt Korrelationsanalyse [8.1]. — Korrelationsanalyse

8.9 Die Hilbert-Transformation

8.9.1 Herleitung der Hilbert-Transformation

Im Gegensatz zu den bisher besprochenen Transformationen bildet die Hilbert-Transformation ein Zeitsignal in ein anderes Zeitsignal ab. Kombiniert man ein reelles Signal $x(t)$ mit seiner ebenfalls reellwertigen Hilbert-Transformierten $\hat{x}(t)$ zu einem komplexen Signal $x_a(t) = x^+(t) = x(t) + \hat{x}(t)$, so ist letzteres ein analytisches Signal. Dieses hat die Eigenschaft, daß sie im Fourier-Spektrum nur positive Frequenzen aufweisen. Damit läßt sich die Abbildung des Hilbert-Transformators im Frequenzbereich sofort angeben: — analytisches Signal

$$\hat{X}(j\omega) = -j\,\text{sgn}(\omega)X(j\omega).$$

Die Hilbert-Transformierte $\hat{x}(t) = \mathcal{H}\{x(t)\}$ von $x(t)$ entsteht so, daß man im Spektrum den Real- und den Imaginärteil vertauscht. Ist $x(t)$ eine reelle Funktion, dann ist $\hat{x}(t)$ ebenfalls reell.

Aus obiger Gleichung kann der Frequenzgang des idealen Hilbert-Transformators einfach angegeben werden, durch Fourier-Rücktransformation erhält man die Impulsantwort:

$$H_H(j\omega) = -j\,\text{sgn}(\omega), \quad h_H(t) = \begin{cases} \frac{1}{\pi t} & \text{für } t \neq 0 \\ 0 & \text{für } t = 0 \end{cases}.$$

Der ideale Hilbert-Transformator ist also ein breitbandiger 90°-Phasenschieber. Seine Impulsantwort ist allerding akausal, weshalb man sich in der Praxis mit Näherungslösungen begnügen muß. Die Realisierung erfolgt meistens mit Transversalfiltern, Bild 8.8.

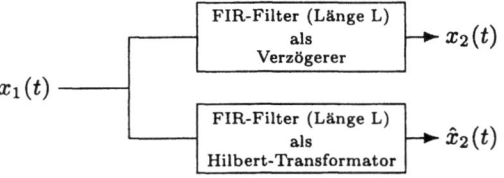

Abbildung 8.8 Praktische Realisierung eines Hilbert-Transformators

Bei rekursiven Systemen benutzt man frequenzversetzte, schmalbandige Phasenschieber (digitale Allpässe) und approximiert so den breitbandigen Phasenschieber. Die Methode "FIR-Filter" ergibt einen korrekten Phasengang und einen approximierten Amplitudengang. Bei der Methode "Allpässe" ist es gerade umgekehrt.

8.9.2 Eigenschaften der Hilbert-Transformation

a) Linearität:
$$\mathcal{H}\left\{\sum_i a_i x_i(t)\right\} = \sum_i a_i \mathcal{H}\{x_i(t)\}.$$

b) Zeitinvarianz:
$$\hat{x}(t-\tau) = \mathcal{H}\{x(t-\tau)\}.$$

c) Umkehrung:
$$\mathcal{H}\{\hat{x}(t)\} = \mathcal{H}\{\mathcal{H}\{x(t)\}\} = -x(t).$$

Zwei Phasendrehungen um 90° ergeben eine Inversion.

d) Orthogonalität:
$$\int_{-\infty}^{\infty} x(t)\hat{x}(t)\,dt = 0.$$

e) Lineare Filterung:
Durchlaufen $x(t)$ und $\hat{x}(t)$ zwei identische Filter mit der Impulsantwort $h(t)$, so bilden die Ausgangssignale $y(t)$ bzw. $\hat{y}(t)$ ebenfalls eine Hilbert-Korrespondenz.

f) Symmetrie:

gerades Signal: $\quad x(t) = x(-t) \quad \to \quad \hat{x}(t) = -\hat{x}(-t),$
ungerades Signal: $\quad x(t) = -x(-t) \quad \to \quad \hat{x}(t) = \hat{x}(-t)$

g) Ähnlichkeit:
$$\mathcal{H}\{x(at)\} = \hat{x}(at).$$

h) Energieerhaltung:
$$\int_{-\infty}^{\infty} x^2(t)\,dt = \int_{-\infty}^{\infty} \hat{x}^2(t)\,dt.$$

i) Modulationseigenschaft:
$$\mathcal{H}\{s(t)\cos(\omega_0 t)\} = s(t)\sin(\omega_0 t).$$

Voraussetzung: $s(t)$ ist bandbegrenzt auf Frequenzen unter $|\omega_0|$. Diese Eigenschaft ist wichtig für die Quadraturdarstellung von (modulierten) Signalen.

j) Einige Korrespondenzen:

$x(t)$	$\hat{x}(t)$	Voraussetzung
$\cos(\omega_0 t)$	$\sin(\omega_0 t)$	$\omega_0 > 0$
$\sin(\omega_0 t)$	$-\cos(\omega_0 t)$	$\omega_0 > 0$
$\delta(t)$	$\frac{1}{\pi t}$	keine
$\frac{\sin(\omega_g t)}{\omega_g t}$	$\frac{1-\cos(\omega_g t)}{\omega_g t}$	keine

Ausführlicher Angaben finden sich in [8.1] und [8.5].

8.10 Literatur

[8.1] Bendat, J. S.: *The Hilbert Transform and Applications to Correlation Measurement*, Brühl&Kjaer, Naerum (Denmark), ohne Jahreszahl

[8.2] Bracewell, R.: *The Fourier Transform and its Applications*, MsGraw-Hill, New York 1965

[8.3] Brigham, E. O.: *Schnelle Fourier-Transformation.* Oldenbourg-Verlag, München, 1995

[8.4] Fliege, N.: *Systemtheorie.* Teubner-Verlag, Stuttgart 1991

[8.5] Kammeyer, K. A.: *Nachrichtenübertragung.* Teubner-Verlag, Stuttgart 1996

[8.6] Mertins, A.: *Signaltheorie.* Teubner-Verlag, Stuttgart 1996

[8.7] Meyer, M.: *Signalverarbeitung*, Vieweg-Verlag, Braunschweig/Wiesbaden, 1998

[8.8] Oppenheim, A. V., Schafer, R.W.: *Zeitdiskrete Signalverarbeitung*, Oldenbourg-Verlag, München, 1995

[8.9] Papoulis, A.: *The Fourier Integral and its Applications*, McGraw-Hill, New York 1962

[8.10] Randall, R. B.: *Frequency Analysis*, Brüel&Kjaer, Naerum (Denmark), 1987

[8.11] Teolis, A. *Computational Signal Processing with Wavelets.* Birkhäuser-Verlag, Boston 1998

[8.12] Unbehauen, R.: *Systemtheorie 1, 2*, Oldenbourg-Verlag, München, 1996/97

Formelzeichen und Abkürzungen[*]

$a(t), a[n]$	zeitkontinuierliche bzw. zeitdiskrete Sprungantwort eines LZI-Systems
c_{xy}	Korrelationskoeffizient
$C_{xx}(\tau), C_{xx}[k]$	Autokovarianzfunktionen stationärer, zeitkontinuierlicher bzw. zeitdiskreter Prozesse
$C_{xy}(\tau), C_{xy}[k]$	Kreuzkovarianzfunktionen stationärer, zeitkontinuierlicher bzw. zeitdiskreter Prozesse
$E\{\cdot\}$	Erwartungswert
$\mathcal{F}\{x(t)\}$	Fourier-Transformation der Zeitfunktion $x(t)$
$f_x(x), F_x(x)$	Wahrscheinlichkeitsdichte bzw. Wahrscheinlichkeitsverteilung der Zufallsvariable x
i, k, l, m	wertdiskrete Variablen
j	$\sqrt{-1}$
$\mathcal{H}\{x(t)\}$	Hilbert-Transformation der Zeitfunktion $x(t)$
$\Im(\cdot), \Re(\cdot)$	Imaginärteil, Realteil
$h(t), h[n]$	zeitkontinuierliche bzw. zeitdiskrete Impulsantwort eines LZI-Systems
$H(j\omega)$	(komplexer) Frequenzgang eines zeitkontinuierlichen LZI-Systems
$H(s)$	Übertragungsfunktion eines zeitkontinuierlichen LZI-Systems im Laplace-Bereich
$H(e^{j\Omega})$	(komplexer) Frequenzgang eines zeitdiskreten LZI-Systems
$H(z)$	Übertragungsfunktion eines zeitdiskreten LZI-Systems im z-Bereich
$\mathcal{L}\{x(t)\}$	Laplace-Transformation der Zeitfunktion $x(t)$
$\mathrm{ld}(\cdot)$	Logarithmus zur Basis 2
LZI	linear und zeitinvariant
$m_x, m_x^{(2)}$	linearer bzw. quadratischer Mittelwert von x
n	Variable für diskrete Zeit
$N_0/2$	zweiseitige Rauschleistungsdichte (weißes bzw. bandbegrenztes weißes Rauschen)
$s = \sigma + j\omega$	komplexe Variable für Laplace-Transformation
$P(A)$	Wahrscheinlichkeit des Ereignisses A
$p_T(t)$	zeitkontinuierliche Rechteckfunktion (gerade, Dauer $2T$, Amplitude 1)
$p_N[n]$	zeitdiskrete Rechteckfolge (gerade, $2N+1$ Werte, Amplitude 1)

[*] Dies Formelzeichen gelten, solange im unmittelbaren Zusammenhang keine andere Vereinbarung getroffen wurde

rect(t)	zeitkontinuierliche Rechteckfunktion von $-\frac{1}{2}$ bis $\frac{1}{2}$, Amplitude 1
rect[n]	zeitdiskrete Rechteckfolge (gerade, N Werte, N ungerade Amplitude 1)
$R_{xx}(\tau), R_{xy}(\tau)$	Auto-, bzw. Kreuzkorrelationsfunktionen stationärer, zeitkontinuierlicher Prozesse
$R_{xx}[k], R_{xy}[k]$	Auto-, bzw. Kreuzkorrelationsfolgen stationärer, zeitdiskreter Prozesse
$S_{xx}(\cdot), S_{xy}(\cdot)$	Auto-, bzw. Kreuzleistungsdichtespektren stationärer Prozesse
sgn(t)	signum-Funktion
si(t)	Abkürzung für $\frac{\sin t}{t}$
t	Variable für kontinuierliche Zeit
$x(t), X(j\omega)$	zeitkontinuierliches Eingangssignal, bzw. seine Fourier-Transformierte
$\bar{x}(t)$	komplexe Einhüllende ($x(t) = \Re\{\bar{x}(t) \cdot e^{j\omega_0 t}\}$)
$x^+(t), \hat{x}(t)$	analytisches Signal bzw. Hilbert-Transformierte zu $x(t)$
$\overline{x(t)}$	Zeitmittelwert von $x(t)$
$x[n], X(e^{j\Omega})$	zeitdiskretes Eingangssignal, bzw. seine Spektraltransformierte
x; x(t), x[n]	Zufallsvariable; zeitkoninuierlicher, bzw. zeitdiskreter Zufallsprozeß
$y(t), Y(j\omega)$	zeitkontinuierliches Ausgangssignal, bzw. seine Fourier-Transformierte
$y[n], Y(e^{j\Omega})$	zeitdiskretes Ausgangssignal, bzw. seine Spektraltransformierte
z	komplexe Variable für z-Transformation
$\delta(t), \delta[n]$	Dirac-Impuls bzw. Einheitsimpuls
$\varepsilon(t), \varepsilon[n]$	zeitkontinuierliche Sprungfunktion bzw. zeitdiskrete Sprungfolge
ρ, σ, τ	wertkontinuierliche Variablen
σ_x, σ_x^2	Standardabweichung, Streuung bzw. Varianz von x
tri(t)	zeitkontinuierliche Dreieckfunktion von -1 bis 1, Höhe 1
ω	(Kreis-)Frequenzvariable zu zeitkontinuierlichen Funktionen
Ω	(Kreis-)Frequenzvariable zu zeitdiskreten Funktionen
$*$	Faltungsoperator
○—●	Korrespondenzsymbol für die Fourier-, Laplace- und z-Transformation

Sachwortverzeichnis

Ablage- oder Modulationsfrequenz, 149
absolute Temperatur, 142
Abtastfrequenz, 37
Abtastperiodendauer, 40
Abtastrate, 82
Abtasttheorem, 82, 192, 341
　für Bandpaßsignale, 39
Abtastwerte, 336
Abzweigfilter, 104
adaptiver Entzerrer, 267
additiver Fehler, 202
ADPCM, 192
äquivalente isotrope Strahlungsleistung, 155
äquivalente komplexe Frequenzvariable, 95
äquivalente Rauschtemperatur, 143
Äquivokation, 173, 174
AKF, *siehe* Autokorrelationsfunktion
Aliasing, 40
Allpaß, 22, 35
Allpaßfaktorisierung, 111
Allpaßfunktion, 108
Allpolfilter, 29
AMI-Code, 271
Amplitudendichte, 324
Amplitudenmodulation (AM), 313
Amplitudenrauschen, 149
Amplitudenverzerrungen, 19
Antennenpolarisation, 153
Antennenrauschen, 141
Antennenwirkungsgrad, 155
antimetrisches Filter, 107
Arithmetikfehler, 33

ASCII, 165, 198
ASK (Amplitude Shift Keying), 278
Augendiagramm, 256, 257, 261, 263
Ausblendeigenschaft, 7, 23, 85
Autokorrelationsfunktion, 61, 79, 192
　determinierter Leistungssignale, 67
　normierte, 195
Autokovarianzfunktion, 60
Autoleistungsdichte, 73, 79, 128, 302
　Eigenschaften, 74
AWGN-Kanal, 248

Bandbezeichnungen, 127
Bandbreite, 182
Bandbreiteeffizienz, 293
Bandpaß (idealer), 20
Basisbandteil, 130
Basisbandübertragung, 243
Basisintervall, 347
Bayesscher Satz, 47
BCH-Codes, 201
　Codierung, 241
　Definition, 238
　Syndromberechnung, 241
BER, *siehe* Bitfehlerwahrscheinlichkeit
Bernoulli-Verteilung, 177
Betragsfrequenzgang, 15
Betragsschneiden, 113
Betragsspektrum, 322
Betriebsperiode, 84
Bezugstemperatur, 142
binäre BCH-Codes, 238
Binomialverteilung, 50

Bireziprozität, 109
Bitdauer, 248
Bitenergie, 254
Bitfehlerwahrscheinlichkeit (BER), 253, 310
Bitübertragungsschicht, 246
Blocklänge, 339, 351
Blöcke, 177
  hochwahrscheinliche, 178
Bose-Chaudhuri-Hocquenghem, 238
Brückenstruktur, 108
Bündelfehler, 228
  Korrektur, 231
Butterworth-Tiefpaß, 114

Cauer-Tiefpaß, 117
CDMA (Code Division Multiple Access), 299
charakteristische Funktion, 107
Code
  dualer, 213
  parity-check, 207
  Schranken, 209
Codebaum, 186
Coderate, 202
Coderegelverletzung, 272
Codes
  BCH, 238
  Golay, 228
  Hamming, 215
  perfekte, 228
  Reed–Solomon, 232, 235
  Repetition, 209
  selbstdual, 213
  selbstorthogonal, 213
  Simplex, 216
  systematische, 212
Codewort, 165, 169, 186
  Aufbau, 202
Codewortlänge, 165, 194
  mittlere, 165
Codierer, 160
Codierte Modulation, 287
Codierung, 165, 189
  der Quellensymbole, 165
  Huffman, 185, 187
  systematische, 220, 223
  unsystematische, 220
  zyklischer Codes, 223
Codierungsaufwand, 167, 191
Cosets, 211
CPFSK (Continuous Phase Frequency Modulation), 296
CPM (Continuous Phase Modulation), 294

Dämpfung, 88
Dämpfungsmaß, 16
datengesteuerte Schätzung, 308
Datenkompression, 183
Datensicherungsschicht, 245
Decodierbarkeitsbedingung, 168
Decodierer, 160
Decodierung
  zyklischer Codes, 223, 225
Descrambler, 272
Detektion, Detektionsvariable, 249
Detektionsgrundimpuls, 250, 266
DFT, 232, 234, 240, 320, 339
  Eigenschaften, 343–344
DFT-Analysatoren, 341
differentielle Codierung, 288
Dirac–Impuls, 7
Dirac–Stoß, *siehe* Dirac–Impuls
Dirac–Stoßfolge, 329
Direktstruktur I, 91
Direktstruktur II, 92
Diskrete Fourier-Transformation, *siehe* DFT
Distanz, 203
Dolph-Tschebyscheff-Tiefpaß, 122
DPCM, 192
Dreieckimpuls, 12
Dualer Code, 212, 213, 217, 222
Durchlaßbereich, 89, 114

Effektivwert, 66
Eigenfunktionen, 320

Sachwortverzeichnis

eingeschwungener Zustand, 87
Einheitsimpuls, 23
Einheitskreis, 87
eins-reelle Funktion, 111
Einseitenband-Phasenrauschmaß, 151
Einseitenbandsignal (SSB), 281
Elementarereignis, 44
Empfänger, 249
Empfangsvektor, 202
end arround burst, 229
endlicher Zahlenkörper, 201
Energiedichtespektrum, 77
Energiesignal, 3, 77
Ensemble, 56
Entropie, 161
    der deutschen Sprache, 169
    einer Markoffquelle, 191
    Markoffsche, 164
Entscheidungsgehalt, 162, 167, 170
Entscheidungsrückführung, 267
Ereignis, 44
    gleichwahrscheinliche, 46
Ergodenhypothese, 66
Erwartungswert, 54, 209
    ergodischer Prozesse, 65
Euklidische Distanz, 280

Fading, 156
Faltung
    schnelle, 345
Faltungsintegral, 13
Faltungssumme, 27
Fehlererkennung, 201, 204
Fehlerkorrektur, 204
Fehlervektor, 202
Fehlerwahrscheinlichkeit, 174, 207
Feldtkeller-Gleichung, 106
Fensterfunktion, 351
Fernfeld, 153
FIR-Filter, 29, 91
Flicker-Rauschen, 141
Fourier-Koeffizienten, 319
Fourier-Reihe (FR), 319, 321
    komplexe Darstellung, 322

Fourier-Spektrum, 323
Fourier-Transformation, 320, 323
    diskrete (DFT), 320
    Eigenschaften, 325–329
    für Abtastsignale (FTA), 320, 336
    schnelle (FFT), 320, 344
    Tabelle, 330
Frequenz
    komplexe, 345
Frequenzauflösung, 326, 350
Frequenzduplex (FDD), 276
Frequenzgang, 14
    zeitdiskreter Systeme, 30
Frequenzmodulation (FM), 315
Frequenzmultiplex (FDM), 276
Frequenztransformation, 118
Frequenzumsetzer, 134
FSK (Frequency Shift Keying), 298
Funkübertragung, 132

Gaußsches Fehlerintegral, 51
Generatormatrix
    allgemein, 211
    systematisch, 212
    verkürzter Codes, 222
    zyklischer Codes, 221
Generatorpolynom
    BCH-Codes, 238
    Reed–Solomon, 234
    zyklischer Codes, 219
Gesetz der großen Zahlen, 46
Gewicht, 203, 217
Gewichtsfunktion, 217
Gewichtsverteilung, 205, 228, 236
Gibbssches Phänomen, 320
Gilbert-Varshamov-Schranke, 210
Gleichstromfreiheit, 271
Gleichverteilung, 50
GMSK (Gaussian Minimum Shift Keying), 297
Golay Code, 228
Gray Codierung, 262, 279
Grenzempfindlichkeit, 148

Grenzstabilität, 33
Grenzzyklen, 33
Gruppenantennen, 154
Gruppenlaufzeit, 16, 89

Halbwertsbreite, 154
Hamming
 Distanz, 203
 Gewicht, 203
 Ungleichung, 209
harmonische Exponentialfolge, 25
harmonische Funktion, 335
Harmonische in weißem Rauschen, 71
Hauptsatz der Informationstheorie, 176
HDBn-Code, 272
HDCL-Protokoll, 246
Hilbert-Transformation, 355
 Eigenschaften, 356–357
Hochfrequenzteil, 130
Homodynempfänger, 132
Huffman-Codierung, 185–187

IIR-Filter, 29, 91
Impulsantwort, 12, 27, 85
Impulsformer, 250
Information, 159, 160
Informationsfluß, 175
Informationsgehalt, 159, 161, 165
Informationsreduktion, 184
inkohärente Demodulation, 305
Interceptpunkt 3. Ordnung, 139
Intermodulationsprodukt 3. Ordnung, 139
Interpolation
 bandbegrenzte, 39
Irrelevanz, 173, 174
Irrelevanzreduktion, 183
ISDN S_0-Schnittstelle, 248, 252, 271, 273
ISI (Intersymbol Interference), 256
isotroper Kugelstrahler, 154
Kanal
 binärer, 171
 binärer, symmetrischer, 174–176, 180
 gedächtnisloser, 171
 ungestörter, 175
Kanalcodierung, 160
Kanalkapazität, 175, 176, 182
 Analogkanal, 183
 kontinuierlicher Kanal, 180
 Shannonsche, 264
Kanalwahrscheinlichkeit, 171
kanonische Reflektanzen, 108
kanonische Schaltungen
 nach Foster/Cauer, 111
Kaskadenstruktur, 93
Kaskadierung, 15
Kausalität, 7, 84
Kirchhoff-Netzwerk, 96
Klirrfaktor, 136
kohärente Demodulation, 305
Kombinationsfrequenzen, 138
Kommunikationssysteme, 201
komplexe Amplituden, 85, 339
komplexe Einhüllende, 278
Kompressionspunkt (1 dB), 136
Komprimierungsgrad, 184
Korrelationsanalyse, 355
Korrelationsempfänger, 73
Korrelationsfunktion
 für Energiesignale, 68
Korrelationskoeffizient, 56
Korrespondenz, 324
 duale, 325
Kovarianz, 55
Kraftsche Ungleichung, 168
Kreisteilungsklassen, 239
Kreuzkorrelationsfunktion, 61, 78
 determinierter Leistungssignale, 68
Kreuzkovarianzfunktion, 61
Kreuzleistungsdichte, 73, 78
Kurz- und Langzeitstabilität, 148
Kurzzeit-FFT, 353

Laplace-Transformation (LT), 320, 330
  Eigenschaften, 333–335
  einseitige, 332
  Tabelle, 336
  zweiseitige, 331
Laplace-Verteilung, 193
laufende digitale Summe, 272
Lauflängencodierung, 188
Laufzeitmessung, 72
Leakage-Effekt, 351, 353
Leistungsdichtespektrum, *siehe* Autoleistungsdichte
Leistungssignal, 4, 76
Leistungsspektrum, *siehe* Autoleistungsdichte
Leitungscodierung, 160, 271
Line-of-Sight, 156
lineare Codes, 201
lineare Verstärker, 132
lineare Zweitormodellierung, 134
Linearität, 5
Linienspektrum, 12, 323, 340
LMS-DFE, 267
LZI-Systeme, 6, 321

MacWilliams-Identität, 217
Make-up Codewords, 190
Markoff-Quelle, 189
Matched Filter, 73, 250, 255, 307
maximum distance separable, 209
Maximum-Likelihood-Sequenzdetektion, 270
MDS, 209
Meggitt-Decoder, 226
Mehrpegelsignal, 181
Mehrwegeausbreitung, 156
Mindestdistanz, 203, 204, 222
Mindestgewicht, 203, 204
Minimum Distance Decoding, 204
Mittelwert
  linearer, 54, 59
  quadratischer, 54, 59, 79
mittelwertfrei, 54

Modem, 275
Modulation
  analoge, 312
  digitale, 275
Modulationsindex, 294
Moment, 54
MSK (Minimum Shift Keying), 296
Musterfunktion, Musterfolge, 57

Nachbarkanalstörungen (ACI), 287
Nachbarzeicheninterferenz, 256
Nachläufer, 267
Nachrichtenquelle, 159
  Arten von, 184
Nebenklasse, 211
Nebenklassenzerlegung, 211
nichtlineare Bauelemente, 134
Niederfrequenztechnik, 128
Non-Line-of-Sight, 156
Nullstellenstrecken, 21
Nullstellenwinkel, 21
Nyquist- oder Johnson-Theorem, 142
Nyquist-Bereich, 88
Nyquistbandbreite, 259
Nyquistintervall, 348
Nyquistkriterium (1.), 260

Oberschwingungen, 136
OFDM (Orthogonal Frequency Division Multiplex), 299
Optimalcode, 166, 168
Optimalempfänger, 255
OQAM (Offset Modulation), 286
Ordnungszahlen, 340
Orthogonalität, 61
  von Zufallsvariablen, 56
Orthogonalsystem, 320
OSI-Referenzmodell, 244

Paralleladaptor, 102
Parallelstruktur, 94
Partialbruchzerlegung, 349
Passivität, 105, 112
Pfadverlust, 157

Phase, 88
Phased Array-Antenne, 155
Phasendrehung, 22
Phasenfrequenzgang, 15
Phasenlaufzeit, 16
Phasenmaß, 16
Phasenmodulation (PM), 316
Phasenrauschen, 149
Phasenspektrum, 322
Phasensteilheit, 148
Phasenumtastung (PSK), 281
Phasenverzerrungen, 19
Phrase, 196
picket fence effect, 351
PLL-Prinzip, 133
Plotkin-Schranke, 210
Pol- Nullstellen- Darstellung, 18
Polstrecken, 21
Polwinkel, 21
Prädiktionsverfahren, 191
Proportionalitätsprinzip, 5
Protokoll, 244
Prüfmatrix
   allgemein, 211
   systematisch, 212
   verkürzter Codes, 222
   zyklischer Codes, 221, 222
Prüfpolynom
   Reed–Solomon, 234
   zyklischer Codes, 219
Pulsamplitudenmodulation (PAM), 262
   Bandpaß, 277
   Basisband, 279

Quadraturamplitudenmodulation (QAM), 285
Quadraturmodulation (QM), 315
Quantenrauschen, 141
Quantisierung, 337
Quelle, 161
   binäre, 247
Quellenalphabet, 160
Quellencodierung, 160, 183

Quellenfreiheit, 5
Quellensignal, 160

Raised-cosine-spektrum, 260
Randdichte, 52
Randverteilung, 53
Rauschanpassung, 144
Rauschen, 181
   Gaußsches, 171, 177, 182
   thermisches, 141
   weißes, 75, 142
   weißes, Gaußsches, 75
Rauschphasoren, 144
Rauschteppich, 152
Rechteckfolge, 26
Rechteckfunktion, 11
Redundanz, 160, 162, 168, 183
Redundanzreduktion, 184
Reed-Solomon-Codes, 201
   Definition, 234
reelle Harmonische, 26
Referenznetzwerk, 96
Reflektanz/Transmittanz, 105
reflexionsfreies Tor, 102
rekursives/nichtrekursives Filter, 84
relative Häufigkeit, 45
Restfehlerwahrscheinlichkeit, 208
Richards-Struktur, 112
Richards-Synthese, 111
Richtdiagramme, 154
Rieger-Schranke, 231, 232
Root-RC-Impuls, 261
RS Gewichtsverteilung, 236
run-Quelle, 189

Scatterplot, 283
Schar, 56
Scharmittelwert, 59
Schnittstelle, 244
Schranken, 209
Schrotrauschen, 141
Schwarzer Körper, 145
Scrambler, 271
selbstdual, 213

Sachwortverzeichnis 367

selbstorthogonal, 213
Sendegrundimpuls, 248, 250
Sendeimpulsmaske, 248
Sender, 247
Serienadaptor, 101
Shadowing, 156
Shannonsches Haupttheorem, 177
Shannonsches Theorem (1.), 166
si-Funktion, 11
Signal, 1
   analytisches, 10, 355
   bipolares, 247
   determiniertes, 2
   digitales, 3
   kausales, 332
   periodisches, 12, 68
   quasiperiodisches, 351
   stabiles, 333
   stochastisches, 2
Signal-Rauschabstand, 141
Signaldetektion, 73
Signalenergie, 327
Signalflußgraph, 83
Signalflußumkehr, 92
Signalraumdarstellung, 279
signum-Folge, 26
signum-Funktion, 11
Singleton-Schranke, 209
Sinke, 160
Skalierung, 354
spektrale Rauschzahl, 144
Spektrogramm, 353
Spektrum, 320
   diskretes, 323
   kontinuierliches, 323
Sperrbereich, 89, 114
Spiegelfrequenzproblem, 131
Sprachverarbeitung, 353
Sprungantwort, 12
Sprungantwortfolge, 27
Sprungfolge, 24
Stabilität, 85
   BIBO, 6, 32
Standard Array, 211

Stationarität, 62
   schwache, 63
Stationaritätsannahme, 64
Stationaritätsnachweis, 64
Störabstand, 182
Störsignal
   amplitudenmoduliertes, 137
   starkes, 137
Streuentropie, 173
Streumatrix, 105
Streuparameter, 105
Streuung, 55
Superheterodynkonzept, 131
Superpositionsprinzip, 5, 319
Sychnronisation, 249
Symbolabhängigkeiten, 185
Symbolfehlerwahrscheinlichkeit, 263
symmetrisches Filter, 107
Synchronisation, 72
Synchronisationsfehler, 258
Syndrom, 214, 236
Syndromberechnung, 224, 241
System, 1
   dynamisches, 6
   gedächtnisloses, 6
   kausales, 330
   linearphasiges, 19
   minimalphasiges, 22, 35
   nichtrekursives, 29, 32
   rekursives, 29, 32, 345
   verzerrungsfreies, 19
System-Rauschtemperatur, 145
Systemfunktion, 17

Taktgehalt, 271
Telefax, 188
Terminating Codewords, 190
Tiefpaß
   Butterworth, 114
   Cauer, 117
   Dolph-Tschebyscheff, 122
   idealer, 20
   Tschebyscheff, 115
Tiefpaß-Kanal, 256

Torbedingung, 98
Torwiderstand, 98
Transinformation, 173
  maximale, 176
Trellis Codierte Modulation (TCM), 290
Trellis Diagramm, 288
Tschebyscheff-Tiefpaß, 115

Übergangsbereich, 89
Überlagerungsprinzip, 5
Übertragungsaufwand, 184, 188, 191, 193, 195
Übertragungsfunktion, 14, 17, 31, 86
  gebrochen rationale, 17
Übertragungskanal, 160
  diskreter, 170
Übertragungsmaß, 16, 88
Übertragungsmodell
  äquivalentes zeitdiskretes, 266
  Shannonsches, 247
UMTS, 201
Unabhängigkeit diskreter statistischer Ereignisse, 47
Unkorreliertheit, 56, 61

V 42bis, 195
Varianz, 55, 60, 209
Verbindungsstruktur, 100
Verbunddichte, 52, 58
  bei Zufallsprozessen, 58
Verbundereignis, 52
Verbundverteilung, 52, 58
  bei Zufallsprozessen, 58
  statistisch unabhängiger Zufallsvariabler, 53
verdeckter Koeffizient, 101
verfügbare Rauschleistung, 143
verkürzte Codes, 222
Verlustfreiheit, 106
Vorläufer, 267

Wahrscheinlichkeit, 45
  axiomatische Definition, 45
  a posteriori, 46
  a priori, 46
  bedingte, 46
  totale, 47
Wahrscheinlichkeitsdichte, 49
Wahrscheinlichkeitsverteilung, 48
  bei Zufallsprozessen, 58
Wavelet-Transformation, 354
Weichenfilter, 106
Welle, hinlaufend bzw. rücklaufend, 98
Wellendigitalfilter, 95
Wellengrößen, 97
wellenleiterbasierte Übertragungsmedien, 132
Wiener-Khintchine-Theorem, 74
Window, 339
Wörterbuch, 196
  adaptives, 195

z-Transformation (ZT), 320, 345
  Eigenschaften, 348–349
  Tabelle, 350
Zeit-Bandbreiteprodukt, 326
Zeitfenster, 339
Zeitinvarianz, 6
Zeitmittelwert, 59
zentraler Grenzwertsatz, 51
Zoom-FFT, 351
Zufallsexperiment, 44
Zufallsfolge, 57
Zufallsprozesse, 57
  statistisch unabhängige, 58
Zufallssignal, 194
Zufallsvariable, 47
  kontinuierliche, 47
zusätzliche Rauschzahl, 145
Zustandsraumbeschreibung, 84
Zweiseitenbandsignal (DSB), 281
Zwischenfrequenz, 131
zyklische Codes, 201, 218
zyklische Verschiebung, 218, 219
zyklisches Polynom, 219

MIX
Papier aus verantwortungsvollen Quellen
Paper from responsible sources
FSC® C105338

If you have any concerns about our products,
you can contact us on
ProductSafety@springernature.com

In case Publisher is established outside the EU,
the EU authorized representative is:
**Springer Nature Customer Service Center GmbH
Europaplatz 3, 69115 Heidelberg, Germany**

Printed by Libri Plureos GmbH
in Hamburg, Germany